焼き物世界の地理学

Geography of Ceramics World

林 上

Noboru Hayashi

風媒社

一般名詞の「瀬戸物」の語源は，瀬戸方面でつくられ送られてきた焼き物に由来する。それだけ近世の日本，とりわけ江戸など東日本一帯では瀬戸焼の占める市場シェアは大きかった。近代から現代にかけて産地は大きく変貌したが，現在でも焼き物や雑貨品を販売する市が定期的に開かれている。写真奥の上段には窯で用いる耐火物（エンゴロ）が積み上げられているのが見えており，町中の風景の一部になっていることがわかる。

瀬戸焼産地の大きな特徴は，食器以外にタイル，碍子，レンガ，ファインセラミックスなど多様な焼き物を生産している点にある。中でも特筆されるのはノベルティと呼ばれる玩具・置物の類であり，多くは外貨を稼ぐため名古屋港から輸出された。人や動物などをモチーフに職人芸を駆使して生まれた製品は海外でも高く評価された。焼き物市では技術伝承の意味もあり，製造工程が披露され関心を集める。

瀬戸焼産地では窯を焼くさいに用いる耐火物の不用品でつくった擁壁を随所で見かける。産地がいくつかの小さな谷間によって構成されているため土留めをしなければならない。窯垣と呼ばれる擁壁の通り道が縦横無尽に産地内を走っており，独特な雰囲気を醸し出している。デザイン心は，売り物の焼き物だけでなく身近な生活空間の中にもみとめられる。

有田焼は日本で最初に磁器の生産に成功した産地として知られる。内乱のため中国からヨーロッパに向けて磁器が輸出できなかった17世紀中期からの一時期，オランダ商人は中国製磁器のつなぎ役として有田焼を送り出した。有田や天草など近在で磁器原料の陶石が豊富に産出したことが好条件としてはたらき，江戸・大坂などの市場で優位な立場が維持できた。近世後期には瀬戸焼が磁器生産のライバルとして登場するが，高い品質は近代以降も失われなかった。産地としての販売努力は写真左側の有田焼卸団地の活動から，また技術革新・デザイン志向は写真右側の九州陶磁文化館の展示からうかがい知ることができる。

統制経済下の近世，美濃焼産地では優先的に生産できる焼き物（親荷物）が村ごとに決められていた。下石村の親荷物は徳利であり，他村は同種の徳利は生産できなかった。こうした歴史をふまえ，現在，下石町では「とっくりとっくん」というキャラクターをモチーフに色んな置物をつくり，町中のあちこちに置いてまちおこしに生かそうとしている。

有田焼や瀬戸焼など主要な焼き物産地には，窯元から集めた焼き物を揃え消費地に向けて出荷する産地卸売業者が集まっている地区があった。この写真は美濃焼産地で卸売業を営む業者が軒を並べていた多治見市本町通りの現在の様子である。残された古い商家や土蔵は観光用に修景保存されている。

多治見市本町通りは地場産業の陶磁器業のうち産地卸売業で大いに賑わった。しかし，時代とともに商業活動の中心が移動したため，地方銀行の支店も取り壊される運命にあった。ところが本町通りで街並み再生事業が興されたのを契機に建物はリノベーションされ，洒落た石窯焼きのベーカリーとして多くの観光客を集めるようになった。

焼き物は食器だけではない。タヌキ（信楽焼）や招きネコ（常滑焼）など置物の生産を特徴とする産地もある。瀬戸焼産地では，欧米人の好みに合う玩具・置物（ノベルティ）が輸出用に生産されてきた。写真は美濃焼産地の町中に置かれたサル，イヌ，ウサギなどの焼き物である。ここが焼き物産地であり，来訪者を歓迎するという役割を果たしており，思わず立ち止まって見入ってしまう。

会津本郷焼は，戦国期に蒲生氏郷が鶴ヶ城の改築で瓦を焼かせたのが始まりで，その後，江戸時代初期に藩主・保科正之が瀬戸から陶工を呼び寄せ焼き物をつくらせたと伝えられる。阿賀川左岸の向羽黒山城跡に近い窯元に掲げられた案内板には，現在まで残された唯一の登窯で地元の土と釉薬を用い陶器を焼いていると記されている。

地元の白鳳山で採れた陶土と地元産のナラ灰などが原料の会津本郷焼では，ロクロ成形やタタラ成形で瓶や鉢などがつくられてきた。写真右側のタタラ成形によるにしん鉢は，生魚が得にくい山間盆地で暮らす人々に欠かせないタンパク源を補うための「にしんの山椒漬」の容器である。釉薬として茶色の飴釉を用いるのは，ひび割れが少なく水漏れに強いからである。

「六古窯」のひとつに数え上げられる常滑焼産地は知多半島の付け根付近にあり海岸に近いため，鉢，壺，甕など大きめの焼き物でも船で海上輸送できた。時代に合わせて焼き物の種類を変えてきたが，地元では生活様式の変化で出荷できなくなった製品を擁壁や道路の舗装代わりに有効活用してきた。これが観光用の「やきもの散歩道」の誕生につながった。

常滑焼産地の「やきもの散歩道」では，市場を失い出荷できなくなった焼き物のほかに，窯を焼くときに用いる各種耐火物が「建材」として使われている。それらが組み合わさって生まれる空間には独特の雰囲気があり，訪れる人の興味をそそる。もとは地元で暮らす人々の小径だったが，いつしか観光用のコースになった。

朱泥の急須で馴染みのある常滑焼は，田んぼに水を蓄えるために使われる土すなわち田土を原料としてつくられる。硬さは陶器と磁器の中間くらいで焼き締めると鈍い光沢を帯びる炻器が，小高い丘に築かれた登窯で焼かれてきた。近代以降，窯は石炭窯や重油窯などへと移り変わり，製品に土管，タイル，衛生陶器などが加わるようになった。

通りすがりの壁の側面から炻器の焼き物がオブジェのように目に飛び込んでくれば，誰しも一瞬立ち止まるであろう。焼き物産地ならではの遊び心が垣間見られる。

全国各地の焼き物産地には，意図してか否かは別として，産地内に焼き物をオブジェやランドマークとして並べて置いたり壁に埋め込んだりしているところが少なくない。この写真は美濃焼産地内で，かつて徳利の優先的生産が許された地区で見かけた擁壁である。壁一面に貼り付けられた磁器製のタイル板に記されたメッセージと巨大な徳利が産地の雰囲気を十二分に醸し出している。

飛騨高山は山深く冬の寒さは厳しい。焼き物づくりには不向きな土地柄であるが，江戸時代には旧藩主，有力商人，郡代などが自前の焼き物づくりに挑んできた。現在もつづく渋草焼はその中のひとつであり，数は少ないが職人芸を駆使してつくられた磁器製食器が観光土産物店で売られたり，ネット販売で取引されたりしている。

世界で初めて美濃焼産地で成功した再生食器は，不用になった陶磁器を家庭などから回収し，粉砕したあと再度，粘土として用い食器に生まれ変わらせたものである。かつて産地問屋が集まっていた多治見市本町の陶都創造館で陳列・販売されている。

Re-食器と名づけられた再生食器は資源節約だけでなく，機能性やデザイン性も重視して生産されており，北欧の女性デザイナーによる食器もある。グッドデザイン賞や現代日本デザイン100選などにも選ばれている。

国内外の焼き物産地で生産され販売・購入・使用されて役目を終えた食器は廃棄物として美濃焼産地に集められ，再生食器に生まれ変わるため粉砕される。粉状になった再生用原料は通常の粘土4に対し1の割合で混ぜて用いられる。

再生食器の実用化には，美濃焼産地の陶磁器関連業者と岐阜県セラミックス研究所が一緒になって立ち上げた「グリーンライフ21プロジェクト」が深く関わってきた。不用食器の回収と産地への輸送は，ボランティア団体，自治体，企業などによって行われている。割れたら土に埋めるしかなかった廃棄食器が各地から集められ，粉砕されて粘土へと還っていく。

中国や日本から磁器を輸入してきたヨーロッパでは，ザクセン選帝侯兼ポーランド王のアウグスト2世が錬金術師のヨハン・フリードリッヒ・ベドガーに磁器製造を命じ1709年に成功させた。マイセンのアルブレヒト城で成功した翌年，ヨーロッパで最初の磁器製作所が城内に設立された。マイセン窯のロゴは青い双剣であるが，マイセン市の市章は10世紀頃の古城と統治を意味するライオンである。州立マイセン製陶所の近くで見かけたマンホールにもこの市章が刻まれていた。

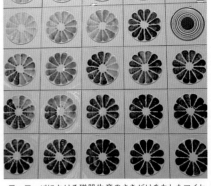

ヨーロッパにおける磁器生産のさきがけをなしたマイセン窯では，ザクセン州立マイセン製陶所などで高品質な焼き物が生産されている。製陶所内には見学者コースが設けられており，国内外から多くの見学者が訪れる。コース内には多種多様な生産品が陳列されており，壁には釉薬の色見本デザインが掲げられている。豪華な食器類のほかに陶磁器製置物の生産がマイセン窯の特徴であり，人や動物などをかたどった精巧なつくりに目を奪われる。

序文

　焼き物の世界は奥が深くて幅が広い。深いとは古代から現代に至るまで絶えることなく人々が焼き物をつくり続けてきたことを意味する。また広いとは，地表上のかなり広い範囲にわたって焼き物がつくられてきたことをいう。歴史的時間の長さと地理的空間の広さが焼き物の世界を豊かなものにし多様性を与えている。当初は生活とりわけ食生活のための道具として，身近な粘土で成形し火に通して焼き物はつくられた。このことは，たとえば日本では縄文土器や弥生土器が各地で出土していることからもわかる。むろん粘土でかたちを整えても，高い温度で焼かなければ文字通り焼き物にはならない。粘土製の脆い器も焼けば硬くてかたちの変わらない器になる。誰が最初にこのことに気づいたかはわからないが，焼くことで物体の性質が変わり，それが食生活を支える道具として使えるようになったことは人間の歴史にとって大きな前進であった。

　土器から始まった焼き物は，時間とともに進化のプロセスを歩んでいく。分厚く重い割に欠けたり割れたりしやすい焼き物を，薄く軽く丈夫な焼き物へと変えていく試みの始まりである。こうした試みは，焼き物の原材料，胎土（坏土）から素地をつくる方法，焼成のための窯と使用燃料など，いくつかの要素を革新化することにより前へと進んでいった。各要素には地域性があり，地理的条件に応じて要素間の組み合わせには違いがあった。たとえば磁器原料の陶石（磁石）の分布は限られており，燃料用の薪や石炭の入手にも地理的偏りがあった。むろんこうした地理的分布はあくまで潜在的条件であり，その有用な条件に気づいて焼き物づくりに生かせたか否かは，人間やその集団としての社会の技術能力次第であった。

　ところで，焼き物とほぼ同じ意味で陶磁器という言葉が使われる。言葉の成り立ちを深く詮索する意図はないが，字義通りに解釈すれば陶磁器は陶器と磁器を組み合わせたものである。このため陶器や磁器より早い時期に登場した土器，土師器，炻器はこの言葉には含まれないと狭く考えることもできる。実際，言葉この場合は漢字のもつイメージから，陶器より歴史の古いも

のは陶磁器とは言いにくいという印象があるのは確かである。しかし一般には、「陶磁器は土を練り固めて焼いてつくったものの総称」という広義の解釈が流布している。それゆえ本書では日本で広く使用される焼き物という言葉を使い、古い時代から現代までのすべての焼き物を言い表すことにした。ただし歴史が比較的新しく、焼き物の大半が陶磁器といって差し支えない場合は陶磁器という言葉でも表現する。

　さて、このように歴史が古く地理的にも広い範囲に及ぶ焼き物をひとつの世界とする本書の意図は、焼き物と人との関わりを幅広い視野から明らかにする点にある。主に食生活に欠かせない道具として焼き物は求められ、それに応じるために生産者は努力を積み重ねてきた。当初は食器のほかに儀式や祭事の道具なども焼き物でつくられた。人形、置物、タイル、瓦、衛生陶器など食器以外の焼き物は現在でもつくられている。そこで本書はもっぱら食器に限定し、食器がどのように歴史的に生産されてきたかに光を当てる。しかし生産それ自体は、焼き物という広く大きな世界の一部分にすぎない。生産の前の準備段階として原料の入手がある。とくに磁器生産ではこれが決定的な意味をもっており、長い間中国が磁器生産で独壇場にあったのは、原料と製法の関係が厚いベールに覆い隠されてきたからである。原料、生産のあとも流通、消費など焼き物世界が及ぶ範囲は広い。

　食器は器としての機能を果たせばそれで十分である。しかし、毎日のように食器に接する人の気持ちを考えれば、できるだけ飽きのこないバリエーションに富んだ焼き物の方がよい。つまり焼き物を使う側すなわち消費者の立場から見た焼き物のあり方を問うという視点がある。消費者というと現代的な焼き物購買者のことが思い浮かびやすい。しかし長い焼き物の歴史を振り返ると、王侯貴族などの特権階級と一般庶民の間では、焼き物との接し方や関係性に大きな違いがあったことがわかる。高価な焼き物は対外的駆け引きの場で重要なアイテムとして取り扱われた。日本では茶会の席などで人と人を結びつける道具として名品や優品が尊ばれた。もはや器としての機能は度外視され、絢爛豪華さ、芸術的・審美的美しさ、風情・気配を表現する媒体・メディアとみなされた。焼き物をそのような観点から評価する傾向は現在もある。しかし焼き物は、芸術的美や社会的気配を乗り越えたより広い文化の

中でとらえる必要がある。焼き物を通して，それが生まれた時代の社会体制や仕組み，生産・輸送技術，人々の美意識などに光を当てなければならない。

　著者が主たる専門とする地理学では，社会地理学や文化地理学など，人文現象を社会や文化の視点からアプローチする研究が増してきた。これを焼き物に即して考えれば，歴史的にいかなる社会や文化の中で焼き物が生産されてきたかを問う研究である。焼き物をつくるのは陶工，職人，企業従事者，陶芸家などである。時代ごとにこうした生産者の置かれている立場が違うのは，社会，経済，文化の体制やあり方が異なるからである。近年の地理学研究には幅広い文化概念を制度という枠組みでとらえる動きがある。この場合の制度とは規則，習慣，決まり，仕組みなどのことであるが，必ずしも明示的なものばかりではない。伝統や風習のように暗黙的に継承されてきたものも含まれる。これらが複雑に絡み合いながら生産，流通，消費のありようを規定する。焼き物に関わるすべての人々は，無意識にこうした制度的枠組の中で行動してきたと考えられる。

　地理学には人文地理学のほかに自然地理学の分野がある。本来，これら2つの分野は統合的に研究するのが望ましい。本書で対象とする焼き物は，陶土，陶石，釉薬，薪，石炭など自然由来の原料や燃料を前提として生産される。地形条件をふまえて斜面に窯を築いたり，川の流れを利用して焼き物を運んだりするなど，自然地理学の知識も説明には不可欠である。人文地理学と自然地理学の両面からのアプローチはもとより望ましいが，そもそも焼き物に関する地理学研究は多くない。しかも古代，中世，近世にまで遡っての研究というとほとんど見当たらない。そういう意味では本書はかなり冒険的試みといえるが，考古学や歴史学の成果も取り入れながらあえて挑戦したい。

　焼き物世界を総合的に見るには，時間的長さとともに空間的広がりにも目を配る必要がある。世界でいち早く磁器の製造に成功した中国を中心に，朝鮮半島・日本の東アジア，東南アジア，それにヨーロッパなどへ磁器の製法は広まっていった。ただその過程は一様ではなく，日本へは朝鮮出兵を契機に伝わり，ヨーロッパでは中国を意識しつつも独自の開発で実現された。磁器生産が各地で始まる以前は，中国製磁器が国際交易により遠隔地にまで運ばれていった。重くて割れやすいという常識に反し，焼き物は海上輸送でア

ジア・ヨーロッパ間や日本国内の港湾間を運ばれた。それだけ珍しく貴重な焼き物を求める人々が多かったということであるが，焼き物は単なる器としてだけでなく，白い生地の表面に色鮮やかな絵柄や文様が描かれた舶来品・文化品として受け入れられた。

　以上，本書を上梓するにあたり，古今東西，焼き物の生産・流通・消費のありように対してどのような考えのもとでアプローチするかについて述べた。以下はいささか私事にわたることでお許し頂きたいが，著者は岐阜県東濃地方の美濃焼産地の出身であり，江戸初期から最近に至るまで焼き物づくりを生業とする家で育った。幼い頃より焼き物は使うものとしてよりは，つくるものとして身近に感じてきた。研究者の道を歩むようになり，勤務大学で陶磁器産業研究グループの一員として調査・研究をした経験もある。しかし成人するまでの個人的体験やグループ研究で知り得たのは，焼き物世界のほんの一部にすぎなかったように思われる。この世界がいかに奥深く幅広いかは，今回，本書を書き進める過程で痛感した。むろん本書だけでこの世界が理解できるとはとてもいえない。しかし少なくとも地理学の視点から焼き物世界を考えたとき，どの程度のことが語れるかは示したつもりである。大方の読者のご批判を乞いたい。

2022 年 11 月 1 日

林　　上

愛岐丘陵を見渡す石尾台にて

焼き物世界の地理学

目次

第10章　焼き物の社会性と販売促進の取り組み

第11章　焼き物をめぐる内なる空間と都市空間

第12章　廃棄陶磁器の再資源化とリサイクル食器

第1章

焼き物世界への地理学からのアプローチ

第1節　人の暮らしとともに発展してきた焼き物

1. 土器から始まった生活用具としての焼き物づくり

　焼き物といえば，陶器や磁器のことがすぐに思い浮かぶと思われる。それくらい器としての焼き物のイメージは強い。実際，人間が焼き物と初めて出会って以降，焼き物は食料を煮たり入れたり盛り合わせたりするための器として使われることが多かった。とりわけ煮炊きするための器（土器）は，生かせいぜい焼くことでしか食べられなかった食料摂取に大きな変化をもたらした。むろん，土器の代わりに石を加工して器にした石器や，木材をくり抜くなどしてつくった器を使うこともできた。しかし，石器は加工が難しいうえに重くて使いにくい。木製の器は軽いが耐久性，耐火性の面で難がある。石材や木材にはない，軽くて長く使える土を素材とした焼き物は人間にとって貴重な存在であった。世界で最初の焼き物は，粘土を素材として成形された土器として誕生した。その誕生地がどこであったか，詳しいことはわかっていない。中東地域で生まれた土器が各地に広まったと考えられていたこともあるが，現在は複数の地域で別々に誕生したという説が有力である。メソポタミア，東アジア，アメリカ大陸が土器誕生の有力地とされるため，古代文明の発祥地域と重なる部分が少なくない。

　土器を使って動物の肉や野菜を煮るという行為は，陶器や磁器を現代的に使う行為とは少し異なる。いまなら鉄製やアルミ製の鍋やフライパンを使って行う料理を古代の人々は土器で行なっていた。土器は身近にある粘土を細工すれば形を整えることができる。しかしそのままでは水に弱く形状を保つことができない。偶然かどうかはわからないが，粘土製の器を火の中に投ずることで土器の性質が大きく変わることに気づいた。焰を浴びて硬くなり形状が崩れず一定の状態を保つようになった土器は，晴れて焼き物になった。焼成することで状態が一変するという性質は石や木にはなく，土に固有のものである。このことを知った古代人は，煮炊きのための道具のほかに，受け皿の容器や保存用の容器として土器を生み出していった。こうした発明によって生活は豊かになり，身の回りの土器は人々の生活を支える上で欠かせ

ない道具となった。

　土器を発明した古代人は，恐ろしく長い間，土器を使い続けた。日本では縄文土器と呼ばれる土器が今から1万5,000年ほどまえから使われ始め，その後，1万2,000年もの間使われ続けた。その後に現れた弥生土器が使われた期間が紀元前5世紀から紀元後3世紀頃までの800年間であったことを考えると，縄文土器の時代がいかに長かったかがわかる。2つの土器の違いは形態，厚み，装飾などにあるが，何といっても大きな違いは焼き方にある。縄文土器が低温による野焼きであったのに対し，弥生土器は焼く前の土器に藁や土をかぶせ高温状態で焼いた（安城市歴史博物館編，1999）。野焼きの焔は空気中の酸素を奪って燃えるが，土器を藁や土で覆って焼くと酸素が足らず土器に含まれる酸素が燃焼のために奪われる。専門的には前者を酸化炎焼成，後者を還元炎焼成という。鉄分を含む土器の場合，酸化炎で焼くと赤褐色となり，還元炎で焼くと青灰色となる。還元炎焼成は酸素不足の窒息状態での燃焼であるため，大量の黒煙が発生する。藁や土をかぶせて焼く覆い焼

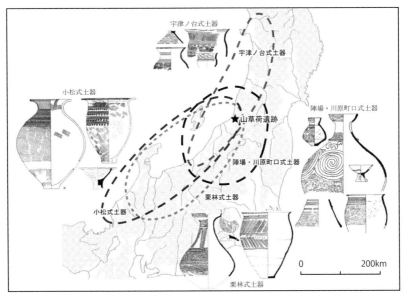

図1-1　弥生中期後半の山草荷遺跡の土器形式構成
出典：新発田市のウェブ掲載資料（https://www.city.shibata.lg.jp/kurashi/bunka/bunkazai/shi/1007008.html）をもとに作成。

第1章　焼き物世界への地理学からのアプローチ

きは，弥生土器以降に一般化する窯による焼成を先取りした方法である。これにより縄文土器より薄くて硬く明るい色合いの土器が使われるようになった。

　図1-1は，新潟県新発田市の新潟砂丘の内陸側で発見された弥生中期後半の山草荷遺跡の土器形式構成を示したものである。この遺跡は，長さ700m，幅200mほどの砂丘の東縁で低地と向かい合うような位置にあり，日本海からの強風を避けるため砂丘を背にしている。北東から南西に向けて伸びる砂丘列沿いには類似の遺跡もあるが，遺跡の発見が1914年と古く学術的に重要な出土品が含まれるため，2014年に新発田市の有形文化財に指定された。出土した主な土器は壺と甕である。156点の土器を東北地方から北陸・中部地方にかけて分布する弥生土器の形式と比較すると，山草荷遺跡を取り巻くように分布する陣場・河原町口式土器に類似するものが46%で最も多い。小松式土器が28%でこれに次いでおり，以下，宇津ノ台式土器14%，小松式と東北系・宇津ノ台式との折衷10%，栗林式土器2%であった。同じ遺跡から形式の異なる土器が出土することは，土器製法に関して地域間で相互に影響があったことを物語って興味深い。

　さて，野焼きから覆い焼きへ土器の焼成方法を改善した古代人は，焼き物の使用範囲を広げていった。狩猟生活から農耕・牧畜による定住生活への移行にともない，日常的な生活の場面で焼き物を使う頻度も高まった。定住生活は部族的な社会を生み，社会組織の中で繰り広げられる生活の場面，場面で焼き物が使われた。食べ物を盛るための高杯や鉢はもとより，貯蔵用の壺，煮沸用の甕，あるいは儀式で用いる道具にまで広がった。ただし，同じ弥生土器とみなされる器であっても装飾が縄目模様で縄文土器の特徴を伺わせるものも出土している。このことは，同じ時代の日本列島でも地域によって違いがあったことを物語る。今日のように広域的な地域間交流がなかった時代，地域差があったのはむしろ当然である。焼き物の祖型として縄文と弥生を本質的に区分することは難しい。このため土器の様式によって時代を分けるよりは，むしろ狩猟・移動か農耕牧畜・定住かという生活基盤の違いを時代区分の指標にすべきだという考え方もある。

　以前は縄文式土器，弥生式土器と呼ばれたのが縄文土器，弥生土器へと呼

び方が変わったのは，上で述べたことが背景にある。しかしながら，縄目模様の特徴や最初の出土地に因んでそれぞれ命名された2種類の土器が，縄文時代，弥生時代のように時代の名称になっている点は焼き物の特質を考える上で重要である。石器，鉄器，銅器などと同様，土器は木材，繊維，紙など耐久性に乏しい素材にはない性質をもっている。しかも，腐食が進んで原型を留めない鉄器や銅器などとは異なり，焼成された土器は割れることはあっても，成分が変質することはほとんどない。鉄や銅の原料は地域的に限られるが，初期の土器はどこにでもある粘土が原料であった。普遍的に存在する土器は，特徴に地域差はあるが，ある時代の生活や経済のありようを映し出している（若林，2021）。

2．美的鑑賞性，技術生産性，社会階層性が多様な焼き物

　日々の暮らしの中で，なにかのきっかけで美しいと思ったり，綺麗だと感じたりした気持ちを目に見えるかたちで表そうと思うことがある。そんなとき，人は文字や絵画や造形へと心を向かわせる。上手い下手の違いはあるが，心の感動をなにか対象物を通して表現したいと思う。またこれとは逆に，表現された対象に接することで美的な感情が心の中に生まれるのを感じる。人は美的な対象物を媒介として心を通わせ合うことができる。焼き物はそのような対象物を自ら身にまとい体現する生活用品の代表といえる。むろん，繊維，木材，金属，石など美しさを絵画や造形で表現するための日常的素材はほかにも存在する。しかし，焼き物ほど形状，図柄，色彩が自在に表現できるものはほかには見当たらない。なんといっても，ほとんど毎日，身近な生活の場面で用いる道具それ自体が美的要素を身にまとっている点が大きい。一旦，生活用具としてのデザインや色彩が固定されたら，半永久的に変わることはない。これは耐用年数に限りがある衣服や木工品などにはない特性である。

　焼き物の形状は，その使用目的に応じて異なる。多くは容器として用いられるため，器の中に入れるものの状態に最もふさわしい形状として成形される。固体，液体，その中間の半固体など千差万別な物質，その大半は飲食物であるが，それらが収まりやすい形状であることが基本条件である。そのよ

うな条件を満たした上で，形状に工夫を凝らし見栄えの良い姿として整えられる。人が手に取るさいに支障がなく，できれば自然に手が伸びるような魅力的なデザインであるのがよい。人は美しいものを本能的に感じ取り，それに近づこうとする。気を引く形状であれば，それを手にして満たされた気持ちに浸ることができる。日に三度の食事に欠かせないものであるため，そのたびに接する食器が手応え十分であることは基本条件として譲れない。

　食器としての焼き物は，期待される最小限の役目を果たせばそれで十分なように思われる。しかし，求められる役割はそれだけにとどまらない。むしろ機能的役割以上の何かが食器としての焼き物には期待される。それは美的感動を喚起させる要素であり，形状を支える土台や器の表面に描かれた図柄やその色彩などである。土台は原材料の性質や成形・施釉・焼成などの方法でその基本が決まる。図柄や色彩は器の上に描かれた文様やデザインであり，モチーフは多種多様である。基本は美的感情を喚起させるものであるが，その焼き物がいつどこで，またどのような状況で生まれたかによって異なる。時代や地域を問わず人が焼き物に美しさを求める気持ちは同じでも，描かれる文様やデザインには違いがある。描き方が時代や地域によって異なるのは，焼き物が生まれる基盤や背景が違うからである。社会，経済，文化の違いだけでなく，成形，釉薬，描画方法などにも時代差や地域差があるからにほかならない。生産者，その多くは無名の陶工や職人であろうが，その生産者の技量にも違いがある。腕の違う陶工や職人がいかなる時代や地域の中で暮らし，どのような求めに応じて成形し文様やデザインを描いたかである。

　これまで地球上で生まれた焼き物をすべて網羅したカタログを作成しようとしたら，それは恐ろしく膨大なものになろう。不可能ではあるが想像することはできるカタログのうち食器だけに限っても，描かれた文様やデザインの多様性は無限に近いであろう。ほとんど何も描かれていない食器から，極彩色に満ちた精緻な図柄で全体を覆い尽くした食器に至るまで，その多様性の幅は大きい。無地とはいっても，焼成中の釉薬の自然な振る舞いで食器の表面に貫入や粒模様のパターンが生まれることがある。むしろそれを期待し，最初からそのようなパターンが現れるように意図して焼成した焼き物も少なくない。そのような予想外なパターンも文様やデザインに加えれば，カタロ

グのスケールはもっと大きくなる。所詮は飲食のために用いる道具に過ぎないが，その形状と表面に描かれた文様やデザインの全体をひとつの「世界」に見立てることもできる。作品として理解されることの多い絵画や彫刻にも通ずる美的世界を，日常使いの焼き物の中に見出すことができる。

　文様やデザインが写真で印刷されたカタログは，通常，商品を取引するさいに用いられる。少なくとも近代以降のメディアであり，それ以前には存在しなかった。しかし，そのようなカタログはなくても，食器の見本あるいは絵柄のサンプルを携行して注文を取りに出かける旅商人はいた。それらを手がかりに消費地の陶器商は食器を選び，購入数量を注文した。もっとありそうなのは，消費地の流行に詳しい陶器商がどんな文様やデザインの食器をつくればいいかを生産者に伝えることである。実際にはこうした情報の伝達は仲介者である卸売商人や仲買人が請け負って窯元の生産者に伝えた。焼き物の産地と消費地の間にあって両者を結びつける卸売商人・仲買人は，流通経路上の要として強い影響力を発揮した。

　図1-2は，近世・江戸時代に焼き物の国内生産で大きなシェアを有した唐津物と瀬戸物の産地卸売商人が，どこの消費地の商人と取引を行っていたかを示したものである。図中の線の太さは取引相手の商人の数に比例している。ただし，唐津物とは現在の佐賀県東部・長崎県北部で生産された焼き物の総称で，磁器は有田焼を中心とする。消費地では唐津方面からの到来という意味でこのように呼ばれたが，実際には伊万里港からの出荷が多く，卸売商人

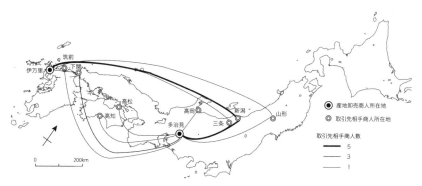

図1-2　近世，伊万里と多治見の焼き物産地卸売商人の取引先数
出典：山形，2016，p.248などをもとに作成。

も多くが伊万里商人であった。一方の瀬戸物も瀬戸方面で生産された焼き物と解されたが，実際は瀬戸だけでなく美濃で生産されたものも含まれていた。それゆえ産地の有力な卸売商人は美濃・多治見の商人であった。図から明らかなように，有田や美濃で生産された焼き物は海運で遠隔地まで運ばれていた。とくに日本海側の新潟に取引先商人が多く，2大産地から多くの焼き物を仕入れて卸売していたことがわかる（山形，2016）。

　近世や近代といった時代に関係なくどの時代にあっても，社会的な階層性は存在した。社会経済的地位が高ければ，労働力を惜しまず図柄を描き込んで焼き上げた食器でも入手できたであろう。対照的に社会の底辺近くで暮らす人なら，絵柄も粗略な大量生産の食器が手に入れば御の字であったかもしれない。今日のような機械生産ができなかった時代，陶工・職人が手づくりで焼き上げた食器の出来不出来の差は大きかった。技量の異なるつくり手がさまざまな作業条件の下で焼き物をつくってきたこの世界には，たぐいまれな名品と崇められる器がある一方，特徴のない記憶もされない無数の器も存在する。先に述べた有田や美濃の焼き物が遠隔地まで運ばれたのは，市場での評価が高く相対的に高価だったからである。近世は焼き物産地が各地にあり，局地的市場の需要を満たしていた。陶器より高価な磁器が生産できたのは一部の産地であり，市場の社会経済的多様性に応じた焼き物が生産されていた。

3．日用雑器から美術陶芸品まで幅広い焼き物

　遠い過去から今日まで生産され続けてきた日用品の中で，焼き物ほど歴史的に長く存在してきたものはない。衣服，木工品，金属品などと比べると，現役としての存命期間の長さは群を抜いている。落として割ったりしないかぎり長持ちし，湿気を帯びて腐ったり錆びたりすることもない。窯から取り出されたままの状態がほぼ永遠に続く。こうした焼き物独特の性質が，縄文土器や弥生土器から始まる焼き物の絶えることのない歴史を今日まで続けさせている。それといまひとつ重要なことは，焼き物を焼いた窯の跡が数多く残されていることである。これも着物が織られた作業場や木工品や金属品が生産された場所を突き止めるのが限られているのとは対照的である。完全な

状態のまま発見されることは稀であるが，それでも窯の構造がわかる程度の状態で見つかることは少なくない。

　ある意味，窯もまたそれ自体が焼き物である。土や粘土やレンガなどを組み合わせてつくられる窯は，焼き物を生む特殊な耐火物空間である。窯の役割は，水に浸せば崩れやすく叩けば簡単に割れてしまう素地を高い温度の焔の力を借りて変質させることである。粘土や胎土の可塑的性質で与えられた形状は，力を加えても二度と元の状態には戻らない固形物となる。こうした焼き物を焼き上げる窯は，高い温度に耐えられる構造物でなければならない。何らかの事情で焼き物が焼かれなくなった後も，特別な理由がなければ窯は放置されることが多い。窯の上部は，長年，雨風に晒されれば崩れ落ちる。しかし窯の土台は土砂などで覆われることはあるが，姿を消すことはない。後年，考古学的発掘によって発見され，窯の構造や焼き物の種類，操業していた時代などが明らかにされていく。

　古代から現在に至るまで，連綿として焼き物が生産されてきたことは間違いないが，その場所は時代とともに移り変わってきた。当初は，生活している身近なところで見つけた粘土を使って焼き物を焼いた。現在から見れば稚拙な，それこそ土器としか呼べないような焼き物であった。しかし時代とともにこれまでより質の高い食器をつくるのに適した粘土が使用されるようになった。燃料の薪は窯の規模が小さければ，近場で探せば手に入れることができた。しかし増える需要に応えるには，より広い範囲から薪を調達しなければならない。生育に時間を要する木を用意するには，同じ場所にとどまっているより，窯の場所を移した方がよい場合もある。燃料を求めて窯場を移動させることは十分にありえた。陶土や燃料の得やすさから，次第に生産地が限られていった。

　産業という言葉がふさわしいかどうか迷われるが，焼き物がより専門的に生産されていくのにともない，生産の場所が限られていった。このことは，古代の窯跡が各地に残されているのに対し，時代が新しくなるにつれて窯跡の数が少なくなっていくことからも明らかである。図1-3は，全国に残されている主な窯跡を古代，中世，近世の時代別に示したものである。図から明らかなように，古代の179か所から中世は47か所へと3分の1程度にまで

0　　　　200km

図1-3　全国の主要窯跡の分布
出典：東洋陶磁学会，2002，p.335をもとに作成。

減り，近世は44か所へとさらに減少している。ここからさらに近代，現代へと進む時代とともに焼き物の生産を産業として発展させられたのは一部に限られる。多くの産地が淘汰され一部の生産地のみが生き残っていく産地形成過程は，焼き物以外の分野でも見られる。より専門性の高いつくり手によって生産されるようになった製品は，地場産業として発展できた産地において量産されていくようになる。

　原料の質を問わなければどこでも生産できた焼き物は，近隣の需要に応じて各地の窯で焼かれた。しかし時代とともにより質の高い焼き物が求められるようになり，そのために選ばれる原料が選別されるようになった。とくに近世初期に磁器が生産されるようになると，磁石あるいは陶石と呼ばれる原料やその成分に近い原料が求められるようになり，磁器生産の産地は限定されていった。焼き物は重くて嵩張り製品は割れやすいため輸送が簡単ではない。しかし海上輸送の発展とともに遠隔地まで運べるようになり，磁器など割れにくい硬質な焼き物が生産できる産地が他産地を押しのけるようにして発展できた。有田焼は近世初期にヨーロッパへ向けて輸出できる焼き物であった。外貨が求められた近代以降になると，瀬戸焼は海外市場に的を絞って生産されるようになる。

海上輸送なら焼き物は想像以上に遠くまで運ばれていくのである。

　さて，日用雑器は時代や地域を超えて普遍的に使われ続けていく。続くのは日常生活にとって欠かせないからである。焼き物食器は間違いなくこの中に含まれる。むろん紙，プラスチック，アルミニウムなどの食器も存在する。用途は限られるがガラス製食器もある。しかし，耐熱性，保温性，耐久性，耐腐食性などいくつかの点から考えて，焼き物を上回る代替品は見出しにくい。柔軟性に富んだ形状，絵模様，デザインがもつ商品としての多様性の点でも，焼き物にまさるライバルは見出しにくい。このことが，縄文土器，弥生土器の頃から今日まで永々として人々が焼き物を生活の場で用いてきた理由である。いくら時代が変わり地域が変わったとしても，そこには必ず焼き物食器が存在する。

　日用雑器という言葉のニュアンスにも現れているように，日用雑器は取るに足らない価値の低いものとみなされやすい。たしかに多くはそのようなものであり，現在なら100円ショップで普通に売られている。しかしこと焼き物に関しては，そのような普及品・大衆品がある一方で，芸術的，美術的陶芸品として取り扱われているものもある。この点が紙製のカップやプラスチック製の容器との違いである。素材である陶土，陶石，釉薬などに大きな違いはなくても，手づくり性や企業ブランドの違いで市場での評価に大きな違いが生まれる。評価されているのは，器としての機能性だけではない。焼き物の生産に関わった人々や企業の社会的評価が，そのまま器の評価に反映される。歴史的耐久性に富んでいるがゆえに，遠い昔に誰がつくったか，あるいはいかなる企業によってつくられたかという評価も受け継がれる。これもまた紙製やプラスチック製の食器などにはない焼き物独特の性質である。

　このように，雑器といって片付けてしまうには不似合いな性質が焼き物にはある。こうした性質のため，単なる食器という機能を超えた価値を最初からもたせようとして生産される焼き物食器もある。さらに言えば，機能性などはまったく無視し，焼き物食器それ自体を芸術的表現の対象とする場合さえある。いずれのカテゴリーに入るにしても，それらが生産され続けているのは，日用品市場や美術・芸術品市場において焼き物を求める人々がいるからである。日用雑器であれば普段使いの食器として，また雑器を通り越して

美術的，芸術的対象として愛でるならその期待に応えるような食器として，焼き物食器は生産され続けていく。

第2節　地理学の視点から考える焼き物世界の多様性

1．自然地理学の視点から焼き物生産を考える

　われわれの日々の暮らしは，地球上に広がる自然環境と人文環境の重なりの中で営まれている。これら2つの環境は明確に区別することはできない。その実態を解き明かすために，便宜的に分けているにすぎない。自然環境は気候や地形など人間の力では大きく変えることのできない文字通り自然の力で成り立っており，人文環境とは異なる。しかし近代以降，地球温暖化ガスの人為的排出の増加が平均気温を上昇させ，気候変動を引き起こしてきたという事実がある。気候だけでなく地形もまた人為的に改変されてきた歴史があり，もはや地球上にファーストネイチャーは存在しない。人類が登場する以前の手つかずの地球をいうファーストネイチャーはないが，依然として自然は人間活動を大きく制約する存在である。その制約を受け入れながら，暮らしやすい環境を築いていく歩みが人文環境形成の歴史にほかならない。

　気候，地形，植生などの自然現象を空間的あるいは地域的な視点から研究するのが自然地理学である。むろん，自然地理学という学問があって自然現象があるのではない。自然現象と思われる対象を選んで研究する学問のひとつとして自然地理学がある。対象をより詳しく究明するために，気候学，地形学，植生学などという名前を付けて細分化することもある。自然地理学はそれらの分野をつなぎ合わせ，総合的，全体的に明らかにしようとする（岩田，2018）。学問の細分化は便宜的でしかなく，個々の自然現象が独立して存在するわけではない。模式的にいえば，地殻運動で現れた陸地が雨，風，熱などの作用を受けて状態を変える。そこに人間を含む動植物が絡まって生態系が生まれ，地表上の自然環境は複雑さを増していく。

　こうして生まれた自然環境の中から人間は生きていくのに必要なものを選ぶ。本書で取り上げる焼き物との関わりでいえば，地形や地質は重要な要素

である。胎土となる原料の陶土や陶石は限られた地質条件のもとで存在する。このため，よりよい焼き物を生産しようと思えば，おのずと産地は限定される。水や気温も決定的ではないが，考慮すべき条件である。水がなければ胎土を使って素地を成形することができない。気温が低い寒冷地では素地が凍結してひび割れすることもある。いずれも水道や暖房装置などによって自然環境が変えられるなら問題はない。しかしそのように対応できるようになったのは比較的最近であり，人が焼き物をつくり始めた当初は乏水地や寒冷地は選ばれなかった。水は成形以外の場面でも焼き物にとって重要である。陶土や陶石から胎土をつくるのに水の力を必要としたからである。原料成分を均一的に精選する水簸（すいひ）や，水車動力によって土や石を粉砕する工程で水が利用された。

　図1-4は，大分県日田市にある小鹿田（おんた）焼の里のある窯元の作業敷地を示したものである。開窯時期が1716〜1735年頃とされる小鹿田焼の器は，地元で産出する陶土をもとに現在でも伝統的方法によって生産されている（梅木, 1973）。採取した原土を乾燥したのち，イゼと呼ばれる場所から取り入れた水の力を借りながら原土を粉砕する。粉砕は唐臼によって行われ，ししおどしの仕組みで落下した杵が臼の中の原土を搗くことで粉末状になる。その後，

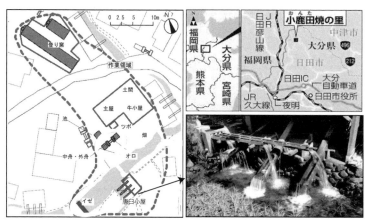

図1-4　大分県・小鹿田焼の里における唐臼による陶土の粉砕
出典：山口・松本・西山，2002，p.2220 および日田市のウェブ掲載資料（https://www.city.hita.oita.jp/soshiki/shokokankobu/kankoka/kankokikaku/hoka_kanko/2539.html）をもとに作成。

土粉は水簸で水とよくかき混ぜて均一にしたのち，オロと呼ばれるところで水抜きが行われる。谷から引き込まれた水は動力としてだけでなく，原土を成形のための胎土に変えるためにも利用される。固体の土を一旦，半分固体，半分液体の泥のような状態にし，水抜きした粘土（胎土）で成形し再び固体へと性質を変えていく。こうした一連の過程の媒介役として水は不可欠な存在である。

　さて，成形されて形状をもつに至った素地が焼き物になるには，焼成過程を経なければならない。自然環境の中から焼成用の燃料になるものを探せば，おのずと植物に目が向かう。火力や火足のよさを考えると，藁や茅などの植物よりもアカマツ，ナラ，カシなどの方が望ましい。とくにアカマツは樹脂分が多く，火が付きやすいので燃料として適している。焼き物の長い歴史において，薪が燃料として使われた時代は長かった。もっとも中国には，4,000年も前から炭化した植物すなわち石炭を窯の燃料として用いてきた歴史がある。日本では，近代になって薪に代わって石炭が燃料として用いられるようになり，さらに石油，ガスへと移り変わっていった。近年は趣味の陶芸分野を中心に電気窯も使われている。薪が燃料であった長い間，焼き物の生産地を決める条件のひとつとして植生条件があった。

　自然地理学の学問分野では，地形に関心を抱いて研究する人が少なくない。地球上の陸地部分に限定しても，実にさまざまな地形が観察される。人の食生活に欠かせない道具となった焼き物は，当初は身近なところで焼かれた。すでに述べた縄文土器や弥生土器は，古代人の生活痕の近くから発掘されることが多い。ということは，当時の人々が生活のために選び取った場所の地形条件がそのまま焼き物，すなわち土器づくりの地形条件でもあったといえる。稲作とともに定住を始めた弥生人は，農耕に適した水の得やすい平地で暮らした。低湿地帯は自然地形として稲作に向いており，こうした地形条件の土地から弥生の痕跡は発見されることが多い。

　弥生のまえの縄文の時代はどうであっただろうか。この時代はかなり長かったが，晩期にあっては気温が現在よりも高かった。つまり気候分布が現在のそれとは違っており，現在なら冷帯気候で暮らしにくいところでも，縄文人は苦にせず生活できた。狩猟や木の実などの採取で命をつないでいたと

考えられており，焼き物すなわち縄文土器を生み出した人々はこれまでとは異なる文化的特性を育んでいった（白石，2021）。独特の縄目模様で装飾が施された土器は，弥生のそれに比べると一般に分厚い。その重さや壊れやすさを考えると，簡単に持ち運びをしたとは考えにくい。小動物が見つけやすくどんぐりなどの木の実も手に入りやすい山地や丘陵性の地形が生活の場であり，また土器を焼くところでもあった。

　焼き物と地形との関係で見落とせないのは，窯がどのような地形の上に築かれたかという点である。これは燃料や水とともに窯の構造が地形条件によって左右されるためである。たとえば日本では近世から近代にかけて，斜面の上に窯を築き，下から順に上方へ向けて焚き上げていく登窯が使われた。燃料効率の点を考えると大量生産に適しており，薪も節約できた。平地ならわざわざ傾斜状の登窯を築くことはなかったであろうから，これは丘陵地の窯業地で考え出された窯の一形態と考えられる。図1-5は，岐阜県多治見市笠原町における窯の立地を時代別に示したものである。右側の図は，室町時代のひとつを除いて，あとはすべて江戸時代から明治・大正時代までの窯跡を示す。例外なくどの窯も標高130〜180mほどのなだらかな丘陵地の先端付近，つまり丘陵地と平地の境界地点に築かれていた。これは当時の窯が連房式登窯で，傾斜地の角度を利用して効率的に焼いていたからである。一方，左側の図は1950年代中頃の窯の分布であるが，多くは平地に築かれた石炭窯である。ただし，丘陵地の先端部を連ねるような窯の並びは維持されている。これは，丘陵地斜面から平地寄りにわずかに移動して石炭窯が築かれた

図1-5　岐阜県多治見市笠原町における窯の立地の時代変化
出典：笠原町編，1991，p.54,154をもとに作成。

からである。同じ窯元が敷地内に築く窯の形態を変えたのである。全体として窯の数が多くなったのは，焼き物の生産量が多くなったことを物語る。

　笠原町は美濃焼産地の中にあり，明治末期に至るまで比較的安価な日常食器を生産してきた。しかしその後，大正期に入ると美濃焼産地では初めてとなるタイルの生産を始める製陶会社が現れた。あとに続く事業所も増えていき，笠原地区は美濃焼産地の中で差別化を図りながら新たな市場を開拓する方向へと舵を切った。戦後は高度経済成長期に急増した需要に対応するため，当初の石炭窯から重油燃料のトンネル窯へと切り替えられた。トンネル窯は一度火を入れたら連続して焼成しないと非効率である。大量生産には適しているが，需要が減少すると維持にコストがかかり不経済になりやすい。タイル生産は海外市場や国内の建築需要の変動を受けやすく，同じ美濃焼産地にあっても景況は食器の場合と若干異なる。

2．人文地理学の視点から焼き物へのアプローチ

　自然地理学と対をなす人文地理学は，社会，経済，文化など人間が地表で行うあらゆる活動を対象として研究する学問である。その研究スタイルは，自然地理学と同様，空間や地域といった広がりに注目しながら現象に接近するというものである。一般に社会現象なら社会学，経済現象なら経済学というようにそれぞれ専門の学問分野がある。しかし人文地理学は現象ごとの専門性にはとらわれない。社会活動や経済活動は互いに結びついており，地域で繰り広げられる活動を切り離すことなく総合的にとらえようとする。文化もまた社会や経済と密接に結びついているため，これも含めて考えれば総合性はさらに増す。人文地理学は，社会，経済，文化などが相互に絡み合って構成する世界を人文環境としてとらえる。こうした人文環境の土台には自然環境がある。自然環境を背景としながら人間は生きるために社会，経済，文化などの仕組みが互いに絡む人文環境をつくりあげてきた。

　陶土や陶石など自然からの恵みを材料として成形され焼き上げられた焼き物は，その出発点において人文環境から影響を受けてきた。縄文土器の独特な縄目模様は，当時の人々が好んだ文化的雰囲気を土器に表現したものである。農耕が始まり経済が発展して貧富の差が現れるようになると，使い手の

身分に応じて焼き物の種類や質にも違いが見られるようなる。領主経済や封建社会にあっては焼き物を自由に生産することはできなかった。焼き物の生産と流通を管理・統制することで，利益に与ろうとする統治者がいたからである。その一方で，特定の生産者を囲い込み，庇護しながら生産を奨励して産業の振興を図る為政者もいた。今日のような自由な市場経済ではなく，制約の多い社会経済体制のもとで焼き物は生まれた。

　焼き物の生産・流通を制約した条件はこれだけではない。為政者による人為的な制約とは別に，未発達な交通や輸送なども焼き物の生産や流通を制約した。重量があり嵩張る焼き物の長距離輸送はもっぱら水上交通に依存することが多かった。時代が進むにつれて，鉄道や自動車が輸送手段として使われるようになる。焼き物が運ばれる距離はこれまでより長くなり，人気のある生産地は取引先を広げて発展することができた。社会，経済，政治，文化が絡んで成り立つ人文環境は時代とともに変化する。焼物はそのような人文環境の中で生まれるため，時代の推移とともにそのあり方が変わるのは自然なことである。

　地理学は対象や現象を幅広い視点からとらえるため，見方もおのずと複眼的になる。古今東西の焼き物を取り上げる場合，生産地や生産者，その多くは陶工・職人であることが多いと思われるが，そうしたつくり手の属性に関心が集まりやすい。たとえつくり手がひとりの陶芸家であっても，すべての生産過程を単独で行うのは不可能である。原料の供給や作品の輸送では第三者が関わっており，分業や共同作業がなければ成り立たない。見過ごされがちなのは，生産された焼き物を買い求める消費者が，いかなる嗜好の持ち主であるかという点である。種類や品質が多岐にわたる焼き物に対する消費者の好みは多様である。生活様式は時代とともに変わり，たとえ同じ時代であっても地域や社会によって受け入れられる焼き物は一様ではない。買い手がいなければ焼き物を継続的に生産することはできない。需要あっての生産であることを忘れてはならない。

　ところで，焼き物に限らず人文地理学の分野では，生産・流通の仕組みや消費者行動に焦点を当てる研究がこれまで行われてきた。関心は生産過程に向けられることが多く，原材料の調達，製造方法，労働の分業体制などが明

らかにされた（高津, 1970；小串, 1973；勝又, 2009）。焼き物は地場産業として生産されることが多いため, 地域社会の成り立ちと絡めた研究も少なくない（濱田, 2002；出口, 2008）。多品種少量生産の特性をもつ焼き物は, 量産を得意とする大企業では取り扱いにくい製品である。社会的分業体制が焼き物生産を支えているため, 産業や経済よりも社会や文化の視点の方がアプローチに向いている面もある。とくに文化は, 焼き物に食器機能以外の美的要素やファッション感覚を求める風潮が高まるにつれ, 重視される度合いが強くなった（林, 2009）。

　もともと焼き物は, 単なる商品というよりは, むしろ趣味性や嗜好性が商品のかたちをして消費者に手を伸ばさせるといったところがある。むろん使用目的があって焼き物は購入されるが, いざ買ってみると家の中に同じような焼き物がすでにあることに気づくといったこともめずらしくない。必需品であると同時に奢侈品としての性格もあり, 日用雑貨の中では特定の個人と深くつながりやすい。家族構成員が銘々のご飯茶碗で食事をしたり, お気に入りのマイカップにコーヒーや紅茶を注いでリラックスしたりする。パーソナライズされやすいそのような小道具としての焼き物をどのように手に入れるか, これは消費者行動に関心をもつ人文地理学の研究テーマにふさわしい。

　現代であれば, 陶磁器を専門に販売する小売店舗以外に, スーパー, デパート, 100円ショップなど実にさまざまな販売ルートがある。品揃えや価格帯がルートごとに違っているのは, 社会経済的に多様な消費者属性に対応した結果である。過去のことは詳しくはわからないが, 一般庶民が市場で手に入れる安価な焼き物がある一方, 為政者に近い特権階級が特別のルートで入手する高価な焼き物もあった。焼き物の使用価値と所有価値は同じではなく, 社会階層ごとに違っていた。雑器のたぐいの普及品から高級な奢侈品に至るまで, 幅広い焼き物の流通経路は時代や社会のありようを反映している。

3. 地理学の総合的視点から古今東西の焼き物を考える

　焼き物に関する地理学の研究は多いとはいえない。焼き物の歴史の古さを反映してか, 考古学や歴史学などの分野では幅広く研究が行われてきた。焼き物を歴史的視点から取り上げる考古学や歴史学と正面から立ち向かって

も，地理学には勝ち目はないように思われる。そのような背景もあり，焼き物の地理学研究では近代あるいは現代という時代において，主に産業としてどのように成り立っているかに関心が向けられた（上野，1970）。とくに地場産業としての窯業あるいは陶磁器産業の生産・流通の構造に光が当てられた。地理学のカテゴリーでいえば経済地理学と呼ばれる分野において，主として近代から現代にかけて生産されてきた産地の現状を空間的視点から明らかにしようとする（柿野，1982）。陶土や陶石がどのように入手され，胎土が成形されて素地となり，窯で焼成されて焼き物になっていくか，その過程に目を向ける。

　以上は，主に生産過程に関する研究である。製品になった焼き物は，多くの場合，産地の卸売業の手に渡り，そこからさらに消費地の卸売業へと送られていく。消費地卸売業は大都市圏を中心に展開する陶磁器小売店，スーパー，デパートなどの小売業に販売する。そこから先は最終的に焼き物を使用する消費者への販売であり，これによって原料産地から最終消費者までの経路が完結する。この間，かなり長い距離を隔てて存在するそれぞれの経済主体が焼き物を介してつながりをもつ。むろん近年では中国をはじめとして海外から輸入される焼き物も少なくない。以前は主にヨーロッパから輸入されたが，現在は中国産の陶磁器が大きなシェアを占めるようになった。今日では国内生産と海外生産を合わせてその実態を明らかにするのが全体像を知るためにも望ましい。ところが実態はというと，そのような地理学研究はほとんどなく，大きな関心を呼ばないのが現状である。

　日本の経済地理学では，その時代に重要な地位を占めていた産業に光を当てて研究を行う傾向がある。第二次世界大戦後は，軽工業から重化学工業へと関心が移り，さらに石油ショックを経て工業の高度化や海外生産が進むと，研究の方向もそれにしたがった。情報化やサービス経済化の進展とともに，工業それ自体よりもむしろ工業活動をサポートする企業サービス業へと重点が移行した。生産と同様に流通・販売や消費の面でも次々と変化が生まれ，そうした流れを追うように経済地理学の関心対象も移行していった。大量消費社会ではいかに効率的に商品を流通・販売するかが決め手であり，大規模化や情報化が新たな流通・販売主体の台頭を促した。

研究関心が産業構造の変化に寄り添うように推移するのは，自然なことのように思われる。社会において人々がどのようなことに関心を示し，何を知りたがっているかといういわば社会の風潮に無関心な学問研究はありえない。学問の社会的貢献や意義を持ち出すまでもなく，社会とともに歩む学問の姿はきわめて真っ当なように思われる。そのようなことを十分理解した上で，産業構造の中で大きな位置を占めることもなく，ほとんど注目されないジャンルのあることも忘れてはならない。地場産業と呼ばれる伝統的産業は，現代日本の産業の中では大きなウエートをもたない。生産額や就業者の点から見ても，わずかなシェアしかない。とくに1991年のバブル経済崩壊以降，これまで国内で生産・消費の多かった地場産業製品は急激な落ち込みを示している（青木，2008）。バブル期には苦もなく購入・消費されていた商品が厳選されるようになり，デフレ経済の構造化にともない低価格志向への傾向が強まった。

　陶磁器製飲食器は，まさしくそのような商品である。需要の低迷に対応できない生産地では廃業する事業者が続出した。海外から流入する低価格食器がそのような動きに追い打ちをかけた。図1-6は，全国における陶磁器製飲

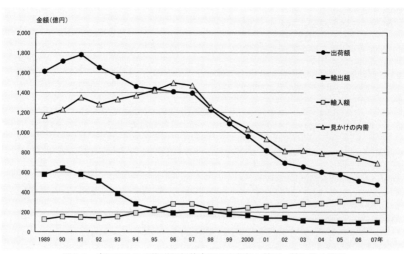

図1-6　全国における陶磁器製飲食器の出荷額と輸出・輸入額の推移
出典：岐阜県産業経済振興センターのウェブ掲載資料（http：//www.gpc-gifu.or.jp/link/stat.asphttp）をもとに作成。

焼き物世界の地理学

食器の出荷額と輸出・輸入額の推移（1989 ～ 2007 年）を示したものである。
出荷額は 1991 年をピークに以後は連続して減少し，16 年間で 4 分の 1 にま
で落ち込んだ。輸出額も 1990 年以降，連続して減り続け，最盛期の 6 分の
1 にまで減少した。対照的に輸入額は漸増傾向で，1989 年からの約 20 年間
で倍増した。出荷額から輸出額を差し引いた国内市場向け供給額に輸入額を
加えた見かけ上の国内需要は，1996 年以降，連続して減少している。つまり，
1991 年のバブル経済崩壊をきっかけに陶磁器製飲食器の生産額は減少し始
め，少し時間をおいて需要自体も減少していった。しかし出荷額の落ち込み
の方がより大きく，供給不足分を輸入が補うというかたちで推移した。

　海外製品とりわけ廉価な中国製品は国内生産者にとっては脅威となった
が，低価格品を志向する消費者にとっては歓迎すべき選択肢となった。注目
すべきは，安価な海外品は低品質というかつてのイメージを払拭するように，
コストパフォーマンスを満たす食器が店頭に並べられるようになった点であ
る。これは陶磁器製飲食器に限らず，アパレル品をはじめとする多くの日用
品に共通する傾向である。加工貿易が国是とされた時代はすでに遠のき，身
の回りの多くの商品が海外での生産品によって占められるようになった。長
い歴史をもつ地場産業として発展してきた焼き物産地は，大きな試練の時期
を迎えた。

　こうして焼き物産業を取り巻く環境は厳しさを増しているが，縮小傾向に
向かう地場産業を地理学的に研究しようという動きは見られない。しかし一
旦，アカデミズムの分野を離れると，古今東西の焼き物を集めて掲載した書
籍が売られたり，焼き物産地めぐりの記事を載せた雑誌が読まれたりしてい
る。それ以外に，全国の焼き物産地で販売市が開かれたり，産地から離れた
一般のスーパーなどでも焼き物の即売会が開催されたりしている。こうした
動きは，売上が低迷する焼き物を少しでも消費者の近くで販売しようという
苦心の現れと見ることもできる。しかし概して，メディアや店頭の場を通し
て焼き物の良さを訴える動きに対する消費者の反応は悪くない。むしろ関心
は高く，なぜ焼き物の国内生産額が長期低迷しているのか不思議にさえ思わ
れる。これは，国内産の焼き物に対する人々の関心と，輸入品比率が増して
いる売場の間にずれがあるからにほかならない。各地で焼き物産地めぐりが

盛んになる一方，都会の市場では安価な輸入品が売場面積を広げている。

　さて，本書が意図するのは，焼き物食器が生産されてきた背景を含め，時代や地域を超えてその実態を幅広く述べることである。広がりは過去から現代へ，また日本からアジア，ヨーロッパへと広がる。むろんそれらのすべてを対象として取り上げることは不可能である。しかし少なくとも，これまで近代，現代に限られてきた生産・流通・消費の実態，あるいはもっぱら日本を対象に論じられてきた従来からの枠を取り払いたい。むろん，近世までの焼き物食器についていえば，考古学や歴史学による膨大な学問的蓄積に並ぶことなど到底できるものではない。あくまで地理学のもつ空間的，地域的視点，それと総合的な見方を拠り所に，焼き物食器の生産・流通の実態について言及したい。時代や地域を限って考えるという枠組みから一歩はみ出し，古今東西の焼き物食器の実態を地理学的に明らかにしたい。

第3節　焼き物世界の解明に有効な地理学の主要概念

1．空間と地域の概念的な違いと距離の制約

　焼き物を地理学の視点から明らかにしようとする場合，その前提として地理学の主要な概念について述べておく必要がある。自然地理学と人文地理学は主に対象の違いにもとづく区分けである。そのような区分けには関係なく，ともに地理学を地理学たらしめている概念がいくつかある。代表的な概念として空間がある。空間は非常に抽象的な概念であり，必ずしも地理学に特有とはいえない。建築学や天文学などでも普通に空間概念は用いられる。地理学に固有であるとすれば，それは大は地球全体から小は集落の広さくらいまでの広さをカバーしている点である。地球から飛び出せば宇宙空間となり，地理学の守備範囲を超える。同様に集落内部の個々の建物のレベルにまで入っていけば建築学の領分となる。マクロ・スケールでもなく，ミクロ・スケールでもなく，その中間に相当するメソ・スケールをもっぱら地理学は守備範囲とする。

　空間と同じように使われる概念として地域がある。空間が抽象的，一般的

であるのに対し，地域は具体的，個別的である。空間は人が暮らしているどこにでも存在するが，その人が具体的にどの時代のどこで暮らしているかによって，その場所が特定される。特定された場所一帯を地域という。ではその地域とは，どのような広がりをもっているのか。その広がりこそが地域を地域たらしめているが，広がりの範囲を決めるのは自然であり，また人間でもある。たとえば焼き物の原料である陶土の形成過程に人間はまったく関わっておらず，地殻運動や侵食・堆積作用など自然的営力の結果として生まれる。地球上で陶土が分布する場所は限られており，その範囲を調査して広がりが特定できれば，それは陶土分布地域と呼ぶことができる。

　しかしいくら陶土が分布していても，その場所で焼き物食器が生産されるとは限らない。それはまた別の条件で決まるが，かりに陶土の産出地の近くで焼き物が生産されるようになったとしよう。そこにいくつかの窯が築かれ，食器の素地を成形する作業所も設けられる。窯の数も増えて産地として発展していけば，周辺の農業地域とは性格の異なる窯業地域が形成される。こうした窯業地域は人間が焼き物を生産するという目的をもって生み出したものであり，自然に生まれた地域とは異なる。では，窯業地域の広がりはどのように決まるだろうか。陶土分布地域は，すべて自然の力によって広がりが決まった。対する窯業地域は，焼き物の生産量によってその広さが決まる。豊かな窯業資源に恵まれ販売先も十分に確保できれば，産地は大いに発展し窯も広い範囲にわたって分布する。逆にこうした条件を満たすことができなければ，小規模な狭い窯業地域にとどまる。

　図1-7は，日本を代表する焼き物産地である瀬戸焼および美濃焼の全体を示したものである。両産地の根底には花崗岩の風化物が堆積して生まれた原料粘土がある。図中の粘土は花崗岩に含まれる長石が粘土化したものであり，珪砂は同じく花崗岩を構成する石英が粒状に堆積したものである。こうした堆積物は盆地状の湖が陸化したことで利用できるようになり，川の浸食で露頭に現れた粘土を使って焼き物が焼かれるようになった。粘土の分布は広範囲に及ぶが，採掘可能な範囲には自然と限界がある。採掘技術の進歩に応じて範囲は歴史的に広がってきた。こうした原料粘土をもとに各地に窯が築かれ，焼き物が生産されるようになった。これも歴史とともに窯の数が増え，

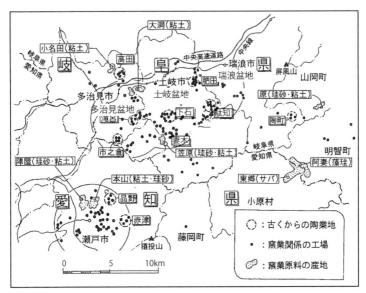

図1-7 瀬戸焼・美濃焼産地の盆地と窯業原料産地・窯業関係工場
出典：須藤・内藤，2000，p.33,第1図による。国立研究開発法人産業技術総合研究所のウェブ掲載資料
(https://www.gsj.jp/data/chishitsunews/00_09_05.pdf) をもとに作成。

それぞれの盆地ごとに窯業地域が形成されていった。互いに隣接していなが
ら瀬戸焼，美濃焼と区別されているのは，旧国の尾張と美濃，現在の愛知県
と岐阜県の間に標高500〜700mの愛岐丘陵が横たわっているからである。

　さて，地域はこのように抽象的な空間の中に原料分布や窯業生産という特
定の現象を詰め込んだものである。地球表面をカバーする広大な空間の中に
特定の現象が存在する，そのような場所の広がりを地域と呼ぶ。実はこのよ
うな地域は，大きく2種類に分けられる地域のうちのひとつである。つまり
地域にはこれとは別のタイプの地域があると地理学は考える。それは，距離
が離れている2つの地点を結ぶことで生まれる関係の広がりのことである。
実際には結ばれる点は複数であることが多く，関係も錯綜して複雑である。
ポイントは，モノや人など何らかの移動が関係をつくっていることである。
具体例を挙げれば，ある窯業地で生産された焼き物が流通経路を経て消費地
まで届けられる場合，その消費者が分布する広がりすなわち商圏がその一例
である。

少し抽象的なので，より具体的な例を挙げて説明しよう。近世の日本において，西日本では唐津物（有田焼中心）が，また中部から東日本にかけては瀬戸物（瀬戸焼が中心）が使われた。これは唐津物が海上輸送で距離的に近い西日本一帯に運ばれ，港町やさらにその内陸部で売り捌かれたからである。同じことは瀬戸物についてもいえる。実際はこれほど単純ではないが，かりにそうだとしたら，唐津物は主に西日本を，また瀬戸物は主に東日本をそれぞれ商圏としていたといえる。こうした商圏は産地と消費地の間を焼き物が移動することで形成される。この商圏は産地を中心に考えたものであるが，かりに焼き物が船で運ばれた先の港町にある陶磁器小売店を中心に考えたらどうであろうか。その場合は，焼き物を求める消費者が陶磁器小売店に来訪する広がりが商圏となる。つまり商圏の広がりはどこを中心に考えるかで違う。このケースでは産地を中心とする大きな商圏の中に陶磁器小売店を中心とする小さな商圏が多数含まれている。

　それではそもそも地理学は，上で述べたような空間や地域になぜこだわるのであろうか。むろんそれは地表現象の実態を明らかにするためであるが，重要なのは広がりの範囲を特定することである。複雑な現象を明らかにするには，その前提として現象の範囲を特定しておく必要がある。先に挙げた原料粘土の場合，花崗岩の二次堆積物として原料粘土が存在する範囲を確認しなければ，その後の分析が始まらない。窯業地域の場合も，周辺に広がる農業，林業など窯業以外の産業との境界を明確にしたうえで，その後の分析が始まる。そこには仮説的予測として，農業・林業と窯業では経済活動の中身に違いがあるという思いがある。同じ経済活動でも，取り扱う対象や生産のための技術・方法にはかなりの違いがある。つまり焼き物生産という固有の経済活動の成り立ちを明らかにするには，その出発点として活動が行われている範囲をまず知っておく必要がある。

　ところで，空間にしても地域にしても，その広がりは距離の制約を受ける。花崗岩の風化物も，焼き物を積んだ船も，どこまでも移動するわけではない。距離という抵抗がはたらいて移動を押し留めようとする。距離の抵抗を克服するにはエネルギーが必要で，そのために人間は昔からさまざまな方法を工夫してきた。移動の場合，陸上を徒歩や馬・牛を使って行くより，水上を船

で行った方が楽である。のちには蒸気エネルギーの利用で陸上でもあまり苦労することなく移動できるようになる。しかしいずれの移動手段を利用するにしても，エネルギー負担を抑えたいという気持ちに変わりはない。このことは窯業地という比較的狭い地域の中でも，あるいは産地と遠く離れた消費地との間においてもいえる。距離が制約となって活動の範囲が狭められたり，あるいは距離を克服するためにこれまでとは違う輸送手段が工夫されたりする。地域の空間的広がりは，距離の遠さにどれくらい耐えられるかによって決まる。

2．焼き物産地を規定する場所固有の条件

　焼き物のうち磁器の原料になる陶石は文字通りの石で，自然の力によってその分布範囲が決まる。陶石が焼き物の原料として使われるようになるのは，長い焼き物の歴史の中では比較的新しい。世界における磁器生産の始まりは中国の後漢（2世紀）の頃といわれるが，有名な景徳鎮が官窯として本格的に磁器を生産するようになったのは11世紀初頭である。その景徳鎮が中国の陶磁史をリードしてくようになった大きな要因は，地元に高質な陶石が産出したからである。白色に焼き上がる粘土鉱物のことをカオリナイト（カオリン石）というが，漢字で書く場合の高陵石の高陵は，景徳鎮に近い山地の高い峰に由来する。産地名が一般的な原料名になるほど窯業原料に恵まれたことが，その後につづく景徳鎮の発展の基礎になった。

　景徳鎮のカオリンには品質の点でまさることはできないが，焼き物が生産できる窯業原料は各地に分布している。初期の頃はそのような原料をもとに，それぞれ工夫を凝らして焼き物が生産された。輸送手段が限られていた時代が長く続き，窯業原料の産地の近くで生産が始まったのは，むしろ自然な成り行きであった。こうした特定の場所に固有な資源が産出する状態を，地理学では「場所固有の条件」，英語では site の条件という。その場所を離れたら，そこに固有な条件は満たされない。いわばその場所での経済活動を左右しかねない重要な条件である。卑近な例は地質や地形にあり，原料は良質か否か，起伏は平坦かそうでないかといった条件である。景徳鎮の場合，南西へ向かって流れる川（昌江）があり，長江を経由して各地に陶磁器を輸送

することができた。カオリンとともにこうした川が産地内を流れていたことが，場所固有の条件として有利にはたらいた。

　siteの条件は地質や地形にとどまらない。気温や降水量の組み合わせからなる気候もまた，その場所に固有の条件である。農業や林業など気候の影響を受けやすい経済活動に比べると，窯業が気候に左右されることは少ないように思われる。しかし低い気温は素地の成形段階で凍結に至る恐れがあるため軽く考えることはできない。日本では近世まで焼き物の生産地は本州以南に限られた。蝦夷と呼ばれた現在の北海道ではアイヌ民族による土器の生産はあったが，本州以南で焼かれたような陶器や磁器は生まれなかった。冬季の厳しい寒さで陶器や磁器の生産は困難だったからである。その蝦夷地でも幕末期に箱館焼と呼ばれる焼き物の生産が始められた（塚谷・益井，1978）。これは当時の箱館奉行所による産業振興策によるもので，箱館から30〜40km離れた川汲・尻岸内の土が使われた。箱館奉行所の依頼を受けて美濃国岩村藩が人材や技術面で骨を折ったが，成功には至らなかった。

　箱館焼がうまくいかなかった原因は，冬季の厳しい気候条件だけではなかった。計画では1窯を34日かけて1年間に7回焼く予定であったが，1回あたり34日を超えてしまい，思ったようには生産できなかった。職人が美濃以外に尾張・阿波・丸亀・高遠・戸狩などからも集められ，焼き物生産に従事した。しかし予想以上に経費がかかったため，土は窯場に近い湯の川から調達するようになった。ところが湯の川の土は焼成に適しておらず，火力調整でも失敗があった。土は地元産でなんとか賄えても，釉薬や呉須はすべて本州からの移入に頼らざるを得なかった。不利な気候条件に窯業原料の不足が災いし，蝦夷地初の焼き物生産は軌道に乗らなかった。この事例は，良質な原料に恵まれない場所では焼き物生産がいかに難しいかを物語る。なお，その後の北海道の焼き物についていえば，明治期から大正期にかけて札幌，小樽，室蘭などで個人的に窯を創業する人々が現れた（下沢，2021）。現在は帯広・旭川・名寄を結ぶラインの西側と南側を中心に300ほどの窯がある。本州以南のように特定の産地を形成することはないが，時代とともに気候や窯業原料入手の条件は克服されてきた。

　景徳鎮の陶石と並ぶレベルの窯業原料は，日本の熊本県・天草や愛知県・

瀬戸，岐阜県・土岐などでも産出する。どこまでも白くて薄い磁器への憧れから，各地で原料の入手，改良，調合，さらに成形，焼成に向けて努力が払われた。白さを求める白磁や青みがかった青磁がひとつの基準となり，それに追いつくために各地の窯場で試みが続けられた。しかしその一方で，産地固有の窯業原料の性質を生かし，土質の個性が表れるような器や風合いをもった焼き物を生み出す試みも行われている。どの産地も似たりよったりな個性のない食器をつくる必要はない。消費者もそれを望んでいるとは思われない。とはいえ大きな前提として，その土地で産出する窯業原料の基本的性質が食器のベースを決めることは間違いない。

3．焼き物の生産・流通を規定する距離要因

　site の対をなす地理学の概念に situation というのがある。これは，ある場所とそこから離れた別の場所との間の関係を表す。焼き物の世界でいえば，ある生産地と別の生産地の間で何らかの関係がある場合である。たとえば，江戸時代後期に瀬戸から九州へ磁器の製法を学ぶ目的でのちに磁祖と呼ばれるようになる加藤民吉が出かけた（示車，2015）。当時は磁器の製法は極秘扱いされていたため，簡単に習得することはできなかった。苦労の末，習得した技法を瀬戸に伝え，それ以降，瀬戸でも新製焼と呼ばれる磁器の生産が始まった。それまでの伝統的な本業焼と区別するためにこのように呼ばれた磁器は，その後の瀬戸窯業の発展に大いに寄与した。距離が近ければ，秘匿されていた技法といえども，早晩，漏れ伝わる可能性がある。900kmも離れた瀬戸と肥前の間を移動するのは現在でも時間を要する。遠く離れた先進地の技術習得が地元の産地を救うという一念が民吉の3年に及ぶ修行を実現させた。

　日本で磁器の生産が始まったきっかけは，豊臣秀吉による朝鮮出兵のさい，馳せ参じた西国大名が帰国時に朝鮮の陶工たちを連れ帰ったことである。有田を含む肥前国の実質的な領主であった鍋島直茂にともなって来日した李参平が有田の泉山で陶石を発見し，ここに窯を築いて磁器を生産したのが始まりとされる（寺崎，2009）。李参平は日本名を金ヶ江参平と称したが，それは彼の出身地である忠清道金江（現在の韓国忠清南道公州市反浦面）に因む。そ

こから肥前国までは直線距離で500kmあり，これは瀬戸〜肥前より短い。しかし日本海を隔てた異なる国相互間の距離は国内の2地点間の距離より相対的に長い。むろん，それまでにも朝鮮半島からは日本へ高価な青磁の焼き物などが交易によって持ち込まれていた。しかし，日本側が積極的にその製法を学ぼうとすることはなかった。海を越えて繰り広げられた戦いの副産物として，磁器製法が伝えられたのは興味深い。

　すでに述べたように，窯業原料があるかないかは，焼き物の始まりにとって決め手となる条件である。むろん品質の善し悪しを問わなければ，粘土の得られそうな場所なら焼き物は焼けた。しかしその場合でも燃料の入手は重要であり，初期の頃はアカマツやナラ，カシなど薪の得られる場所でなければならなかった。粘土と同様，薪も重量があり，遠方まで簡単に運ぶことはできない。生産費を抑えるなら，近くで伐採された木材を窯まで運び，火力を得るのが望ましかった。つまりこの場合も，窯場と木の茂る林との位置関係が焼き物にとって重要であった。ところが，焼き物の歴史が進むにつれて，薪から石炭，石油，ガスへと燃料の種類は移り変わっていく。これにより窯業地と燃料産地の距離は長くなった。しかし輸送技術の発展により，生産費に占める輸送費の割合は相対的に低下していった。薪が使われなくなったことで，山林伐採で全山が禿山同然だった窯業地，たとえば瀬戸や美濃の山地は緑を取り戻すことができた。

　焼き物に用いる燃料の種類の推移は，窯業地と燃料産地の位置関係が変化していったことを物語る。近場の山林から遠くの山林へ，そして国内の石炭産地へ，さらにそれ以降は海外の石油，ガスの産地へと燃料の調達先が遠くなっていった。位置関係は絶対的ではない。第二次世界大戦以前の日本の場合，7,000kmも離れた中東の石油産地から焼成用燃料として石油を輸入することなど考えられなかった。重量があり，燃えたあとその燃え殻を処理しなければならない石炭に比べ，石油は取り扱いが容易である。LPGガスはさらに使いやすい。素焼窯に用いられることの多い電気なら，さらに使いやすさが増す。こうして燃料へのアクセスは飛躍的に向上した。

　ここまでは窯業地の生産をめぐる距離関係，すなわち situation の問題を取り上げた。距離関係は窯業地と消費地との関係についても考えることがで

きる。古代なら自給自足として行われた焼き物生産が，時代とともに消費地を意識した生産へと発展していく。競合する他の多くの産地よりも優れた焼き物が生産できるところが評判を取り，焼き物の供給先を広げていく。こうして主産地形成が始まる。淘汰された既存の産地では活動が止まり，別の産業振興に向けて取り組みが始められる。主産地に躍り出た窯業地は，近くの供給先はもとより，より遠くの消費地に向けて焼き物を輸送する体制を整えなければならない。それができなければ，別の主産地候補が市場を奪ってしまうからである。

　先に近世日本では，西日本の有田焼に対し中部から東日本にかけては瀬戸焼が主な市場であったと述べた。これらの主産地は，佐賀（鍋島）藩や尾張藩による政治制度的な生産・供給体制によって支えられていた。藩は流通段階にも介入したが，東西を二分する市場構造は概ね距離要因によって説明できる。2つの窯業地はそれぞれ距離的に近いアクセスしやすい地域を主な商圏としたからである。ただし，江戸初期から磁器が生産できた有田の焼き物は江戸をはじめかなり遠方へも送られた。海上輸送は想像以上に遠くまで荷物を送り届ける。むろん有田や瀬戸以外にも窯業地はあるため，商圏の構造はそれほど単純ではない。陸上輸送手段が今日のように発達していなかった時代であり，規模の小さな内陸部の産地はそれぞれ近隣に対して焼き物を供給した。

　このように焼き物の供給においても，時代とともにその範囲は広がっていった。焼き物は重量があり割れやすいため輸送に不向きのように思われる。しかし海上輸送ならそのような心配は不要で，むしろ船底に積まれた焼き物は船の重心を低くするため安定性が増した。実際，17世紀中頃からほぼ1世紀にわたり，有田焼はオランダの東インド会社の手によってヨーロッパへ輸出された。また，幕末から近代初期にかけて日本の焼き物に対する欧米の人気が高まると，各地で薩摩焼が焼かれ海を渡っていった。さらに名古屋・瀬戸では明治期から戦前昭和期にかけて，輸出用陶磁器が名古屋港から大量に輸出された。こうした事実は，消費地で根強い需要があれば，たとえ海外であっても焼き物は送り出されていくことを物語る。

コラム 1 　地域，一般，どちらの立場に立つか

　あらゆる焼き物には生年月日と出身地がある。人と同じように，ある特定の日にちと場所で誕生する。焼き物であるため窯から取り出された日，あるいは市場へ出荷された日が誕生の日になるであろうか。場所は窯元の所在地か焼き物の産地，現代なら陶磁器会社の工場の所在地になるのかもしれない。別にこれは焼き物に限ったことではなく，あらゆる商品には生産された日にちと場所がある。商品管理が行き届いた現代では，メーカーの名前はもちろん，工場の所在地や生産日を本体に明記した商品も少なくない。消費者はそうした情報も考慮して商品を選んでいる。

　地理学から焼き物にアプローチする場合，その関心は時間・時代よりもむしろ空間・地域に向かう。どこの産地でつくられたのか，あるいはどの企業が生産したのか，を中心に問いかける。そのさい，特定の産地や企業に関心を集中させるか，あるいは産地や企業に関係なく焼き物全般に注目するか，2つの方向が考えられる。前者は，たとえば有田焼の窯元や企業を対象に，生産や流通などを明らかにする方向である。後者の場合は，日本はもとより中国やヨーロッパなど世界中の焼き物に目が向かう。前者のアプローチでは，その産地や企業によるあらゆる焼き物が取り上げられる。後者の場合は，すべてを取り上げることは難しいため，壺とか皿とか限られた焼き物に対象を絞って比較検討するのが現実的である。

　2つの方向性の異なるアプローチを地理学ではそれぞれ地域地理学，一般地理学と呼んでいる。地域地理学の地域がこの場合は焼き物の産地に相当する。特定の地域すなわち産地に焦点を絞り，そこでどのように焼き物が生産されているかを考える。産地の自然条件や人文条件など焼き物の生産に関わる事柄をすべて取り上げ，相互関係や生産・流通との関わりなどを明らかにする。一方，一般地理学は，地域すなわち産地にはこだわらず，いくつか存在する内外の産地を見渡し，焼き物が生産されるさいの一般性や共通性を引き出そうとする。共通性から外れる部分が特定産地の個性や特質である。この場合は比較が有効な方法であるため，その物差しとして基準や統計などの概念が持ち込まれる。

　地域か一般かという区分は，日常生活の中でも無意識に存在する。特定の個人に注目しその健康状態を綿密に調べるか，あるいはあらゆる人間がもっている臓器たとえば心臓一般を統計的に調べるかといった例が挙げられる。特定個人の健康は身体中のすべての臓器が相互に関係して維持されている。一方，サンプルとして取り上げられた多数の心臓は限定された目的のもとで検査され，全体の傾向

が明らかにされる。焼き物の世界に話を戻すと，産地を限定して調べれば個性豊かな姿が地理学的に明らかになる。一方，世界中の焼き物を互いに比較すると，焼き物全般を貫く本質性が浮かび上がってくる。研究とは少し違うが，世界的スケールでの焼き物コンクールはそのような本質を見出す点に目的がある。

　実は，地理学の世界では長い間，地域地理学（地誌学ともいう）と一般地理学（系統地理学ともいう）の間で論争があった。簡単にいえば，どちらが重要であるかという論争である。科学的方向を目指す立場から一般地理学を重視するべきという流れが優勢な時期があったが，ポストモダン社会への移行とともに個別性や個性に対する関心が復活してきた。産地を単なる統計単位として生産量を比べるような研究よりも，産地の個性やユニークさを探る研究の方が関心を呼ぶようになった。これら2つのアプローチは織物の縦糸と横糸，あるいは垂直と水平の関係にも似て，どちらかが一方的に勝るというものではない。ともに補い合う関係にある。いずれも必要なアプローチではあるが，時代には流れに向きがあり，向かう方向は行きつ戻りつしている。

焼き物世界の地理学

第2章

焼き物の原料粘土・陶石の地理的分布

第1節　焼き物の原料粘土の種類と陶器・磁器の生産

1．炻器と陶器をめぐる東アジアとヨーロッパの違い

　身の回りにさりげなく置かれている焼き物をながめて，それがどのような過程を経てその場所にあるか，考えたことはあるだろうか。普通はまず考えることはないと思われるが，とりあえず目の前の焼き物がどのような原料を使ってできているか，目を凝らして見ることはあるかもしれない。焼き物はどれも硬いが，雰囲気として，やや厚手で表面がごつごつした感じのものがある一方で，厚みが薄く滑らかで光沢のある白っぽいものもある。前者と後者では使っている原料の粘土の種類が違うため，見た目にもそれがわかる。専門的には前者は炻器粘土，後者は磁器粘土と呼ばれる。炻器粘土は地表上にかなり広範囲に分布して存在しているため，古くから焼き物用として用いられてきた。あの縄文土器も弥生土器も，当時の人々が生活していた場所の近くにあった炻器粘土を用いてつくられた。ただし同じ炻器粘土を用いて成形しても，低い温度で焼けば多孔質で耐久性の乏しい土器にしかならない。多孔質とは，焼き物本体に無数の微細な穴があるため水が通り抜けてしまう性質のことである。これではいくら器に水を入れても保つことができない。古代人もこれでは用をなさないことに気づき，より適した粘土を探したり焼成温度を高めたりした。

　その後，日本では土師器，須恵器と呼ばれる焼き物へと発展していくが，この間，基本的に変わらなかったのは，粘土で成形した素地をただ焼成するだけという点である。土師器は弥生土器とほぼ同様の800℃くらいの温度で焼かれた素焼きの焼き物である。厚さは弥生土器よりも薄くなり，煮炊きをするのに便利さが増した。須恵器は土師器よりも高い1,000℃以上の温度で焼かれたため，弥生土器や土師器に比べると表面は黒っぽく焼き上がった。同じ粘土を使っても，焼成温度を高めれば焼き締まりがより固くなるため，素焼きとはいえ保水性は高まる。貯蔵容器として須恵器を求める需要が高まり，甕，壺，蓋坏，高坏，器台，鉢，甑など，多様な使用用途に応えた。これまでより高い温度で焼くには，焼成窯の改良以外に高温に耐えられる粘土

で成形しなければならない。焼成温度の上昇が焼き物の種類の増加につながり，その結果，暮らしの幅が広がって社会が豊かになるというのは興味深い。近年，考古学では蛍光X線分析法によって須恵器の産地が特定できるようになり，須恵器利用の実態がより詳しく明らかにされるようになった（三辻，2013）。

　炻器粘土を焼き締めてつくられた須恵器は，中国江南地域から朝鮮半島を経て3世紀後半頃に日本に伝えられた。主に焼かれた場所は，現在の大阪府の泉北丘陵の陶邑，福岡県大野市の牛頸，それに愛知県中央部の猿投である。これらは日本三大古窯と呼ばれ，とくに陶邑は須恵器という名前の由来地にもなった。古墳時代を通して焼かれた須恵器は，ヤマト王権の影響下で規格化が進み，かなり広い範囲にわたって生産された（藤野，2019）。炻器の一種である須恵器は，その後，釉薬が素地に施された陶器へと移り変わっていく。このため，炻器は一般には古墳時代を思い起こさせる古い時代の焼き物というイメージが強い。しかし実際は少し事情が異なっており，炻器は各地で独自に発展の歩みを示し，それは現在も続いている。代表的な炻器の焼き物として，愛知県の常滑焼，岡山県の備前焼，三重県の萬古焼などを挙げることができる。いずれも吸水性のない固く焼き締められた緻密な焼き物である。朱泥で知られる常滑焼や，ざらついた茶褐色に特徴がある備前焼は，ともに産地で採れる固有の粘土から生まれる。これらの産地は水田の下に堆積している赤土を粘土として用いてきた歴史がある。萬古焼も地元の粘土で焼かれてきたが，次第に原料不足になり，海外を含む他地域から粘土を取り寄せるようになった。

　ところで，炻器は英語では stoneware という。しかし中国をはじめとする東アジアでは，炻器という用語は焼き物の歴史的区分では使われてこなかった。たとえば，11〜12世紀の中国宋代に定州（現在の河北省曲陽西安）で生産された焼き物に丁器（丁陶器）がある。これは，ヨーロッパの区分では stoneware であるが，地元では磁器（porcelain）に近い焼き物とされる。焼成温度を基準に考えれば，土器（earthenware）は700〜1,000℃，炻器は1,100〜1,300℃，磁器は1,200〜1,400℃である。もともと炻器というカテゴリーがなかった東アジアでは，土器，陶器，磁器の3つに分けるのが普通である。

それが陶器のうち釉薬が施されておらず焼成温度の高いものを炻器として区分するようになった。ヨーロッパの stoneware を意識して，炻器というカテゴリーを設けたようにも思われる。

　焼き物の区分をめぐる東アジアとヨーロッパとの違いはこれだけではない。より大きな違いとして，陶器（pottery）という言葉自体，東アジアとヨーロッパでは認識に違いがある。東アジアとくに日本では，炻器粘土の素地に釉薬を上がけして吸水性をなくした焼き物を陶器と呼ぶ。ところがヨーロッパでは，pottery とは粘土でできた器の総称であり，earthenware, stoneware, porcelain のすべてが含まれる。こうした焼き物の区分や定義をめぐる東西の違いは，翻訳のさいにすでにある母語の中のどれを当てるかによって微妙に違ってくる。明確なのは，土器と磁器については認識に大きな違いがないということである。とくに磁器に関しては，それまでの焼き物とまったく異なる性質をもっているという点で，争う余地はない。

　問題は土器と磁器の間の焼き物をどのように取り扱うかである。土器のあとの時代に生まれた焼き物は，基本的に各地で産出する粘土をそのまま利用するか，ほかのところの粘土と組み合わせるか，いろいろ工夫をして焼かれた。ただし同じ胎土で素地を成形しても，焼成温度が違えば性質の異なる焼き物になる。東アジアでは焼成温度を高めるだけでなく，釉薬を施すことに関心を払った。施釉は多孔質の吸水性を補う点と，表面に色模様をつけて味わいをだす点に意味がある。ヨーロッパでは高い温度で固く焼き締めれば，施釉しなくても部分的にガラス質で艶があり吸水性のない灰色や褐色の焼き物が生まれた。このように同じ炻器粘土でも，吸水性克服のために施釉に向かった東アジア（陶器）と高温・焼き締めが中心のヨーロッパ（炻器）の間に，焼き物に対する認識の地域差を見出すことができる。

２．地元産粘土から生まれる益子焼と丹波立杭焼

　炻器粘土とはやや専門的な名称である。一般には粘土あるいは単に土と呼ばれるように，比較的入手しやすい原料である。しかし粘土を構成する鉱物の組み合わせは一種類ではなく，各地の地質条件に応じて無限に近いバリエーションを示す。地球が生まれるときにあった鉱物がさまざまな動きを経

て地殻をつくり，その表面近くにあった複合的な鉱物が粘土になった。焼き物として使える原料であるためには，①形をつくり保つための可塑性がある，②骨格をつくるために珪石などの石英を含む，③焼き締めのために長石やセリサイトなどを含む，といった条件を必要とする。こうした条件を自然状態で満たすのは稀であり，複数の素材を混ぜ合わせるのが普通である。しかも単に混ぜ合わせるだけでは不十分で，粒度組成を調整して焼き物用の粘土として最もふさわしいように状態を整えなければならない。

　たとえていえば，産地の異なる米や塩あるいはコーヒーをブレンドして好みの味をだすように，粘土もまた複数の素材の混合物といえる。むろん輸送手段が限られていた時代にあっては混合には限りがあり，現在のように各地から素材を取り寄せて混ぜ合わせることはできなかった。それゆえ窯業地特有の粘土が個性を発揮したが，極端な話，同じ窯業地でも産出場所が少し離れていれば，性質の違う粘土が採れる。それだけ鉱物組成や粒度組成あるいは粘土が産出する状況は多様なのである。

　何をもって焼き物産地の名称を特定するか，これはきわめて微妙な問題である。同じ窯業地の焼き物であれば，その産地の名前で呼べばよいという考えは一般的であろう。ただし上述のように，使用する粘土や胎土それ自体が同一産地でも微妙に異なる場合がある。その後の施釉や焼成などでも個々の窯ごとに差異は生ずる。現代の製陶メーカーの中には，産地名より企業名あるいは商品名で差異化を図るものもある。伝統的な焼き物の産地名は，消費者にとって便利な情報ではあるが，完全な情報になっていないかもしれない。

　炻器粘土すなわち粘土の話に戻ると，日本国内には陶器の産地が数多く存在する。これは，次の項で述べる磁器の産地が限られているのとは対照的である。このこと自体，粘土はかなり幅広い地域において産出するが，磁器の原料となる陶石あるいは磁石は入手が限られていることを物語る。陶器あるいは磁器の生産地は，中部日本から西日本にかけて多い。しかし東日本にも産地はあり，益子焼はその代表といえる。益子焼は，江戸時代末期に常陸国笠間藩で修行した大塚啓三郎が笠間の北の益子に窯を築いたのが始まりとされる。しかし益子焼の名が広く知られるようになったのは，近代以降のことである。1927年から創作活動を開始した濱田庄司による民芸品づくりがきっ

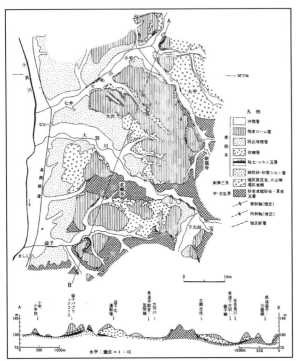

図2-1　栃木県・益子焼の陶土資源の分布
出典：小村・村沢・田中，1989，p.143 による。

かけで，全国的に知られるようになった（倉本，1992）。

益子焼産地は，北から南に向かって流れる鬼怒川の川岸から東へ 10km ほどの位置にある。鬼怒川と並行して流れる小貝川のすぐ東側に町の中心がある。益子焼の陶土は，小貝川の支流である大羽川や小宅川などの小河川がなだらかな丘陵地と接する付近で採掘されてきた（図2-1）。主な採掘地は2か所あり，ひとつは図 2-1 において北郷谷と下大羽に挟まれた丘陵部分である。この一帯では現在でも多くの窯元が焼き物を焼いており，観光目的で訪れる人も多い。いまひとつの採掘地は新福寺の西側の丘陵地である。益子では，これらの地点で採掘した陶土と他産地の耐火粘土（木節粘土など）を混合・調整して胎土としてきた。地元産の陶土は，専門的にいえば，更新世（約 258 万年前から 1 万 1,700 年前）に堆積した粘土とシルトが重なり合って生まれた堆積物である。粘土には雲母粘土鉱物，7A ハロイサイト，石英，斜長石，カリ長石が含まれるが，成分構成は採掘地ごとに微妙に異なる。焼成時の収縮割合や吸水度合いは焼成温度によって異なっており，固さも高温になればなるほど堅固さを増す。

益子焼の陶土は釉薬がのりやすいため，白化粧や刷毛目など伝統的な技法

を用いた独特の味わいのある焼き物が生まれる。白化粧とは，色のついた胎土に白色の化粧土を塗ることである。これは白い粘土が手に入りにくい地域で，白磁のような白さを出すために行われたのが始まりである。白化粧には鉄分の多い土全体に白い石材粉をのせたような粉引や，色のついた粘土の表面に犬筆で白化粧土を塗る刷毛目などの技法がある。粘土の性質ゆえもともと厚みがあって割れやすい欠点を補うために，重量感のある色合いによって手に馴染みやすい風情を醸し出そうとしている。土の質感が残るぽってりとした風合いが親しみやすさを焼き物に与え，普段使いの民芸品として広く愛されてきた。

　益子焼の産地で採れる粘土と似た鉱物組成の粘土は，兵庫県南東部の丹波立杭焼の産地でも見つかる。この地は益子焼よりはるかに歴史が古く，平安末期から鎌倉時代にかけて，あるいは須恵器の出土から考えると，すでに古墳時代から焼き物が焼かれていたと思われる。ここの粘土は，三田市四ツ辻にある四ツ辻池の北側で採掘されてきたため四ツ辻粘土と呼ばれる。三田市北部一帯には有馬層群佐曽利凝灰角礫岩に区分される流紋岩類が広く分布

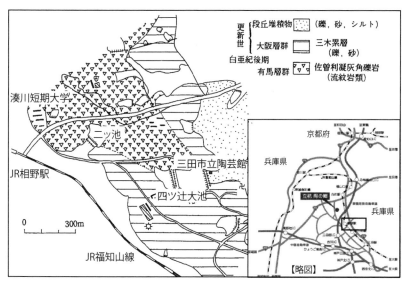

図2-2　兵庫県・立杭焼の陶土資源の分布
出典：小村，1966，p.19 をもとに作成。

している（図2-2）。その流紋岩が風化して砕屑物となり，これが粘土化して堆積した。採掘された粘土の鉱物組成を調べると，7Aハロイサイト，石英，雲母粘土鉱物，カリ長石からなることがわかる。

　実は丹波立杭焼は，四ツ辻粘土だけを使って焼かれているのではない。三田市の北側に位置する旧多紀郡篠山町，丹南町，西紀町で採れる弁天黒土と混ぜ合わせ，さらに他産地の長石，木節粘土を加えて調整した粘土を用いている。弁天黒土はその名のように黒色土であり，篠山盆地を流れる篠山川に沿って分布する。四ツ辻粘土が二酸化ケイ素（SiO_2）が多く，酸化アルミニウム（Al_2O_3）が少ないのに対し，弁天黒土はその反対の化学組成である（湊，1985）。このため，2種類の粘土を混ぜ合わせて欠点を補い合っている。

　六古窯のひとつに数え上げられる丹波立杭焼は，開窯以来800年の間，一貫して飾り気のない素朴な生活用器を焼き続けてきた。およそ1,300℃という高温の登窯で60時間もかけて焼かれる間に，燃料の松の薪の灰と土に含まれる鉄分や釉薬が溶け合って化学反応が起こる。灰のかかり方や焔の当たり方に応じてさまざまな色と模様が現れる。こうした偶然性がひとつとして同じ焼き物にはならない面白さをもつ。江戸時代は丹波焼と呼ばれ，山椒壺や油壺など小型の壺や片口などが焼かれた。江戸中期以降，茶入，水指，茶碗などの茶器類や徳利など焼き物の種類が増えていった。明治になると生産地が立杭に移ったため，立杭焼と呼ばれるようになった。

3．焼き物の中の磁器の位置と磁器製造の試み

　益子焼産地で地元産の色のついた胎土の表面に白色の化粧土を塗るのは，焼き物を白く見せたいという思いからである。そこには「白さ」に対するこだわりがあり，焼き物は色が白いほど高く評価されるという意識がはたらいている。こうした思いは国や地域を問わずかなり一般的で，焼き物の歴史が古い中国はもとより，その影響を受けてきた朝鮮や日本でも歴史的に引き継がれてきた。その思いがとくに顕著なのがヨーロッパで，ヨーロッパ人は東アジアで生産される磁器の白さを褒め称え，ホワイトゴールドとさえ呼んだ。黄金にたとえられるほど中国産の磁器は高く評価された。磁器は英語でporcelainというが，この名の由来はマルコ・ポーロの「東方見聞録」に見

い出される。13世紀後半に中国を訪れ初めて磁器を見たマルコ・ポーロは，まるで白くて硬い殻をもつポルセーラ貝のようだとその印象を記した。それ以来，porcelainは白い焼き物を表す言葉となった。東アジアでは白い磁器すなわち白磁のほかに青磁も磁器に含まれるが，ヨーロッパでは青磁はストーンウエアとされる。それだけ磁器の白さに対する特別なこだわりがあるからなのであろう。

　ストーンウエアが主流のヨーロッパでは，東アジアで明確に区分される陶器と磁器の区別が曖昧なように思われる。焼き物本体の材質的な違いよりも，色調を含む用途の違いに関心が向けられる。こうした傾向はアメリカにも共通するが，やや違う部分もある。アメリカでは白色の緻密な組織をもつ焼き物は，一般にホワイトウエア（whiteware）と呼ばれる。焼き物の組織が緻密であれば，施釉か無施釉かを問わず，白い磁器，陶器，ストーンウエアはすべてホワイトウエアである。この中でとくに磁器を指す場合は，technical porcelainという言葉が使われる。ヨーロッパのような単なる白い焼き物のporcelainではなく，技術的に工夫して生産された焼き物というニュアンスがある。なお付け加えれば，英語つまりイギリスではporcelainは狭い意味ではchinaware（またはchina）と同義であるが，アメリカではchinawareとはいわず，ディナーウエア（dinnerware）という。ヨーロッパの人々が磁器の本家である中国産の白い焼き物にいかに憧れていたかがわかる。

　さて，素地が硬くて薄く何よりも純白に近い磁器は，入手が比較的簡単な炻器粘土では生産できない。陶石もしくは磁石と呼ばれる岩石を岩場から掘り出し，それを細かく砕いて粉状にする。その後，別の鉱物成分を加えて粘土状になった胎土を使って素地を成形する。焼成温度は1,200～1,400℃と高いため，高温に耐えられる窯と必要な燃料を準備しなければならない。磁器の素地は白色であるため，透明な釉薬をかけて焼成すれば白く光沢のある焼き物になる。白地にはどんな色模様の絵柄を描いても見栄えがする。軽くて扱いやすいという機能性も加わり，もはや他のいかなる焼き物も太刀打ちできない。まさに焼き物世界における王者ともいえる磁器は特別な存在であり，その容易ならざる製造方法をめぐり各地でさまざまな出来事が起こった。

　磁器をホワイトゴールドと呼んだヨーロッパでは，中国からの輸入磁器と

同じものを独自につくろうと各国がしのぎを削った。成功すれば遠い中国からはるばる輸送する必要はなくなり，自分たちの感性に合った磁器製食器が独自に生産できる。まず18世紀初頭に，ザクセン選帝候兼ポーランド王のアウグスト2世が，錬金術師のヨハン・フリードリッヒ・ベドガーに磁器製造の研究を命じた（Gleeson, 1998）。秘密保持のためラベ川沿いのアルブレヒト城に幽閉されたベドガーは研究に取り組んだが経験が浅くうまくいかなかった。このため数学者であり物理学者でもあったエーレンフリート・ヴァルター・フォン・チルンハウスに手助けを求め，その助力を得ながら1709年に成功した。磁器製造にはザクセン・フォーラント地方にあるアウエ鉱山のカオリンが用いられた。

　1709年の磁器製造の成功を受け，アウグスト2世はアルブレヒト城に近いマイセンに磁器の製造工場を設けた（図2-3）。これがロイヤル・マイセンの始まりである。この工場では磁器に関する情報はすべて機密扱いされ，漏らした者は死刑になるという厳しさであった。しかしこうした厳しさにもか

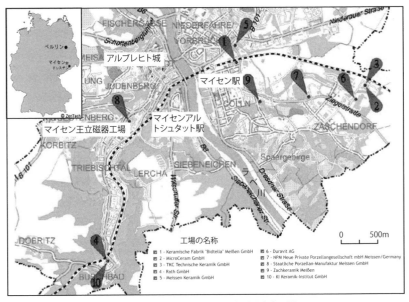

図2-3　ドイツ・マイセンの陶磁器生産工場
出典：Stadt Meissen のウェブ掲載資料（https：www.stadt-meissen.de/5586.html）をもとに作成。

焼き物世界の地理学

かわらず，これをかいくぐって2名の職人がオーストリアで磁器工場を設立するために破格の待遇条件で引き抜かれた。1718年にウィーンに設立されたこの工場は，1744年に4,500ギルダーでオーストリア大公国のマリア・テレジア女帝の手に渡った。ロイヤル・マイセンの職人を年俸1,000ターレルと自由に使える馬をあてがうほどの好条件で招聘したのは，磁器製造技術にそれだけの値打ちがあったからである。

　こうしてヨーロッパでの磁器生産は幕が開かれたが，実はそれより100年ほどまえに，東アジアの日本では，朝鮮半島から磁器の製造方法が伝えられていた。ザクセン公国のアウグスト2世は，マイセンのアルブレヒト城内にベドガーを幽閉して磁器製造の研究開発を行わせた。幽閉とはいえそれは罪人としての扱いではなく，きわめて難しい製造技術が城外へ流出するのを恐れ密かに開発させるための措置であった。アルブレヒト城での幽閉とはやや異なるが，豊臣秀吉による朝鮮出兵のさいに日本に連行され，肥前国有田で初めて磁器を製造した李参平の製法も，門外不出の秘技とされた。似たような扱いは，この時期に西日本の大名たちが召し抱えた朝鮮人陶工による磁器製造でも見られた。限られた者の間でしか共有が許されない秘匿すべき高度な技術だったのである。

第2節　磁器の生産をめぐる世界の歴史と磁器の鉱物組成

1．生活と結びつく焼き物と磁器の生産で先行した中国
　土器や炻器あるいは陶器や磁器の種類を問わず，焼き物はすべて地表近くに存在する鉱物を原料としてつくられてきた。こうした鉱物は，地球が誕生して今日に至るまでの時間の中で生じた地質形成の結果，その場所に存在する。そのほとんどは地中のマグマが地表近くで冷えて固まったか，あるいはその後さらに風化や堆積など二次的作用を受けたかしている。それらを掘り出して粉状にし水を加えてできた可塑性のある胎土を成形して焼成したのが焼き物である。焼成は，冷えて固まった鉱物を熱してマグマに戻す行為に似ている。マグマ状態にまでは至らず，溶融寸前の状態で再度冷やす。このよ

うな本来なら地中深くで起こる自然現象を，地上に築いた窯の中で人工的に再現する。焼き物を焼くという行為は，バラバラになった鉱物の粒子を集めてかたちあるものに戻す，人為的ではあるが自然状態の地球へと回帰させる行いのように思われる。

　むろんこうした行為は，陶器や磁器などの食器を製造するためだけに行われるのではない。広くセラミックスと称される窯業製品は，すべて自然由来の鉱物の特性を生かして人間の生活に役立つようにしたものである。レンガや瓦，タイルや衛生陶器など，陶磁器以外に生活を豊かにするために生み出される窯業製品は多い。焼き物食器はそれらの中に混じって人々の暮らしを豊かにしている。レンガ，瓦，タイルなどが建物に固定された不動産の一部であるのに対し，陶磁器は持ち運びができる動産である。片手で持つこともできる陶磁器のない生活は考えられない。むろん鉄，銅，アルミニウムなど自然由来の鉱物を毎日の生活に生かしている事例は，焼き物以外にもある。しかしこと食器としての鉱物の活用となると，焼き物以外の出番は限られる。国や地域を問わず，焼き物食器は人々の暮らしと深く結びついてきた。

　さて，人々の気持ちをとくに強くとらえてきた磁器に話を絞ると，磁器に特有な白さ，硬さ，薄さが魅力となって気持ちを引きつけてきたといえる。こうした磁器の鉱物としての組成をめぐり各地で研究開発が行われてきた。歴史的に最も早くその成り立ちを突き止め磁器製造に成功したのは中国であった。成功には単に鉱物の組成を知ることだけでなく，窯の中で焼成して思い通りの磁器として生み出すプロセス全体の技法を極めることも含まれる。中国の磁器製造の技術は朝鮮半島や日本など東アジアで広まった。これとは別に，ヨーロッパではザクセン公国において独自にその製造技術が開発されたことはすでに述べた。磁器製造のもとになる鉱物の組成は同じでも，鉱物が入手できる状況は同じではない。磁器製造の産地周辺の地質条件は一様ではないからである。地質は地球という自然がその場所固有の条件下で独自に生み出したものである。人間はその存在状況を突き止め，有用と思われる鉱物だけを採り出して利用する。

　人間が初めて磁器をいつどこで焼いたのか，正確なことはわかっていない。しかし中国の商代（殷代ともいう。紀元前1600年頃～紀元前1046年）の中期には，

現在の磁器と同じような焼き物が存在していた。河南省鄭州の遺跡から多く発掘されている原始青磁と呼ばれる焼き物がそれである。青銅器を模範にこれに代わる焼き物として焼かれた原始磁器は，現代の磁器と基本的に同じである。このことは，胎土の中に焼成温度が1,200℃以上でしか現れないラムライト鉱物が生成していることから明らかである。こうした事実から中国では原始磁器という名前が付けられた。原始瓷器，釉陶，施釉陶器，灰釉陶，青釉，あるいは単に瓷器と呼ばれることもある。日本では灰釉陶と呼んでいる。原始磁器は，華南・長江，中原，華北などの諸地域の遺跡からも発掘されている。戦国時代から漢代にかけて原始磁器の生産は停滞することもあった。その後は漢代末が起源の越州窯や，宋代から明代にかけて隆盛した龍泉窯へ生産が引き継がれていった（岩間，2012）。

　越州窯は現在の浙江省の北部一帯に現れた窯で，戦国時代は越の国に属していたため，このように呼ばれる。紀元後1世紀頃から磁器製造のレベルが上がり，3世紀末に青磁としての完熟期を迎える。隋唐時代は低迷期であり，9世紀に新生の越州窯が台頭したものの，11世紀中葉には青磁製造の中心は浙江省南部の龍泉窯へと移動していく。龍泉窯は越州窯の一支窯として開かれ，当初は灰青色の越州窯青磁を思わせる磁器を焼いていた。12世紀後半に南宋官窯の影響を受け，粉青色のいわゆる砧青磁を製造して広く知られるようになる。元代後半の14世紀初頭には大作中心の青緑色釉へと作風が変化し，明代を通してこれが盛行した。ほかに中国には南宋時代に栄えた吉川窯・建窯などの磁器生産地がある。なかでも五代の頃から青磁を生産してきた景徳鎮が元から清にかけて宮廷で使用する磁器を生産するようになり，中国窯業の中心になっていく（佐久間，1999）。

2．軟質磁器やボーンチャイナを生み出したヨーロッパ

　ヨーロッパにはボールクレイ（ball clay）と呼ばれる粘土がストーンウエアをつくるときに使われてきた歴史がある。ボールクレイという名前は，この堆積粘土を採掘するときに使用する道具に因む。この道具を使って粘土をすくい上げて地面に落とすと，ボール状の粘土の塊となる。その形状からボールクレイと呼ばれるようになった。別名プラスチッククレイ（plastic clay）と

称されるのは，この粘土の可塑性が極めて高いからである。ボールクレイは，ヨーロッパではイギリス南西部，ドイツのライン川右岸側，フランス各地の盆地，それにウクライナ東部のドネツク周辺に分布する。むろんヨーロッパ以外にもあり，タイ，インドネシア，中国，それにアメリカが主な産地である。成因は花崗岩が風化してカオリナイトが流れ出し，雲母や石英などがそれに混じって堆積したことによる。植物由来の炭素成分や他の鉱物なども含まれるが，組成状況は堆積環境によって異なる。

　ボールクレイは焼成すれば白くなるが可塑性が強いため，それだけでは硬い良質な磁器にはならない。ボールクレイは瀬戸や美濃で産出する木節粘土に鉱物組成が似ており，磁器をつくるさいに粘土に可塑性を与えるのに適している。しかしやはり硬い磁器すなわち硬質磁器をつくるにはカオリンが欠かせない。18世紀初頭にザクセン公国で独自にカオリンを混ぜて焼き上げた硬質磁器が誕生するまで，ヨーロッパでは軟質磁器しかつくれなかった。カオリンの発見とその利用こそ，本格的な磁器製造へと至る決定的な切り札であった。ホワイトゴールドと称賛された中国製磁器に近づくために，まずはせめて外見だけでも磁器に見える焼き物をつくろうとする試みが繰り返された。

　最初の試みはイタリアで始められた。トスカーナ大公フランチェスコ・デ・メディチの後援のもと，建築家であり彫刻家，舞台デザイナーでもあったベルナルド・ブオンタレンティが1575年から1587年にかけて磁器の開発に取り組んだ。その結果生まれたのが軟質磁器であり，これはメディチ・ポーセリンと呼ばれた。これより少し遅くフランスでは1673年にルーアン窯，1697年にサン・クルー窯が開かれ，いずれも軟質磁器の生産に取り組んだ。これらの窯は，1710年にザクセン公国のマイセンで硬質磁器の生産が始まると，それに習って硬質磁器の生産に乗り出した。それ以降，軟質磁器は生産されなくなったが，1756年に開窯したセーブル窯だけは新旧の磁器を生産した。軟質磁器でしか表せない雰囲気へのこだわりがあったからである。パリ郊外のセーブル窯は，以前パリ中心部のヴァンセンヌ城にあった窯が移転したものである。セーブル窯で硬質磁器が生産できるようになったのは，1786年にリモージュでカオリン鉱床が発見されたからである。図2-4

は1860年代にセーブル窯で使われた2段式の窯であり，直径は2.6m，煙突部分を含めると高さは7mを超えるという大きなものであった。

　そもそも軟質磁器とは，ガラス粉末のフリットを主体に，カオリンとモンモリロナイトからなる白土，それに珪砂，石灰岩などを調合した胎土を低温焼成したガラス質の白色陶器のことである。軟質磁器を焼いたフランス各地の窯が中国や日本の磁器から影響を受けたことは，器形，文様，釉色などが本家と似ていることから見て取れる。影響は中国，日本だけにとどまらず，イスラムから輸入した白色陶器からも影響を受けた。

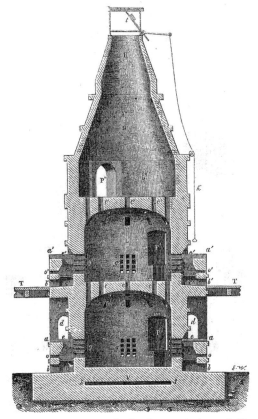

図2-4　フランス・セーブル窯で使われた窯（1860年代）
出典：Wikipédia　Sèvres - Manufacture et Musée nationauxのウェブ掲載資料（https://fr.wikipedia.org/wiki/S%C3%A8vres_-_Manufacture_et_Mus%C3%A9e_nationaux#/media/Fichier:Four_poterie_Sevres.jpg）をもとに作成。

サファーヴィー朝イランが17世紀末から18世紀にかけてヨーロッパへ輸出したゴンブルーウエアと呼ばれる軟質磁器が，胎土調整をするときに参考にされたのである。ところが，東アジアやイスラムからの影響は，フランスをはじめヨーロッパが文化的・政治的優位性を高めるのにともないしだいに薄れていく。東洋の磁器の単なる模倣ではなく，ヨーロッパらしい感性に富んだ独自の磁器創造への思いが高まったからである。

　同じ軟質磁器でもイギリスでは，1812年に牛の骨粉を粘土に混ぜて焼成

第2章　焼き物の原料粘土・陶石の地理的分布

する軟質磁器が生み出された。骨粉を粘土に混ぜたので，その名もずばりボーンチャイナ (bone china) と呼ばれた (磯野・市古，1975)。ボーンチャイナを初めてつくったのは，初代ジョサイア・ウェッジウッドの次男で，父親が設立したウェッジウッド社を引き継いだジョサイア2世である。ボーンチャイナは，通常の軟質磁器と比べると素地が薄い。それでいて強い強度をもつ。温もりを感じさせる乳白色の優雅な印象とは対照的とさえ思われる堅牢さは，他社の追随を許さない技術革新の賜物であった。

　初代ウェッジウッドは良質な粘土と石炭を産出するスタッフォードシャーで生まれ，14歳から陶工としての道を歩み始めた (相原・中島，2000)。29歳で叔父と一緒に工場を借りて軟質磁器の生産に励み，後に独立してウェッジウッド社を設立した。33歳の若さで「女王陛下の陶工」の称号を得るほど高品質な焼き物をつくるまでになり，量産化の道を走る他社とは一線を画した。ウェッジウッドは女王陛下に献上したクイーンズウェア (1762年) をはじめブラックバサルト (1768年)，ジャスパー (1774年) など後世に名を残す名品を世に送り出した。良質な磁器製造に賭ける強い思いは，1767年にトーマス・グリフィスをアメリカのノースカロライナへ派遣し，インディアン居住地域に産出するカオリンを調査させたことにも現れている。イギリス植民地時代のアメリカから大西洋を越えてカオリンを輸入する事業は実現しなかった。しかしこれを契機にカロライナ・カオリンの存在が知られるようになり，現在でも産出が行われている。

3．磁石（陶石）の鉱物・化学組成と鉱物存在の多様性

　磁器を生産するには何といっても原料の入手が第一であり，それを前提として成形や燃焼の技法が整わなければならない。日本で最初に肥前国有田で李参平が磁器を生産できたのは，この地の泉山で原料となる磁石を発見したからである。陶石とも呼ばれる磁石は，その字のごとく岩や石である。堆積している土を掘り出す一般的な炻器粘土とはまず産状が異なる。有田の泉山のような磁石は九州地方に多く分布しており，なかでも波佐見陶石，網代陶石，天草陶石などがその代表である。なお磁石と陶石はほぼ同義であるが，磁石が鉱物的に見て磁器製造のための石であるのに対し，陶石は焼き物用の

石を指しており，一種の商品名である。それはともかくとして，陶石の中でもとくに天草陶石は，天草本島（下島）の海岸部以外に深海部や山地部からも採掘される（図2-5）。1970年代初頭の最盛期の年間約8万㌧に比べると2016年は約1万㌧で産出量は減少しているが，それでも国内における総産出量の80％近くを占める。李参平が日本の中でも朝鮮半島に地理的に近い九州に来たことと，この地方の地質条件で磁石が大量に産出したことは，偶然とはいえ日本における磁器生産の発展にとって幸運なことであった。

図2-5　熊本県天草地方の陶石鉱床の分布
出典：濱崎・須藤，1999, p.41による。

　では，そもそも磁器の原料である磁石とは，いかなる鉱物組成や化学組成をもっているのであろうか。天草陶石の場合でいえば，その鉱物組成は石英，長石，カオリン（もしくはカオリナイト），セリサイトなどである（中川，1988）。いずれも一般には馴染みの薄い鉱物名であるが，石英は二酸化ケイ素が結晶化してできた鉱物であり，六角柱状のきれいな自形結晶（水晶で知られる）をなすことが多い。長石は，アルカリ金属やアルカリ土類金属などのアルミノケイ酸塩を主成分とする三次元構造のテクトケイ酸塩の一種である。さらにカオリナイトは火

山岩の熱水変質鉱物，もしくは雲母，長石，火山ガラス片が風化作用を受けて生じる鉱物である。さらにセリサイトは絹雲母とも呼ばれるように，層状珪酸塩鉱物の白雲母のうちの細粒なものをいう。鉱物の成分名がより複雑になってしまったが，以上は天草陶石の場合であり，鉱物組成は産地ごとに異なる。

　磁石を構成する鉱物の組成は一見すると，非常に複雑なように思われる。しかし，鉱物を構成している化学組成を調べると，それぞれの鉱物には二酸化ケイ素（SiO_2）が含まれていることがわかる。こうした共通性があるのは，地球表面には酸素とともにケイ素が多く，これらが結びついて多くの岩石がつくられているからである。ちなみに地表付近では，酸素が49.5％，ケイ素が25.8％を占めており，以下，アルミニウム（7.56％），鉄（4.70％），カルシウム（3.39％）とつづく。

　二酸化ケイ素は単独で，あるいは別の化学成分と結びつくことで，焼き物になるさいにそれぞれ固有の役割を発揮する。たとえば二酸化ケイ素の結晶体である石英は，一度かたちがつくられたら元には戻らないという可塑性があり，焼成時に焼き物の融点を下げる役割を果たす。長石は焼き物にガラス相を形成することで強度を増すはたらきをする。さらにカオリンは，焼き物全体の胎土素材の多くを占めており，その割合は硬質磁器の場合，全体の70％である。長石が熱水作用を受けて変質してできるセリサイトも胎土素材である。

　磁器の原料として磁石（陶石）があり，日本では磁石の産出量の多い天草を含む九州が磁器生産の先進地域として知られている。とりわけ佐賀県の有田焼や，その隣の長崎県の波佐見焼は，磁器生産の中心地として歴史的に発展してきた。しかし，すでに述べたように，石英，長石，カオリン，セリサイトなどがあれば，磁器生産のための原料は揃う。つまり磁石のような状態で存在しなくても構わない。実際，九州地方で産出する磁石は，岩や石を粉砕して粉状にしなければ焼き物用の粘土にはならない。逆にいえば，粉砕して生まれた粉と同じ鉱物組成が人為的に合成できれば，磁器製造の原料になるということである。ただし注意すべきは，自然状態で存在する土には鉄やチタンなど色素成分が含まれているという点である。こうした色素を取り除

焼き物世界の地理学

くのは非常に難しく，白さをもったまま存在する九州地方の磁石はこの点で優れている。

　磁器の原料は次節で詳しく述べるように，複数の仕方で地表上に存在する。九州の磁石のように，地下からの熱水や火山性ガスによって岩石が粘土化して形成される鉱床以外に，花崗岩が風化作用を受けて二次的に粘土が堆積して形成される鉱床もある。また，花崗岩の風化物質が流れることなく，その場所に留まった状態で存在するという事例もある。このうち2番目が，九州地方とともに日本を代表する焼き物産地として歴史的に発展してきた瀬戸・美濃のケースである。瀬戸・美濃は，九州地方の磁石とは別のかたちで石英，長石，カオリンなどを産出する（中山，1991）。両産地の歴史は古く，炻器粘土を原料に陶器を長きにわたって生産してきた。しかし江戸時代になり，有田など九州で焼かれた磁器食器が市場に出回るようになったため，磁器が製造できない瀬戸・美濃は市場を奪われ苦境に陥った。これを打破するために，瀬戸出身の陶工が九州の窯場に潜入して磁器製造技術を修得したという逸話が残されている。

　九州から瀬戸・美濃に磁器製造の技術は伝わり，日本における磁器食器の生産は拡大していった。そのルーツを遡れば九州のまえに朝鮮があり，さらにそのまえに中国がある。焼かれた結果としての磁器は同じでも，原料となる鉱物の存在状況は一様ではない。明らかに地質条件には違いがあり，その違いを超えて磁器の原料を整えるという点にポイントがある。そこに至るには，どのような鉱物成分を組み合わせれば磁器はできるのか，またそのような鉱物は地中からどのようにしたら取り出せるのか，という2つの課題に対して答えを見いださなければならない。一般には九州産地のように，磁器の原料は磁石・陶石と思われているが，瀬戸・美濃産地のように，風化した花崗岩の堆積土から鉱物を抽出することもできる。磁器製造の技術は単純ではなく，複数の技術的発見の組み合わせからなる。

第3節　風化・堆積，残留，熱水変質で生まれた粘土・陶石

1. 花崗岩の風化物が巨大湖に流入し堆積して生まれた粘土

磁器製造に適した鉱物が存在する状態のうち，堆積形態で見つかるのは多

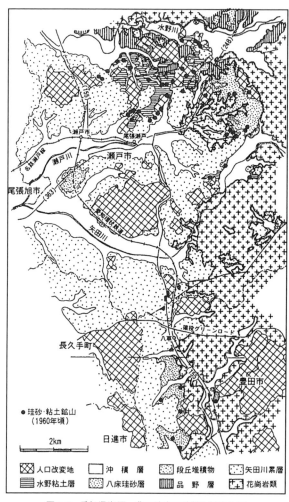

図2-6　愛知県瀬戸・豊田地方の地質と鉱山分布
出典：須藤・内藤，2000, p.33による。

くない。そのような珍しい事例として，愛知県の瀬戸地方と岐阜県の東濃地方を挙げることができる。これらは瀬戸焼と美濃焼の産地でもあり，地元で産出する鉱物で磁器が生産できる日本でも数少ない地域である。磁器の原料は一般にカオリン鉱物と呼ばれるが，カオリン鉱物は長石や雲母が風化作用を受けて粘土化したものである。カオリン鉱物は一種類ではなく，長石からはハロイサイトやカオリナイトが粘土化し，また雲母もカオリナイトに粘土化する。長石と雲母は石英と一緒になって花

崗岩を形成するため，実際には花崗岩が風化して分解した長石と雲母がそれ
ぞれ粘土化したことになる。石英はほとんど変化せず大小の粒子として残る。
花崗岩はとくに珍しい岩石ではない。しかしそれが風化して粘土になった地
層が大量に存在することは，非常に珍しい。

　瀬戸，美濃の焼き物産地で産出する磁器用の粘土は，その形状から蛙目粘
土と木節粘土と呼ばれる（磯村，1956）。かなりユニークな名前であるが，蛙
目とは風化しにくい石英が水に濡れて蛙の目のように光る様子を表す。木節
という名は，乾いた粘土が薪のように割れることと，粘土が植物成分を含ん
で灰色をしていることによる。石英と長石を主な成分とする粘土が地層の下
の方に堆積し，その上に粒子がより細かく可塑性のある木節粘土が堆積する。

図2-7　東海湖の復元図
出典：須藤，2000，p.25による。

第2章　焼き物の原料粘土・陶石の地理的分布

そしてさらにその上から砂利を含んだ地層が覆いかぶさっている。蛙目粘土や木節粘土は，瀬戸焼では瀬戸からその東側の豊田，美濃焼では多治見から土岐，さらにその東側の恵那・中津川にかけて分布する。図2-6は，瀬戸から豊田にかけて花崗岩が南北方向に分布し，その西側に風化した珪砂や粘土が堆積している様子を示したものである。瀬戸では北部の水野粘土層に鉱山が多く，豊田では八床珪砂層で採掘が行われてきたことがわかる。

　花崗岩が風化して生まれた鉱物がただ流されただけであれば，堆積はしない。問題は堆積の仕方にある。海洋にまで運ばれて他の石や砂と混ざってしまうのではなく，内陸部にある湖や池のような凹地で長い時間をかけて堆積することにより同じ鉱物組成の粘土が形成される。瀬戸，美濃は650万年前から120万年前にかけて存在した東海湖の東縁に位置している（図2-7）。この地域の基盤は花崗岩で，その風化鉱物が湖の縁辺部に堆積したと考えられる（吉田，1990）。湖の底は凹凸状の地形でとくに凹地部分に風化して流された鉱物が堆積していった。湖には鉄，チタン，マグネシウム，カルシウムなども含まれていたが，それらの成分は東海湖の中心部つまり最も深いところに集まった。周辺部ではそのような成分が堆積しにくかったことが，瀬戸，美濃の近くに蛙目粘土や木節粘土が互いに層をなして堆積するのを助けた。いくつかの偶然的条件がはたらいた結果，世界的に見ても珍しい磁器製造に適した粘土層が残された。

　磁器用の粘土ではないが，瀬戸，美濃の南方に位置する常滑では朱泥で知られる粘土が産出する。この粘土は瀬戸や美濃とは異なり，変成岩や堆積岩が風化した鉱物が東海湖に堆積して生まれた。このようにこの巨大な湖は，各地の岩石が風化して生まれた鉱物を集めて堆積させるはたらきをした。現在の伊勢湾の原型ともいえる東海湖の周辺で焼き物が生産されてきた背景には，こうした湖の存在がある。東海湖と同類の太古の湖として古琵琶湖がある。この湖は，かつては現在の三重県あたりにあり，その後，地殻変動で北に移動して現在は滋賀県にある。三重県には伊賀焼があり，滋賀県には信楽焼がある。母岩が違うため風化して湖に流入・堆積した粘土は異なるが，両産地とも古琵琶湖による窯業原料の形成・保存作用の恩恵を受けている（小倉ほか，1991）。

元は同じ花崗岩という母岩から蛙目粘土や木節粘土が層をなして生まれるのは，自然界の巧まざる営みによる。風化で砕けた状態の鉱物はマサ土と呼ばれる。マサ土はさらに砕けていくが，石英は硬いため元の状態を維持する。長石や雲母は粒子を細かくして水中に堆積し粘土になっていく。そのとき周辺から取り込まれた木片が炭化して粘土に混じると木節粘土になる。蛙目粘土と木節粘土が同じ場所で層をなしているのは，堆積した時期とそのときの環境が異なるからである。鉱床で採掘された粘土は，そのままの状態ではまだ使えない。水簸という鉱物を選り分ける工程が待っており，硬い石英は取り除かれる。石英はガラス原料の珪砂として利用される。瀬戸・美濃にはガラス工場がないため，珪砂は名古屋港まで運ばれ，船で関東や関西のガラス工場へ送られる。

　花崗岩を構成する硬い長石が風化して粘土に変わっていく過程は，長い時間をかけ自然界で行われている文字通り自然の営みである。人がその粘土を使いやすいように成形し，生まれたかたちが永久に変わらないように焼き固める。そのときに投入される熱エネルギーは相当なもので，長い時間をかけて粘土化した長石を短時間で元へ戻すため膨大なエネルギーを必要とする。古くは燃料としてアカマツ，ナラ，カシなどの薪を用い，やがて石炭，石油，ガスへと移行していった。これらの燃料も元はといえば自然エネルギーである。焼き物づくりとは，エネルギー交換をともなう自然界の営みの一部に人間が関わり，人間にとって有用なものを生み出す行為といえる。

2．花崗岩山頂部に残留した磁石鉱物を採掘する景徳鎮

　磁器製造用の鉱物が手に入る2つ目の形態は，花崗岩の風化物が流れ出すことなくその場に留まっている状態である。留まるといっても風化は風化であるため，母岩である花崗岩の周囲を取り巻くように分布している。このタイプは世界的に見ても多くはない。典型的事例として挙げられるのは，中国・江西省の景徳鎮周辺に分布する磁石鉱山群である。景徳鎮といえば，本書でもすでに述べたように，中国を代表する焼き物の産地であり，ここからヨーロッパへ送り出された磁器は羨望の眼差しで見られた。随や唐の頃から青磁や白磁が焼かれ，当時は昌南鎮と呼ばれていたが，北宋時代の景徳年間に景

図2-8　中国・景徳鎮の磁器原料の鉱床分布
出典：須藤，1998，p.50 をもとに作成。

徳鎮と改称した。この頃が景徳鎮窯の台頭期であり，青白磁と呼ばれる青み
がかった白磁は磁器の中でも最高級の饒玉としてもてはやされた。饒玉の饒
は，当時，景徳鎮は饒州に属していたため州の名前に由来する。その後，元
代後期の 14 世紀に染付磁器が創始され，明代における官窯の開設とともに
磁器生産地として不動の地位を得るようになった（矢部，1984）。こうした地
位は現在まで続いており，中国最大の窯業地として内外に知られる。

　これほどまで知名度の高い景徳鎮が，磁器製造用の原料であるカオリンと
深く結ばれていることはすでに述べた。景徳鎮から北東へ 40kmのところに
ある高嶺山で産出する鉱物こそが磁器製造の源である（図 2-8）。磁石鉱物は
高嶺山だけでなく，景徳鎮の町の北側の浮梁や，さらにここから北へ 30km
ほど先の大洲などからも産出する（須藤，1998）。景徳鎮の北側一帯には昌江
とその支流である東河，南河，西羅河などが形成した河谷が広がっている。
磁石が産出する高嶺山と大洲はこれらの河谷の源流近くにあり，景徳鎮とは
河谷沿いの道路によって結ばれている。つまり山間の鉱山から磁器製造用の
鉱物が道路を使って景徳鎮まで運ばれる。景徳鎮の周辺一帯は森林で覆われ
ており，焼成用の燃料調達の点でも問題はなかった。昌江とその支流はこの
地域の母岩である花崗岩を侵食してきたが，現河川の両側は第四紀すなわち
地質年代でいえば比較的新しい時代の堆積物で覆われている。磁石を産出す

る鉱床は河川堆積物より標高の高い位置にあり，さらにそれより高いところに花崗岩層がある。

　世界的にも稀な花崗岩の風化物が流出せず留まった状態で存在する景徳鎮周辺の地質はどのようなメカニズムで生まれたのであろうか。それを理解するには，景徳鎮が位置する中国大陸の東側の地質構造がどのように形成されたかを知る必要がある。中国東部では，北の北京から南の長江（揚子江）下流の南京・上海にかけて大きな平原が広がっている。この平原の北部は華北平原，南部は江淮平原と呼び，両方合わせて黄淮海平原あるいは中国東部大平原という。中国東部大平原の標高は 100m 以下で，北は燕山山地，南は浙江山地，西は太行山脈で区切られる。さらに南西には伏牛山脈と大別山脈があり，東は渤海・黄海・東海（東シナ海）によって限られている。このように大きな平原の大半は中朝地塊に属しており，一部は揚子地塊に属する。中朝地塊は華北から朝鮮半島にかけて広がる地塊で，基盤は先震旦系と呼ばれる。揚子地塊も先震旦系を基盤とする地塊である。このように大きくいって２つの地塊が中国大陸の東部をかたちづくっており，その上をいくつかの地層が重なるように覆う。

　地塊を覆ういくつかの地層のうち中生代後期のものは，大規模な火成活動をともなう地殻変動の影響を受けている。さらにその後はヒマラヤ造山運動によって隆起・沈降が繰り返され，大平原地域にいくつかの堆積盆地が形成された。こうした地殻運動の過程において，景徳鎮付近では中生代後期の白亜紀に，揚子地塊の基盤である先震旦系の千枚岩を花崗岩が貫いた。千枚岩は変成岩の一種であり，変成の度合いは粘板岩と結晶片岩の中間程度である。主成分は石英，絹雲母，黒雲母，緑泥石などである。地表面に現れた花崗岩はその後，風化作用を受けたため，山体の頂部周辺にカオリン粘土の鉱床が形成された。鉱床の厚さは最大で 35m もある。むろんその後の浸食作用で一部は若干移動したため，たとえば大洲地区では採掘できる鉱床は６か所に分かれている。

　大洲地区で産出する磁石の鉱物組成は，石英が 25 〜 30％，長石が 55 〜 60％，白雲母が 10％で，ほかに微量の黒雲母，トパーズ，蛍石などが含まれる（須藤，1998）。採掘された鉱物の 15 〜 25％がカオリンとして利用でき

るが，それは水簸という方法によって集められる。水簸は磁器粘土だけでなく炻器粘土を得る場合にも一般的に行われる。要は鉱物に水を浴びせて液状にし，細かくなった粒子状の粘土分を集める方法である。水と混ぜ合わせる前に採取した鉱物を砕いておくか，あるいはそれを省いて水を直接岩に当てるか，方法はひとつではない。1990年代の大洲地区の採掘場では，放水銃を鉱山の岩肌にめがけて放ち，流れ落ちる泥水を水簸場に導く方法がとられていた。いささか乱暴な方法とも思われるが，採掘した鉱物を砕くには何らかの動力を用いて行う必要がある。日本では第1章で述べた大分県の小鹿田焼のように，水力を利用した唐臼で鉱物を砕いているところがある。景徳鎮の大洲地区では，鉱物が水に溶けた状態の沈殿池から細粒のカオリン堆積物のみが取り出される。堆積物はブロック状にかたちを整えて乾燥させたのち，工場へ送られる。

3．熱水作用を受けて生まれたセリサイト質陶石の産地

　磁器製造に適した磁石が日本では九州地方に多いことは，すでに前節で述べた。九州に多いとはいえ，他地域にも産地はある。磁石が形成された時期に注目すると，古第三紀から白亜紀のものと，新第三紀のものに大きく分けることができる。なお，磁石を含め日本では白く焼き上がる硬質な焼き物の原料は一般に陶石と呼ばれてきた。磁石も陶石という名前で呼ばれることが多い。このためここでは便宜的に一般名の陶石という用語を用いる。形成時期の違いを問わず，日本の陶石はそのほとんどが熱水性鉱床として形成された。ちなみに熱水性鉱床とは，地下深くから上昇してくる熱水やガスのために，岩石が粘土化した鉱床のことである。上部の岩石を貫いて上昇してきたのは流紋岩質の火山岩である。上昇時の亀裂や流紋岩中の節理に沿って熱水やガスが流紋岩を粘土化する。そのさい粘土化した部分に火山ガラスが残っていないことが重要である。なぜなら，火山ガラスが含まれる岩は焼き物には適さないからである。

　陶石の主成分はセリサイトである。セリサイトが別名・絹雲母と呼ばれるのは，板状の白雲母が非常に細かくなった形状をしているからである。セリサイトは，長石，火山ガラス，雲母などが熱水変質の作用を受けることで焼

き物用の粘土として適した鉱物になる。セリサイトが陶器や磁器の原料として好まれるのは，セリサイトを混ぜて焼成するとガラス化によって透光性が高まり，なおかつ焼き締まりがよくなるからである。しかも，焼成時に同じような役割を果たす長石に比べると，許容される温度の幅が大きい。なぜなら，長石は温度が高いと変形しやすくなり，逆に低いと焼き締まりが十分でない。その点，セリサイトは対応する温度幅が広く，媒溶剤として長石より優れている。

　磁器製造用の原料としてセリサイトにはいまひとつ利点がある。それはセリサイトが可塑性に富んでいる点であり，セリサイト質陶石だけで磁器が生産できる。磁器をつくるのにカオリン鉱物は欠かせないが，カオリン単体では可塑性がないため成形することができない。長石，石英，カオリンを含むセリサイト質陶石は，粉砕するだけで磁器製造用の粘土になる。ただし，陶石をあまり細かく粉砕すると可塑性が失われてしまう。このため臼で陶石を搗くさいに，早く砕かれて粉になった部分を水簸で集め，これを粘土として使用する。早く粉状になった部分は可塑性が大きいため，完全に粉砕される手前で搗くのを止めるのである。原料の輸送が容易なら，たとえば瀬戸で産出する木節粘土を取り寄せ，つなぎ用に使用することもできる。しかしそのようなことができなかった頃はセリサイト質陶石のこうした性質を見抜き，可塑性のある粘土として磁器が生産された。

　さて，セリサイト質陶石のうち，新第三紀に形成されたものの代表は，すでに述べた熊本県の天草陶石や佐賀県の泉山陶石である。愛媛県・砥部焼の川澄陶石や九谷焼の花坂陶石も同じ頃に形成された。砥部焼で川澄陶石を用いるようになったのは19世紀初頭からで，それ以前は砥部の外山で産出する陶石が使われていた。川澄陶石は図2-9に示すように，窯元集積地の南東2kmの丘陵地で採掘される（須藤・神谷，2000）。この陶石はもともと砥石用に使われていたもので，その名も伊予砥と呼ばれていた。砥石をつくるときには大量の石屑が出る。それで石屑利用の用途が模索された結果，これで焼き物をつくることになった。当時，砥部は大洲藩に属しており，藩は肥前から招いた陶工にこの陶石を使って磁器を焼かせた。川澄陶石は，それまで砥石に用いられていた陶石と比べると白さが際立つ。さらに白さを増すために，

第2章　焼き物の原料粘土・陶石の地理的分布

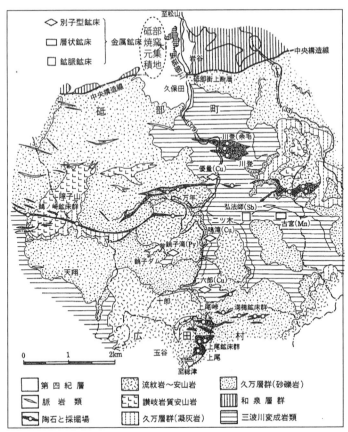

図2-9　砥部地区の地質と砥部焼用陶石採掘地
出典：須藤・神谷，2000, p. 9による。

鉄分の多い部分を目で見て選別する作業を行うようになった。こうして選ばれた陶石は，水中でスタンパーと呼ばれる杵で砕かれて泥状にされる。ほかには大きなドラム缶のようなボールミルの中で水と玉石を混ぜ合わせて細かくし泥状にする。取り出された泥は次の製土工程へと送られていく。

　砥部焼の川澄陶石とともに九谷焼の花坂陶石もセリサイト質陶石の代表例である。九谷焼開窯の正確な時期はわかっていない。しかし大聖寺藩の初代藩主・前田利治の頃すなわち17世紀中頃に領内の九谷村で焼き物がつくられていたことが明らかになっている。焼き物開始のきっかけは九谷村で陶石

焼き物世界の地理学

が発見されたことである。陶石採掘地の近くに窯が築かれたため九谷焼という名前がついたと思われるが、この窯は藩の名前から大聖寺焼とも呼ばれる。ただし九谷焼の陶石の採掘地は一か所ではない。発祥地の九谷村のほかに、現在の小松市花坂町では花坂陶石が産出する。九谷焼の原料としては花坂陶石の方がウエートは大きく、九谷焼産地に原料を供給してきた。花板陶石はチタンや鉄分を含むため茶色をしているが、薪を燃料として還元焼成すれば白い磁器に焼き上がる。ただし花坂陶石だけでは可塑性が十分でないため、他地域産の粘土を配合して胎土はつくられる。九谷焼の産地の近くには、ほかに河合陶石、服部陶石などもある。いずれも白山市で採掘されるが、河合陶石は食器ではなく衛生陶器やタイルの原料として利用されている。

　以上で述べた新第三紀に形成された陶石より時期の古い古第三紀から白亜紀にかけて形成された陶石として、兵庫県・出石焼の柿谷陶石、岐阜県・渋草焼の渋草陶石・伊西（神岡）陶石を挙げることができる。このうち現在につながる出石焼のルーツは、18世紀末に現在の出石町柿谷で陶石が発見された頃まで遡ることができる（岡本、1982）。当初は出石藩が支援する藩窯が中心であったが、その後、民間の窯へと移行し隆盛を極めた。しかし幕末から明治維新にかけて衰退に向かったため、佐賀県や石川県から人材提供を受けて再興の足がかりとした。柿谷陶石の鉱物組成は、石英、セリサイト、カオリナイトなどである。「白すぎる白」と形容されるほどの白磁であり、あえて絵付けをする必要はない。素地の表面を複雑な模様で彫り込むという技法で、他産地の磁器にはない雰囲気を醸し出している。

　渋草焼は、天領時代の飛騨高山で郡代自らが音頭を取り、地域産業振興のために半官半民で始めた焼き物である（林編著、2018）。それ以前の高山藩時代には藩主が試みた小糸焼や民間の三福寺焼があったが、いずれも長続きしなかった。渋草焼で使用する陶石は、現在の飛騨市神岡町山田で産出する。ここでは石英粗面岩が船津花崗閃緑岩を北東－南西方向に貫いており、その変成作用を受けて長石がセリサイト質陶石に変化した。鉱床の幅は7〜17mで、長さ100〜300mの鉱脈が幾筋か走行している。同じ神岡町伊西で産出する伊西陶石も、渋草焼の原料として使用されてきた。この周辺の地質は船津花崗岩のうちの角閃石黒雲母花崗閃緑岩である。その中へ酸性火山岩

が14mの幅で貫入したため，熱水変質が起こって陶石が生まれた。鉱石中に石英の結晶は少なく，長石がセリサイトに変わり鉄分が溶脱したため，外観は淡青色で緻密な塊状を呈している。

コラム2　景色，景観は地理学研究の入口

　本書の本文でも述べたように，愛知県瀬戸市は瀬戸物産地として知られる。中心市街地を取り囲むように窯業原料が堆積した丘陵が広がっており，現在も採掘が行われている。横方向にトンネルを掘りトロッコで土を運び出していた時代もあったが，いまは大型重機で表土を削り取る露天掘り方式で行われている。土を掘り出すと大きな穴が生まれ，周りにこれから掘り進める予定の土の壁がそびえている。遠くから眺めると，それはまるでアメリカ・アリゾナ州北部にあるグランドキャニオンの風景に似ている。この風景が「瀬戸のグランドキャニオン」と呼ばれるようになったのは自然で，本場のグランドキャニオンを見たことがなくても納得してしまうほどの迫力がある。

　たしかに，瀬戸とアリゾナの風景はよく似ているが，大きな違いもある。類似点はともに堆積層が大きく削り取られ，巨大な穴や谷が生まれた点である。相違点は堆積層の種類であり，瀬戸が花崗岩の風化物であるのに対し，アリゾナは石灰岩である。相違点はまだあり，瀬戸が人為的に削り取った穴であるのに対し，アリゾナは自然の力によって削り取られた，すなわち侵食されて生まれた。つまりアリゾナのグランドキャニオンは，コロラド川が隆起する石灰岩の地層を侵食し続けた結果，非常に深い谷を見せるようになった。瀬戸には侵食するような川はなく，あくまで人の力によって本場グランドキャニオンを彷彿させる人工地形が生まれた。

　グランドキャニオンの堆積層に注目すると，深いところには縞模様が見当たらない。これは，かつての堆積層がさらに積もった土砂の圧力で変成岩に変わったからである。上方の新しい石灰岩の地層は幾度も堆積を重ねていった結果，縞模様を見せるようになった。一方，瀬戸のグランドキャニオンは，かつて存在した東海湖の東の端に位置していたため，湖に花崗岩の風化物が順次堆積して縞模様をつくった。順次とは風化物が堆積したときの環境が時期によって違うということである。風化した長石，石英，雲母などの組成や性質が違うため，水中で選り分けられながら堆積していった。

瀬戸の窯業原料とは景観的に見て大きく異なるのが，天草，砥部，九谷などの窯業原料である。いずれも磁器を生産している産地であるが，瀬戸とは異なり天草，砥部，九谷は土ではなく石を山から掘り出している。土ではないため，掘り出すというより，むしろ切り出す，あるいは崩し落とすと表現した方が適切かもしれない。堆積層は水平方向が印象的で，川，湖，海の水が作用したことを想像させる。岩山にはそのような思いを抱かせるものはなく，ゴツゴツした荒々しい雰囲気を漂わせている。ただし，このゴツゴツ感もこの場限りで，砕かれてしまえば粉状になるため，同じように粉砕される堆積層と変わらなくなる。

　堆積層や岩山など何らかの姿を見せている対象は，地理学研究者の関心を引きつける。地形なら自然地理学の研究対象となり，そのかたちの特徴を手がかりに成因や形成過程を明らかにしようとする。むろん手がかりは形態だけではないが，大づかみのきっかけとして外貌や景観は有効である。同じ景観でも対象が住宅やビル，公共施設となると，人文地理学の研究対象となる。住宅の規模やスタイルは外からでも観察できる。建設時期もある程度は判断できる。別に手に入れた居住者の属性に関する情報を組み合わせれば，住宅が建っている地区が都市の中でどのように位置づけられるか明らかにすることができる。自然にしても人文にしても，景色や景観は地理学研究の入口に相当する。

第3章

焼き物が生まれる窯の歴史的発展過程

第1節　焔が上昇する野焼き，筒窯，ボトルオーブン窯

1．平地上の火床に素地を置いて焼成する野焼き

　焼き物は窯がなければ生まれない。焼き物と窯は切っても切れない不可分の関係にある。土器から炻器，陶器，そして磁器へという焼き物の歴史は，土や石を原料に成形した素地を窯の中でいかに焼いてかたちを固めるか，その発展の歴史でもある。焼く対象すなわち素地と熱源が決まれば，焼成方法はおおむね決定される。対象にそなわる鉱物組成に応じて焼成の温度や手順も決まるため，窯の構造もそれにしたがう。ただし，時代や地域によって人間が求める焼き物には違いがある。熱源の種類も時代や地域ごとに違うため，窯の構造はその状況に応じて変わる。原料，素地，焼成，窯がひとつのセットになり，時代や地域が求める焼き物が生産されてきた。基本的に変わらないのは，自然由来の鉱物やその風化・堆積物を人の手で焼き固め「人工の石＝焼き物」にするという行為である。

　今日いうところの窯らしきものが現れるずっと以前に，煮炊きをする火床の上に置かれた天日干しの粘土の塊が石のように硬くなることに気づいた人がいたのではないだろうか。偶然の発見が生活に欠かせない道具に結びつくことは少なからずある。ある意味で土器は，人間が化学変化を自覚しそれを道具として活用するに至った最初のものである。煮炊きの延長で素地を野焼きで焼成することを思いついたのではないか。ただしこの時点では，まだ熱を閉じ込めることはできなかったので窯とはいえなかった。野焼きで焼く素地の原料と焼くのに必要な燃料は地域によって違う。しかし火を焚く目的と燃やす原理はどこも同じであり，ここから窯に向けて人間の試行錯誤が始まった。

　野焼きで土器を焼くといえば，日本の縄文土器や弥生土器のイメージがすぐに思い浮かぶ。各地で発掘された遺跡からその様子を想像することもできる。出土した土器やその破片を手がかりに，野焼きのプロセスを考証することも行われている。さらに先へ進み，実際に野焼きを実施して実証結果を得ようとする試みもある（岡安, 1996）。こうした土器づくりの過去を実験によっ

て探る動きがある一方，いまなお土器を生活のために自作している地域もある。たとえばインドネシアのある地域では，米を炊く道具を野焼きの土器でつくる製法が伝承されてきた。湿気のない平坦なところが焼成床となり，床の上に焼け残りの燠と灰を軽く敷く。その上に大きめの素地を中心に置き，周りに小物を並べる。乾燥した草，木，牛糞などの燃料でこれらを被い，下部もしくは上部に点火する。牛糞が燃料になるのはこの地域で牛が農耕に使われているからで，土器がつくられる生活環境を表している（川崎，1999）。

　牛糞はインド北部の農村の土器つくりでも燃料として用いられている。ここでは地元でガウダンと呼ばれる牛糞が火床に円盤状に並べられる（加藤，1974）。牛糞の大きさは 20 〜 30cm で，厚さは 5 〜 8cm である。小物を焼く場合は熱量を得るために牛糞は二重に並べられる。その上に素地の土器が三段くらいに積み上げられ，積み上がった土器は牛糞とその上の藁によって被われる。最後は粘土で全体を被い隠すようにして仕上げられる。土饅頭のような頂上部に 3cm ほどの煙出し用の穴を 1 〜 3 か所開け，下部には 15cm ほどの穴を 1 か所開けて焚口とする。点火したら自然燃焼にまかせ，小さな土饅頭なら 6 〜 8 時間，大きな土饅頭なら 30 時間ほどかけて焚き上げる。

　インド南部のカルナータカ州（旧マイソール州）には民芸陶器の黒陶があり，野焼き形式で現在も陶器が焼かれている。火床の幅は 30cm ほどで，主な燃料はヤシの実の皮やマンゴーの葉，補助燃料として牛糞が使われる（図3-1）。燃料の上に高さ 60cm ほどの土器製の壺を置き，その中に燃料を混ぜな

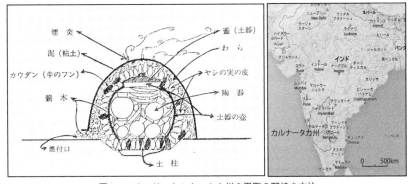

図3-1　インド・カルナータカ州の黒陶の野焼き方法
出典：陶工伝習書のウェブ掲載資料（http://kyusaku.web.fc2.com/kama1.html）をもとに作成。

第 3 章　焼き物が生まれる窯の歴史的発展過程

がら素地を入れていく。壺は窯のようにも思われるが，その壺の外側はヤシ
の実の皮と牛糞で被われる。さらにその上を藁で被い，最後に粘土を薄く塗
れば完成である。壺は完全に蓋で被われるため，焼成中に素地に酸化炎が直
接当たることはない。つまり，少量の燃料ながら還元作用で蒸し焼き状態と
なり，炭化作用で素地は黒陶になる。焼成時間が長いほど良質な黒陶となる
が，長くても三昼夜ほどで焼き上がる。

　インド南部の野焼きによる土器製造は，ミャンマー（旧ビルマ）でも行わ
れている。イラワジ川上流部の川沿いのシュエグーにトアンテという陶芸村
があり，1950年代の時点では野焼きで土器がつくられていた。ここでは地
面を少し掘って火床をつくり，そこに木の皮を敷きつめる。その上に素地を
積み上げるように置き，まず竹と藁で素地を被う。さらにそれらを籾殻と木
と木くずで被い隠す。最後に木灰を塗り固めるようにして土饅頭を完成させ
る。インドの野焼きと同様，積み上げた素地を燃料で被って焼き上げる方式
であり，焼き上がった土器は日常生活で普通に使われている。こうした仕事
を行っているのは主に女性であり，土器のつくり方は彼女たちによって代々，
継承されてきた。

２．壁を築き焚口と火床を分けた昇焔型の筒窯

　野焼き方式あるいは野積み方式による土器の焼成では，いくら燃料や粘土
で外側を被っても，熱の拡散は免れない。この欠点を補うには焼成位置を固
定し，厚めの粘土や日干しレンガで熱が外側に逃げないようにする必要があ
る。周りを土壁で囲んだ円筒形の窯をつくり，昇焔効果で素地を焼き上げる。
これなら無駄な熱が逃げないため燃料も節約でき作業も簡略できる。アフリ
カ・トーゴには，内径が160cm，高さが90cmほどの円筒状の土壁を築き，地
面近くの焚口から燃料を投入して焼き上げる筒窯がある（森，1992）。焚口
は９か所あるため満遍なく焼ける。窯の中には焚口の高さに合うように円柱
が置かれており，その上に素地が互い違いに積み重ねられている。素地は壁
の高さまで積み上げられ，その上に土器片を置いて窯の蓋の代わりとする。
燃料はモロコシの茎で，数本ずつ焚口から差し込まれる。火力は強く１時間
程度で焚き上げられる。

筒窯の形状は何となく手桶のかたちに似ている。焔が下から上に向かって上昇するため直焔式手桶窯という名で呼ばれることもある。こうした窯はアフリカ以外ではたとえばアフガニスタンにもある（加藤，1974）。カブール郊外のイスタリフという人口300人ほどの小さな村で，付近の山で採掘された土を使って焼き物がつくられている。窯の内部は円筒形をしており，外側は一辺の長さが2.5〜3mの立方体である。日干レンガを積み上げた窯の構造は下部が燃焼室，上部が焼成室である。燃料は薪で，一回の焼成で500〜1,000個の器が焼かれる。温度は800〜850℃で焼成時間は9時間である。土器の焼き方は先に述べたトーゴの場合と似ているが，ここではトルコ青の施釉陶器も焼かれている。焔が直接，素地に当たるのを避けるために，窯が二重構造になっている点に特徴がある。

　筒窯で構造を二重にするのは，焼成中に素地に灰がかかって表面の色が変わるのを避けるためである。イスタリフの窯の場合，二重構造になっている筒窯の内側の壁には棚が設けてある。この棚は素地をその上に並べ置くためである。棚に囲まれた中央部分の円筒は煙道の役目を果たしており，ここを通って煙が上方へ昇っていく。イスタリフのように薪の入手に恵まれた地域なら問題はないが，砂漠に近い地域では馬や牛が食べないほど硬い雑草木が燃料として使用される。イスタリフは山脈に囲まれた乾燥したショマリ平原の村として，かつてはシャー（国王）が避暑に訪れることもあった。内戦以前は800人近い商人が集まるバザールで栄え，ここでつくられた焼き物は陶芸品として取引された。

　ところで，筒のかたちをした窯は構造が簡単なため一般性がある。このため遠い過去や発展途上といわれる国や地域だけでなく，現代の日本などにおいても使われている。たとえば九谷焼の錦窯はそのような事例である。九谷焼では上絵付用の窯として用いられており，焔を均一に制御するのが難しいにもかかわらず，独特の雰囲気が出せるということで長く使われてきた。九谷焼では当初，こうした上絵付窯は赤絵窯と呼ばれた。それは当時，主に使われていた釉薬が赤絵具だったからである。その後，赤以外に青・緑・紫・黄色も使用されるようになり，その実態に合わせるため錦窯という名前に変わった。本焼きの温度が1,200〜1,300℃であるのに対し，上絵付は600〜

800℃で焼成される。このため温度が上がりすぎて釉薬が溶けないように，厳格な温度管理が求められる。当初は薪が燃料に使われたが，その後は石炭，石油，ガスへと移行し，現在は電気窯が主流である。しかし，焼き上がりにこだわりをもつ陶芸作家の中には，あえて薪を燃料に使っている人もいる。

3．イギリスの窯業地で活躍したボトルオーブン窯

これまで述べてきた野焼きや，その発展型である筒窯に共通しているのは，平らな地面の上に火床や窯の土台を築いていることである。日本を含む東アジアでかつてよく見られた斜面の上に築かれた窯とは形態が異なる。丘陵地形が一般的な地域では，窯を築くさいにもこうした地形を利用しようという発想が湧きやすい。逆にいえば，そのような地形が一般的でない地域では，平面上に窯を築くのが普通である。その典型的事例として，18世紀のイギリスで始められたボトルオーブン窯を挙げることができる。名前はその形状に由来しており，瓶すなわちボトルを地面の上に置いたように見えるためである（図3-2)。この窯が筒窯の延長線上にあるのは，焔が下から上へ上昇していくためで，最上部に設けられた空洞から煙が排出される。

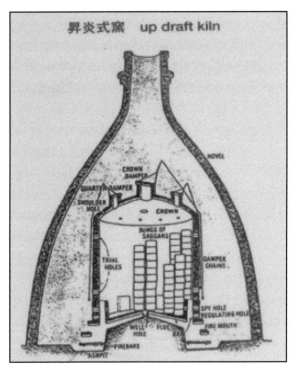

図3-2　18世紀イギリスのボトルオーブン窯
出典：陶工伝習書のウェブ掲載資料（http://kyusaku.web.fc2.com/kama1.html）による。

焼き物世界の地理学

外観がボトルのようなかたちをしているため、一見するとこれが窯本体のように見える。しかしこの窯は二重構造になっており、ボトルの内部に筒状の焼成窯が収められている。レンガを積み上げて築いた外側の壁は、外気と窯の内側の空間を遮断する役割を果たす。これは窯の熱が外部に逃げていかないための工夫であると同時に、窯の外側にある工場や住宅などの建物に余計な影響を及ぼさないためである。実際、イギリスでボトルオーブン型の窯が設けられているのは、市街地の中である。現在のように工場からの排煙が大きな社会問題でなかった時代、市街地に林立するボトルオーブン窯は、窯業都市のシンボルであった。ボトルオーブン窯は18世紀から19世紀にかけて築かれたが、現在もなお残っているのは20世紀につくられたものである。

　イギリスでボトルオーブン窯が多いのは、ストーク・オン・トレント、コールポート、ロンドンのフルハムである。とりわけその中心はトレント川沿いの窯業都市・ストーク・オン・トレントである。ただしストーク・オン・トレントはここを中心とする窯業地域全体の名称であり、実際には北から南にかけて、タンストール、バーズレム、ハンリー、ストーク、フェントン、ロングトンの生産地が連なっている。17世紀以降、ロイヤルドルトン、スポード、ウェッジウッド、ミルトンなどの陶器会社があいついで誕生した。陶器生産に適した粘土質の土や石炭が周辺一帯で産出したことが背景にある。1777年に開通したトレント・アンド・マージー運河によってイギリス南西部のコーンウォールからカオリナイトが運び込まれるようになった。これで硬質磁器が生産できる体制が整えられた。

　ボトルオーブン窯の外側のレンガ積みは、あくまで雨風を凌ぐためのものである。木に恵まれた日本では、窯を被うためには木製の屋根を設けることが多い。現在なら鉄骨組の建物を建て、スレート屋根で窯の本体を雨風から守る。建物の構造が基本的にレンガづくりのイギリスでは、焼き物を焼く窯本体を雨風から守るのもレンガ造りの構造物である。その結果、二重構造の窯が生まれた。内部の焼成窯は高さが4〜5mもあり、下から順に匣鉢を積み上げていく。匣鉢の中には施釉された素地が丁寧に入れられている。並べ方が丁寧なのは、素地がくっついたままの状態で焼かれないようにするためである。皿類は単純に積み重ねることができないので、入れ方に工夫をする

第3章　焼き物が生まれる窯の歴史的発展過程

必要がある。素地と素地の間に日本ではトチンと呼ばれる窯道具をかませ，皿同士が触れないようにする。なかには上下に重ねるのではなく，垂直方向にハンガーに掛けるような仕方で匣鉢の中に収める場合もある。

　匣鉢で内部が一杯になると，窯の入口がレンガと土で封じられる。焼成は週に1回程度の割合で行われる。素地を無釉のままつまり素焼きなら3日間，施釉状態つまり本焼きなら2日間かけて行われる。燃料は石炭で，4時間おきに燃料口から投入する。1回の焼成でおよそ15㌧の石炭が使われる。焼成の初期段階は窯に湿気が多く大量の煙が発生するが，しだいに温度が上昇していき48時間後には1,000℃から1,250℃にまで上がる。こうした状態を2〜3時間ほど維持するには高度な温度調整技術を必要とする。窯の最上部に温度調整用のダンパーがあり，これを開閉させることで焼成の勢いをコントロールする。焼成が終わったらすぐに入口のレンガを取り除き，冷却が速く進むようにする。窯の中は高温なのに焼き終えたばかりの匣鉢を取り出す作業に取り

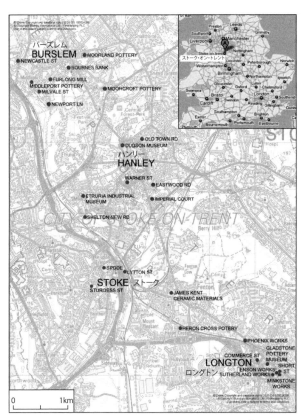

図3-3　ストーク・オン・トレントに残されているボトルオーブン窯の分布
出典：ストーク・オン・トレント陶器博物館のウェブ掲載資料（https://www.stokemuseums.org.uk/gpm/heritage-action-zone/bottle-ovens-and-haz/recording-bottle-ovens/）をもとに作成。

掛かるのは，経営者が焼き物の出荷を急がせたからだといわれている。このため，作業者は服や手袋を水に浸してから使用した。

　ストーク・オン・トレントのボトルオーブン窯は焼成効率が悪く，投入したエネルギーの70%近くは無駄に失われた。にもかかわらず20世紀中頃まで使われてきたのは，市街地の中で操業を続けるためであった。最盛期には4,000ものボトルオーブン窯で陶磁器が焼かれ，1950年代でもまだ2,000近くが使われていた。しかし1956年に空気清浄法（Clean Air Act）が制定されたため，石炭が使用できなくなった。重油やガスなど石炭以外の燃料に切り替えなければならなくなり，ボトルオーブン窯はその歴史的役目に終止符を打った。しかし使用できなくなったとはいえ，まちの風景に溶け込んでいた印象的なかたちのボトルオーブン窯をすべて取り壊してしまうのは損失が大きい。そこで20近くの窯が指定建造物として残されることになった（図3-3）。イギリスでは全国に37万以上の指定建造物があり，重要度に応じて3つのカテゴリーに分けられる。指定を受けたボトルオーブン窯はグレード2に相当するものが多い。

第2節　中国・朝鮮における窯の歴史的発展

1．丘陵地の傾斜を生かした窯

　炻器粘土や磁器粘土の入手方法には地域差がある。これと同じように窯を用いて素地を焼く方法も，古今東西，実に多様である。しかし概して，窯の形態を地理的条件の違いで考えると，大きく2つのタイプに分けることができる。ひとつは，前節で述べたような平地の上に窯あるいはそれらしきものを設けて焼くタイプである。いまひとつは，これから述べる傾斜地に窯を築いて焼くタイプである。前者が歴史的に古く初歩的な焼き方で，後者がより新しく高度というわけではない。なぜなら，近代以降の大半の窯は平地に設けられており，古くもないし初歩的でもないからである。要するに，焼き物をつくろうとした時代に，その地域が地理的にどのような場所であったかにより，平地か傾斜地かいずれかのタイプが選ばれたのである。

第3章　焼き物が生まれる窯の歴史的発展過程

平地か傾斜地かは典型的な地形条件であり，それは制約条件でもある。しかし見方を変えれば，制約的に見える条件をむしろ生かして窯を築いたともいえる。現代のように焼き物を焼成するときに焔を自在にコントロールできなかった時代，傾斜地に窯を築くことで，効率よく焼成できることを経験的に知っていた人たちがいた。平坦面なら焔はまっすぐに昇っていくだけで，満遍なく安定的に焼くことはできない。放熱を抑えることもできず，必要以上に燃料を消費するだけである。しかし傾斜地に斜め方向に穴を掘り，この穴の中に素地を並べておけば，焚口からの焔は穴の中を横に進むように昇っていく。焚口から穴の出口までがすべて窯であり，初期の小さな窯であれば，穴をくり抜くだけで十分，窯の役割は果たせた。

　こうして傾斜地は焔が単純に上昇するだけの窯の欠点を補う。傾斜地それ自体が窯の構造の一部であるため，ボトルオーブン窯のようにレンガを積み上げて構造を構える必要もない。ただし，焼成用の素地の数が多くなると，穴を単純に開けただけの構造では対応できない。多くの素地を窯の中に並べるには，人がその中に入って作業ができるようなスペースが必要だからである。しかしそのようなスペースを確保しようとすると，掘っただけの穴では天井が崩れ落ちる可能性がある。このため耐火物で天井を半円状に被い，人が中に入って傾斜状あるいは階段状の床の上に素地を並べられる窯にする。レンガ積みの歴史があるヨーロッパでは，このような構造は苦もなく構築できたかもしれない。しかし日本などでは規格化されたレンガを地道に積み上げていくという風土は育たなかった。代わりに種々の耐火物を考案し，それらを組み合わせて壁や天井を築く窯が生まれた。

　アジアの窯業地は，基本的に炻器粘土や磁石（陶石）が産出した場所の近くに誕生した。こうした焼き物の原料は，その成因から考えても，山地や丘陵地から産出する。とくに磁石や陶石になると，そのほとんどは人里離れた山地や丘陵地である。平地の多そうな中国大陸にあっても，主な窯業地はなだらかな丘陵の広がる東側に多い。中国から焼き物の技法が伝播した朝鮮半島や日本列島の地形も起伏に富んでいる。焼き物の原料が産出する場所と，それをもとに素地を成形して焼成する場所がいずれも傾斜地だったのは偶然かもしれない。しかし輸送手段が限られていた時代，重くて嵩張る原料を遠

方まで輸送するのは困難であった。成形した素地をその近くの傾斜地を利用して築いた窯で焼くのは，きわめて自然であった。

　山間に煙がたなびく焼き物の産地と，市街地に幾本ものボトルオーブン窯が並ぶ産地，これが日本とイギリスで焼き物を生産してきた産地の風景である。なぜこうした違いが生まれたかは，上で述べた地理的条件が関係している。ともに先行する中国の磁器に追いつくため，原料入手や焼成窯で工夫を重ねた。焼き物は，原料から製品まで総合的に考えなければ真の理解には至らない。焼成は全工程の一部にすぎず，窯はそのための装置である。磁器生産という目的それ自体は同じでも，実現の方法はひとつではない。方法は国や地域の地理的，歴史的背景のもとで生み出される。むろん伝播によって方法が伝わることもある。近代の日本では，中国，朝鮮を経由して近世に伝えられた登窯がヨーロッパ由来の石炭窯へと転換していった。傾斜地という地理的条件がいつまでも有利にはたらくとは限らず，時代状況の推移とともに変わっていく。

2．古代中国における穴窯の発展過程

　古代中国の窯は，大きくは北部の筒窯・昇焔式窯と南部の竪穴窯・横穴窯・横焔式窯に分けて考えることができる。北部は平地，南部は傾斜地というように，窯が築かれた地形条件に違いがある。地形に適応するかたちで築かれた窯は，より高い温度で焼成できる方向に向かって進化していく。焼き物は人がつくった創造物であり，つくられた時代の特徴を表すメルクマールでもある。日本の場合でいえば，縄文土器や弥生土器の特徴がそれぞれの時代状況を反映する。縄文人や弥生人が，どのような暮らしをしながら，いかなる土器を必要としたかである。歴史が新しくなると，奈良，平安，鎌倉，各時代の焼き物というように時代の名前で呼ばれる。抽象的な時間ではなく，具体的な時代性が焼き物の中に潜んでいるように思われる。こうしたことは焼き物先進国の中国でもいえる。古代国家以前の中国でつくられた焼き物は，仰韶（ぎょうしょう）文化や龍山文化など当時の文化的要素を凝縮して具現化したものとされる（王，2003）。

　その仰韶文化であるが，この文化は紀元前5000〜3000年の新石器時代に

対応する。この頃，黄河の中流域で焼かれた赤く彩られた土器が各地で発掘
されている。赤色は鉄分を土器の表面に塗りつけて焼いたからで，焼成温度
は 900 ～ 1,000℃である。この時期は，それまで野焼きで焼かれていた焼き
物が，筒窯で焼かれるようになっていく過渡期に相当する。生活のために水
の得やすい川筋の丘陵性の台地の裾に当たるあたりに昇焔式の穴窯が築かれ
た。平地の上に築いた筒窯の発展系としての趣が残っており，窯の規模は小
さい。窯が大きくなかったのは，竪穴を開けた場所が黄土性の土地で耐火度
が弱く，焼成によって窯が崩れ落ちる危険性があったからである。耐火性の
強い場所を選ばないと，自然状態に近い窯を大きくすることは難しく，長く
使用することもできなかった。

　紀元前 3000 年から 2000 年にかけて，龍山文化が黄河の中流から下流にか
けて栄えた。ここでは黒い色をした灰釉陶器が焼かれたため，龍山文化は黒
陶文化とも称される。黒陶を焼いた窯は仰韶文化の昇焔式窯を改善したもの
である。上昇熱が焼成室へ効率的に伝わるように，燃焼室を広く低くした点
に特徴がある（図3-4-①）。なお燃焼室は火袋とも呼ばれ，窯の焚口から投
じた燃料を燃やす場所である。ここで燃えて生まれた焔がその先にある焼成

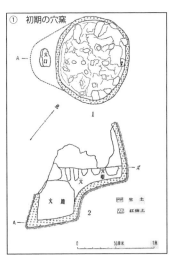
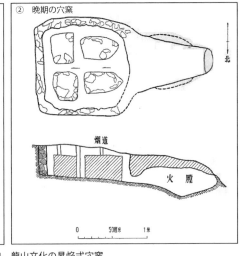

図3-4　龍山文化の昇焔式穴窯
出典：陶工伝習書のウェブ掲載資料（http://kyusaku.web.fc2.com/kama1.html）による。

室へ向かって移動していく。焼成室のさらに先に排煙口があり，役目を終え
たガスや煙が排出される。焚口，燃焼室，焼成室，排煙口という4つの場所
はどの窯にもあり，それらをどのように結びつけるかで窯ごとの特徴が生ま
れる。

　さて，黒陶を特徴とする龍山文化は遼東半島の平野部にまで広がった。そ
のあたりに築かれた窯では焔が横方向に走るような工夫が施された（図3-4-
②）。この地域の窯は地形的制約のため水平に近い横穴式のままでは天井が
崩落するおそれがあった。このため太い窯柱で天井を支えなければならず，
その分，素地を並べるスペースは限られた。煙は天井の穴から排出でき，横
焔式効果が十分はたらいたため焼成温度は900～1,000℃にもなった。その
後，夏，商，周，春秋へと時代が進み，黒陶以外に紅陶，彩陶，白陶など文
字通り色とりどりの陶器が焼かれた。最も多く焼かれたのは灰青色の実用食
器（灰陶）であった。

　春秋戦国時代や秦の時代には，効率性をさらに一層追求した窯が登場する。
効率性が実現できたのは，燃焼室を低く広くして熱量を貯え，その先の通り
道を狭くして熱の流れを速くしたためである。ここを通り抜けた焔はその先
に設けた火壁に当たり，上昇しながら焼成室に送り込まれる。煙道が一か所
に絞られているため，必要な熱量は燃焼室に閉じ込めて保持された。焚口か
ら排煙まで空気の流れを調整することで焼成室を高温に保ち，これによって
全体の熱効率の向上を図るというかなり考えて設計された窯であった。焼成
温度も1,200℃以上で，これまでにない画期的な横焔式窯といえる。これほ
どの高温が安定して得られると，木灰は焼成中に溶けてガラス質の被膜をつ
くる。こうして印文硬陶と呼ばれるストーンウェアが焼ける条件が整ったの
で，次の段階である原始的な青磁誕生への道が開かれた。

　時代がさらに進んで東漢（後漢）の時代になると，窯の規模はさらに大
きくなる。浙江省で発掘された窯は山麓の傾斜地にあり，燃料の松材に恵
まれていた。焚口からの酸素供給と排煙の仕組みに工夫が凝らされており，
1,300℃に達する高火度焼成が可能であるばかりでなく，還元焼成もできた。
浙江省は，絹雲母を主成分とする鉄分の少ない風化花崗岩やカオリンの産出
に恵まれている。地下の比較的浅いところに埋もれており，とくに温州や永

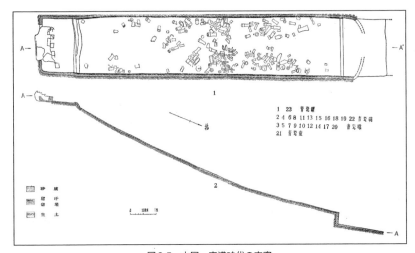

図3-5　中国・東漢時代の穴窯
出典：陶工伝習書のウェブ掲載資料（http://kyusaku.web.fc2.com/kama1.html）による。

嘉一帯では良質の磁石が豊富である。浙江省に隣接する江西省には，のちに中国窯業の中心となる南昌・景徳鎮もある。傾斜地に築かれた窯は，その形状から龍窯と呼ばれた。窯の床と腰の部分は地中にあるため半地下式であるが，地表部分はレンガ造りの立派な窯である。もはや穴窯と呼ぶにはふさわしくないような構造をしていた。

　東漢時代の龍窯がさらに進化した窯が，浙江省紹興の丘陵地裾野から発掘された。築かれた時代は三国時代（184〜280年）で，窯の傾斜度は手前が13度，奥が23度，全長は13mを超えていた（図3-5）。窯内部の床は厚い耐火土で叩き締められており，半円形の燃焼室，素地を焼く焼成室，それに排煙を導く煙道室の三部分で窯を構成した。こうして穴窯は龍窯の登場で完成段階に至った。龍窯は日本でいう蛇窯の原型であり，日本以外に朝鮮，ベトナム，タイ，ミャンマーなどの国々へも普及していった。生産量の増大とともに窯の長さも長くなり，113mに及ぶものも現れた。これほど長くなると，途中に壁を築いて各室を仕切らなければならなくなる。ここから先は連房式登窯の原型へと向かう道である。

3．中国北部の馬蹄形窯と南部の初期登窯

　平坦地の窯と傾斜地を生かした窯は，平地の都市と丘陵地性の地方にそれ
ぞれ対応しているように思われる。前者はイギリス都市部のボトルオーブン
窯がその典型である。しかし実は平地上に昇焔式の窯を築く流れは古代ギリ
シャ，ローマの時代からある。北アフリカからヨーロッパにかけて広がる昔
からの窯である。都市の近くにあってその周辺の焼き物に対する需要に応じ
てきた。これに対し，後者の傾斜地に築かれた横焔式の穴窯は，中国南部を
中心に朝鮮，日本，南アジアに多い。傾斜地イコール地方とは必ずしもいえ
ないが，このタイプの窯は比較的距離の離れた都市部へ焼き物を送り出して
いた。このような仮説が考えられる中で，中国北部には平地の上に窯を築い
て焼き物を生産してきた窯業地がある。

　この産地は一般に磁州窯と呼ばれており，北京の南西250kmのところにあ
る。河北省磁県膨城鎮という名前からしていかにも焼き物の産地らしい。実
際，磁州窯は華北で最大規模を誇る窯場であり，随から唐を経て宋代に至り，
元の時代に最盛期を迎えて現代へと続いている（柿添，2015）。河北省磁県の
北側には北京方面から南西にかけて丘陵が連なっている。しかし磁州窯とこ
れに関連する諸窯は河北省から河南省にかけて広がる平地の上に築かれてい
る（図3-6-①）。その形状から馬蹄形窯と呼ばれる窯であり，実際，馬の蹄
のかたちにレンガを積み上げた外観が特徴的である（図3-6-②）。焚口につ

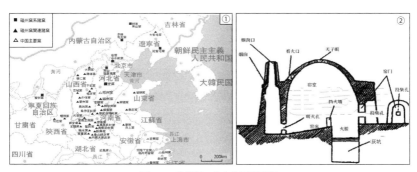

図3-6　磁州窯の分布と馬蹄形窯

出典：大阪市立美術館のウェブ掲載資料（https://www.osaka-art-museum.jp/wordpress/wp-content/
uploads/2020/10/db042616b0fef3a70a40ce50f6604f77.pdf）及び建盞君のウェブ掲載資料（https://
zhuanlan.zhihu.com/p/133146318）をもとに作成。

ながる燃焼室の下には燃料の燃え殻を収める空洞がある。昇焔式であるため焔は燃焼室内を上昇するがドーム型の天井で跳ね返される。つまり熱量が燃焼室の中で長く維持される。煙突の高さはドーム状の天井よりも高く，煙は燃焼室奥の煙突を通って外へ排出される。強い火力が出しやすい窯といえる。

　磁州窯の燃料は石炭である。石炭燃料の窯として発展したのは，近くで石炭が豊富に産出したことが大きい。それに加えて重要だったのは，高級磁器の原料に使うカオリン質の粘土層が周辺に分布していたことである。当初は松材を燃料としたが，途中から石炭に切り替わり，カオリン粘土にも恵まれたという条件が重なった。その結果，中国の歴代王朝が求める高級な磁器を焼くことができた。松材に比べると石炭は窯の温度管理が容易である。しかもドーム状の天井を設けることで，上昇焔を下方へ戻す半倒焔式という画期的な燃焼構造を実現することができた。半倒焔式の窯の構造は近代以降に現れる石炭窯に影響を与えた。

　磁州窯は半倒焔式で燃料が石炭の単窯である。単窯とは燃焼室がひとつしかない窯のことで，もともと窯は単窯であった。ところが中国南部の傾斜地に築かれた窯は，時代とともにその長さが長くなっていく。一度に焼成する焼き物の量が多くなったからである。もともと焔は上に昇っていく性質があるため，上方に天井があればそれに当たって押し返される。このため傾斜地に築かれた窯では，焔が天井に当たりながら傾斜面をジグザク状に移動する傾焔式になる。

　このように長くなった窯の効率性を高めるには，さらに工夫を施す必要がある。そこで考え出されたのが，窯の中に隔壁を設けるというアイデアである。隔壁といってもこれは焔の通り道を遮断する壁ではなく，階段状に区切られたいくつかの棚の区画を区切る敷居のようなものである。素地は棚の上に並べられ，斜め方向に移動する焔によって焼き上げられる。連続する複数の区画が階段状をなしているため，連房式登窯と呼ばれた。これはのちに朝鮮や日本に伝わっていく登窯の原型ともいえるものである。龍窯の発展型といえる隔壁型窯は，明代の福建省南部で多くつくられた。

　中国北部の平地に築かれた馬蹄形窯や同じく南部で龍窯を改良した傾斜地上の隔壁型窯は，いずれも焔が窯の中で大きな熱量を生み出す効率的な窯で

ある。安定した高火度焼成は磁器製造にとって不可欠であり，世界でいちはやく実現した中国は，隣接するアジア諸国やヨーロッパ諸国に大きな影響を与えた。また高火度焼成技術は磁器製造の技術とセットになっているため，両者は一組の技術革新としてこれらの地域に広まった。時代が進むにつれて，燃料は石炭から石油・ガスへと変わっていく。しかし生まれる焔が窯の中で果たす役割に大きな変化はない。このように考えると，中国で実現した倒焔式あるいは半倒焔式の窯は，近代以降，世界各地で焼かれる窯の元になったといえる。

4．朝鮮半島に多かった細長い割竹窯

　中国の焼き物生産技術が隣接する朝鮮半島へ伝えられたのはごく普通のことと考えられる。古くは高麗時代の9世紀頃に軟質磁器の生産技術が伝わっている。これをもとに全羅北道扶安の柳川里や京畿道龍仁の西里において，高麗白磁と呼ばれる軟質磁器が焼かれた。しかしこれらの産地での磁器生産は15世紀に終わってしまった。つづいて中国明代の官窯の流れを汲む硬質磁器が朝鮮王朝に伝えられ，京畿道広州を中心に生産され朝鮮王朝の官窯生産品として定着した。この磁器は現在に至るまで同じところで生産され続けている。こうしたことから，中国の磁器製造技術は異なる2つの時代にそれぞれ朝鮮に伝播したといえる。

　朝鮮半島の窯は，上述した中国からの磁器製造技術の影響という点から，高麗時代と朝鮮時代の異なる2つの流れとして理解することができる。いまひとつ窯を分けて考えるなら，官窯と民窯を区分してとらえるという見方ができる。これは，白磁の生産が顕著であった朝鮮時代に注目し，宮廷など高位階層用の焼き物を焼いた官窯と，庶民向けの焼き物を焼いた民窯に分けるという考え方である。広州などにあった著名な官窯の動向は地方の窯にも伝わり，その影響を受けた民窯は庶民向けに白磁を大量に生産した。官窯と民窯を区別するという考え方は，朝鮮半島に限らない。むしろその原型は中国にあり，北宋時代には都のあった開封に，また南宋時代には杭州にそれぞれ官窯が設けられ，主に青磁を焼いた（山本，2013）。元代・明代になると江西省の景徳鎮に宮廷用の陶磁器を焼く官窯が設けられ，その後は中国最大の窯

業地として発展していく。

　朝鮮半島でも原始の窯は竪穴窯から始まり，その後，昇焔式から傾斜地上の横焔式へと発展していった。やがて高麗時代における軟質磁器の中国からの伝来へと移行していくが，すでにこの時代には中国の龍窯を大きく改良した長い窯が傾斜地に築かれていた。全羅南道康津郡の大口面桂栗里で高麗青磁を焼いた窯は全長が 15m と長かった。幅が 1.2 〜 1.4m にすぎなかったことを考えると，非常に細長い窯であったといえる。山麓の傾斜地上に耐火レンガを細長く積み上げて壁をつくり，両側の壁をつなぐようにアーチ型の天井で蓋い被せる構造である。製品の出し入れは，片方の壁に開けた 2 〜 3 個の出入口で行われる。窯の内側の高さは，焚口前部から煙出し 3m 前後手前までは 1m 余り，そこから先は 60cm 余りと低く抑えられていた。焚口の奥行きは 1.4m で，その奥の細長い焼成室はわずかに傾斜している。窯の一番奥に仕切り用の壁を設け，ここに温度管理や酸素調節のための煙出しがあった。窯の内部に隔壁はないため単窯である。

　14 世紀末から始まる朝鮮時代の記録によれば，全国に磁器の生産地は 136 か所，陶器の生産地は 185 か所あった（山本，2013）。中央，地方の違いを問わず窯業地は国によって管理され，磁器と陶器の違いは明確であった。このうち上質な磁器の生産で知られる京畿道広州には 100 基以上の窯があり，国から派遣された監督官が生産業務を管理していた。官窯の生産に携わる工人は沙器匠と呼ばれ，広州の官窯には 380 名，地方の官窯には 93 名が従事していた。広州は都に近く，主に社会階層の高い人々が求める高質な磁器を生産した。ここでは分業体制が出来上がっており，朝鮮における窯業地の中心であった。これとは対照的に各地に散らばる民窯の規模は小さく，産地内の窯数も多くなかった。家族単位もしくは共同体単位程度の小規模な操業であった。

　朝鮮半島の窯は傾斜地上の細長い形状が特徴的であった。その後は，基本的にこうしたかたちを維持しながら，窯の内部にいくつかの仕切り壁を設ける窯へと発展していく。仕切り壁の下部に焔が通る孔を設けて燃焼を連続させるため，その形状からこうした窯は割竹式窯と呼ばれた。図 3-7 は，現在の朝鮮民主主義人民共和国の咸鏡北道にある会寧でかつて使われた会寧面五

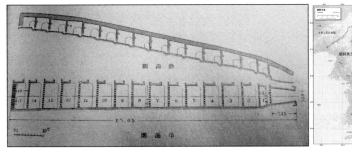

図3-7　朝鮮時代の会寧面五洞陶窯
出典：陶工伝習書のウェブ掲載資料（http://kyusaku.web.fc2.com/kama1.html）をもとに作成。

洞陶窯の実測図である。会寧は中国黒竜江省に豆満江（中国では図們江）で面する朝鮮半島最北部に位置する。中国の金代・明代に鈞州と呼ばれた河南省禹県にあった鈞窯から12世紀頃に移住した陶工たちがこの会寧，明川，鏡城などにこうした窯を築き，それぞれの地方にあった生活雑器を焼いた。割竹式窯は，官窯，民窯を問わず一度に多くの焼き物を焼くことができた。実際，高級な白磁，緑釉，黒釉，須恵器，南蛮（焼き締め陶器）などから庶民向けの漬け物の甕に至るまで多彩な焼き物が，こうした細長い窯で焼かれた。割竹式窯は長期にわたって使われ，その焼成技術は日本にも伝えられた。

　日本への技術伝播については，室町時代後期の16世紀，倭寇の上松浦党が日本海に面した明川や鏡城，あるいは豆満江を遡って会寧まで到達し，会寧や雲頭の陶工たちを連れ帰ったといわれる。日本に来た陶工たちは上松浦党の盟主だった波多氏の命に従い，唐津地方の岸岳で日本最古の登窯（無段・斜サマ・半地上割竹式）を築き，のちには有段式割竹式連房登窯も築いた（片山，1998）。花崗岩の切石や耐火性の土を使って築かれた登窯は傾斜度が16～20度で，藁灰釉や土灰釉の食器を焼いた。岸岳には祖国の咸鏡北道で使っていたのと同じような粘土層があり，波多氏の保護奨励のもとで陶工たちは思うように作陶に励んだ。当時の日本では施釉陶器は瀬戸でしか焼かれておらず，ほかはすべて中国，朝鮮からの渡来品であったため高い評価を受けた。

第3節　日本における窯の形態・構造の歴史的発展

1．大陸伝来の須恵器生産技術を受け入れた牛頸・陶邑・猿投

　古代の窯が野焼きや野積み状態で焼く形態から地中に穴を掘り抜いた穴窯へと移行していったのは，日本も中国や朝鮮と同じである。しかし古墳時代の後期から平安時代にかかる6〜9世紀になると，軟質素焼きの土器とともに硬質な須恵器が焼かれるようになる。須恵器の器形は中国特有の灰青色土器である灰陶が源流と考えられるため，すでに大陸方面から焼き物を焼く技術の影響が及んでいたと思われる。日本古来の窯とは異なる高度焼成が可能な窯が，中国の沿海部や江南地方から朝鮮半島南部を経て日本に伝えられた。では，大陸方面から伝えられた新技術は日本のどこで受け入れられたであろうか。これは焼き物の窯に限らず一般に技術移転がどのように行われるかを考えるときの疑問でもある。受け入れやすさには地域差があり，条件のそなわったところほど受け入れがしやすい。

　一般に技術移転に関しては，シーズとニーズの2つの側面がある。シーズは伝わる技術の中身や内容であり，ニーズは技術を求める必要性である。日本各地ではそれまで在来の方法によって焼き物が焼かれていた。そのような中にあって，他地域に比べて外来の技術を受け入れやすい地域があり，そのような地域で新技術は受け入れられ焼き物が焼かれるようになった。渡来の新技術を受け入れる条件として考えられるのは，大陸からの距離，焼き物の消費市場，窯を築くのに適した自然環境などである。のちに古代日本の代表的な窯業地といわれるようになる牛頸（福岡県），陶邑（大阪府），猿投（愛知県）は，こうした条件のいくつかを満たしていた。3つの窯業地に共通しているのは，地盤が耐火性の地質であったという点である。耐火性地盤であれば，地中を掘り抜いただけの窯でも手を加えることなく継続的に焼き物を焼くことができる。北九州の牛頸は大陸と交易のあった博多津に近い。陶邑は畿内の都から至近距離の位置にある。猿投は尾張・三河の平野部に臨み，畿内とも繋がりがあった。

　図3-8は，穴窯の実測図の一例と穴窯の一般的な模式図を示したものであ

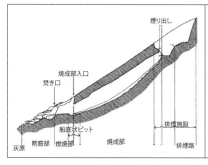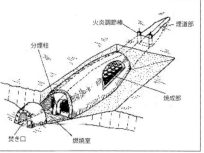

図3-8 穴窯の実測図面（左）と一般的な模式図（右）

出典：陶工伝習書のウェブ掲載資料（http://kyusaku.web.fc2.com/kama1.html）および瀬戸市のウェブ掲載資料（http://www.city.seto.aichi.jp/files/rekishi/newpage18.htm）をもとに作成。

る。実測図は，次に述べる牛頸古窯群から南東10kmに位置する小郡市内の苅又古窯群の例である。苅又古窯群は7つの須恵器窯からなり，隣接する三沢古墳群のための副葬品を焼いたといわれる。時代は6世紀後半と推定されており，筑後川の支流にあたる宝満川の右岸側丘陵地上に築かれた。一般に穴窯は焚口から薪を燃焼室に投げ入れて燃焼を起こし，生まれた焔を焼成室へ送り込んで素地を焼き，煙は排煙路（煙道部）を通って外部へ放出する仕組みを基本とする。右側の模式図にある分煙柱は，これも次に述べる猿投窯で奈良時代に灰釉陶器が焼かれるようになったとき生まれた。その役目は，燃焼室と焼成室の間に通炎孔を設けることで焔の勢いを強くし，焼成室全体に熱が行き渡るようにするためである。耐火性地質の傾斜地に築かれた各地の穴窯では，古代から中世中頃にかけて須恵器が焼かれた。一部では陶器も焼かれた。

　さて，古代日本の三大古窯のひとつといわれる牛頸の須恵器窯群は，博多湾に河口をもつ御笠川の中流域にある太宰府と川を挟んで向かい合うような位置にある（図3-9）。大宰府は，古代において西海道（九州）全域を行政下に置き，外寇の防衛と外交の衝にあたる権限を与えられた官庁である。御笠川流域は早くから開け，焼き物に対する需要は多かったと思われる（太田，2015）。須恵器窯群が広がる一帯の基盤は中生代白亜紀末の早良型花崗岩類であり，表層は風化の進んだ真砂土で覆われている。真砂土の母岩である花崗岩は著しく侵食されており，地形は概ね急峻である。標高447mの牛頸山

第3章　焼き物が生まれる窯の歴史的発展過程

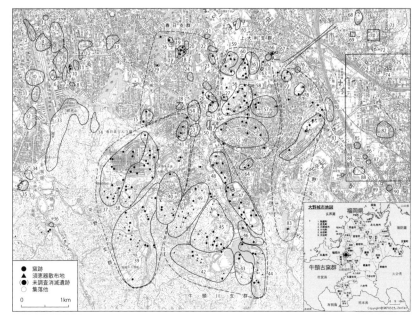

図3-9　福岡県大野城市の牛頸須恵器窯群
出典：大野城市教育委員会，2008, p.33をもとに作成。

の北麓では，頂上付近から下方の丘陵部にかけて無数の谷が形成されている。凹凸の多い複雑な地形には傾斜地が多く，穴窯を築くのに好都合であった。

　牛頸の須恵器窯は，基本的に燃焼部，焼成部，煙道部からなる単純な構造である。ただし特徴として地下の湿気を排除するために多孔式煙道を設けた点を指摘することができる。窯の内部に湿気が多いと燃焼開始までに時間がかかり燃焼効率が良くない。多孔式煙道は湿気を排除するのに有効であった。一帯では窯が築かれた当初から終焉まで基本的に地盤を掘り抜いてつくった地下式窯によって焼き物が焼かれた。窯の天井は自然状態のままで厚みは1.5〜2m程度であったが，硬い花崗岩地盤のため十分支えることができた。御笠川流域をはじめ周辺地域で出土した須恵器に記されていたヘラ記号から，それが牛頸で焼かれたことが特定できた。これをもとに牛頸の須恵器の供給範囲が調べられた結果，7世紀から8世紀にかけて地域的に広がっていったことがわかった。

牛頸の須恵器窯が北九州一円に須恵器を供給したように，畿内では陶邑の須恵器窯がその役割を担った（三辻ほか，2016）。陶邑の古窯群は，堺市の泉北ニュータウンを中心に西は和泉市・岸和田市，東は大阪狭山市の東西15km，南北9kmにおよぶ泉北丘陵一帯に分布する（図3-10）。5世紀後期頃までは，地元で陶器山と呼ばれる標高149mの山地の東側と狭山地区に窯があった。地形でいうと，丘陵斜面や比高差の小さい段丘崖である。5世紀末期から6世紀前期にかけて窯場は広がり，陶器山丘陵およびその北側の高位段丘で盛んに築かれた。陶器山をはじめこの地域一帯には緩やかに流れる河川を挟むように丘陵地が広がっており，丘の上を向くようなかたちで川沿いの斜面に窯が築かれた。そのひとつである甲斐田川沿いの窯では5世紀末まで須恵器が焼かれたが，燃料を供給する森林が大方伐採されたためその後は生産が続

かなかった。近くには古墳も多く，ここからは古墳の儀式に用いられた須恵器類が多く出土している。5世紀後半以降，古墳の数が増えるのにともない，その需要を満たすべく矮小化・画一化した規模の小さな窯が増加していく。陶邑の窯は，古墳以外に近隣の集落に向けて生活用の須恵器も盛んに焼いた。

　北九州の牛頸

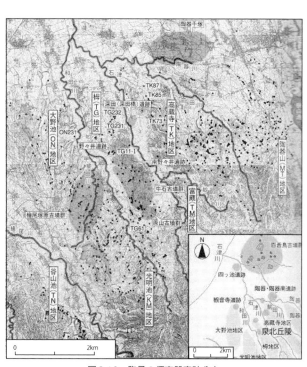

図3-10　陶邑の須恵器窯跡分布
出典：陶器山の歴史のウェブ掲載資料（http://www14.plala.or.jp/tokiyamanomori/history1212.htm）をもとに作成。

第3章　焼き物が生まれる窯の歴史的発展過程

は，ここにある吉田山の山容が牛の首のように見えたためこのような名前がついたことが「筑前国続風土記」に記されている。畿内の陶邑は，焼き物（中国語では陶という）をつくる人が住んでいた村だと考えれば納得しやすい。では猿投はどうであろうか。ここも牛頸と同じように猿投山という山に由来する。猿投という少し変わった名前は，景行天皇が伊勢国へ赴いたさい，かわいがっていた猿が不吉なことを行ったので海へ投げ捨てた，という故事に因む。真偽のほどは不明であるが，山麓の猿投神社の社蔵文書に記されているという。その猿投山は牛頸と同様，花崗岩質で周辺に窯業原料を供給する。標高629mの猿投山の南西部周辺が平安時代から室町時代にかけて大規模に陶器を生産した中世の窯業地であることは以前から知られていた。しかし，これより古い古墳時代からすでに須恵器を生産していたことが，1950年代に行われた愛知用水の工事にともなって明らかになった。

図3-11　猿投古窯群の分布
出典：長久手市のウェブ掲載資料（https://www.city.nagakute.lg.jp/material/files/group/14/hotogiomote.pdf）をもとに作成。

図3-11は，愛知県尾張地方の東部から西三河地方の西部へと至る地域の古窯分布を示したものである。先に述べた愛知用水は図中北の尾張旭市方面から図中南の東郷町方面へ向けて南北に流れており，まさしく古窯群を貫くような方向である。愛知用水の工事時に発見された窯跡を含めて，この地域一帯には5世紀後半から11世紀後半までの古代に須恵器を焼いた窯が1,000基ほどあることがわかっている。活動した期間は600年と長く，大きく5つの時期に分けることができる。I期〜II期の100年余は名古屋市の東山以西に限られるが，7世紀後半からのIII期〜IV期の300年間は東山から日進市，東郷町，みよし市にかけて広範囲にわたる。この時期に猿投窯は大きく発展した。10世紀後半からのV期の100年間は数が少なく，現在の瀬戸市南部に限られる。全体として祭器・仏具・香炉・各種硯・飲食器などが焼かれていることから，古代にあたるこの時期，猿投窯は主として寺社・官衙・豪族など支配層向けの需要を満たしていたと考えられる。都とのつながりのある窯業地だったのである。

　ところが院政が始まる中世すなわち11世紀末期以降は窯の数は少なくなり，山茶碗と呼ばれる無釉の庶民向け雑器が焼かれるようになる。場所は名古屋市の東山からその南にかけての植田川右岸，天白川左岸の丘陵地一帯，および尾張旭市・名古屋市守山区の丘陵地帯である。焼き物が支配層向けから庶民向けに変わっていったのは，10世紀から始まった日宋貿易により中国から磁器が大量に輸入されるようになったからである。中国製磁器に目が向かうようになった支配層からの需要を失った猿投窯は，やむなく釉薬をかけない安価な碗や皿の生産へと品目を転換していった。無釉の焼き物は粗悪品・不良品も多く山中に大量に廃棄されたため山茶碗と蔑称された。しかしすべての焼き物が無釉というわけではなく，焼成中に灰をかぶって釉薬をかけたようになるものや，あらかじめ釉薬を施して焼いた灰釉陶器もあった。

　古代の三大古窯といわれる牛頸，陶邑，猿投の中で猿投が他の2つと異なるのは，中世以降も古代の窯と重なるような地域で焼き物の生産が続けられた点である（斎藤，1988）。12世紀後半以降，猿投窯ではそれ以前にも増して山茶碗を焼く窯の数が増えたことが図からもわかる。日進市やみよし市では古代のIII期〜IV期の窯と重なるような分布である。これら以外に，瀬戸市

南部の赤津川周辺の丘陵地にも広がった。古代に山茶碗を焼いた窯を引き継ぎながら，さらに東側へと拡大したのである。畿内の陶邑の須恵器窯では燃料不足で焼き物の持続が困難になった。その点，猿投窯は猿投山の山麓周辺に広大な森林が広がっており，中世に入っても窯業は引き継がれていった。

　注目すべきは，瀬戸市の瀬戸川沿いの丘陵部に古瀬戸の窯が現れたことである。古瀬戸とは，鎌倉時代から室町時代の瀬戸において，中国・朝鮮の陶磁器や金属器などを模倣して生産された施釉陶器の総称である。古瀬戸が生産されたのは12世紀末期から15世紀後期までのおよそ300年間であり，灰釉のみが使用された前期，鉄釉の使用が始まり印花・画花などの文様の最盛期だった中期，そして文様が廃れ碗・皿・盤類などの日用品が量産された後期の3段階に区分される。図にはこのうちの前期の窯跡が記されている。政治の中心が西の都から東の鎌倉へと移り新たな需要が生まれた（藤澤, 2002）。加えて東海地方の寺社からは瓦・仏具・蔵骨器などが求められるようになり，質の高い灰釉陶器を生産するようになった。猿投窯では須恵器から山茶碗を経て灰釉陶器へと時代が進み，生産地は尾張・西三河の河川中流域から上流域へと移動していった。

２．穴窯から発展し瀬戸・美濃で生まれた半地上式大窯

　穴窯は，花崗岩など耐火性地質の地下に傾斜をもたせて穴を掘り，その空洞を利用する窯である。穴窯はまた，大地そのものを設備に改変して焼き物を焼くスタイルの窯でもある。しかし，地下は所詮，地下であり湿気分が多く，薪をくべても立ち上がりはよくない。焼成中，熱は地面に向かって逃げるため，熱効率もよくない。さらに，地中に穴を通しただけなので窯の高さや広さにはおのずと限りがある。一度に焼ける量は限られており，増える需要に応えるにはこれでは限界がある。こうした穴窯の限界を超えるために，地下式ではなく半地下式にして地上部分はドーム状の構造物で覆う窯が考案された。これが半地下式大窯である。地上の構造物は耐火性の粘土の塊でつくる。レンガ組立のように積み上げて窯全体を覆うため，アーチ式構造物の築窯技術が発達したことが前提としてある。

　半地下式大窯は15世紀前後の瀬戸や美濃に現れ，のちに連房式登窯が登

場するまでの間，特徴ある焼き物を生産した。瀬戸は猿投古窯群の北東，美濃はさらにその北に位置する。それまで使われてきた穴窯の限界を乗り越えるため，独自に窯の構造を考案した結果，大窯が生まれた。時代は室町から桃山までの戦国期にあたっており，当時流行り始めていた茶の湯向けの志野茶碗を焼くのに適した窯でもあった。志野茶碗に向いていたのは，その後に普及する連房式登窯に比べて窯の規模が小さかったからである。原料が百草土で長石質の白釉が厚くかけられた志野茶碗は，多くの燃料を使って長時間焼かないと良品にならない。短時間で効率的に大量に焼き上げる窯とは正反対の窯である。燃料を多く必要とする贅沢な窯だったため，志野茶碗の人気が低下するとその後はあまり使われなくなった。こうした点は焼き物の生産にとって重要なポイントである。大量生産で経済性を重視するか，あるいは焼き物の個性を優先するかで，窯の構造は違ってくる。

　さて，戦国期に志野茶碗などの焼き物を生んだ大窯は，現在の美濃焼産地においてその窯跡を見ることができる。いくつかの窯跡が発掘され保存が進められているからである。なかでも土岐市泉町久尻の元屋敷窯は，発掘・保存の状態がよい（小山，1950）。4つの窯跡のうち3つが大窯であり，他のひとつは連房式登窯である（図3-12−①）。大窯は斜面下方に焚口があり，上方に向かって燃焼室，焼成室，煙道部（排煙口）がつづく（図3-12-②）。基

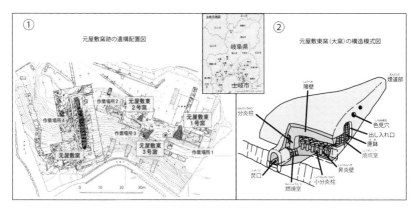

図3-12　岐阜県土岐市の元屋敷窯跡と大窯の模式図
出典：土岐市文化プラザのウェブ掲載資料（http://www.toki-bunka.or.jp/tokibunka/wp-content/uploads/2019/03/h26tokubetuten.pdf）および（http://www.toki-bunka.or.jp/wp-content/uploads/2016/03/c51e526d1597e554acaf2330eefba8b9.pdf）をもとに作成。

本的特徴は穴窯に似ているが，窯の大部分が地上にあるため焼成室は 3.9㎡
と広かった。しかしこれは最初の窯であり，その後改築されて 3.4㎡ となり，
さらに 3㎡ へと縮小していった。ここの大窯がその後，連房式登窯へと移行
していったことを考えると，大窯の規模縮小はこの間の経緯を示唆している
ようにも思われる。大窯は美濃に隣接する瀬戸でも多く築かれたが，瀬戸で
は 130 年間とかなり長い期間，天目茶碗や仏花器などが焼かれた。

　大窯はそれ以前の穴窯の単なる改良型ではない。このことをよく示す窯跡
が，土岐市の西隣の多治見市笠原町（旧土岐郡笠原町）で発見された。特筆
されるのは，燃焼室と焼成室の間を段違い構造にし，間に分焔柱を設けてい
る点である。分焔柱の役割は文字通り焔の流れを分けることである。これに
よって火焔は窯の中を広く行き渡るように移動する。分焔柱は後期の穴窯で
も採用されたが，大窯では分焔柱に加え，これより長さの短い小分焔柱が立
てられた。笠原町で見つかった妙土窯では左右それぞれ一列に 7 本の小分焔
柱が立っており，火焔の流れを攪拌するはたらきをした（図 3-13）。燃焼室
と焼成室の間には壁があるため，小分焔柱の間を通る火焔は壁に当たって上

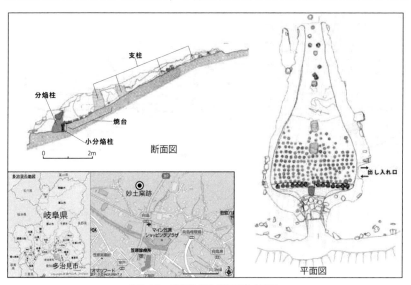

図3-13　岐阜県多治見市の妙土窯跡
出典：多治見市のウェブ掲載資料（https://www.city.tajimi.lg.jp/bunkazai/kikakuten/pamph/
kasahara_ogama_pamph.pdf）もとに作成。

焼き物世界の地理学

昇する。これで勢いを増した火焔はさらに上方へと向かう。

　大窯と穴窯の違いはほかにもある。窯の大部分が地上にある大窯では横側に出入口があり，そこから素地を入れたり焼き物を出したりした。分焔柱は焔を左右に分ける以外に，窯本体を支える役目を果たした。笠原町の妙土窯の場合，分焔柱は全部で4本あった。このうち下から数えて2番目の分焔柱までは14列にわたって約台が並べられ，その上に素地を入れた匣鉢が積まれた。約台は全部で223を数えた。下から2番目と3番目の分焔柱の間には匣鉢は置かれず，匣鉢に入らない甕や擂鉢などの大型品が置かれた。瀬戸・美濃の大窯が使用されたのは，先にも述べたようにおよそ130年間である。窯で焼かれた焼き物の特徴の違いから大窯は前期と後期に分けられる。妙土窯は出土品から判断して16世紀に稼働したと思われる。

3. 龍窯，蛇窯から割竹式登窯，連房式登窯（丸窯）へと発展

　焼き物を焼く窯の種類は多く，初心者にはその区別がつきにくい。理解の助けになるのは，窯の構造がどのように発展していったか，その過程を想像することである。それ以前の窯より火力が大きく焼成温度の高い効率的な窯をいかに目指したかで，時代的な前後関係がある程度予測できる。いまひとつの助けは窯の名前である。多くは窯の形状を表す言葉を選んで付けられており，名前から窯の姿が想像できる。むろん窯の発展過程と名前は歴史的に決まったものであり，どこかの時代に統一的に定められたわけではない。東アジアでは中国から朝鮮半島を経て日本に伝わったという歴史的流れがある。窯の名前もこの流れを受け継いできた。しかし使用する言語が異なる国や地域のことであり，そのままのかたちで伝えられたわけではない。

　連房式登窯は，それまで日本で使われてきた窯の発展型として近世初頭に登場する。この窯も遠いルーツをたどれば，中国大陸や朝鮮半島にその原型に近いものを見出すことができる。最も原型に近い最初の窯は中国の龍窯である。これは前節でも述べたように，それ以前の構造が単純な穴窯が半円形の燃焼室（火袋），素地を焼く焼成室，それに排煙を導く煙道室が一対になった窯へと発展したものである。龍窯という窯の名前は形状が中国の龍に似ているからで，この窯が伝わった朝鮮半島や日本では龍ではなく蛇すなわち蛇

^{かま}
窯と称した。

　蛇窯のあと，これを改良した割竹式窯が登場する。これは，細長い窯の中
に仕切り壁を設け，蜂の巣状に孔の開いた仕切り壁の下部を焔が通っていく
ようにした窯である（図3-14-①）。日本では割竹式窯が唐津地方に多いこと
から，地理的に近い朝鮮半島から伝わったことは明らかである。割竹式窯が
さらに発展したのが連房式登窯（丸窯）である。丸窯は内部に複数の隔壁を
もち，隔壁間の天井部が横アーチ状の構造をもつ連続窯である。天井がアー
チ状になっているのは，天井に当たった焔を下へ向かわせるためである（図
3-14-②）。丸窯という名前は，窯を真横から見たとき，仕切り壁で区切られ
た各室の出入口の形状が丸餅のように丸いことに因む。

　丸窯というと単独窯のようなイメージが思い浮かぶが，丸窯は斜面上に築
かれたいくつかの房が連続する構造の窯である。肥前の窯業地に築かれた丸
窯は，中国の福建省から伝えられたという。江戸後期に瀬戸から肥前へ磁器
の製法を習得するために赴いた加藤民吉は，帰郷後，丸窯を瀬戸に伝えた。
以来，瀬戸では磁器焼成のために丸窯を使用するようになる。窯の焚口や
煙出し部が窄まり各房の側面が丸みを帯びた形状になっている点に特徴があ
^{すぼ}
る。中国から肥前を経て瀬戸に伝えられた丸窯では新製焼と呼ばれる焼き物
が焼かれた。新製焼とは磁器のことであり，それまで焼かれてきた陶器を本
業焼と呼んで両者を区別した。

　実は瀬戸で丸窯が導入される200年もまえに，北隣の美濃では大窯の窯跡
が発見された元屋敷窯において連房式登窯が稼働していた（図3-12-①）。む

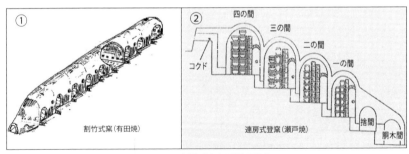

図3-14　割竹式窯と連房式登窯

出典：有田町のウェブ掲載資料（https://www.town.arita.lg.jp/main/4397.html）ならびに瀬戸市の
ウェブ掲載掲載資料（https://www.setoyakishinkokyokai.jp/siru_01_04.html）をもとに作成。

焼き物世界の地理学

ろんこれは磁器を焼成する窯ではなかった。房がつながる登窯はすべて連房式登窯であり，その最も初期のものが元屋敷窯として登場していたということである。元屋敷窯跡に残されている全長25m，14房の焼成室を連ねる連房式登窯の手本は唐津焼にあった。唐津焼の中でも初期に相当する岸岳窯をモデルとして慶長年間（1596～1615年）に築かれた。元屋敷窯の特徴は，前房の焔が隣の房に向かって吹き出すさい，水平方向つまり横に向かって吹き出すという点にある。これを横狭間（よこさま）というが，房と房の間を焔が横に向かうか，あるいは縦に向かう（縦狭間（たてさま））かによって焼成結果に違いが現れる。焔の吹き出す向きが横方向か縦方向かの違いにすぎないが，焼成技術のことを考えるとこだわらざるを得ない。

　美濃につづいて瀬戸でも連房式登窯が導入された。瀬戸の連房式登窯は縦狭間方式であり，房の下から焔が吹き出した。瀬戸では穴窯の発展型である大窯も縦狭間方式であった。このように縦狭間方式が主流であった瀬戸に，先に述べたように，加藤民吉によって横狭間方式の丸窯が肥前から導入された。そうした状況変化もあり，瀬戸でこれまで陶器を焼いてきた縦狭間方式の連房式登窯にも改良が加えられ，陶器のほかに磁器も焼かれるようになっ

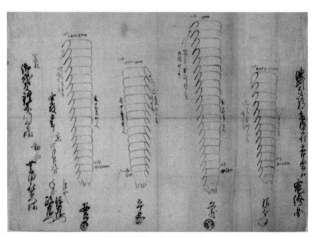

図3-15　濃州土岐郡多治見村市之倉郷竈絵図
注：それぞれの窯筋の下に窯株主の名前がある。右から清三郎，文蔵，平左衛門，安平
出典：多治見市のウェブ掲載資料（https://www.city.tajimi.lg.jp/bunkazai/kikakuten/pamph/
itinokuranakagama-panmph.pdf）による。

第3章　焼き物が生まれる窯の歴史的発展過程

た。陶器か磁器かの違い，窯の構造の違い，縦狭間か横狭間かの違い，これらはすべて焼成技術的につながっており，最適解を求めて努力が積み重ねられた。

連房式登窯の長さで興味深いのは，窯株上の制約で登窯本体の数を増やすことができず，やむなく窯の室数（房数）を増やして増産したという事実である。窯株は江戸時代に定められた制度で，むやみに窯が増えて焼き物の値が下がるのを防ぐねらいがあった（桃井，2000）。たとえば多治見村市之倉郷（現在の多治見市市之倉町）の場合，1794年当時，この郷には4つの窯株が割り当てられていた。窯を増やそうとしても窯株制度の縛りがあって新たに築けなかったため，やむなくそれまで14間3尺（26.2m）だった窯を22間（39.6m）に長くすることで対応した。この結果，室数が20もある長大な連房式登窯が生まれた（図3-15）。

<table>
<tr><td>コラム
3</td><td>焼き物が生まれる窯を雨風からどう守るか</td></tr>
</table>

窯の中から取り出された直後の焼き物は，外の空気に触れてピリピリと小さな音をたてる。これは，予熱の残る窯の内側から常温の外側に引き出されとき，急激な温度変化で焼き物が収縮するときの音である。まるで生まれたての赤子が初めて外の空気に触れたときに上げる産声のようである。胎児が母親の胎内で時間をかけて育つように，焼き物は素地の状態からじっと窯の中に置かれ，長い焼成の時間を過ごして生まれる。赤子にとっての母親と同じような役目を果たすのが窯である。窯は，胎児が日一日と成長していくのをやさしく見守る母親のように，分厚い耐火物を全身にまとい，窯の中で素地が順調に一人前の焼き物へと変身するのを助ける。

窯の原始的形態は，土や岩に穴を開けただけといういたって簡単なものであった。それが次第に地上に耐火物を組み上げて内部の熱が外に出ないものへと発展していく。発展の過程で窯の規模は大きくなり，かたちも穴や洞のようなものから部屋のようなものへと変わっていった。部屋になったことで，近世の登窯や近代の石炭窯などでは人が窯の中に入って作業が行えるようになった。この間，変わらなかったのは，分厚い耐火物で窯をかたちづくることであった。断熱こそが窯に求められる最も重要な条件である。熱が外へ逃げては窯の内部の温度が上が

らない。いかに高い温度で効率的に焼き上げられるか，この点に目標を絞って窯は改良されていった。

　窯の壁や天井は高温に耐え熱を内部に閉じ込めるために，耐火性に富んだ材質でできていなければならない。土や石が思い浮かぶが，積み上げた構造物となると土を固めたレンガのようなものが好ましい。普段，目にするレンガは規格化されたもので，そのようなものがなかった時代や地域ではレンガに類する耐火物が使われた。レンガそれ自体は一種の焼き物であり，結局，耐火物としての焼き物は同類の耐火物で築かれた窯に見守られながら生まれる。窯で使われるのはレンガだけではない。窯の中では素地を棚の上に置くため，棚もそれを支える支柱もすべて耐火物でなければならない。燃えさかる薪や石炭から出る不純物が素地に付着しないようにサヤ，エンゴロとも呼ばれる匣鉢を使うこともあるが，それらもまた耐火物である。

　このように，焼き物はレンガ積みの窯をはじめ多数の耐火物に支えられながら誕生する。窯から出たばかりの焼き物は，大きな期待をもって注目を浴びる。それに引き換え，窯やその中の種々の耐火物が目を引くことはない。あくまで黒子や脇役の存在であり，これらは次の焼成に備えて再度整えられる。二回，三回と焼成が繰り返されていくと，窯の内部の様子も変化していく。加熱と冷却の繰り返しで耐久性は劣化し，やがて耐えられなくなる。役割を終えた窯は取り壊されて更新されるか，あるいはそのまま放置される。窯の構造が単純で小さかった時代は，そのままにして別のところで新たに窯が築かれた。

　焼き物の生みの親のような存在の窯は，その内部を中心に全体として状態に問題がないか点検される。たとえ窯それ自体に問題はないとしても，窯を外界から守るものがしっかりしていなければ不都合である。耐火物でできている窯は熱にはめっぽう強いが，自然界の雨にはそれほど強くない。それでも近代になって西洋式の耐火レンガが使われるようになり，その弱点も解消されたかのように思われる。しかしそれまでは耐火物を土で固めただけの窯だったため，雨から窯を守るために屋根を設けなければならなかった。屋根は瓦でふく本格的なものではなく，板屋根程度のものであった。窯は外から空気を取り入れ煙を外へ吐き出す。焔が吹き出ることもあるため，窯をすっぽりと覆うような構造はよくない。雨風がしのげればよいといった程度の屋根がしつらえられた。飛んだ火の粉が板屋根に燃え移り，火災になることもめずらしくなかった。そのことを承知の上で簡易な板屋根で雨風をやり過ごすといった感じであった。

　簡易な屋根を窯の上にしつらえる日本の窯と比べると，ヨーロッパの窯は根本的に違っている。考え方に大きな違いがあり，まずは雨風がしのげるしっかりし

た建物をつくり，その中に窯を築く。日本のように窯が先にあり，それを雨風から守るために屋根をかけるのとは逆である。本文でも述べたイギリスのボトルオーブン窯の場合，レンガ積みの円錐状の大きなボトルの中に円筒状の窯がある。外側の耐火物が内側の耐火物製の窯を守る二重構造になっており，市街地にあっても火災の恐れはない。日本とヨーロッパは木の文化と石の文化の違いとして語られることがある。焼き物を焼く窯はどちらも耐火構造であるが，それを覆う構造にやはり文化の違いが表れている。

第4章

瀬戸・美濃における焼き物生産の展開

第1節　焼き物づくりに関わった陶工の移住と開窯

1．焼き物づくりに関わる主体の技術的，文化的，経済的心性

　焼き物は原料の採掘から最後の窯出し・出荷まですべて人間が行う。どこで原料を手に入れ，最後はどこの誰に手渡すのか，一連の流れを司る人がいなければ焼き物は最終消費者の手には入らない。現代ならそれぞれの段階で分業が行われ，いくつもの手を経ながら焼き物は川上から川下へと流れていく。しかし古代，中世，近世においては，今日のように明確な分業体制は存在しなかった。しかしそれでも複数の段階を束ねるように，焼き物の原料調達，素地成形，焼成，出荷などに与った主体がいたはずである。歴史的文献の中に登場する陶工・職人もしくはその集団が焼き物の生産に携わったことは明らかである。

　一般に，古窯跡やそこで焼成された陶器あるいは陶片などは後世まで残りやすい。高価な優品であれば持ち主によって大切に保持され，ときを経ても変わることなく焼かれた頃の時代状況を本体にとどめ残す。庶民が毎日のように使った安価な焼き物も最後は割れて捨てられるが，廃棄場の発掘調査で産地が特定されることも珍しくない。製品にならなかった焼き物のかけらは窯場の周辺で掘り出され，これも生産過程の手がかりを残す。ところが，窯の近くにあったと思われる作業所や住居の跡などが発見されることは少ない。度重なる土地利用の変化で，初期の頃の状況が大きく改変されることが少なくないからである。ましてそこで焼き物づくりに励んでいた陶工や職人たちの現役時代の行動につながる記録などは残りにくい。

　しかし多くはないが，陶工や陶工集団の活動に関する記録が古文書などのかたちで残されている場合がある。先祖から続く代々の言い伝えを含め，行動が推量される文書の類である。現代のように作陶が自由でなかった時代，焼き物の生産や流通には種々の制約があった。領主など土地の有力者やのちの幕府・藩などが焼き物の生産・流通に対して規制をかけた。焼き物には経済的な価値があり，規制は経済的利益に結びつきやすい。ほかでは真似のできない焼き物を自領内で特権的に生産・販売させることで，財政基盤を補う

こともできた。そのような特権的制度に関わる歴史的資料が残されていれば，それを読み解くことで，焼き物づくりに取り組んだ陶工・職人たちのおかれた状況を知ることができる。

　焼き物づくりに必要な鉱物原料は，枯渇していなければ現在も存在する。焼成用の窯は完全なかたちでは残りにくいが，土台は土に埋もれながらも証拠を残す。腐敗や退色などとは無縁の陶器や磁器は時代を超え，つくり手の意図，技量，作陶環境などを伝える「物的証拠」である。こうしたハードな証拠品に比べると，焼き物の作り手である陶工たちの生き様を示唆するソフト面での資料には限りがある。しかし，限られているとはいえ，それらの資料を通して，陶工たちの出自，作陶の許可，技術の開発・伝承などを知ることができる。

　原料，窯，焼製品はそれ自体ひとつのセットになっている。つくりたいと思う焼き物があり，そのために原料をどこかから集め，何らかの方法で成形して模様を施し，さらにしかるべき構造をもった窯で焼成するかが決まる。セットの中身は時代とともに推移していく。よりよい焼き物をつくりたいという陶工たちの熱意が研究開発に向かわせ，生産技術を発展させるからである。その一方で，それぞれの時代にはそれぞれの消費者が求める固有の焼き物がある。古代，中世の頃は，貴族，領主，寺社など社会的身分の高い層が，一般庶民の手に入らない高価な焼き物を所望した。身分社会は生活様式も多様で，それぞれに合った焼き物が生産された。むろん高価な焼き物はそれ相当の高い技術がなければ焼くことができない。それゆえ，陶工や陶工集団も一様ではなく，専門職に近い者もいれば，半農半工で焼き物をつくる者もいた。

　とくに戦国期の陶工の特徴として指摘できるのは，平時は焼き物づくりに専念するが，いざ合戦となると戦場に駆り出され武器を取ることもあったということである。戦に負ければ領地没収となるため，領主の命に背くことはできなかった。焼き物づくりを続けるためにも，戦に加わらざるを得なかった。たとえば美濃国の妻木氏の領内で陶業に励んだ陶工たちの場合，1582年の本能寺の変では妻木氏が明智方に付いたため，山崎の合戦に敗れた結果，不遇な状態におかれた。1584年の小牧・長久手の戦いでは徳川方に付いて

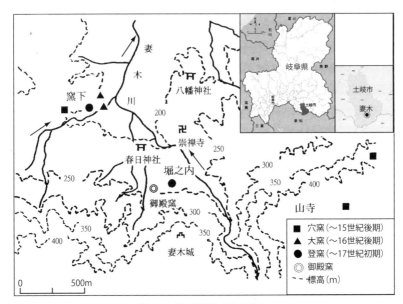

図4-1　妻木氏領内の窯の分布
出典：梶田，2002，p.55 をもとに作成。

内津峠に陣を張り勝利に貢献した。さらに 1600 年の関が原の戦いでは東軍
の徳川方に付き，西軍の岩村城を攻め立ててこれにも勝利した。生業の土地
を守るために戦い，陶業技術を頼りに混乱した世の中を生き抜いていった姿
が思い浮かぶ。

　図4-1 は，妻木氏の領内に築かれた窯を示したものである。妻木氏は焼き
物の産業振興に熱心で，陶工たちを家臣団に加えて陶業に当たらせた（梶田，
2002）。初期の穴窯は城下の東側の標高の高い斜面上に築かれた。これにつ
づいて大窯が城下北方の標高のやや低い場所に築かれたことがわかる。さら
に，量産用の登窯がこの近くと城下の中心部に設けられた。御殿窯はいわゆ
る御用窯のことで，ここでは城主が使用する焼き物や献上用の品が特別に焼
かれた。御用窯を任されたのは，曽祖父が瀬戸の名門陶業家・加藤景春であ
る加藤景重である。景重の祖父・加藤景光は瀬戸から美濃の久尻へ移り住ん
で開窯し，その窯を引き継いだ父・景延とその子である景重はともに家臣団
として妻木氏に召し抱えられた。景重は関ケ原の戦いで武功を上げたため，

焼き物世界の地理学

妻木氏はそれに報い景重に屋敷領地を与えて窯を焼かせた。

　さて，いうまでもなく，焼き物をつくることは一種の経済活動であり，利益が得られなければ継続できない。原料の採掘，粘土の水簸，素地成形，焼成などどの段階でも費用がかかる。これを負担するのは陶工たちであり，最終的に焼き物が売れて収入があって生活が成り立つ。現代なら窯業経営の話としてわかりやすいが，古代，中世，近世の世界ではこのあたりのことがどのようになっていたのか，よくわからない。焼き物づくりや窯業経営は比較的少ない資本で始めることができるといわれる。たしかにこれには一理あり，その気になれば，一人あるいは家族労働で小規模ながら焼き物をつくることはできる。趣味の焼き物づくりの延長のようなものであるが，案外，古代や中世において，近隣の需要に応えるために，それぞれの地域で手に入る原料を用いて焼き物を焼いていたのかもしれない。

　かつて日本でも焼畑農業があったように，焼き物の生産でも，燃料の松材を求め，既存の窯を放棄してまで新天地を求める陶工たちがいた。その場合，陶工たちをその気にさせたのは何だったのか。現代のように自由に経済活動が許されている時代とは状況が異なる。燃料資源以外に，領主からの命令のため，あるいはより優れた焼き物をつくりたいためなど，いろいろな理由が考えられる。中国から先進的な焼き物が輸入されており，そのようなレベルに近づきたいという職人気質のようなものがあったとしてもおかしくない。寺社や領主などが輸入品に対抗できる優れた焼き物を所望し，そのために焼き物づくりを支援することもあったであろう。近世になると，藩は財政力を補うために陶工や窯元を保護して焼き物を焼かせた。いわゆる御用窯であり，焼き物の生産から流通までのルートを管理することで藩は利益を得た。商品経済の発展とともに特産品としてウエートを高めていった焼き物は，全国的な商圏を取り込むことで大きな利益を藩にもたらした。

２．瀬戸から美濃へ移り住んだ陶工たちによる開窯の広がり

　焼き物をつくることを生業としていたから陶工と呼んでもいいのであろうが，実際には素地を成形して窯で焼き，それを出荷・販売していたから事業経営者と考えることもできる。むろん近代や現代のような大きな規模ではな

く，小規模な単位で焼き物を手づくりしていた。しかしそれでも後世にまで名を残す仕事をして生涯を終えていった陶工も少なからずいる。こうした陶工たちの生活意識は，定まった田畑で農耕作業に勤しんだ農民のそれとは少し違っていたと思われる。同じ土地に根付く生業（なりわい）でも，植物・有機物が相手の仕事と，鉱物・無機物が相手の仕事では取り組む意識や行動におのずと違いがある。

　農業は自然相手の定型的な作業の繰り返しである。陶工も仕事自体は同じことの繰り返しであるが，原料や燃料の枯渇を心配しなければならない。種をまけば毎年同じように収穫できる農業とは異なり，焼き物づくりに必要な原料や燃料は使い果たせば，以後，その場所では続けられない。現代のような高度な原料採掘技術はなく，植林して燃料を再生する考えもなかった。結果はというと，続けられなくなった場所を離れ，別のところで一から始めるという選択である。定住志向の農民にはない移動性を意識していた。

　戦国期から江戸初期にかけて，瀬戸・美濃では陶工たちが生活のために生産拠点を他所に移しながら焼き物づくりに励んだという歴史がある。大きくは，原料や燃料の枯渇に窮した瀬戸の陶工たちが国境（くにざかい）を越えて美濃に移住し，新天地で新たに焼き物づくりを始めたという流れである。ただしこれは，瀬戸から美濃への一方向的な移住ではなく，のちには美濃から瀬戸への逆向きの移住もあったため双方向性を帯びていた。いずれにしても，普通の農民では考えにくい移住である。

　原料や燃料の枯渇が移住理由のひとつとされるが，それだけで国境を越えた移住を説明するには十分でないように思われる。指摘できるのは，時代が大きく変わろうとしていた中にあって，美濃には新たな焼き物づくりに向かっていく勢いがあったという点である。鎌倉を中心とする古瀬戸の市場圏から京都が中心の茶の湯の市場圏へと需要地が変わりつつあった。美濃は，茶の湯文化に向けた新たな焼き物づくりを目指そうとしていた。古い文化から新しい文化へという時代の流れに瀬戸の陶工は敏感に反応した。

　瀬戸は織田信長が支配する尾張国にあり，信長は自国内での焼き物づくりを保証する朱印状を瀬戸の一部の陶工に与えていた。朱印状には生産者を限定すると同時に，生産者が他国へ流出するのを防ぐというねらいがあった。

焼き物の生産・流通・販売が自由に行えなかった当時，朱印状を持つ者にはそのような特別な権利が与えられた。朱印状は競争相手が現れるのを防ぐ効果があるため，これを所持することは市場を特権的に確保できることを意味する。領主とその領内で焼き物をつくる生産者は共存共栄の関係にあった。こうした関係はその内容に制度的変化はあったが，戦国期以降の江戸時代においても維持された。

　織田信長が瀬戸の陶工たちに与えた朱印状は，信長が尾張から美濃に攻め入り岐阜に支配拠点を築くことにより，性格が変化する。尾張と美濃の国境を隔てるものがなくなったのも同然だからである。これにより，停滞気味の瀬戸から新たな焼き物づくりを目指す美濃への陶工の移動は本格化した。ただし，生産者を限定する朱印状の特権的性格はそのままであるため，朱印状を携えた瀬戸の陶工は，信長支配下となった美濃で堂々と窯業を始めることができた。美濃にはそれ以前から窯を築いて焼き物を生産してきた陶工がいた。田畑を耕す農民もいたため，瀬戸からの移住者が新たに窯を築くさいには軋轢も生じた。

　過去に行われた歴史的研究の結果，瀬戸からどの陶工が美濃に移住したかはおおよそ明らかになっている。ただし，元になっている資料は陶工の家に伝わる文書や言い伝えなどであり，どこまで正確か判断しかねる部分もある点に注意する必要がある。こうした文書類によって一般に知られているのは，遠い昔から瀬戸焼の陶祖として崇められてきた加藤四郎左衛門景正の第13代目にあたる加藤景春の息子たちが美濃へ移住したことである。

　加藤四郎左衛門景正自身は生没年不詳の人物ながら，13世紀初頭に中国に渡り，帰国後は地元・瀬戸で中国の製陶法を伝え，自ら窯を築いたとされる。まさしく陶祖といわれるにふさわしい人物であり，彼に対する顕正は現在でも瀬戸で毎年開催される祭礼のさいに行われている。その末裔にあたる加藤景春自身は瀬戸で焼き物づくりに励んできたが，5人の息子のうち3人が美濃に移り住んだ。身内のうち3人も他国である美濃に送り込んだのは，単に瀬戸近辺で原料・燃料の資源が乏しくなったという理由だけではない。すでに述べたように，時流に乗り新たな焼き物を生産するようになった美濃の可能性に期待を込めて3人の息子を送り出したのではないかと思われる。

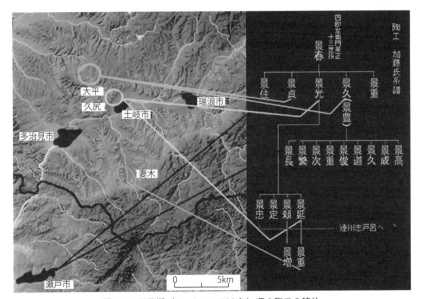

図4-2 天正期（1573 〜 1592 年）頃の陶工の移住
出典：清瀬市郷土博物館のウェブ掲載資料（http://museum-kiyose.jp/image/im/seto.pdf）をもとに作成。

　代々，瀬戸で陶業に従事してきた父の元を離れ美濃へ移住したのは，加藤景春の次男の景豊（景久），三男の景光，それに四男の景貞であった（図4-2）。このうち次男と四男は美濃国久々利村大平（現在の可児市大平）を目指し，景豊は 1573 年に織田信長の朱印状を持参して大平に窯を築いた。だたし景豊はこれよりまえの 1563 年に大平に良質な粘土を見つけて窯を築こうとしたことがあったが，地元民から反対にあっていた。信長の美濃攻略（1567年）を間に挟んで 10 年後に晴れて大平に開窯したことになる。

　大平を拠点として焼き物づくりを始めた景豊には 9 人の男子がおり，彼らは成人していずれも窯業を継承した。このうち大平に残ったのは四男の景道で，次男の景成は大平の北の大萱で窯を築いた（図4-3）。六男の景重，七男の景次，九男の景長は現在の多治見市笠原町にあたる笠原へ行って開窯した。八男の景繁の動静は不明であるが，残る 3 名のうち長男の景高と三男の景久は祖父の実家のある瀬戸へ向かった。これは，江戸期になって尾張藩が瀬戸の窯業を復活させるために，厚遇で美濃から陶工たちを呼び寄せる政策

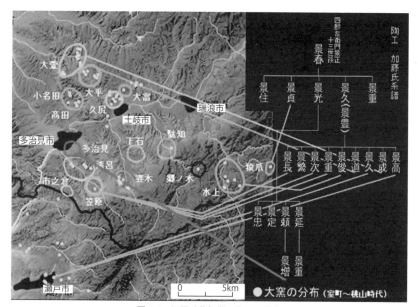

図4-3　江戸時代初期の陶工の移住
出典：清瀬市郷土博物館のウェブ掲載の資料（http://museum-kiyose.jp/image/im/seto.pdf）をもとに作成。

をとったためである。他の一名，五男の景俊（景里）は瀬戸と美濃の国境に近い水上（現在の瑞浪市水上）で開窯した。

　このように瀬戸の陶工・加藤景春の次男・景豊は，美濃の大平・笠原などにおいて子息を通して陶業を広めていった。これはまさに，縁者を介して自らの陶業を地域全体に広める行動である。一方，兄の景豊と同じように瀬戸から美濃に移住した三男・景光の落ち着き先は久尻村であった。景光は久尻で採れる百草土（もぐさ）が焼き物づくりに適していることを見出し，ここに窯を築いた。時代は茶の湯が普及していく安土桃山から江戸に向かう頃である。千利休や古田織部が指導する美意識の高い茶陶がもてはやされるようになり，それに応えるために久尻の大窯や元屋敷窯で多くの陶器を生産した。

　景光はのちに僧侶になるが，4人の子息はいずれも陶業を継承した。とくに長男の景延は父・景光の跡を継ぎ，天皇に茶碗を献上するなどし，1597年に筑後守という受領名を受けている。景延は妻木氏の家臣団に組み入れられ，窯業先進地の唐津から登窯を導入するために自ら唐津に赴いている。久

尻に築いた連房式登窯の元屋敷窯では，当時，人気のあった桃山陶器が大量に生産された。前項でも述べたように，景延の子・景重も妻木氏のもとで陶業に励んだ。1600年の関ヶ原の戦いでは徳川方についた妻木氏に武功が認められ，城下に屋敷領地を与えられた。景重は受領した屋敷の近くに他の窯より小さい御用窯を築き，江戸城西之丸御書院の屋根瓦などを焼いた。地元寺社への寄進にも熱心で，ついには妻木窯の陶祖として祀られることになった。

　妻木窯の陶祖となった加藤景重より先に，父親の加藤景延は久尻窯の陶祖になっている。その景延の久尻での活躍ぶりの影に隠れそうであるが，景延から見て甥にあたる景増についても触れておきたい。久尻窯を開いた加藤景光の孫にもあたる景増は，多治見の陶祖として祀られる人物でもあるからである。景増は，景延の弟である景頼の実の子ではなく瀬戸赤津から養子として久尻に迎えられた。結婚して子をもうけたが，その後，義父の景頼にも二女が生まれたため，自身は朱印状をもって1641年に多治見に移り住んだ。義父・景頼は1597年に死去し，叔父・景延も1632年に没したので，40年以上も久尻で窯業に携わったのち，義妹夫婦に家督を譲り多治見に新開地を求めて移動した。

　景増には五男二女の子があり一家総出の移住であった。現在，多治見市中心部にあたる平野台地あたりを移住先とし居を構えた。景増はここを拠点に窯を築き焼き物づくりに励んだが，移住19年後に死去し，あとは子に家業を託した。文献によれば，景増の次男・景姓が東窯，四男・景郷が西窯を開き，ほかに中窯も開かれた。中窯は景郷の子・茂兵衛が開いたか，あるいは景増自身が開いて後妻の子・半右衛門景会に引き継がせたといわれる。近世・近代を通して多治見村の窯業が担っていった重要性を考えると，加藤景増の久尻から多治見への移動には重要な意味があったといえる。

3．土岐川流域を舞台とする焼き物づくりの歴史的展開
　戦国末期における瀬戸から美濃への陶工の移住理由として原料と燃料の枯渇が考えられると述べた。燃料用のアカマツが生い茂る山は，皆伐すれば禿山になる。しかし，しばらく時間が経過すれば自然に回復するため，再度，

燃料として用いることはできる。一方の陶土は一度採掘すれば，それで尽きてしまう。しかし，それはその当時の採掘技術を前提とした話であり，実際は地中をさらに深く掘り進めば陶土が堆積している可能性がある。つまり陶土に限らず資源は一般に，現時点で採掘可能な資源と，その時点では採掘できないが技術発展によって将来採掘できると思われる潜在的資源の2つに分けられる。おそらくこの時代の瀬戸では，当時の採掘技術で手に入る陶土には限りがあり，またアカマツの植生回復を待つような余裕はなかった。瀬戸と美濃の陶土は風化花崗岩の二次的堆積物である。堆積環境の違いに応じていくつもの層をなして積み重なった陶土である。ある陶土層の直下に求める陶土がなくても，そのさらに下方に望ましい陶土が堆積している可能性がある。このことは，近世あるいはそれ以前なら到底手の届かなかった場所から現在も大型機械を駆使して陶土が採掘されていることからも明らかである。

　瀬戸から美濃への陶工の移住を促す要因として織田信長による美濃攻略があったことは，すでに述べた通りである。当時の陶工は領主の勢力下にあって職人であると同時に，戦があればそれに駆り出される身分であった。領主の指図や許可は守らねばならず，作陶に精を出すことはできたが，それは許される範囲においてである。信長が与えた朱印状はまさにお墨付きの印であり，信長の美濃攻略にともなって朱印状が威力を発揮する範囲は拡大した。それを勢いに瀬戸から美濃へ原料と燃料を求めて移住した陶工たちは，美濃において焼き物づくりに適した場所を見つけて定住していった。しかしここで注意すべきは，移住先の美濃にはすでにそれ以前から焼き物づくりに励んでいた陶工たちがいたという事実である。美濃古窯陶工と呼んでもよい既存集団の中へ瀬戸の陶工たちは新参者として入り込んでいった。原料や燃料など貴重な資源をめぐり両者の間で争いが起こるのは自然であろう。事実，瀬戸で陶祖の血を引く加藤景春の次男の景豊が美濃国久々利村大平で窯を開こうとした折，地元民から自分たちの奥山に侵入しないように警告を受けている。現在ほど土地や資源の管理は厳格ではなかったかと思われるが，それでも既存勢力からすれば同じ職種の外来者の流入は心穏やかではなかったと想像される。

　それでは美濃古窯陶工とはいかなる人々であったのであろうか。これを知

るには美濃を流れる土岐川とその両岸の平地，それに続く丘陵地を舞台として行われてきた焼き物づくりの流れを押さえなければならない。はじまりは平安後期の頃で，池田御厨の白瓷窯で焼き物が生産されたことがそのきっかけである。御厨とは神饌を調進する場所のことであり，伊勢神宮に焼き物を納めた池田御厨が多治見盆地を流れる土岐川が愛岐丘陵のV字谷に入ろうとするまさにその地点の右岸側にあった。池田御厨は，神饌と販売のための焼き物を生産するために尾張の猿投窯から陶工を招いた。11世紀末から12世紀中期の猿投窯は，現在の尾張旭市から名古屋市守山区あたりにあり，池田御厨から直線距離で15〜20kmくらいしか離れていなかった。陶工たちが土岐川北側の丘陵地に窯を築いていったのは，原料と燃料がともに豊富だったからである。植物灰を釉薬として用い1,200℃の高温で焼く白瓷窯が100基も築かれた。窯はその後も増え，鎌倉から室町中期にかけ高杜山とその東側の長瀬山一帯に250基を数えるまでになった。高杜山，長瀬山は，池田御厨から見て北西，北東の方角にあたる。

　池田御厨を発祥とする美濃の古窯は鎌倉期に入ると土岐一族の支配下におかれ，陶工たちはその保護を受けるようになる。当時，使用していた半地下式の穴窯は膨大な燃料を必要としたため，周辺で燃料が乏しくなると別の場所へ移動して窯を築いた。しばらく時間が経過して樹木が回復すると再び元の場所に戻って窯を築くというサイクルが繰り返された。燃料にはこのように時間を見計らいながら対応できたが，原料の陶土はそのようにはいかなかった。そこでとられたのが採掘場所の変更である。採掘可能な陶土がこれ以上望めない土岐川北側での生産を諦め，陶土が採掘できそうな土岐川の南側に移動して窯を築くことにした。時代は鎌倉末期の頃で，移動先は土岐川を挟んで池田御厨に相対する場所である。ここでの生産は出づくりの形式をとり，16世紀初頭まで続けられた。

　ところで，美濃古窯の陶工たちが陶土採掘の可能性が低くなった土岐川北側を諦めて南側へ移動したという歴史的事実の根底には，風化花崗岩の堆積という地質学的事実が存在しているように思われる。現在の伊勢湾を広げたような太古の東海湖の東縁にあたるこの地域には，多治見盆地をはじめ大小の盆地が分布している。東から順に瑞浪，土岐，多治見の各盆地があり，そ

れらを貫くように土岐川は西に向かって流れている。大きくは花崗岩が基盤として存在し，それが風化され幾層にもわたって土砂や砂礫が積み重なっていった。陸化した堆積層を土岐川が侵食しつづけた結果，川の北側と南側に堆積陶土の露出場所が現れた。陶工たちはその露頭を見て水平方向に陶土が堆積していることに気づき，そこが窯を築くのに適した場所だと判断した。こうした堆積環境は多治見盆地の東側の土岐盆地やさらに東側の瑞浪盆地でもほぼ同様である。陶土は水平方向に堆積しているため，土岐川の北側で資源が尽きたとしても，南側へ行けば可能性は残されている。池田御厨の陶工たちの生産地移動が，地質学的側面からはこのように解釈できる。

　さて，土岐川流域における焼き物づくりの歴史はなおも続く。時代は平安から鎌倉，室町へと移行していき，焼き物の主たる需要先は荘園系の領主ではなく，在地の武士や農民たちに変わっていった。守護・地頭系の武士が台頭し，さらに戦国大名が力をもつ時代へと進む。そのような時代変化の中で尾張の織田信長が勢力圏の拡大に成功し，ついには美濃領へと入っていく。猿投窯から池田御厨に招かれたというルーツをもつ陶工たちは，その後も美濃の地で焼き物づくりを続けた。そこへ信長の美濃攻略にともない瀬戸から新たな世代の陶工たちが流入してきた。この瀬戸からの流入は歴史学では「瀬戸山逃散」と呼ばれる。逃散は逃亡とは異なり，前向きに他の土地へ集団で移動することを意味する。前項でも述べたように，文献上では瀬戸の陶祖の血を引く加藤景春の子息たちの美濃への移住が知られるが，瀬戸あるいは尾張側から美濃側への移住はほかにもあったと思われる。こうしたいわば外様勢力に対して美濃古窯の陶工たちがどのように対応していったか，詳しくはわからない。混じり合いながら陶業を続けたか，あるいは廃業もしくは転業したかなどの対応が考えられる。かりに後者であれば，新興勢力と交代するかたちで自然淘汰されていったことになる。

　時代はやや前後するが，土岐川流域を支配するようになった土岐氏のルーツは清和源氏流摂津源氏系とされ，美濃源氏の嫡流（ちゃくりゅう）として美濃国を治めた。南北朝時代から戦国時代にかけて美濃国の守護をつとめるとともに室町幕府の侍所頭人（さむらいどころとうにん）として幕閣の一角を占め，最盛期には美濃，尾張，伊勢の3か国の守護大名となった。土岐氏は1189年に源頼朝によって守護職に任じられ，

土岐郡家の地（瑞浪）に移って土岐氏と称した。その後，現在の土岐市肥田町の浅野や泉町の大富に館を構えた。こうした事実が示すように，中世から戦国期にかけて，現在の土岐市の土岐川北側あたりに地域支配の拠点があった。しかし土岐氏は 1522 年に稲葉（後の岐阜）を拠点とする斎藤道三によって滅ぼされてしまう。その後，美濃を攻略した織田信長から大富での陶業に対して朱印状が 1574 年に下された。これが大富における焼き物づくりの始まりと考えられる。

　大富では土岐川の北側一帯に広がる丘陵地に堆積する陶土を使って焼き物が生産された。しかしそこでの活動期間は短く，慶長年間（1596 ～ 1615 年）に陶土を掘り尽くしたため生産は終了した。大富の陶工たちが次の移動先に選んだのは陶土採掘の条件に恵まれたところである。大富を中心として東側 700m の定林寺，同じく西側 700m の隠居山にも窯が築かれたが，いずれも陶土枯渇は免れなかった。その定林寺から土岐川を越え，さらに丘陵を越えた下石に移ってきたのが加藤庄三郎氏家であった。慶長年間に続く元和年間（1615 ～ 1624 年）のことであり，下石村で庄屋をつとめていた林清右衛門吉重の家に婿入りして陶業を始めた。これが下石における最初の陶業であり，清水桜ヶ根に窯を築いた氏家は下石の陶祖となった。この頃，下石は妻木藩の領内にあり，領内では焼き物づくりがすでに始められていたため，やや遅れての開窯であったといえる。なお，加藤庄三郎氏家が下石に移る以前にいた定林寺は，瀬戸から移住した加藤景光の移住先の久尻から東へ 2km と近い。同じ加藤姓であり，下石に現在も遺されている陶祖碑に「景光の族子」と記されているため子息と推定されるが確証はできない。

　妻木氏は土岐明智として戦国を生き抜いたが，世継ぎに恵まれなかったため 1658 年に改易された。以後，この地域の大半は幕府が直接治める天領となり，笠松にある代官所によって統制されることになった。笠松代官所は，元禄年中（1688 ～ 1704 年）に天領内の窯株を調べ上げ，窯税を課した。これが窯株制度の成立につながっていく。窯株は地区ごとに割り当てられ，むやみに生産量が増えないように管理するのがその目的であった。1788 年の窯株改めによると，美濃全体では 36 株が割り当てられたが，うち 9 株は下石村への割り当てであった（下石陶磁器協同組合，2021）。9 株のうち 8 株が

焼き物世界の地理学

定林寺からの分とされていたのは，先述した加藤庄三郎氏家が出身地の定林寺に割り当てられた窯株をもったまま下石へ移ったからである。残る1株は大富株とされた。これは，窯株制度が正式に設けられる以前から徴収されていた窯年貢を窯元から集める役目を大富村が担っていたことによる。大富株は下石村以外に，多治見村，同村大畑郷，同村市之倉郷，笠原村，久尻村，同村高田郷にも分散しており，焼き物は生産しなくなったが大富という名前だけは窯株に残されていた。

　図4-4は，江戸時代前期の17世紀初期における土岐川流域とその周辺の古窯跡を示したものである。瀬戸から美濃への陶工の移住は終了し，美濃で焼き物づくりを始めた陶工たちがさらに子弟を新開地に送り込んで陶業を広めようとしていた。各地に陶祖と呼ばれる創業者が生まれ，そこで開かれた窯がひとつの核となり，やがてその回りに同業の陶工たちが集まり窯も増えていった。江戸時代を通して美濃では下石，妻木，土岐津，多治見，市之倉，高田，駄知，肥田，定林寺など土岐川流域で焼き物づくりが本格化していく。

図4-4　土岐川流域とその周辺における古窯跡（17世紀初期）
出典：土岐市美術陶磁資料館編，1998による。

岩村藩領の駄知・肥田・定林寺などを除き，大半は天領で笠松代官所の管轄下にあった。図4-4は江戸初期の状況であり，土岐川北側に多くの窯跡が記されている。しかし江戸中期以降は土岐川の南側で陶業が盛んになっていく。これは池田御厨の陶工が陶土資源の尽きた土岐川北側から南側へと生産地を変えた事実とも符合する。またこの図で中馬街道系の窯跡とあるのは，土岐川の支流・小里川流域に集まっていた陶業地のことである。地質学的には屏風山断層の南側（標高400m）にあたっており，北側（標高100～130m）の土岐川本流地域からは離れた位置にある。美濃焼の中核を土岐川本流筋とすれば，現在の瑞浪市南端にあたる中馬街道系の窯跡は美濃焼の周縁部に位置づけられる。

第2節　美濃における焼き物の生産条件と製品の推移

1．陶土採掘，紺青堀，水車利用など自然条件を焼き物生産に生かす

　戦国末期から江戸初期にかけて美濃で開窯した陶工たちは瀬戸からの移住者であった。彼らは開窯先で陶祖とされ，その後も尊崇の対象として祀られてきた。しかしながら，これは少なくとも歴史的資料や出土品などから人物が特定できる限りにおいてであり，それ以前の鎌倉，室町あるいはそれよりまえの時代にその地で焼き物を焼いていた人々はいた。たとえば誰とは特定できないが，池田御厨に関係した美濃古窯陶工はそのような人々であった。古代，中世の窯跡が見つかっていることから，「陶祖」以前にも誰とはわからない人々が半地下式の穴窯を築いて焼き物を焼いていたことは明らかである。次に述べる加藤庄三郎氏家が陶祖とされる下石村の場合についても，このことはいえる。現在の土岐市下石町にあたるかつての下石村には後世に西山1号窯，2号窯と名づけられる窯が存在した（図4-5）。村の西側丘陵地で発掘された2つの窯跡のうち西山1号窯では，古瀬戸系の施釉陶器が焼かれた。時代は14～15世紀の室町期と推定される。素地を入れた匣鉢容器を積み上げ量産的に焼成したことから推し量っても，高い技術水準をもっていたと思われる。西山1号窯より200年もまえに山茶碗を焼いた隣接する2号

窯と比べると，作業場の広さは8倍も広い（図4-6）。こうしたことから，以前にも増して多くの陶工たちが焼き物づくりに励んでいたと思われる。いずれにしても，下石村に陶祖が現れる以前に，この地で焼き物を焼いた陶工がいたことは確かである。陶祖というある意味，地域共同体における社会的な制度・しきたりは尊重されるべきであるが，その解釈には注意が必要である。

さて，無釉の山茶

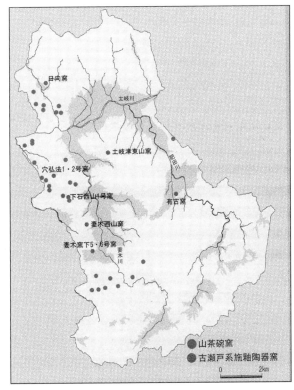

図4-5　土岐市内に分布する山茶碗窯，古瀬戸系施釉陶器窯
出典：下石陶磁器工業協同組合，2021，p.8による。

碗や皿の生産が大半を占めた西山二号窯とは異なり，一号窯では50種類を上回る古瀬戸系施釉陶器が焼かれていた。これらは食膳具，調理具，仏具，茶道具などで，いずれも室町期の人々が生活する上で必要とした品々である。擂鉢は豆をすり潰して味噌をつくるための道具であり，鎌倉から室町にかけて普及した。天目茶碗などの茶道具は，鎌倉時代に中国から伝わった習慣を取り入れた禅宗寺院の求めに応じて焼いたものであろう。仏具は，それまで中国渡来の金属製のものを使用していたのを，陶器で代用するために焼いたものである。佐波理（さはり）と呼ばれる銅・錫・鉛の合金や唐金（からがね）でつくられていた仏具は，非常に高価な輸入品で貴重であった。外国文化にともなって流入した高価な舶来品を陶器で代用するという役割を，すでに美濃の陶器は果たして

第4章　瀬戸・美濃における焼き物生産の展開

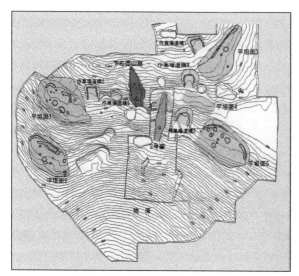

図4-6　土岐市下石町の西山窯調査区平面図
出典：下石陶磁器協同組合，2021，p.9による。

いた。

　下石村でいち早くその西側の丘陵地に窯が築かれたのは，陶土資源の分布状況がその理由として考えられる。それは，この丘陵地に陶土が特別多く存在していたからではなく，むしろ発見しやすかったからである。600万年前には存在し，300万年前にその面積が最も広かった東海湖に堆積した粘土層は，基本的に水平に分布している。その上を覆うようにかつての木曽川が大量の砂礫を運んで堆積させた。陶土層は厚い土岐砂礫層に覆われているため，丘陵地の上からはその存在はわからない。しかし土岐砂礫層を侵食する川が流れていれば，河谷の側面に陶土層の露頭が現れる可能性がある。こうした露頭は土岐川の本流やその支流の河谷部で見つかりやすい。下石村の西山丘陵の場合は，土岐川支流の妻木川に流入する釜の洞川の谷がそのような場所に相当する。釜の洞川の河谷周辺では元山，又兵衛山，斎藤山などの鉱山が開かれ，白粘土が採掘された。

　西山丘陵と似た条件の場所は下石村にはほかにもある。陶祖の加藤庄三郎氏家が窯を築いた桜ヶ根もそのような場所である（図4-7）。妻木川に流入する下石川と裏山川に挟まれた舌状の丘陵地であり，その南斜面と北斜面の両側に氏家の窯をはじめいくつかの窯が築かれた。ここが選ばれたのは，この丘陵地とさらに北側の丘陵地で産出する陶土が利用できたからである。川の浸食斜面は陶土の露頭が見つかりやすいばかりか，採掘もしやすい。陶土を本格的に採掘するには覆いかぶさっている砂礫層を取り除かなければならな

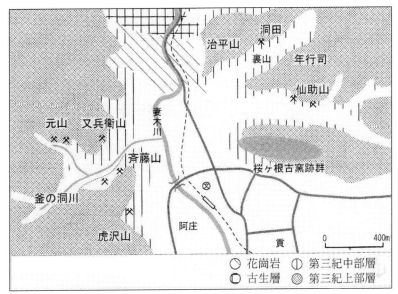

図4-7　土岐市下石町の陶土採掘跡と桜ヶ根窯跡
出典：下石陶磁器協同組合，2021，p.42による。

い。しかし当座の間は近くで採れる陶土で間に合わせることができる。生産
量が増えていくにつれて必要な陶土も増えるため，自給的な採掘では賄えな
くなる。このため，少し離れた鉱山から陶土を仕入れる仕組みへと変わって
いく。鉱山の近くには陶土採掘を専門に行う業者の集まる集落が現れてくる。
下石村の北隣に位置する土岐口はそのような集落であり，ここでは陶器の生
産よりもむしろ陶土採掘を専門に行う人々が採掘業で生計を立てた。

　後述するように，瀬戸では有田に遅れること約200年後の19世紀初頭に
磁器生産が始められた。磁器生産の新技術はまもなく美濃にも伝わり，下石
村でも磁器の生産が開始されていく。有田と瀬戸・美濃の違いは原料にあり，
有田など九州各地の陶業地では陶石のみを原料として磁器が生産できた。し
かし陶石のない瀬戸・美濃は蛙目粘土を精製することでこれに対抗した。石
英が主成分の蛙目粘土は陶土層の中に含まれている。それを取り出して粉状
になるまで粉砕するには動力が必要である。陶石粉砕の場合も同じであるが，
水力利用は磁器生産には欠かせない条件である。記録によれば，下石村には

谷川の水車を利用して蛙目粘土を精製する水車稼人が 1857 年の時点で 30 人いた。全部で 21 輛の水車が下石川や裏山川とその支流に据えられ，昼夜を問わず蛙目粘土を粉砕した。

　有田から瀬戸そして美濃へと伝えられた磁器の生産には絵付けがともなった。純白が命の磁器では呉須を原料とする顔料を用いて絵柄を描くのが一般的であった。近代以降に海外からコバルトが輸入されるまで，国内で産出する呉須が使われた。幸いというべきか，美濃では土岐砂礫層に含まれる砂礫に呉須が付着している場合がある。山呉須と呼ばれたこの原料を採掘することを紺青堀といった。紺青堀を稼業とする業者は，蛙目粘土を掘る蛙目堀とともに砂山稼人と呼ばれた。1857 年，下石村には砂山稼人が 10 人いた。この年，下石村では大規模な土砂崩れが発生し田畑に大きな被害がでた（下石陶磁器協同組合，2021）。被害地を見回った郡代は，原因は陶土や砂礫の乱暴な採掘にあるとして，窯屋や砂山稼人に自普請での石砂留普請（砂防工事）を命じた。隣り合う村々と比べると下石村における紺青堀の鉱区面積（4,130坪）と鉱区税（8.26 円）はともに大きく，村内に分布する資源は磁器を彩る呉須の入手面でも大きく貢献した。

２．時代の推移に応じた生産品目と磁器生産による対応

　下石村の西山 1 号窯では室町期に中国から伝えられた金属製の道具類を陶器で代用したものが焼かれた。焼き物はその時代に社会が求めるものを敏感に受け止め，それを叶えられるかたちで提供していく。こうした姿勢は，いくら時代が変わっても変わらない。安土桃山期に，下石村の北に位置する久尻村の元屋敷窯では，京都を中心に流行した茶の湯にふさわしい志野，織部，黄瀬戸などの道具類が焼かれた。17 世紀前半に下石村で加藤庄三郎氏家が築いた桜ヶ根窯でも織部や御深井釉製品など高級な茶陶が焼かれた。しかし 18 世紀になると，器種は徳利，小瓶，花瓶，水指，茶釜など日常食器を中心とする焼き物へと変わっていく。ほぼ同じ頃，17 世紀中頃に久尻から多治見へ移住した加藤景増の子が開窯した平野西窯においても碗類と瓶類が全体の 8 割を占めていた。このように茶道具類から碗や瓶など日常食器へと焼き物の種類が変化していった背景には，戦国から近世へという時代の推移が

ある。政治体制が変わり社会も変化すると，求める焼き物もこれまでとは違うものになっていく。

　変化要因としてとくに大きかったのは，最大の消費地であった江戸における市場の変化である。江戸時代が始まってまもない1657年に明暦の大火があり，それを教訓として防災を目的に市街地の改造が行われた。これによって地方から労働者が江戸へ流入する勢いが増し人口が増大した。1743年頃には江戸の人口は100万人を上回るようになり，生活のために必要な日常食器に対する需要が急増した。こうした需要増に応えるために各地の焼き物産地は生産量を増やすチャンスを得たが，それに対応できる産地は限られていた。瀬戸・美濃と有田・波佐見はこうした流れを受け止め，主力産地としての地位を固めていく。いち早く磁器生産を始めた有田・波佐見は国内市場だけでなく，国内の混乱で海外輸出ができなくなった中国に代わって東南アジアやヨーロッパへも磁器を送り出していた。しかし海外輸出は長くは続かなかった。その後，中断していた中国から日本への磁器流入が再開された。そのあおりを受けた有田・波佐見とくに波佐見は，江戸を含む国内市場向けに庶民層を対象とした値打ちな製品を量産するようになった。

　有田が社会の上層や料亭などが相手の高級磁器の生産を得意としたのに対し，波佐見は中層相手の磁器に的を絞って生産した。いずれも磁器製の肥前の焼き物に対抗するには，競合しにくい陶器を江戸市場へ送り込むのが得策である。磁器よりも安価な陶器で豊富な品揃えをすれば，消費者の購買意欲を引き出すことができる。こうして美濃や瀬戸は手頃な価格で庶民でも手に入る多様な陶器を武器に江戸市場で戦うようになったが，18世紀後半頃に変化が生じた。気候変動が原因の農業不振と経済不況に国中が見舞われたからである。1782年から1788年にかけて起こった天明の大飢饉にともなう打ち壊しが各地で起こり，社会不安は極限状態に達した。見かねた幕府は1787年に寛政の改革を実施した。これで物価は引き下げられたが，江戸の瀬戸物問屋の商品代金は不払いがちになり，滞貨も重なって焼き物産地では困窮する窯屋が続出した。

　美濃や瀬戸の窯屋を取り巻く状況変化の中には，有田・波佐見など競合産地の動向も含まれる。18世紀中頃まで，美濃・瀬戸は陶器製の日常食器を，

有田・波佐見は磁器食器をそれぞれ生産するという暗黙の了解があった。しかし経済不況に対応するため，波佐見は磁器製ながら価格の安い食器の大量販売に乗り出した。有田も江戸で 17 世紀後半から 18 世紀初頭にかけて流行りだした「茶屋」で使う碗や皿の生産を始めた。さらに 18 世紀も後半になると，この頃登場した「高級料理茶屋」向けの磁器食器も手掛けた。こうした肥前産地側からの攻勢に対し，美濃・瀬戸の産地は対抗策を講ずる必要性に迫られた。1808 年に瀬戸の陶工・加藤民吉が磁器製造の秘術を学んで西国から帰郷し，瀬戸で磁器生産を始めたのは，まさにこうした対抗策の一環であった。

　磁器製造という新技術は北隣の美濃へも時間をおかずに伝えられた。陶石を用いる九州の磁器産地とは異なり，美濃・瀬戸では蛙目粘土を精製して磁器を生産する。しかし最初から完全な磁器が生産できたわけではない。当初は陶器と磁器の中間的な胎土を原料とする炻器のようなものしか焼けなかった。美濃の下石村では，1830 年に加藤利兵衛が磁器の生産に成功したといわれる。しかしこれ以前の 1823 年に村内の三筋の窯で新製焼を焼いたという記録も残されている。もっともこの新製焼なるものが正真正銘の磁器であったか，あるいは炻器であったか確かなことはわからない。新製焼という用語は瀬戸で使われ始め，従来からの陶器は本業焼と呼んで区別した。磁器は新製焼のほかに染付とも呼ばれた。染付それ自体は，白色の胎土で成形した素地の上に呉須（酸化コバルト）を主とした絵の具で模様を描き，その上に透明釉をかけて高温焼成した焼き物のことである。多くは磁器であるため，染付は磁器の代名詞としても用いられた。ちなみに下石村で初めて新製焼すなわち磁器を焼いた加藤利兵衛は，下石村の陶祖とされる加藤庄三郎氏家の末裔にあたる人物である。

　美濃および瀬戸で磁器の生産を始めたのは，有田・波佐見など西国の競争相手に対抗するためであった。しかし陶石を粉砕すればそのまま磁器の原料となる西国に対し，美濃や瀬戸では蛙目粘土の精製で手間がかかり価格は高くなりがちであった。このため，すべての窯屋が磁器生産に走ったわけではなく，従来からの陶器をつくり続けた窯屋も少なくなかった。同じ食器でも単価は磁器が陶器の 2 倍と高く，安価な焼き物を求める消費者には従来から

の陶器が喜ばれた。1843年の記録によれば，下石村では磁器が金額で636両，同じく陶器が990両で，陶器の方がやや多かった（下石陶磁器協同組合，2021）。ただしこれは金額の場合であり，個数では陶器は磁器の3倍以上で，価格の安い食器が多く焼かれていた。磁器生産が多かったのは西隣の笠原村滝呂で2,402両，北に位置する久尻村で2,000両であった。多治見村では磁器896両に対し陶器2,323両のように，依然として陶器の割合が大きかった。下石村で磁器を焼いたのは桜ヶ根窯と富士塚窯の2か所で，器種の大半は日常食器類であった。興味深いのは，同じ碗でも口径の違いを意識して大（飯碗）と中（湯呑み）をつくり分けていた点である。こうした区別は肥前の磁器にはなく，それだけ市場調査力が高かったことを物語る。

3．村ごとに生産品目を限定する仕組みと窯株の売買・貸借

　戦国期の織田信長による朱印状や江戸初期から始まる窯株制度からもわかるように，近世以前の焼き物生産には種々の制約が課せられていた。特産品という言葉は，一般的にはその土地で産する名物と理解されている。しかしそのような意味のほかに，特定の土地でしか生産することが許されていない産物という意味もあり，むしろこのように理解するのが正しい時代があった。美濃の下石村では徳利が特産品であると歴史的に語り継がれ，現在でも「とっくりとっくん」というキャラクターが産地イベントで使われている。現下石町の東隣の駄知町は「どんぶり」，西方の多治見市市之倉町は「さかずき」がそれぞれ特産品として知られている。こうした生産を特定地に限定するような制度は，自由主義経済とは相容れない。しかしその反面，自由な生産や参入を認めない封建的慣行・遺風には独自性を制度的に保証するという側面もあった。現在の意匠登録制度や原産地呼称制度にも通ずる面があったことは否定できない。

　下石村で徳利が特産品になった歴史的経緯はよくわからない。1857年の記録によると，美濃産地を構成する5つの村ごとに特産品が決められており，下石村は土製蓋物類・茶呑并茶漬碗類・燗徳利并蓋類・土瓶并水入類と記されている（下石陶磁器協同組合，2021）。こうした特産品は当時，「親荷物」と呼ばれており，村ごとに親荷物の名称が記載されていた。ここで注意したい

のは，多治見村の親荷物の中に土製備前酒徳利が記載されている点である。一見すると同じ徳利であるため下石村の燗徳利と競合するように思われる。しかしこれらは別物として扱われている。同じ徳利でも使用する粘土や釉薬が違えば別物という判断である。土物の炻器製の備前風徳利と磁器製の徳利では，使用している原料も風合いも違うとして，それぞれの村の親荷物とされた。

　こうして下石村では徳利が親荷物として公認され，ライバルを気にすることなく生産できた。焼き物の種類を地区ごとに限定したのは，同じ焼き物を過剰に生産して価格競争を招くのを防ぐためである。価格競争で値が下がれば共倒れしかねない。特産品に傾注すれば専門性がより深まり他産地との競争にも打ち勝てるというねらいもあった。ところがそのようなきれいごとが通用しないこともある。特産品ルールを遵守しない村もあったからである。たとえば下石村で磁器が焼かれるようになる以前，小茶碗が親荷物に指定されていた時期があった。他村で同じものを碗として生産すればたしかにルール違反である。しかし下石村の西隣の笠原村滝呂は，ほぼ同じものを別名の酢皿として生産した。これを知った下石村は早速，笠松代官所に訴えでた。代官所は訴えを認めたため，滝呂は以後，小茶碗とほとんど同じ酢皿の生産を取りやめた。

　陶器にしても磁器にしてもその種類は非常に多く，それらを区別するための名づけには苦労がともなう。下石村の親荷物の燗徳利は単なる徳利ではなく，わざわざ燗徳利と名づけられている。同じ徳利には違いないが，酒に燗をつけるための道具であることを強調している。飲酒の風習は歴史的に長く，時代ごとに飲酒の様式には特徴がある。変化する時代に応じて焼き物，この場合は徳利の形状や器面の絵柄，模様などに気を配らないと市場では生き残れない。江戸時代，酒を温めるには，銚子や燗鍋を火にかけて直に温める方法と，チロリや燗徳利を用い湯煎で温める方法があった。燗徳利以外はすべて金属製であり，酒に金属臭がついたり，温度調節が難しかったりした。このため19世紀前半の江戸では，銅製のチロリを使って酒を温めるより燗徳利の方が酒の味はうまく冷めにくいと評判をとった。燗徳利を独占的に生産する下石村のイメージはこうして固まっていった。

19世紀初頭に下石村で磁器の生産が始められたとき，これまでの窯株とは別に新製窯株が笠松代官所から認められた。1843年の調べでは下石村に新製窯株が3あり，ほかには笠原村滝呂郷に3，多治見村市之倉郷に2あった（下石陶磁器協同組合，2021）。これまでの古窯株と同様，新製窯株の役割もまた生産を抑える点に意味があった。窯株は窯屋数と轆轤数（ろくろ）がセットになっており，ひとつの株をひとつの窯屋が所有し決められた数の轆轤を使用するのが原則であった。しかし，8つの窯株に対して窯屋が17の下石村の場合は，複数の窯屋がひとつの窯株を共有せざるを得なかった。下石村全体では45の轆轤の使用が認められた。美濃全体の窯屋数111に対して轆轤数は361であったため，窯屋は平均して3つほど轆轤を所有していたといえる。

　窯株は焼き物稼業ができることを公に認める許可証であり価値がある。窯株の総数は限られているため，焼き物稼業を希望する者は金を払ってでも窯株を得ようとする。窯株は売買の対象にもなった。窯株の持ち主がわけあって廃業し，窯株は権利として所有しているだけという場合もある。そのような場合，希望者は貸借料を支払って窯株の権利を借りて営業した。ただし貸借料は見直されるため，金額をめぐって折り合いがつかないこともある。実際，幕末頃の1863年，窯株を所有していた大富村とそれを借りた窯屋との間で齟齬が生じた。示談の結果，150両で窯屋は窯株を購入した。その窯屋は，以後は大富村ではなく自分の村を通して窯年貢を納めることになった。

　18世紀末頃から始まった窯株制度の取り調べ記録をもとに下石村の窯株数を見ると，1797年から1869年までの72年間に9から10へとわずか1しか増えていない。1869年の窯株の所属元は下石村6，大富村1，駄知村1で，ほかに新製株が2あった（下石陶磁器協同組合，2021）。時代は明治へと変わったが，大富や駄知といった他村の窯株に依存する状態がまだ残っていた。この間に窯屋数は17から49へと大幅に増加している。轆轤数が明らかな1797年と1817年を比べると，この方は47から38へ減っている。窯屋が平均して3つの轆轤を所有していたと考えると，1869年の轆轤数は150ほどであったと思われる。連房式登窯の房数を増やせば，たとえ窯株の制約で窯の数は変わらなくても，共有する窯屋の数や生産量を増やすことはできた。窯の築造制限や親荷物の縛りなどの制約はあったが，そのような制約の中で

も焼き物づくりは連綿として継続された。

第3節　尾張藩による焼き物の生産・流通管理

1．瀬戸窯元と名古屋陶器商が考えた尾張藩陶器蔵物仕法

　安土桃山時代，瀬戸や美濃の焼き物産地は，志野・織部・黄瀬戸・瀬戸黒などこれまでになかった技法による個性的な陶器を生産した。背景には茶道文化の流行があり，その需要に応えるために産地では試行錯誤が繰り返された。しかし，戦国末期から江戸初期へと時代が推移するのにともない，茶事用の上級品は京都が生産の中心になっていく。市場を奪われた瀬戸，美濃にかつての勢いはなく，日用使いの陶器生産へと主力を移していかざるをえなかった。すでに九州では佐賀藩領内の有田で磁器が焼かれ，これまでなかった薄くて硬くしかも白さが際立つ焼き物が市場に出回るようになっていた。明らかに劣勢に立たされた瀬戸，美濃には対抗する手立てがなく，手をこまねく状態が続いた。こうした状況を打ち破るきっかけになったのが，瀬戸の陶工・加藤民吉による磁器製造技術の九州からの持ち帰りである。この新技術は瀬戸から美濃にも伝わり，およそ200年遅れたが，先進地である九州の焼き物と競争する地盤を築いていった。

　焼き物の製造技術は陶器から磁器への移行ばかりでなく，窯の構造や焼成方法においても進んだ。戦国末期に出現した連房式登窯の改良や製品種類別の生産分業体制で発展があり，焼き物生産の大規模化が進んだ。生産スタイルも，中世的な職能集団による生産から近世的な農村手工業生産へと変化した。磁器の普及は，割れやすい焼き物から硬質な焼き物への需要変化を促した。磁器生産で先行した有田は，近世初頭の一時期，中国・景徳鎮窯の代役を果たしたが，長くは続かなかった。国内市場を重視するようになった有田と，そのライバルともいえる瀬戸，美濃は中央市場の大坂・京都・江戸で互いに競い合うようになる。国の経済が好調ならいくら競争が激しくても商品は売れる。しかし18世紀末からの経済不況で売れ行きは停滞し，産地から出荷しても不況を口実に市場の問屋からの荷代金は滞りがちであった。

売れ行き不振に産地の違いはない。不況の中で打開策を思案していた瀬戸の窯元と名古屋の陶器商は，尾張藩の手を借りて売上を伸ばすことを考えた。この時代，瀬戸で焼かれた焼き物は瀬戸街道を通って名古屋へ出荷されていた。瀬戸街道は庄内川の支流である矢田川に沿うように西に向かって走り，瀬戸と名古屋を結んでいた。瀬戸からの荷物を受け取った名古屋の陶器商は，名古屋の城下を南に下る堀川の舟運を使って熱田港まで運んだ。熱田港には 1690 年に 38 艘，1716 年には 31 艘の船があり，瀬戸物を積み込んで大坂，江戸へと運んだ。1838 年には 200 石積以上の諸国廻船が 143 艘も出入りしており，名古屋と諸国との間の荷物輸送を担った。

　瀬戸の窯元と名古屋の陶器商は利害をともにする間柄であり，現状を打開するために尾張藩という公権力を利用しようと画策した。尾張藩陶器蔵物仕法という陶器専売制度がその仕組みである（山形，2008）。内容は，これまで窯元，陶器商が行っていた焼き物の売り捌きを藩が取り仕切ることで市場での信用度を高め，公的影響力の助けを借りて荷代金を円滑に回収しようというものである。尾張藩は焼き物を領内貨幣の藩札で買い上げ，それを中央市場で販売して正貨を得る。藩札と正貨の兌換で利鞘が稼げるため，たとえ焼き物の売上が捗々しくなくても藩は利益が得られる。窯元は藩への冥加・御益金上納の代わりに市場での販売を委託する。当時，瀬戸で焼かれた焼き物は尾張藩の許しがなければ領外では販売できなかったため，窯元には独占的な販売ルートが約束された。以上のように，この仕組みは瀬戸の窯元，名古屋の陶器商，尾張藩のいずれにとっても都合のよいものであった。

　陶器専売制度を具体的に運営するために，陶器専売仕組という組織がつくられた。仕組みに組み込まれたのは尾張藩御用達商人 20 名の中の 3 名で，うち 2 名は清洲越し以来の高い家柄の商人であった。清洲越しとは，名古屋の城下が出来るときに，元の城下があった清洲から移住してきたことを意味する。つまり名古屋城下で最も古い家柄ということである。これら特権的商人が運営する陶器専売仕組に名古屋の陶器商 16 名が加盟し，大坂・京都・江戸で瀬戸の焼き物が安定的に売り捌かれるよう図った。

　かたちの上では瀬戸の窯元と名古屋の陶器商が考えた仕組みであったが，実際には運営に関わった藩御用達商人の意図がその裏ではたらいていた。と

いうのも，蔵元・支配人と呼ばれたこれら藩御用達商人は，藩に高額の永納金を上納する代わりに，米札引換業務が担当できたからである。米札引換業務は藩財政の中枢に関わる業務であり，これを通して藩内で大きな影響力を発揮することができた。瀬戸の窯は尾張藩の御用窯として位置づけられ，藩による統制や保護のもとで発展することが約束された。いずれにしても尾張藩陶器専売制度の真の立案者は藩ではなく，藩御用達商人を背景として動いた名古屋の陶器商と瀬戸の窯元であったことは間違いない。

　蔵元・支配人に就任したのは，名古屋在住の藩御用達商人だけではなかった。名古屋の商人は蔵元の役回りを果たしたが，それとは別に大坂，江戸，京都にそれぞれ支配人がいた。1814年当時，支配人は大坂に1名しかいなかったが，1818年になると大坂5名，江戸4名，京都3名に増えた。これらの支配人はすべて藩に永納金を上納しており，市場ごとに永納金の総額を見れば，どの市場でどれくらい焼き物が取り扱われていたかがわかる。永納金総額は大坂1,500両，江戸3,000両，京都200両であり，江戸市場は大坂市場の2倍の規模があった（山形，2008）。

　大坂・江戸・京都には支配人が詰める尾州瀬戸物会所があり，ここで名古屋の尾張藩御蔵から送られてきた焼き物を市場に集まる問屋仲間に売り捌いた。一方，川上にあたる瀬戸では，窯元から出荷される焼き物は瀬戸の御蔵会所に集められた。その後，先に述べたように瀬戸街道を通って名古屋の尾張藩御蔵へ運び込まれた。こうした生産地から消費地への製品の流れに対し，荷代金が逆方向に流れる。江戸では市ヶ谷にあった尾張藩勘定所に，大坂と京都では藩の出先機関にそれぞれ荷代金が納められた。その後，為替送金で名古屋勘定所へ送られたのち，尾張藩御蔵を経て瀬戸の御蔵会所に届けられた。瀬戸の御蔵会所は，御益金（運上）一割を差し引いたあとの荷代金を窯元（窯屋）に手渡した。なお，領外にあたる美濃の焼き物も尾張藩の販売ルートを経由していたので，荷代金は美濃産地の取締役をつとめていた西浦家を経由して窯元（窯屋）に渡された。

2．美濃勢力による尾張藩管理下からの分離運動

　瀬戸と美濃は国境を挟んで背中合わせの関係にある。瀬戸では瀬戸川とそ

の支流が形成した浅い谷間に沿って集落が生まれ、谷間の傾斜地などに窯が築かれた。一方、美濃は土岐川とその支流に沿って集落が形成され、瀬戸と同じようになだらかな傾斜地に窯が分布した。土岐川が下流部で庄内川と名を変えるのは、瀬戸川がやはり下流部で矢田川と名前を変えるのと似ている。その矢田川も最後は庄内川に合流するので、結局、瀬戸も美濃も庄内川の流域に含まれる兄弟のような間柄である。

　これら2つが焼き物生産の主要地として台頭してきた背景には、恵まれた窯業原料の存在がある。いずれも風化した花崗岩の堆積粘土の上で産地が形成されたといってよい。上流部でこそ流域を異にするが、焼き物の生産条件に大きな違いはない。しかし近世になって領国経済が始まると、良くも悪くも藩という後ろ盾がないと産業振興はままならなくなった。尾張藩という雄藩の庇護のもとにある瀬戸と、そのような後ろ盾のない美濃では置かれた立場に大きな違いがあった。美濃にとって、大坂・江戸という中央市場への流通ルートを確保するのに他国の政治力に依存するのはひとつの選択肢であった。

　こうした経緯から、尾張藩が独占的に運営する焼き物の流通制度に美濃も組み込まれていった（山形, 1983）。1803年に尾張藩が定めた陶器専売制度のねらいは、藩という公権力によって焼き物の信用度を高め、利益回収を円滑化する点にあった。瀬戸にとって競争相手でもある美濃の存在は大きく、かりに美濃が自由に大坂・江戸の中央市場をはじめ各地の市場へ出荷すれば競争を招いて値崩れを起こすおそれがある。こうした事態を防ぐには、美濃で焼かれた焼き物も瀬戸のものと同じように管理するのが望ましい。つまり美濃が流通経路で尾張藩を頼ろうとする意図と、尾張藩が美濃を管理下に置こうとする思惑は利害関係でつながっていた。

　しかしここで考えたいのは、いくら尾張藩が瀬戸物の値崩れを防ぐためとはいえ、他領国産地の流通にまで介入できたかという点である。多治見を中心とする美濃五ヶ村を支配したのは笠松の代官所であるが、それは美濃からの距離が名古屋よりも遠いところにあった。幕府の勘定奉行所から派遣されてくる役人にとっても美濃焼産地は遠い位置にある。尾張藩は徳川御三家筆頭という家柄であり、力関係からいっても代官所が手の出せるような相手で

はなかった。結果は美濃で焼かれた焼き物は名古屋の陶器商が一手に引き受けるという仕組みの定着であり、美濃はただ焼き物を焼くのみという状態に等しかった。経済活動に制約が多かった当時、政治力で生産・流通を規制する行為は普通に存在した。

ところが文化文政の時代すなわち1804〜1830年頃になると、美濃の焼き物産地の中から有力な産地仲買人が台頭してきた。背景には美濃でも磁器が焼けるようになり、しかも生産量が増加したことがある。産地仲買人の台頭は産地としての発言力の増大でもある。これまで尾張藩の蔵元制度のもとで流通経路を押さえられてきたことに対する不満が顕になった。こうした不満は、美濃の焼き物を尾張藩の流通統制から切り離す運動へと発展していく。その中心にいたのが多治見で庄屋をつとめ、農業や質物業を営んでいた西浦円治であった。円治は恵那郡大川村・水上村の窯株10通りのうち9通りを手に入れて焼き物の仲買業を始めた（山形、1983）。

本来、窯株は窯焼き家業を認める所有権・営業権であった。ところが時代とともに形骸化し、単なる鑑札として売買の対象になっていった。窯株を集めて経済力をもつようになった円治は、1832年に美濃の焼き物を独自に売り捌く水揚会所を江戸に開設する構想を明らかにした。水揚会所があれば、これまで名古屋の蔵元から米切手で支払われる荷代金を首を長くして待つようなことはなくなる。米切手支払いのさいには手数料も取られるので、実質的に荷代金が値切られたのも同然であった。折から江戸では不況のため瀬戸物の売れ行きは芳しくなく、窯元では困窮に陥る人が少なくなかった。そのような状況の中で西浦円治は立ち上がった。

しかし円治の試みは思ったような方向には進んでいかなかった。名古屋の陶器商が、美濃の焼き物の販売を尾張藩の専売ルートから分離することに反対したからである。分離独立を許せば一元的な価格統制がきかなくなり、値崩れが起こることは明白であった。名古屋の陶器商は、美濃五ヶ村のすべてが西浦の水揚会所設立に賛成していないことを見透かしていた。そこで巧妙な切り崩し工作を図り、水揚会所設立構想を抑え込んだ。構想案を潰すために、尾張藩勘定所に対して江戸の尾張瀬戸物会所や名古屋の蔵元からも強いはたらきかけがあった。運悪く美濃産地では飢饉と経済不況で借財に走り回

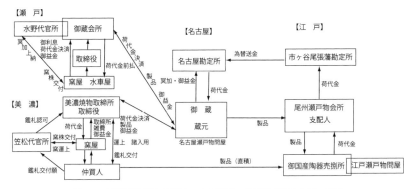

図4-8　尾張藩陶器専売制度による瀬戸・美濃焼き物の生産・流通
出典：山形，2008, p 19 をもとに作成。

る困窮者が多く，念願の水揚会所設立を強く訴える機運は薄れてしまった。

　結局，西浦円治が先頭に立って訴え続けた水揚会所設立構想は挫折した。しかしまったく成果がなかったわけではない。皮肉なことに，尾張藩との交渉の結果，円治は美濃の焼き物を一手に集荷する取締の役目，つまり尾張藩による管理を補完する立場に立つことになった（図4-8）。これにより，これまで美濃の各窯元が独自に名古屋の蔵元に出荷していた体制から，多治見の西浦家へ出荷する体制へと変わった。西浦家に集められた焼き物は一括して名古屋へ運ばれたため，窯元が負担する輸送費は軽減された。荷代金も西浦家を通して受け取ることになり，名古屋まで出かける必要はなくなった。これまで見逃されがちであった尾張藩の目の届かない販売ルートは，以後は抜け荷として厳しく取り締まられるようになった。こうして美濃の焼き物は尾張藩による直接的な管理体制から，西浦家による間接的な管理体制へと変わった。美濃焼を一手に集荷する取締の役目を世襲的に果たすようになった西浦家は，その後，全国的に有力な焼き物問屋すなわち西浦屋として発展していく。

3．仲買鑑札制度の導入と仲買人の販売先

　1835 年に美濃焼物取締会所が設けられ西浦家がその取締役に就いた当時，焼き物は市売り，すなわち自由な競り売りで取引されていた。ところがその

6年後の1841年に，焼き物は仲買人が窯元から直接仕入れる方式に変えられた。「差し売り」と呼ばれるこの新しい方式で取引を行うには営業鑑札を持っていなければならない。これは鑑札を交付する尾張藩による仲買人の員数制限を介した流通統制にほかならない。仲買人は鑑札を得るためには運上金を藩に納めねばならない。財政が慢性的に逼迫状態にあった尾張藩にとって運上金は徴税収入であった。このとき鑑札を交付された仲買人は瀬戸・美濃合わせて130名を数えた。8年後の1849年は瀬戸が100名，美濃は220名で，美濃は瀬戸の2倍以上と多かった（山形，2008）。このことから，当時すでに美濃は焼き物の生産と販売で瀬戸を大きく上回っており，美濃で水揚会所設立構想が生まれるほど勢いがあったことがわかる。美濃側の仲買鑑札は，1855年以降は笠松代官所から交付されるようになる。この年は127名の仲買人に対して鑑札が交付されたので，6年前に比べて仲買人が100名近くも減少したことになる。背景として，景気の影響や西浦屋など有力仲買人の成長による業者の淘汰などが考えられる。

　仲買鑑札制度が始められた当初，仲買人は窯元から仕入れた陶器をどの市場へどのような輸送手段で運ぶかに関して特段の規制は受けなかった。しかしそれは形式上のことで，実際には①小仲買（信州，江州，伊勢へ小売り），②大仲買（西国，四国，三河，遠州，箱根以西へ小売り），③窯元（鑑札持ちの仲買および名古屋売り），④西浦円治（名古屋および江戸・大坂売り）というように，大枠は区別されていた。販売先が互いに重ならないように調整したうえで，あらためて種類の異なる3つの仲買鑑札が定められた。それが大株，中株，小株の3種類の株である。株の種類ごとに焼き物の品質・販路・輸送手段の中身が異なっている。たとえば大株は，遠国向け荷造り・馬荷・船積みを前提とする鑑札であり，陸路と舟運と海路を組み合わせた遠方の市場へ出荷する仲買人が想定された。1849年の記録では，瀬戸・美濃合わせて320名の仲買人の中で大株に該当したのは全体の1割強の38名と限られていた。1855年に鑑札が笠松代官所から交付されるようになって以降は内容が簡素化され，総数127名のうち大株は船積み（36名），中株は馬荷（38名），小株は自分荷ない（53名）であった。

　鑑札を受けて商いをする仲買人は自ら窯元に出向き，焼き物を仕入れる。

窯元で焼き物を生産するから仲買人が生まれるのであり，その逆ではない。窯元の近くに待機していれば何かと都合がよく，仲買人は窯元の分布に対応して生まれると考えるのは自然である。実際，美濃焼産地では，窯のある村すなわち窯元のいる村には大抵，仲買人もいた。1855年の時点で見ると，多い順に笠原村31名，多治見村本郷22名，多治見村市之倉郷17名，下石村8名，それに野中村，高山村，土岐口村，小里村に各5名であった（山形，2008）。これだけで全体（108名）の90.7％を占める。仲買鑑札の対象となった村は全部で25を数えたため，仲買人は上位8村に集まっていたといえる。とくに多かった笠原，多治見，市之倉が焼き物の生産が盛んに行われた村であったことはいうまでもない。

　尾張藩が仲買鑑札制度を設けた大きなねらいは，統制の網をくぐって抜け荷が生ずるのを防ぐことにあった。焼き物の生産から流通まですべてに目を光らせ，徴税機会を逃さないという為政者側の論理を貫くためである。このため，焼き物を窯元から仕入れる仲買人が本当に鑑札を所有しているかどうかを日常的に監視し，制度維持を図ろうとした。監視役を担ったのは仲買下改め役と呼ばれた人であり，村の庄屋がつとめた。ただしすべての庄屋にこれを任せるのは現実的ではない。そこで25の村を8つの組に分け，組ごとに監視役を決めた。25の村を8つに分けるため，単純に考えれば3つの村で1組となる。ただし仲買人の多い笠原村は単独で2つの組をつくり，窯元の少ない東部では5つの村が一緒になって組をつくった。こうして整えられていった制度や仕組みも，時間とともに所期の目的が果たせなくなっていく。焼き物の生産量が増え，それを私的に売り捌く者が現れてきたからである。末端まで目を光らせるには限界があり，制度と現実の間に乖離が生じてきた。

　ところで，25の村を8つに分けた仲買鑑札グループには地理的な特徴がみとめられる（図4-9）。近接する村どうしが集まるのは自然であるが，それ以外に街道沿いあるいは街道の交差部がグループ構成の核になっている。美濃焼産地では，土岐川本流とその支流に沿って平地が広がり，街道もほぼこれを貫くように走っている。土岐川本流沿いに下街道が走り，途中の多治見本郷から分かれて今渡街道が今渡に向かう。今渡は木曽川の舟運が利用できる野市場湊に接している。こうした街道の分布を反映するように，8つの仲

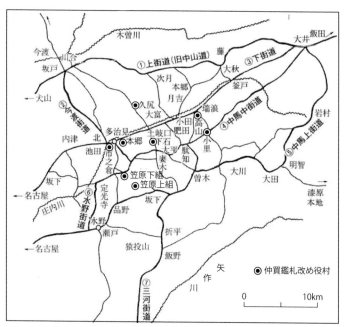

図4-9　美濃焼産地における主な街道と仲買鑑札改め村
出典：山形2008, p.273 をもとに作成。

買鑑札グループが配置されていた。とくに多治見村本郷は土岐川の最も下流側に位置しており，支流沿いの街道がここに収斂する。ここから今渡へと続く道が，美濃焼産地で生産された焼き物が地域外へ送り出されていくメインストリートであった。

　仲買人が鑑札交付にさいして取り扱う焼き物の品質，販売先，運送手段を事前に届け，それに応じて大，中，小のいずれかの株を貰い受けたことはすでに述べた。しかし実際の商いがその通りに行われたか否かは確かではない。もっとも，村ごとに仲買人が主にどの方面へ焼き物を出荷していたかは記録から知ることができる。1841 年の記録によれば，全部で 19 の村に総勢 62 名の仲買人がいた（山形，2008）。仲買人が多かったのは釜戸村（9 名），多治見村市之倉郷（8 名），肥田村（7 名），笠原村（5 名），小里村（5 名）である。記録には販売先として江戸・大坂，名古屋，尾張，伊勢など 13 の名が書かれている。仲買人の延べ数の多い販売先は，信州（27），美濃（10），尾張（8），

飛騨（7），三河（6）である。しかしこれはあくまで仲買人の数であり，出荷量の多さではない。江戸・大坂へ出荷していたのは多治見村本郷の3名，同じく名古屋はこれも多治見村本郷の3名と多治見村市之倉郷の2名のみである。こうしたことから，中央市場にあたる江戸・大坂や名古屋はもっぱら多治見の有力仲買人が担当し，それ以外の市場は多治見村周辺の仲買人が担当するという構図が浮かび上がってくる。

第4節　舟運，海運，街道による美濃焼の輸送

1．今渡街道と木曽川舟運を結ぶ焼き物輸送ルート

　江戸時代初期からすでに磁器製の焼き物を生産し始めた九州の産地とりわけ有田は，伊万里港といういわば外港をもっていた。大坂・京都までは580km（直線距離）もあり，江戸となると950kmも離れておりなお遠い。このように中央市場からは遠く離れているが，重く嵩張る焼き物でも海上輸送には適しているため，大量に運べば距離のハンディはそれほど大きくない。有田から200年近く遅れて磁器生産を始めた瀬戸・美濃の焼き物産地はその差を縮めるべく必死に努力した。瀬戸・美濃の距離的有利さは明らかで，大坂・京都は200km，江戸は250kmで有田と比べて半分以下である。たしかに直線距離ではこのように近いが，問題は利用できる中継港に至るまでの内陸部の距離が有田－伊万里（9km）に比べると長かったことである。伊勢湾岸まで美濃からは50km，瀬戸からでも35kmの距離である。しかしこの距離の長さに関しては，美濃は木曽川舟運が利用でき，また瀬戸は名古屋まで行けば，そこからは堀川の舟運が利用できたことが幸いであった。木曽川では河口の桑名が，また堀川の場合は熱田がそれぞれ中継港の役割を果たした。

　美濃焼産地は，庄内川上流の土岐川とその支流に沿うように広がっている。庄内川はその北側の木曽川に比べると水量が少ない。加えて，焼き物産地の中心ともいうべき多治見から尾張国東部の高蔵寺まで，庄内川はV字谷状の岩場の多いところを流れている。このため川船を使うことはできなかった。このV字状の渓谷は地理学の専門用語で先行谷といい，隆起を続ける地盤

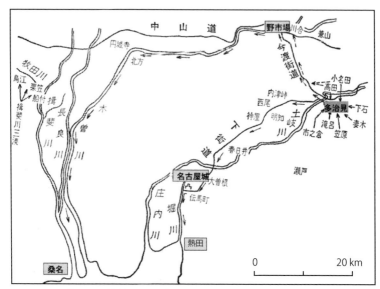

図4-10　近世における舟運と街道による美濃焼の輸送ルート
出典：多治見陶磁器卸商業協同組合のウェブ掲載資料（http://tatosyo.com/monogatari/
monogatari+waza.pdf）をもとに作成。

を川が絶えることなく侵食した結果形成される。これと同じ V 字谷は木曽
川にもあるが，木曽川は水量が多いため川船が利用できた。こうして多治見
に集められた焼き物は地元を流れる庄内川ではなく，その北側の木曽川の川
船を使って運び出された（図4-10）。ただし庄内川と木曽川の間には分水嶺
があるため，この部分は馬の背で越えなければならなかった。しかし幸い，
この分水嶺の標高差は小さかったため，大きな交通障害とはならなかった。

　多治見から木曽川の川湊のある野市場まで，焼き物を背負った馬は今渡街
道を 16km ほど歩いた。1 頭の馬が運ぶ荷物は 1 駄といい，1 駄は磁器なら 10
俵，陶器なら 6 俵に相当した。1 俵は一升徳利なら 15 本，湯呑茶碗なら 100
個に相当したから，馬が背負った重さが想像できる。1843 年の記録によれば，
野市場湊で取り扱った荷物の量は送り出し元別に，多治見村 2,400 駄，久尻
村高田郷 800 駄，笠原村 200 駄，下石村 100 駄であった（山形，2008）。全体
で 3,500 駄の焼き物は川船に積み込まれ木曽川を下っていった。しかしすべ
てが河口の桑名港まで運ばれたわけではない。桑名港まで輸送したのは江戸

向けの 1,200 駄と大坂向けの 750 駄であった。これらは川船から渡海船に積み替えられて海上をさらに運ばれていった。河口の桑名港には向かわず大垣へ運ばれたのが，越前・江州向けの 100 駄であった。さらに岐阜が目的地で笠松湊まで運ばれたものが 200 駄あった。残りは川船を使わず馬で輸送したもので，大垣行きが 950 駄，濃州関行きが 300 駄であった。

　野市場湊から送り出した焼き物を桑名港で中継し，大坂・江戸へ海上輸送した量は江戸後期から幕末にかけて急増した。慶応元年というから 1865 年であるが，桑名改所を通過して江戸・大坂に向かった荷物の 7 月 1 か月間の個数は，1843 年 1 か年間のそれとほぼ同じであった。つまり，20 年ほどの間に 10 倍以上に増加した。ちなみに桑名改所とは，当地の問屋商人・佐藤孫右ェ門が尾張藩の命を受けてつとめていた役所のことである。孫右ェ門は笠松代官所支配下の城米や酒，酢，紙などを焼き物と合わせ，廻船を使って江戸・大坂に送っていた。野市場湊から焼き物を運んできた川船は，帰り荷として塩，藍玉，溜り，味噌などを運んだ。なかでも塩は生活に欠かせない物資であり，野市場湊のある今渡が河口から舟運で輸送できる最終地点であった。

　今渡の対岸は中山道の宿場町・太田である。太田は木曽川とその支流である飛騨川の合流地点のすぐ西側に位置しており，街道と舟運が連絡する拠点として恵まれた地理的条件をそなえていた。太田から上流は木曽川も飛騨川も流れが急で遡上は難しい。下流側と上流側の物流がこうした地点で結ばれるのは自然であり，たまたまそのような地点と今渡街道が結ばれていたのは美濃焼産地にとって幸いであった。今渡あるいは太田は，太平洋側の平坦地が中部山岳地へ大きく変わる地点である。関東でいえば利根川の倉賀野，甲斐なら富士川の鰍沢（かじかざわ），東三河なら豊川の新城が，これと同じような性格をもつ。

　さて，木曽川を下り河口の桑名に着いた荷物は，海上輸送用の廻船に積み替えられ江戸や大坂を目指した。これには西浦屋が江戸と大坂に設けた支店に向かうものが多かった。東西の二大都市での販売を独占した西浦屋は，江戸市場では江戸市中，上州，野州，常州，下総，相州，水戸を販売先とした。大坂市場では大坂市中，丹波，和泉，播州，京都以外の山城に対して独占的

第 4 章　瀬戸・美濃における焼き物生産の展開

に販売できた。西浦屋は江戸支店を経由して北は仙台まで，また西は大坂支店を介して四国，瀬戸内，山陰，北陸まで廻船輸送で焼き物を送り込んだ。こうした遠距離向けのほかに，西浦屋は紀州，三河，駿河，伊豆などへの中距離向けも手がけたが，これは桑名から一旦津に回送し，津港からの廻船で運んだ。

　桑名も津も伊勢国に属する。津が伊勢中央部を主な背後圏とするのに対し，桑名の主な背後圏は美濃国，尾張国あるいは信濃国である。養老断層を境とする地殻運動の影響を受けて木曽三川の河口が桑名付近に収斂したことが，国境をまたぐ舟運交易圏の形成につながった。美濃焼と桑名の関係は，有田焼と伊万里の関係に似ている。桑名や伊万里がスプリングボードとなって江戸・大坂へ焼き物を送り込んだ。江戸後期以降，西浦屋の目覚ましい発展ぶりに象徴されるように，美濃は焼き物生産で瀬戸を追い越していく。その背景に江戸・大坂への大量輸送があったことを考えると，木曽川下りの舟運が果たした役割は大きかったと，あらためて思う。

２．下街道，中馬街道などを利用した美濃焼の輸送

　多治見の有力仲買人である西浦屋を主力とする美濃焼の江戸・大坂などへの出荷は木曽川舟運と海上輸送を組み合わせて行われた。鉄道交通以前の大量輸送手段として川や海を利用した水上輸送は大きな役割を果たした。江戸や大坂に限らず全国の主な都市は海に面するものが多く，水上交通によって経済活動が支えられてきた側面は小さくない。焼き物の流通もその例外ではなかった。しかし，島国・日本には内陸部にも町や村があり，そのようなところでも焼き物に対する需要はあった。かつては局地的に焼き物を生産していた地方でも，磁器など高い技術がなければ生産できない焼き物が生活の中に浸透してくれば，臨海地域と同様，需要は生まれる。こうした内陸部へは，海側の港を中継して焼き物が送り込まれるのが一般的ある。しかし半ば例外的に，信州，甲斐，三河などへは美濃焼産地から陸路を通って行くことができた。これはこの産地の位置的条件によるところが大きい。このため，木曽川下りとは別に馬荷や歩荷による陸路輸送も行われた。

　美濃焼産地では北東から南西に向かって流れる土岐川にいくつかの支流が

あり，川筋に沿って街道が走っていた。よく利用されたのは土岐川本流沿いの下街道である。産地の中心・多治見を中心として西30kmに名古屋城下，東33kmに大井（現在の恵那）がある。下街道は名古屋を起点に東に向かい，美濃焼産地を通り抜けて大井の手前で中山道と合流する道筋であった。尾張藩は下街道の途中の宿場・勝川で北東に分岐する上街道を公道とした。しかし，尾張中心部と信州方面を結ぶには下街道の方が距離は短く標高も低かったので，街道輸送の多くは下街道を利用して行われた（林，2015）。

　下街道を馬の背で運ぶ場合，多治見の有力商人が馬を仕立てる場合と，下街道の難所・内津峠西側の農民が農間稼業で輸送を引き受ける場合の2つがあった。前者は多治見の西浦屋など限られた陶器商が仕立てたもので，多治見村新窯方，高山村窯方，多治見村市之倉郷，久尻村高田郷，笠原村滝呂郷などから多治見へ集荷したあと送り出された。新窯方とは磁器を焼く窯のことであり，陶器を焼く古窯方とは区別された。後者は尾張東部の神屋村，出川村，新井村の農民が仲買人の依頼を受けて焼き物を運んだ。多治見村市之倉郷，下石村，久尻村高田郷で生産された焼き物を産地まで出かけて受け取り，名古屋へと運んだ。農間稼業の輸送人は，名古屋方面とは逆の信州方面への輸送も手がけた。

　ところで，美濃焼産地には土岐川の流れと並行する方向で幾筋かの断層が走っている。屏風山断層，笠原断層と呼ばれるが，こうした断層線に沿うように二筋の中馬街道が延びている。これらの街道は信州，甲斐，三河方面に焼き物を輸送するのに使われた。北側を中馬中街道，南側を中馬上街道と呼んだのは南側が標高の高いところを通っているからである。多治見－笠原－小里－大井を結ぶ中馬中街道に沿って焼き物生産が盛んな多治見と笠原がある。これらの産地から信州の伊那谷や甲州方面へ向かえば，下街道を行くより近道で好都合であった。下街道には高山村に継立所があり，荷物を送る場合は手数料などを支払う必要があったことも，中馬街道が選ばれた背景にある。主要街道では継立のさいに馬を替えるが中馬街道ではその必要がなく，「付通し」あるいは「通し馬」で通行できた。

　中馬上街道は名古屋－瀬戸－品野－柿野－明智を結んでいた。このうち柿野は美濃国にあったが焼き物生産は行われていなかった。それに美濃の焼き

物生産の中心から距離があり標高も高い。このため柿野を通って瀬戸や名古屋へ焼き物を運ぶことはなかった。むしろ柿野は中馬上街道の拠点として焼き物を信州や甲斐へ送り出す役割を果たした。柿野は三河に近く，美濃と三河を連絡する位置にもあった。三河平野部に向かう場合は，中馬街道とほぼ同じ方向で流れる矢作川沿いに下れば到達できた。途中には平地の末端と山地入口の境目に生まれやすい谷口集落の足助があり，ここからは舟運が利用できた。多治見村市之倉郷や笠原村，肥田村の仲買人の中には三河を主な販売先にしている者がいた。

　1841年の記録によれば，美濃焼を扱う仲買人のいる19の村のうち13までが信州を販売先としていた（山形，2008）。仲買人の延べ人数では27名にものぼっており，販売先が2番目に多い美濃の10名を大きく引き離している。ただし信州は面積が広いため，具体的に信州のどこかは特定できない。信州を貫く主要な街道から判断すると，輸送ルートは下街道と連絡する中山道沿いの木曽谷とその先の塩尻方面，もしくは中馬街道で木曽山脈（中央アルプス）を越えていく伊那谷方面のいずれかであったと思われる。前者は中信，後者は南信である。中信をさらに北上すれば北信に，南東へ進めば甲斐に至る。甲斐は南信からも行けるが赤石山脈（南アルプス）が大きな障害である。さすがに甲斐を販売先とする仲買人の村は少なく，肥田村と山田村の2村にとどまる。山道を通って美濃焼を甲斐まで届けるのは難儀であるが，実際には届けられた。もっとも甲斐へは海路で駿府まで行き，そこから富士川を遡上するというルートもあった。需要があればそれに応えるべく，種々のルートを使って焼き物は届けられた。

　美濃焼産地の場合，木曽川下りという舟運を利用して多くの焼き物が江戸・大坂をはじめ遠隔地に運ばれた。その中核を担ったのは尾張藩の美濃焼物取締役をつとめた西浦屋であった。この有力な多治見の陶商は，東西の中央市場に加えて名古屋の市場も抑えた。多治見を取り巻く周辺部の仲買人は地元，近距離，中距離を販売先とした。そこへは舟運ではなく，もっぱら街道を通って陸路，焼き物は運ばれた。中部日本内陸部のほぼ全域といってよいほどの広さをカバーする。臨海部を廻船で巡るのとは苦労に大きな違いがあったと想像されるが，それをおして美濃焼は送り届けられた。本州臨海部を多治見

の有力仲買人が抑え，多治見周辺の仲買人が中部内陸をカバーするという海陸両面戦略は西国の競争相手にはなかった。こうした産地の底力は近代以降も続いた。

コラム4　御用品による焼き物のブランディング

　宮内庁御用達と聞けば，よほど優れた品物であろうと一段評価を高める人も少なくないように思われる。それだけこの言葉には威力があり，並みいる商品の中で際立つ存在であることを知らしめる効果がある。しかし，1891年に『宮内省御用達制度』として誕生したこの制度は1951年に廃止された。宮内省（現在の宮内庁）の産業奨励政策の一環として始められた当初は，宮内省の推薦があれば御用達業者になることができた。推薦は，5年以上の継続納入実績や経営者の家庭環境・思想状況などをもとにして行われた。御用達と一口にいっても，献上と納入では扱いが違っていた。前者は無償，後者は売買取引や契約にもとづく取引である。無償の献上とはいえ誰でも献上できるわけではなく，高品質であるかどうか宮内省による厳格な審査を通らなければ献上できなかった。

　この制度が戦後になって廃止された理由は不明であるが，宮内庁の権威にあやかりたい業者からの売り込みが激しくなったことが考えられる。厳格な審査があったとはいえ，宮内庁に無償で商品を贈ることで『宮内庁御用達』と名乗りたいと考える業者がおり，種々の弊害を招いたことも理由と思われる。日本と似た制度のあるイギリスでは，現在もなお存続している。『ロイヤルワラント』と呼ばれる証明書が英国王室御用達であることを認定する。証明書を得るには，英国王室の中でロイヤルワラントを授与する資格がある者から推薦を受けなければならない。エリザベス女王2世やチャールズ皇太子などによる推薦であり，最低納入期間や納入数などの申請条件を満たしていることが最低限の条件として課せられる。現在，ロイヤルワラントを持つ企業は約850あり，日用品から重要な儀式用の衣装まで1,000を超える多種多様な商品が認定されている。

　日本の宮内庁や英国王室に限らず，古今東西，その社会で権威のある人や組織に対して品物を献上することで，自らを高く見せようとする主体は数多く存在する。江戸時代の美濃焼産地でも，ほとんどの村が陶器や磁器を御用品として納めていた。御用品という名称からわかるように多くは無償の献上ではなく，制作依頼を受けて品物を納めたものと思われる。幕府，大名，寺社などやんごとなき方

面からの依頼であれば，それだけで制作能力や品質が高く評価されたも同然であろう。身に余る光栄で粗相のないように作陶に励んだものと推測される。制作は先方から届けられた注文品の雛形書にもとづいて行われた。実際につくられた品物もさることながら，残された雛形書を見てもその形状や文様が優れた陶器や磁器であったことがわかる。

　美濃焼産地の中でも御用品の納入がとくに多かったのが多治見村市之倉郷であった。戦国末期の慶長から幕末に至るまで高名な寺社や幕府へ御用品を継続して納めた。このうち寺社では遠州光明寺（浜松）や村雲御所（京都）などへ納品している。光明寺は皇室の祈願所であり，歴代の徳川将軍から朱印状を賜る寺院でもある。また村雲御所は，豊臣秀吉の姉の子・秀次の菩提寺である。江戸幕府からは1853年に調度品の調達機関である細工所に小服茶碗を，また1855年には同じく幕府の薬草園である御薬園へ皿・銚子・盃・碗を納めた。1856年の江戸城本丸の雛節句用小皿，1864年の紀州藩向け茶呑碗・盃・皿など立て続けに制作依頼を受け納品している。

　市之倉郷は，美濃焼産地の村ごとに生産が取り決められていた品目すなわち親荷物として盃をもっていた。産地内で盃が生産できたのは市之倉郷だけであり，注文するとすればここしかなかった。全国には多数の焼き物産地があり，そこでは自由に盃が生産できた。しかし高名な寺社や幕府に御用品を納めている産地の盃とあらば，いやがうえでも評価は高まる。碗や壺と比べた場合，盃は大きさが小さく，同じ量の粘土を使用しても製品の数量は多い。同じ大きさの窯で焼くならより多くの個数を窯に詰めることができる。つまり盃はほかと比べて生産性の高い焼き物であり，これに質の高さが加われば大きな売上収入が期待できる。こうした点をねらって盃を親荷物にしたのか，精巧な生産技術者に恵まれていたから結果的にそのようになったのかは判然としない。いずれにしても，「市之倉といえば盃，盃は市之倉」と現在でもいわれるのは，長い歴史的伝統の積み重ねがあってのことである。

第5章

肥前における焼き物生産の歴史と藩の統制

第1節 朝鮮人陶工の開窯と佐賀藩の磁器生産管理

1. 朝鮮から連行された陶工による開窯の歴史

中国大陸から朝鮮半島を経て日本へ，あるいは中国大陸，朝鮮半島からそれぞれ直接日本へという文物渡来のルートは古代からあった。焼き物についても，焼製品本体はもとより，作陶，築窯，焼成などの技術がこれらのルートを通って日本に持ち込まれた。なかでも重要と思われるものとして，豊臣秀吉の命によって行われた文禄の役（第一次朝鮮出兵）と慶長の役（第二次朝鮮出兵）（1592〜1598年）のさいに朝鮮半島から連行された陶工たちによる窯業技術の伝播がある（李，2010）。莫大な人命の犠牲をともないつつも，何の成果もなく，ただ豊臣政権の没落を早めたにすぎないといわれるこの戦役。しかしこと日本の焼き物の歴史にとっては，一大変革をもたらす出来事であった。中国，朝鮮から流入する白磁や青磁の磁器類は，それまでの日本には製造技術がなく生産できなかった。しかし海を渡ってきた多くの朝鮮人陶工からその技術を学ぶことで，日本でも磁器が焼けるようになった。

朝鮮半島から陶工が日本に渡ってくるのは，文禄・慶長の二度にわたる戦役のときだけではなかった。それ以前から日本海に面する肥前国唐津には渡来者がおり，岸岳系古唐津と呼ばれる焼き物をつくっていた（中里，2004）。岸岳城を拠点とした波多氏は高麗と深い関係があった上松浦党の一族であり，そのつながりの中で陶工たちは海を渡ってきていた。ところが文禄の役に加わった波多氏は，戦場での態度・行動を批判され豊臣秀吉によって領地を没収されてしまう。思いもかけない事態に直面し，唐津焼発祥の地である岸岳周辺にあった8つの窯はすべて廃窯になり，そこで働いていた陶工はみな有田，伊万里，武雄，松浦，波佐見，三川内などに四散していった。世にいう「岸岳崩れ」（1594年）がそれである。結果として朝鮮人陶工たちは肥前地方への技術伝播の先駆け的役割を担うことになった。

文禄・慶長の戦役に馳せ参じた大名は西日本に多く，とくに九州の有力大名に多かった。こうした大名たちが競うように朝鮮半島から陶工たちを国元に連れ帰ったのは，半ば「戦利品」として得た朝鮮の人々を労働力として活

用しようと考えたからである。労働は焼き物づくりに限らず，農作業やその他の仕事もあった。秀吉は捕らわれた人々の中に技術をもつ者がいたら献上するようにという朱印状を大名たちに与えていた。そのこともあり，優れた技能をもつ者を自領内に囲ってその技術を産業振興に生かそうと考えた大名も多かった。

　九州の有力諸大名が連れ帰った陶工たちに自領内で開窯させたことで始まった競争は，俗に「やきもの戦争」と呼ばれる。戦争というやや物騒な言葉に朝鮮出兵のイメージを重ねることもできるが，実際は九州各地で進められた朝鮮渡来の新しい技術による焼き物づくりへの取り組みである。こうした取り組みの中でよく知られているのが，肥前国佐賀藩で開窯した李参平による日本初の磁器製造である。李参平は文禄・慶長の戦役のさい日本側の道案内役をつとめたといわれており，戦役終了後に自分に投げかけられるであろう非難を察知し来日を決意した。

　李参平は来日後，金ヶ江参平と名乗るようになり，有田の泉山で磁石（陶

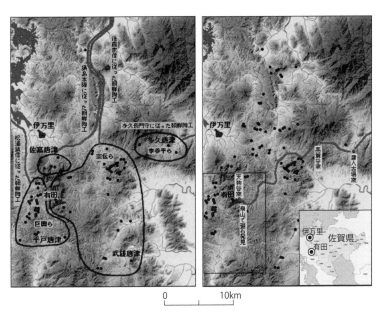

図5-1　朝鮮からの陶工による開窯地（左）と李参平による泉山での磁石発見（右）
出典：清瀬市郷土博物館のウェブ掲載資料（http://museum-kiyose.jp/image/im/imari.pdf）による。

第5章　肥前における焼き物生産の歴史と藩の統制

石）を発見して磁器製造に成功した。しかし彼はこの成功に至るまで，幾度も場所を移りながら焼き物をつくり続けている。最初は現在の佐賀県多久市にある多久系窯で，ここだけでも窯場は4か所を数える。その後，有田に移動し，天狗谷，乱橋，百間窯を築いた（図5-1）。最初の多久系窯の多久とは，李参平を朝鮮から連れ帰った多久安順の多久のことである。多久安順は鍋島直茂が藩主の佐賀藩の家老職をつとめており，朝鮮渡来の陶工を召し抱えることができた。

　佐賀藩では家老の多久安順のほかに家臣の後藤家信も朝鮮から陶工を連れ帰った。後藤家信の命により，宗伝（深海宗伝）とその妻・百婆仙が武雄系窯，有田系窯と呼ばれる窯を築いた。名前はわからないが後藤家信はほかに熊沢系という窯場も開かせている。佐賀藩以外では，平戸藩の松浦鎮信が巨関，高麗娟・翳とその夫・金永久に，また唐津藩の寺沢広高が又七（中里太郎右衛門），彦右衛門，弥作に，それぞれ開窯させた。以上のほか，黒田長政，細川忠興，島津義弘もそれぞれ連れ帰った陶工に命じて開窯させている。黒田長政からは高取系窯が，また細川忠興からは上野系窯がそれぞれ誕生し，今日まで窯元として存続している。島津義弘は串木野や鹿児島に上陸した陶工たちに開窯を命ずる一方，琉球にも陶工を送って焼き物づくりに励ませた。

　それまで磁器をつくる技術を持っていなかった日本に朝鮮からの陶工がその技術を伝えたことは，日本の焼き物の歴史において画期的なことであった。李参平は金ヶ江参平と名乗るほど日本に馴染んだ。日本名を得たかどうかは陶工たちが日本でどのように受け入れられたかの目安になる。李参平自身，当初は自分が窯業技術をもっていることを明らかにしなかったといわれる。異国に連れてこられて，この先，どのように処遇されるのか不安な気持ちを抱いていたと思われる。現在の有田町上白川天狗谷の地で日本初の白磁創製に成功した李参平は，有田白磁窯すなわち伊万里焼の磁祖として尊崇され，陶祖神社の祭神として祀られている（小松，2000）。

　当時の日本では，これまで中国，朝鮮から送られてきた白磁，青磁，天目など整った色や形の茶器よりも，むしろ千利休の侘茶に代表されるような高麗茶碗が尊ばれていた。高麗茶碗の名前は高麗であるが，つくられたのは高麗のあとの李氏朝鮮時代である。なかでも朝鮮で日用雑器として焼かれた茶

碗が日本では井戸茶碗としてもてはやされていた（阿部，2009）。こうした茶碗をつくることができる朝鮮人の陶工は是が非でも手元に置きたい技術人材であった。佐賀藩や唐津藩など概して九州北部で開窯した陶工たちは日本名をもち，陶器や磁器の生産に励んだ。対して南の薩摩藩に召し抱えられた陶工たちは日本名を名乗ることは許されず，日本人との縁組も禁止された。来日後，各地の陶工たちがたどった人生は一様ではなかった。

2．佐賀藩の管理体制下での磁器生産

　文禄・慶長の二度にわたる朝鮮出兵の「成果」として西日本の有力大名は，朝鮮人の陶工を連れ帰った。それは単なる労働力としての連れ帰りではなく，特殊な技術とりわけ磁器生産の技術を領内に導入するための連行であった。日本では成功したことのない磁器を陶工によってつくらせ，そのノウハウを移植することで藩の産業振興に役立たせるという意図があった。磁器生産が成功すれば，広く市場に販売して利益を得ることができる。市場を押さえるには競争相手が現れないようにする必要がある。当然，磁器生産の技術は秘匿され，密かに藩内で生産する体制を築かなければならない。李参平が泉山の陶石を使って磁器生産に成功した佐賀藩では，こうした目論見を徹底させるために厳格な管理体制を考えだした。佐賀藩と似た管理体制は瀬戸を領内に抱える尾張藩でも敷かれたが，藩主導による厳格さは佐賀藩が一枚も二枚も上であった。これは，日本で初めて磁器を生産するという画期的機会をまえに，このチャンスを最大限生かそうと佐賀藩が考え抜いた体制づくりであった。

　佐賀藩が実施した極端な政策として，これまで藩内で焼き物を生産していた日本人の陶工を追い払ったというのがある（野上，2018）。1637 年のことで，佐賀藩の家老であった多久美作守が藩主の命令で実行した。その数は826 人にも及び，結果的に有田の中では13 か所だけで焼き物づくりが許された。許されたのが朝鮮人とその家族のみであったということは，藩の方針がいかに磁器生産に的を絞ったものであったかを如実に物語る。実はこの政策の背景には見過ごせない事実があった。それは，これまで野放図に焼き物を生産させてきたため燃料の薪が尽き，山林が荒廃状態に陥ったという事実である。

土砂崩れなどによって田畑に被害が及び農業にも支障が生じていた。こうした状況を改善するには，治山治水の観点からむやみに薪を採ることを抑制しなければならない。山林の管理は藩の業務であり，伐採可能地区の指定や植林など藩主導で薪の確保・管理が行われた（川久保，2010）。

　一旦は日本人陶工を有田から追い出したが，磁器生産の増加にともない陶工の数が不足するようになった。このため佐賀藩は，追放した陶工の帰郷を許した。これで陶工数も確保され磁器生産は盛んになった。しかしその後，再び山が荒れるようになったため，1647年に再度，陶工を追い出す案が検討された。磁器の生産増加と山林荒廃との間でいかに調和を維持するかという難しい問題である。そこで佐賀藩が考えたのは，焼き物の生産量に応じて課してきた運上金を値上げするという案であった。佐賀藩は元々，焼き物の生産ができる者を抑制するために鑑札制を採用していた。これは江戸初期からで，窯と轆轤は長子相続で年間に窯を焼く回数も制限した（太田，2014）。生産量が増えれば山林荒廃が進む。陶工数を減らさずに生産量を抑制するには運上金の値上げが藩にとって最も楽な方策であった。

　こうした藩の政策に対し窯元たちは異を唱えた。当然の反応と思われるが，これに対し藩は藩士・山本神右衛門を窯元たちのもとへ遣わし説得に当

図5-2　有田皿山之図
出典：清瀬市郷土博物館のウェブ掲載資料（http://museum-kiyose.jp/image/im/imari.pdf）による。

たらせた。窯元たちと藩との間に立って山本は苦労したが，有田のこれから
のことを考え窯元たちは説得に応じることになった。これ以降，山本神右衛
門は初代の皿山代官として，有田の磁器生産に手を貸すようになる。皿山と
は焼き物の生産が行われる場所のことであり（図5-2），山本は有田皿山の産
業振興のために尽力した。ちなみに1648年に山本が窯元たちから徴収した
運上金は銀77貫688匁であった（大橋，1989）。これは現在の貨幣価値でい
うと，およそ1億5,500万円に相当する。それまでの運上金は銀35貫目であっ
たというから，倍以上の増加である。山林荒廃を防ぐという目的もあって運
上金は値上げされたが，やはり主なねらいは藩財政の改善にあった。他産地
との競争に対して最後は藩が守ってくれるという意識が窯元たちの中にあっ
た。

　初代皿山代官に就任した山本神右衛門が築いた管理・運営体制は，「有田
皿山経営」と呼ばれる。佐賀藩自らが自領内で行われる焼き物生産全般に関
わり，その運営を通して生産力を高めていく。対象は窯業資源の確保・管理
にはじまり，窯・轆轤数の把握・抑制，陶工の流出入管理などにも及んだ。

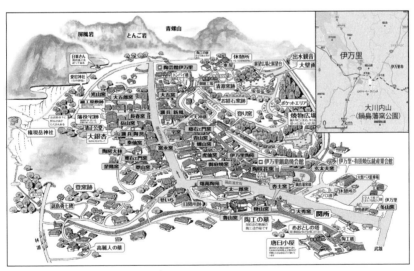

図5-3　大川内山の佐賀（鍋島）藩窯の現在
出典：伊万里市観光協会のウェブ掲載資料（http://imari-kankou.com/wp-content/uploads/2018/04/
j-okawachi.pdf）をもとに作成。

第5章　肥前における焼き物生産の歴史と藩の統制

資源では陶石の質に応じて区画を指定し，指定地以外での採掘を禁止した。松材などの燃料については，伐採制限を行う一方，輪伐を奨励して山林保護につとめた。陶工の管理はとくに厳しく，地域間の移動を禁じた。陶工の藩外への移動は秘匿技術の漏洩につながるため，とくに神経を尖らせた。他国からの人の流入についても，技術流出を恐れ厳格に管理した。磁器の生産が国内では一部の産地でしかできなかった当時，磁器製の焼き物は高価な商品であった。

　佐賀藩は，自らが使用する磁器については，限られた場所に築いた窯でしか焼かせなかった。その場所は有田の中心部ではなく，有田の北の伊万里に近い大川内山の谷間にあった（図5-3）。あえてきつい傾斜地を選んで専用の窯を築かせたのは，磁器製造の技術が漏れないようにするためである。佐賀藩の御用窯が築かれた大川内山は「秘陶の里」と呼ばれ，谷の入口に番所を設けて厳重に警備した。御用窯は採算を度外視して運営され，一流の陶工を御細工人として登用した。陶工は士分として遇され，扶持米320石と年1,000両が与えられた。いかに特別扱いされたかがわかる。窯は全長140m 27室からなる連房窯で，3室が藩御用品専用窯，24室はお手伝窯であった。お手伝窯では領内の諸士が用いる焼き物と一般市販用の焼き物が焼かれた。製品の質を維持するために御陶器方役所で厳重な検査が行われ，わずかなキズがあればすべて打ち砕いて土中に埋められた。こうして生まれた特別な焼き物は，ほかと区別するために佐賀藩城主の姓に因み鍋島焼と呼ばれた。

3．中断した中国製磁器の輸出の代役を担った有田の磁器

　有田街道を運ばれて伊万里に到着した焼き物が伊万里港から国内だけでなく海外にも輸出された時期がある。これは，中国の景徳鎮で生産されてきたヨーロッパ向けの陶磁器が明と清の間で起こった権力争いの余波で生産できなくなったのがそのきっかけである。それまで中国製磁器は日本に流入してきていたが，それがなくなった。その不足分を補うために有田で磁器生産が盛んに行われるようになり，国内市場に浸透していった。1637年から1648年の10年余りの間に，有田皿山の年間の運上金が2貫100匁から77貫688匁に急増したのはこのためである。有田の磁器が中国製磁器を代替したのは，

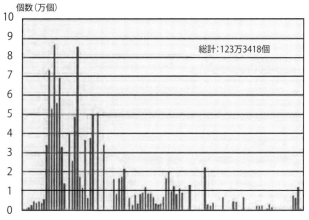

個数（万個）

総計：123万3418個

図5-4　有田の磁器の年次別輸出個数
出典：清瀬市郷土博物館のウェブ掲載資料（http://museum-kiyose.jp/image/im/imari.pdf）をもとに作成。

国内市場においてだけではなかった。中国からの磁器輸入が途絶えた東南ア
ジアやヨーロッパに向けて有田の磁器が輸出されるようになった（図5-4）。
最初の輸出は1647年にシャム経由でカンボジアに向けて長崎港を出帆した
一艘の唐船によって行われた。出荷記録に「粗製の磁器174俵を積み込んだ」
と記されていたのは，いまだ中国製の磁器に品質面でかなわなかったからで
ある。記したのは，シャムに駐在していたオランダ東インド会社の商館職員
であった（池本，2020）。

　有田の磁器が輸出された長崎港には唐人をはじめさまざまな人々が集まっ
ていた。平戸の商館を追われて長崎の出島に移り住んだオランダ人，有田焼
を取り扱った伊万里の商人，御買物師と呼ばれた国内の有力藩の出入り商人
などである。長崎にいる中国人からは磁器製造の技術を学ぶことができた。
色絵技術や金銀焼付のほかに，素焼き，墨弾き技法，ハリ支え技法，糸切り
細工技法など，これまで有田では知られていなかった数々の生産方法である。
一方的に学ぶだけでなく，景徳鎮並みの磁器に近づくように有田で開発した
技術を使って試作した焼き物を提案することもあった。取り入れた技術をも
とに工夫が重ねられ，有田の磁器は中国製磁器と並ぶ水準へと品質が高めら
れていった。

第5章　肥前における焼き物生産の歴史と藩の統制

白い磁器に絵柄が色鮮やかに描かれた有田焼は，中国からの技術導入の成果である。絵柄を描く赤絵付けの技法は，長崎の中国人業者から伝えられた。仲介役を果たしたのは東嶋徳左衛門という伊万里商人であった。東嶋徳左衛門の仲介により有田で初めて赤絵付けに成功したのが酒井田喜左衛門（初代酒井田柿右衛門）である。酒井田家に代々伝わる「赤絵始まりの覚」には，「赤絵切り伊万里東嶋徳左衛門申者長崎にて志いくわんと申唐人より伝受仕候」と記されている。これは，長崎で“しいくわん”という中国人に大金を払って赤絵付けの方法を教示された東嶋徳左衛門が，その技法を喜左衛門に伝えたという内容である（野上，2018）。後に酒井田柿右衛門の赤（朱）は有田焼を代表する色となる。しかし当初は，赤絵付けの原料は高価なうえ発色技術の修得も簡単ではなかった。赤絵付けの原料を取り扱った長崎の商人は，有田の窯元や赤絵屋に持ち込んで販売した。

　中国の明から清への王朝交代（1616年）にともなう中国製磁器の輸出減少で有田はそれを代替するチャンスを得た。実は中国からの磁器輸出減少は政治的混乱の後の清王朝の政権下でもあった。それは，清が1656年に海禁令を公布して民間の船が貿易するのを禁止したからである。理由は，清が倒した明の遺臣である鄭成功一派による海上交易を封じてその勢力を弱らせるためである。父親が中国人，母親が日本人の混血児として平戸で生まれた鄭成功は，清に抵抗し海洋貿易によって勢いを維持していた。貿易品の中には陶磁器が含まれており中国から東南アジア諸地域に運んでいたが，海禁令のためできなくなった。

　そこで鄭成功は有田産の磁器に目をつけ，中国製磁器の代替品として長崎から輸出することにした。海禁令の2年後の1658年11月に大量の各種粗製磁器を積み込んだ7艘の唐船が鄭成功の支配下にあった厦門と安海に向かった。その翌年の1659年にはオランダの東インド会社が有田に対して輸出用磁器の生産を依頼した。オランダは1602年に東インド会社を設立し，1624年から1662年まで台湾南部を拠点に中継貿易を行った。台湾での活動が1662年に終わったのは鄭成功の攻撃を受けたためで，以後はバタヴィア（現在のジャカルタ）を拠点として活動を継続していく。記録によれば，オランダがバタヴィアへ1664年から1682年にかけて送った陶磁器は約374万個に

上った。オランダのほかにイギリスやスウェーデンも中国の港を介して日本から陶磁器をヨーロッパに輸出した。

　こうして長崎を輸出港とする有田磁器の送り出し先は，東南アジアからヨーロッパに至るまで広範囲に及んだ。輸送の主役を担ったのは中国とオランダであるが，とりわけ唐船のはたらきが大きかった。唐船は鄭成功の商船を含め有田の磁器を東南アジア各地に運んだ。ヨーロッパの中ではオランダのみが長崎での貿易を許された。ところが，マニラを拠点とするスペインが太平洋を東西に結ぶガレオン交易でメキシコのアカプルコまで有田の磁器を運んだことが明らかにされている（野上，2018）。スペイン人が長崎へ来ることはなかったため，マニラへの輸送は唐船を使って行われた。長崎を出港した唐船は，鄭成功支配下の台湾南部を経てマニラへ向かった。その鄭成功も1683年には抵抗をやめてついに降伏するに至り，翌年に海禁令は解かれた。再び中国製磁器が市場を席巻する時代が訪れ，長崎へ堰を切ったように中国産の磁器が送り込まれるようになった。しかし，中国製磁器で圧倒された東南アジアとは異なり，日本では有田の磁器が中国製に十分対抗できた。理由は幕府が1715年に長崎貿易制限令（正徳新例）を出したためであるが，何よりも国内市場において有田の磁器が大きな占有率を確保できるまでに成長していたことが大きかった。

第2節　有田焼の国内出荷と流通経路の変化

1．江戸時代における有田焼の国内出荷

　佐賀藩による焼き物生産に対する管理・運営体制は，製品流通の分野にまで広げられていった。藩財政への貢献を考えれば，生産と流通に対して藩が一体的に関わるのが望ましいのはもっともなことである。大きな転機は1801年に佐賀藩が専売仕法を定めたことである。それ以前は，主に民間の力で焼き物は市場へ送り出されていた。ところがこの制度が定められて以降，佐賀藩が焼き物流通にも介入するようになったため，生産・流通体制全体が藩の管理・統制下におかれるようになった。そこでまず，藩の介入以前，有

田の焼き物はどのように市場へ送られていたかを述べる。

　江戸時代初期，有田では藩内の泉山で産出する陶石を原料に磁器が生産され，製品は伊万里の問屋を経て，主に大坂の問屋へ売られていた（石川，2021）。伊万里は有田の北約10kmの位置にあり，港をもたない有田の焼き物を海路経由で各地の市場に送り出す拠点であった。よく伊万里焼と有田焼は同じかそうではないのかと問われることがある。伊万里にも窯はあり，とくに近代になると伊万里焼という伊万里産の焼き物が登場するため，両者は混同されやすい。しかし少なくとも近世においては，有田で焼かれた焼き物は伊万里港から出荷されたため，出荷港の名前をとって伊万里焼と呼ばれることが多かった。ただしこれは主に有田産の磁器の場合であり，陶器は後述するように昔から唐津方面からの焼き物は唐津物と総称されてきたため唐津焼と称された。

　有田で焼かれた焼き物は，「荷担さん」と呼ばれる人たちによって有田街道を伊万里まで運ばれていった。有田街道には2つのルートがあり，一方は陶石が産出した泉山の東側あたりから北に向けて谷筋を通って伊万里を目指すルートである（図5-5）。もう一方は有田の中心部を流れる有田川に沿うルートである。これら2つのルートの間には標高500〜600mの黒髪山や青螺山があり，

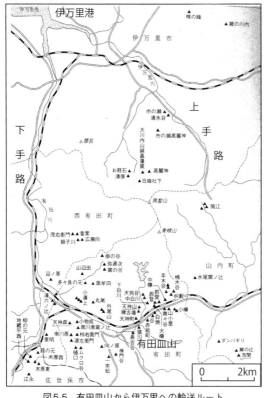

図5-5　有田皿山から伊万里への輸送ルート
出典：矢部，2000，p.27による。

焼き物世界の地理学

いずれも有田と伊万里を隔てる交通障害でもある。東側のルートは有田街道の上手路，西側のルートは同じく下手路と呼ばれた。有田川沿いの下手路は平坦で移動しやすいが，有田皿山の東側の流域からはやや遠回りである。このためいくぶん起伏はあるが，有田川上流側では山間の谷筋を通る上手路が利用された。有田から伊万里へ磁器を運ぶ荷担さんは1日50～60人を数え，天秤棒を担ぎ約17kmの道のりを運んでいった。上手路を行く場合は途中の宮野（現在の武雄市山内町）の佐敷峠の茶屋で休憩するのが常であった。下手路を行く場合は有田町の唐船の茶屋で休憩をとることが多かった。磁器輸送の賃金は100斤（約60kg）あたり30銭だったという。

　有田焼では，赤絵付けは白く焼かれた磁器の表面に施され，さらに焼成して完成品になるのが一般的であった。このため，有田の磁器を取り扱う伊万里の問屋は，絵付けを専門に行う赤絵屋に半製品を持ち込んで赤絵付けを行わせた。絵付け屋は有田川の支流である白川沿いの，その名も赤絵町一帯に軒を並べていた。有田は，大坂・京都あるいは江戸といった主要な国内市場からは距離がある。しかし輸出や絵薬入手の拠点である長崎とは距離が近い。朝鮮出兵を契機に磁器製造の技術を手に入れたのも，朝鮮半島に近いという地理的条件が有利にはたらいた。さらに泉山で発見された陶石が決め手となり，有田は近世の日本でいち早く磁器生産の中心地として台頭していった。

　有田で焼かれた焼き物を一手に引き受けたのは伊万里の商人であった。伊万里商人には，主に大坂の焼き物問屋を相手に直接焼き物を出荷するか，あるいは旅商人と呼ばれる仲買商を相手に販売するか，二通りの方法があった。大坂の市場では西国・九州から到来する陶磁器を唐津物と呼ぶ習慣があった。これは1580年頃，肥前で最も早く窯業が成立したのが唐津で，肥前で焼かれた陶器を唐津物と総称したことによる。その後，1610年頃から有田で磁器が生産されるようになるが，すでに述べたように，伊万里港から出荷されたため伊万里焼と呼ばれた。

　これは近代以降のことであるが，有田産でありながら磁器は伊万里焼，陶器は唐津焼と称する習慣は，輸送手段が船から鉄道になるのにともない変化していく。有田駅出荷の焼き物は有田焼，伊万里駅出荷は伊万里焼，唐津駅出荷は唐津焼という具合である。ただし有田焼，伊万里焼は一般に磁器のイ

メージが強いので，伊万里で焼かれた陶器を唐津焼と呼ぶ習慣は残った。逆に唐津で焼かれた磁器を伊万里焼と呼ぶことはなかった。こうした呼び名の移り変わりは，中世以前の陶器が主体であった時代（唐津），近世になって磁器が海上輸送されるようになった時代（伊万里），そして近代以降の鉄道輸送の時代（有田）というように，焼き物と輸送の歴史的推移を反映している。

　さて，近世において伊万里商人が取引をした旅商人とは，博多港を拠点とする筑前商人と，紀州・箕島港を拠点とする紀州商人のことである。伊万里から距離的に近い筑前商人は伊万里港をしばしば訪れ，大坂，江戸，その他の地方に卸売する焼き物を仕入れた（山形，2016）。これに対し紀州商人は伊万里港への来訪頻度は少なかったが，一度に多くの焼き物を仕入れて大坂・江戸方面へ運んだ。距離にして600kmも離れている紀州・箕島から伊万里まで陶磁器を求めてやってきた商人とはどのような人たちだったのだろうか。これを知るには近世日本の海運と紀州での陶業にまで視野を広げて考える必要がある。

　紀州商人は，寛文年間（1661～1672年）に箕島港を拠点に農間稼ぎで海運に乗り出す者が現れたのがその発端である。地元・箕島に近い黒江でつくられる漆器を西日本一帯に売り捌くことから始まり，帰り荷物として伊万里港で有田焼を積み込むようになった。箕島陶器商人と呼ばれるほど大坂・江戸へ焼き物を運ぶ商人として存在感が大きかったのは，徳川御三家のひとつ紀州藩が後ろ盾となっていたことが大きい。当初は江戸市場で直接販売をしていたが，それでは江戸の陶器問屋に対する影響が大きいということで，以後は問屋を通して販売するように規制を受けた（石川，2020）。ところが，江戸に運び入れた焼き物の売上代金の回収が滞ることがあり，そのようなときは町奉行所が箕島陶器商人に代わって取り立てるという利権を得ていた。これなどは紀州藩の威光を背にした特権の象徴である。もっとも紀州藩は，箕島陶器商人が扱う伊万里焼を藩の御蔵物にするなど，その見返りは十分得ていた。

　箕島陶器商人と紀州藩との間の持ちつ持たれつの関係は，紀州領内で焼かれた焼き物をめぐる双方の思惑でもつながっていた。時代は江戸末期であるが，紀州藩には領内に設けた陶器場で生産した焼き物を伊万里焼のように全

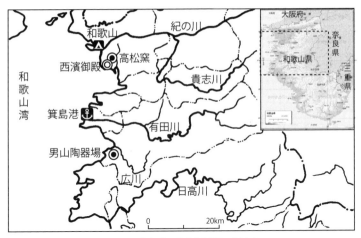

図5-6　箕島港と男山陶器場・高松窯
出典：中村,2001,p.672をもとに作成。

国的に流通させたいという思いがあった。現在の和歌山県有田郡広川町に男
山陶器場が1840年代末に設けられ，男山焼という名の焼き物が生産された。
領内ではこれよりまえに高松窯が開かれており，これら2つの窯は密接な繋
がりをもっていた。箕島陶器商人の拠点ともいえる箕島港は，これら2つの
陶業地の中間に位置する（図5-6）。男山陶器場で使用した陶石は窯場の北西1.2
kmの庚申山で産出したが十分とはいえず，遠路天草から船で運んだ。陶石は
男山陶器場の東を流れる広川に設けた水車で砕かれた。男山陶器場の操業期
間はおよそ50年で，ここで生まれた焼き物は箕島陶器商人が伊万里焼と混
ぜて市場で販売した。陶器商人という名は，肥前の伊万里焼だけでなく，地
元・紀州の焼き物も扱ったことに因んでいたのである。

2．江戸後期以降における有田焼の流通経路の変化

　1801年に佐賀藩が専売仕法を導入したのは，藩財政を立て直すために焼
き物の販売分野にまで介入して利益を得るためである。焼き物の経済的価値
は原料に手を加えて製品にするまでの過程だけでなく，製品を販売する過程
においても生ずる。川上のみならず川下にまで関わることで生まれる価値を
わがものにするという明快な動機である。藩は窯元が焼き物を製品として

第5章　肥前における焼き物生産の歴史と藩の統制

出荷する段階と，大坂や江戸で仲買商に焼き物を卸す段階の2つの場面に関わった（石川，2021）。前者は為登荷体制による為見替仕法，後者は蔵元荷売り体制による仲買仕法と呼ばれる。やや難しい表現であるが，要はこれまで伊万里商人が仕切ってきた焼き物の窯元での仕入れと，同じく大坂・江戸での卸売を藩自らが行うというものである。

　為見替仕法が導入される以前，有田の窯元は伊万里の問屋に製品を出荷していた。ところが導入後は，焼き物はすべて佐賀藩が任命した調印元と呼ばれる仲買商に納入することになった（図5-7）。仲買商は納入された焼き物の売上予定額の6割に相当する為替を窯元に渡す。焼き物が実際に販売されたら，その売上金から手数料や原料仕入れの金額を差し引いた額と為替との差額を窯元に支払う。藩が任命した仲買商は地元・有田の商人であり，伊万里商人ではない。つまり地元の特定の商人に国元での焼き物卸売の役目を行わせた。

　一方，川下にあたる大坂や江戸の市場では，佐賀藩が設けた蔵元に有田か

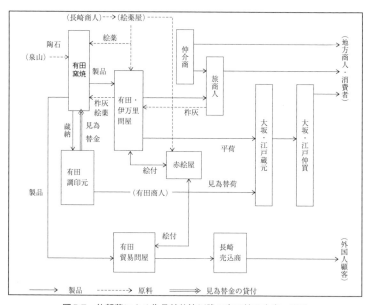

図5-7　佐賀藩による為見替仕法以降の有田焼の生産・流通
出典：石川，2021, p.17 および山田，1995, p.37による。

焼き物世界の地理学

ら焼き物が集まってくるようにした。蔵元は集まった焼き物を大坂や江戸の仲買商に卸売することで収入を得る。有田の商人の手によって大坂や江戸へ送られる焼き物は，見為替荷と呼ばれた。これに対し，例外的ではあるが，調印元を介さずに有田や伊万里の問屋を経て大坂・江戸へ送られていく荷もあり，これは平荷と呼ばれた。またこれらのルート以外に，これまでのように伊万里商人を経由して旅商人に渡されていく焼き物もあった。

　為見替仕法が導入される以前，伊万里商人から焼き物を仕入れた旅商人は，大坂の卸問屋にそれを販売することができた。ところが導入以後は大坂・江戸での販売はできなくなった。そこで旅商人は，これまで相手先としていた地方の商圏を広げることで生き残りを図ろうとした。平荷のかたちで大坂・江戸へ焼き物を出荷するようになった伊万里商人の取扱量は大きく減少した。調印元は有田の商人に限られたうえに，平荷の出荷でも有田の商人が進出してきた。対応を迫られた伊万里商人は，さまざまな生き残り策を講ずるようになる。たとえば，伊万里商人を代表する前川家は，これまで筑前商人と取引をしてきたが，石見や出雲など日本海方面の旅商人とも取引をするようになった（山形，2008）。これと似ているが，武富家は筑前商人以外に伊予桜井の旅商人や下関・越後の旅商人とも取引するようになった。このうち下関の旅商人は，伊万里商人からの仕入品を下関で中継し，これまで未開拓であった北陸東部や東北にまで運ぶようになった。

　佐賀藩が導入した為見替仕法は，地元・有田の商人に特権的な役割を担わせ，これまで実質的に重要な機能を果たしてきた伊万里商人の有田への影響力を抑えるようにはたらいた。窯業原料の絵薬や柞灰の有田への販売でも，有田の商人に有利になるような政策が講じられた。排除されたかたちの伊万里商人が有田の焼き物を取り扱うウエートは低下した。しかしこのことが災いしてか，有田から大坂・江戸へ焼き物が円滑に流れにくくなった。そこで幕末期の1849年に，佐賀藩は為見替仕法を改正し，有田商人と伊万里商人がともに販売ルートに参加できるように制度を改めた。天保期に伊万里と有田の商人による大坂・江戸への平荷の出荷量が多くなったため，その実績を評価してのことである。

第3節　肥前における有田，波佐見，唐津の関係

1．ともに磁器を生産する波佐見焼と有田焼の関係

　美濃焼は，近世までは社会政治的制約から瀬戸焼（瀬戸物）としてしか消費者には認知されなかった。しかし政治体制が変わり，廃藩置県によって統制者であった尾張藩が消えたため，独自性を発揮できるようになった。以後，美濃焼はアイデンティティの確立を目指し，市場開拓や生産技術の向上を独自に進めていく。これと似た動きは九州地方でもあった。有田焼の影に隠れるような存在であった波佐見焼である。美濃焼と共通するのは，名のある有力産地と隣り合う関係にあるが政治領域は異なっていたという点である。すなわち美濃焼の場合，近世は幕府領（美濃）と尾張藩（瀬戸），波佐見焼の場合は大村藩（波佐見）と佐賀藩（有田）である。近代になっても岐阜県と愛知県，長崎県と佐賀県というように，県境が2つの産地を分けている。自然条件による境界性は簡単にはなくならない。

　ただし，波佐見焼が独自性を示すようになった背景事情は，美濃焼と瀬戸焼の場合とは少し異なる。時代は遡るが，李参平が17世紀中頃に有田焼を始めた時期に，大村藩主の大村喜前が朝鮮から連れてきた李祐慶が波佐見の畑ノ原で磁器の生産を始めたといわれる。その後，有田焼は佐賀藩支援のもとで徳川御三家への献上品をつくるなどして知名度を高めていく。染付や色絵を積極的に取り入れるという先進的取組には見るべきものがあった。一方の波佐見焼は，大村藩の庇護のもとで日用食器を中心に肥前の磁器産地として発展していく。とくに青磁の生産に特徴があり，生産の中心地は初期の畑ノ原から原料の陶石が豊富に産出する三股へと移動した。1650年代にオランダの東インド会社が日本の磁器を輸出したさい，その生産を担ったのは有田と波佐見であった。輸出向け磁器の生産が増えるのを見て，大村藩は三股に皿山役所を設け生産を直接管理するようになった。

　明と清との間で起こった争いのため磁器の輸出が止まった中国の代わりにともに生産を始めた有田と波佐見は，輸出先と製品の積み出しで違いがあった。ヨーロッパ向けはオランダが手掛け，ほかにイギリスやフランスも関わっ

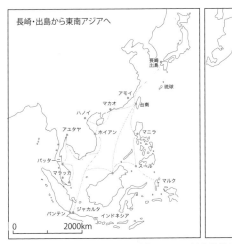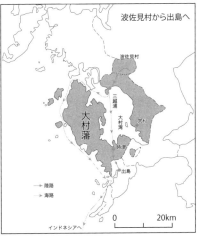

図5-8　17世紀における波佐見焼の海外への輸出ルート
出典：大橋・坂井，1994 による。

ていく。中国の磁器はそれまで東南アジアや日本にも輸出されていたが，そ
れが完全に止まってしまった。市場空白となった東南アジアへはオランダと
ともに明の遺臣・鄭成功も肥前の磁器を運んだが，波佐見の磁器はその東南
アジアへ主に送られたのである。有田も波佐見もともに肥前であるため見分
けにくい。中継地の長崎へは，有田からは伊万里港経由で，波佐見からは三
越浦を経由して運ばれた（図5-8）。波佐見から見た場合，長崎へは三越浦か
ら送り出した方が距離は短かった（大橋・坂井，1991）。

　肥前からの磁器の海外輸出は中国が磁器生産を再開したため終わった。期
間にして 100 年ほどのことであった。その後，有田も波佐見も国内向け磁器
の生産に励むようになり，国内で唯一磁器が生産できる産地として発展して
いく。しかし，伊万里焼，有田焼の名声が広く知られていく一方で，安価な
日用食器を大量に生産する道を選んだ波佐見は全国的知名度を高めることが
できなかった。波佐見焼の生産規模がいかに大きかったかは，天保（1830 〜
1844 年）の頃，100m を超える巨大な登窯が 8 基もあり，年間で 48,446 俵も
生産されたことから明らかである。波佐見産の安価な食器は「くわらんか手」
と呼ばれた。これは，大坂と京都の間を行き来した三十石船を相手に酒や食
べ物を売っていた小舟が「あん餅くわらんか，酒くわらんか」と掛け声をか

けていたことに因む。このとき使った器は，食べ飲みした後，淀川へポイと投げ捨てられた。使い捨てされるほど安価な日用品を量に任せて生産していたのが波佐見焼であった。国内市場向への波佐見焼は三越浦と伊万里港から運び出された。

　江戸期が終わって明治期になると，波佐見焼は1898年に開業した伊万里鉄道（現在の松浦鉄道西九州線の一部）の有田駅から出荷されるようになった。有田焼と同じ列車に積み込めば，波佐見焼が有田焼と同一視されるのは自然の成り行きである。こうして近代から現代へと時代が進んできたが，21世紀に入ろうとしていたまさにその時期に変化が起こった。それは，2000年頃に「産地偽装問題」が全国的に取り上げられるようになったことである。有田で生産されていない焼き物（波佐見焼）を名のある有田焼として市場に出すことが疑問視されるようになったのである。産地偽装と表現するのはいささかためらわれるが，以前なら漠然としてあまり気にかけなかった産地名が，時代が変わり消費者が購買時に求める情報として意識されるようになった。原産地呼称制度の社会への浸透もあり，産地としては見過ごせない課題となった。

　こうした動きに危機感を抱いた波佐見の窯元たちは，有田焼から名実ともに離れ波佐見焼として独自の道を歩んでいくことを決めた。丁度，時代はバブル経済の崩壊や外食産業の発展という変革期でもあった。有田焼が得意とする高級料亭向け食器や高価格品に対する需要が低迷状態だったのに対し，シンプルな日用食器を得意とする波佐見焼はこうした時代の変化に適応できた（古池，2019）。古い窯場のあった西の原地区をカフェやレストラン，雑貨屋が立ち並ぶ観光スポットとして再生するなど，新たなコンセプトで産地を再編することに成功した。アイデンティティの確立を求めて瀬戸焼から離れた美濃焼と，市場や社会からの求めに応じて有田焼から離れた波佐見焼，時代や状況は異なるが産地名が焼き物のイメージを左右する力はやはり大きい。

　ところで，近世においては藩の境が，また近代以降は県境が産地を互いに区別する近接関係の焼き物産地は，これら以外にもある。信楽焼（水口藩・滋賀県）と伊賀焼（津藩・三重県），益子焼（羽黒藩・栃木県）と笠間焼（笠間

藩・茨城県）であ
り，ともに峠を挟
んで接する関係に
ある。地理的に近
いことから焼き物
の原料も大きくは
違わず，かりに間
に丘陵がなければ
同じ産地として発
展していたかもし
れない。笠間焼と
益子焼の場合，「笠
間・益子→かさま
しこ」という言葉
あそびで両産地の
つながりを宣伝
し，合わせて観光

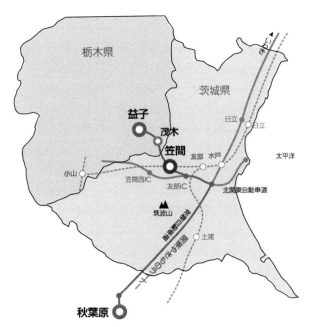

図5-9　笠間・益子（かさましこ）観光バス・ツアー案内図
出典：茨城交通のウェブ掲載資料（http://www.ibako.co.jp/kasamashiko/）
をもとに作成。

コースを設定するなどといった動きも見られる（図5-9）。地理的に近い関係
にあるため，かつては同一視されて不本意な思いをしたか，あるいは名を借
りて得をしたか，事情はさまざまである。現在は産地の個性を全面に出す傾
向が強いが，一方では地理的な連携を模索する動きもある。いずれにしても，
焼き物の空間的アイデンティティが歴史的に揺れ動いてきたことは間違いな
い。

2．磁器生産を始めた有田焼に主役の座を譲った唐津焼

　茶の世界では古くから「一井戸，二楽，三唐津」あるいは「一井戸，二
萩，三唐津」といわれるほど唐津焼は高い評価を受けてきた。江戸時代後期
には，唐津焼の古窯をわざわざ掘り返し茶道具として使えそうな遺物が見つ
かると，それは「掘り出し唐津」といって取引の対象になるほど好事家には
目の離せない焼き物であった。それほどまで高く評価された唐津焼の最盛期

はそれほど長くなく，有田で始められた磁器生産の勢いに押されるように衰退していった。そもそも唐津焼の生産は誰によって担われたのか，なぜ大坂・京都方面で高い評価を勝ち得たのか，さらに肥前における焼き物生産の主役を新興産地・有田になぜ明け渡したのか，いくつか疑問が湧く。こうした疑問に答えるには，中世中頃から末期にかけて日本と朝鮮の間で起きた政治的，軍事的出来事やその結果をふまえる必要がある。中国，朝鮮を経て日本に入ってきた焼き物技術がその入口付近でどのように受け入れられ，その後の国内生産化にいかなる影響を及ぼしたかという課題を解く手がかりが，ここにある。

　唐津焼がいつごろ生まれたか，その起源については室町時代後期とする説と，これより遅い安土桃山時代の中頃すなわち1580年頃とする説の2つがある。前者は，唐津地方を根拠としていた松浦党佐氏一族の屋敷跡から中国・朝鮮の陶磁に混じって唐津古窯の皿と茶碗が出土したことが証拠とされる。松浦党は平安後期に現れた肥前国松浦郡を本拠とする倭寇であり，佐氏は上松浦党の一派であった。倭寇は高麗王朝から朝鮮王朝にかけて海賊として朝鮮半島や中国沿岸を荒らした。暴挙は1429年に朝鮮王朝との間に歳遣船貿易の道が開かれるまで続いた。一方，後者の安土桃山時代中頃とする説は，室町期以前の遺跡から唐津焼が発見された事例がないことを根拠とする。これら2つの説のいずれが正しいか確たることはいえないが，室町期以前に唐津焼が取引対象の商品として流布していなかったことは間違いない。

　従来の研究によれば，岸岳周辺に飯胴甕上・下の2窯と帆柱窯を中心に，岸岳皿屋，道納屋谷，平松，岸岳大谷，小十官者の全部で8つの唐津古窯が存在したことが明らかになっている。岸岳とは，戦国から安土桃山時代に唐津地方を領土としていた波多三河守親が城を築いた標高320mの山地である。波多三河守親は1592年から始まる文禄の役で出兵したが，戦地での行動が豊臣秀吉の不興を被ることになり，帰途，名護屋城への上陸も許されず所領没収のうえ常陸国筑波山麓に配流されてしまった。このことが「岸岳崩れ」と呼ばれる陶工たちの岸岳周辺からの離散の原因となる。離散前の岸岳周辺に築かれていた窯はいずれも朝鮮から伝わった割竹式の登窯であった。窯の最下層から中国・宋代の鈞窯を思わせる斑唐津の陶片が多数発見された。

釣窯風の釉は朝鮮半島北部の会寧付近の特徴であることから，陶工たちはこのあたりまで勢いが及んでいた松浦党との関係で来日した会寧周辺の出身者ではなかったかと考えられる。

　波多三河守親が追放されたあと，岸岳城には寺沢広高が入り所領を受け継いで唐津藩主となった。寺沢広高は朝鮮出兵の拠点として築かれた名護屋城の普請奉行をつとめた人物である。彼は美濃の出身であり，同郷の古田織部と親しく，ともに利休門下の茶人でもあった。1593年に半年ほど名護屋に滞在した古田織部は，美濃織部にその名を残すほど美濃焼と深く関わった人物である。焼き物をめぐる唐津と美濃の交流はこの頃から始まったと考えられる。美濃からは久尻窯の陶祖とされる加藤景延が唐津に赴き，連続式登窯の築窯技術を学んだ。習得した技術を用い，景延はそれまで志野や織部などの茶陶を焼いた大窯を量産型の登窯に転換した。それが美濃で最初の連続式登窯となった元屋敷窯である。当時焼かれた唐津焼と美濃焼には多くの共通点があることも明らかになっている。類似点は主に絵柄や形態などの意匠に見られた。ただし，原料として用いられた土は違っており，皿や向付類の高台の様式にも差異があった。

　唐津焼と美濃焼の関係は，主な市場となった大坂・京都での勢力関係にも現れている。大坂・城下町の地中から発掘された陶磁器の産地別割合を調べると，1598年以前の地層では瀬戸・美濃の生産品が圧倒的に多かった（森，1997）。ところが1598年から1615年までの地層では唐津が瀬戸・美濃より多く，それ以降の地層では唐津の生産品が瀬戸・美濃を圧倒している。類似の例証は港町・堺での出土品でも確認でき，16世紀末まではわずかであった唐津の生産品が1615年の焦土層からは大量に見つかっている。こうした事実から，美濃・久尻を中心に盛んに焼かれて大坂・京都方面に送られていた焼き物に代わり，1598年頃からは唐津焼がそれを上回る勢いで市場に出回るようになったことが推察される。当時，唐津地方一円で焼き物生産に携わった主体は，岸岳崩れ後に各地に窯を築いていった朝鮮にルーツをもつ陶工たちだったと考えられる。

　文禄・慶長の役を契機に朝鮮から多くの陶工が西国大名に引きつられて日本に来たことは，本書でもすでに述べた。そのうちの一人李参平が1616年

に有田の泉山で陶石を発見し，これが日本における最初の磁器製造であった
ことにもふれた。しかし唐津焼が美濃焼を市場で圧倒していくのはこれより
少しまえのことである。李参平は有田へ来るまえに別の窯場で焼き物を焼い
ており，彼と同じように日本に来た陶工たちは各地で窯を築いていた。こう
した陶工は文禄・慶長の役を機に来日したが，実はそれ以前に唐津地方に来
ていた陶工集団があった。それは松浦党との関係で日本に来た陶工であり，
岸岳周辺に窯を築いた人々であった。ただし早くから日本の土地に足を踏み
入れた陶工たちは，岸岳崩れによって元の窯場から離散せざるを得ず，その
後は椎の峰を中心に活動を再開した。椎の峰は岸岳から直線距離で南西へ
10kmほどのところにあり，伊万里中心部に近い。こうしたことから，最盛期
に唐津焼の生産に携わったのは，岸岳周辺から離散した古くからの陶工と，
文禄・慶長の役で日本に連れてこられた陶工たちの2つのグループであった
と考えられる。両者の関係がどのようであったかは明確ではない。ただし，
この時期に唐津焼が焼かれたのは岸岳周辺ではなく，その西側すなわち唐津
藩と佐賀藩が境を接する現在の伊万里地区であったことは明らかである。

　かりに岸岳周辺を唐津焼が生まれた発祥地とすれば，岸岳崩れで生産地が
南西に移動した先の伊万里はその次の段階の生産地であったといえる。この
時期，唐津や伊万里からも距離がある有田は周縁に位置していた。ところが
その後，状況が大きく変わり，李参平による磁器製造を機に有田がこの地方
における焼き物生産の中心地になっていく。こうした変化につながる政治的
決定が佐賀藩によって下された。それが1637年に実施された窯場の整理で
ある。本文でもすでに述べたが，磁器は陶器より値打ちがあると考えた佐賀
藩は，磁器が製造できる朝鮮人の陶工を優遇した。名目は焼き物燃料の松材
の過伐とそれにともなう災害を止めることとされた。同じ量の燃料を使うな
ら陶器より磁器を焼いた方が多くの利益が得られる。佐賀藩の窯場整理は，
藩の家老職にあった多久美作守が自ら連れてきた朝鮮人陶工に磁器を焼か
せるために実施されたともいわれる。いずれにしても，藩財政への貢献のた
めに唐津の陶器は追われる立場となり，主役の座を有田の磁器に譲ることに
なった。

コラム 5　一品物の焼き物をつくる熟練技能者たち

　数ある手工業品の中でも焼き物がほかと違うのは，ひとつの商品あるいは作品が部品の組み合わせではなく一体としてつくられている点である。衣服や木工品などとは異なり，布切れ，木片やそれをつなぎ合わせる糸や釘のようなものがない。最初から一個のカップや皿として成形され，焼き上げられて窯から出るまで基本的な形状は変わっていない。ただしこれだけでは魅力がないので，表面にさまざまな絵柄や文様が描かれる。白地にコバルト色の定番もよいが，赤，黄，緑など多彩な色で描かれるのもよい。白地はまるでキャンバスであり，そこに思い思いの絵柄や文様が描かれることで，カップや皿は個性を発揮する。

　どこまでも透き通るような白を追求するという方向もある。その場合は一点の汚れやシミもない完璧な白でなければならない。しかしそれを実現するには粘土・胎土の段階から混じり物は一切取り除かれねばならない。釉薬を施す段階でも不純物が含まれていてはいけない。さらに焼成の段階で，薪や石炭などの燃料から汚れの原因となる物質が出ないように気をつけなければならない。このように二重三重の注意が払われて初めて純白の碗や皿が商品として市場に出される。

　望まない発色に気を取られていると，取り扱いに気が回らないということもある。素地成形の段階で欠けたりキズがついたりするのは論外であるが，窯から無事に出したあとに不注意で欠けたりすることもある。古窯の発掘現場では無数の陶片が窯跡の近くに散乱していることがある。これは，製作者が出来栄えをよしとせず，わざと割ってしまった跡かもしれない。生産過程の不注意で欠けたり割れたりした焼き物の残骸を窯の近くに廃棄することも多かった。いずれにしても，細心の注意の積み重ねの上に晴れて思い通りの白磁の碗や皿が誕生する。

　白地に絵柄や文様を描く場合は，白磁とはまた別の技量が求められる。この場合は描画の技術能力が最低限必要とされる。陶芸家は別として，商品としての焼き物をつくる場合，すべてあらかじめ決められた図案がある。図案は一種の設計図のようなものであり，それを忠実に守りながら作業をすすめる。まさに作業という言葉の通り，碗や皿の表面上の決められた場所に決められた色で線や点を描き入れる。和食器の中にはおおよその位置は決まっているが，ある程度自由に点や線を描くという場合もある。その方が生きた線や点が描けるというメリットがある。しかしあくまで商品である以上，図案の制約にはしたがわざるをえない。

　轆轤の前にあぐらをかいて座り，ただの粘土の塊を壺や碗に変えていく陶芸家の姿は，手づくりで焼き物が誕生する風景を象徴する。たしかにこうした手びね

りの技術は見事である。しかしそれにも増して奥深いのは，素地に絵を描いたり釉薬を施したりする技術である。陶器の段階では表面に絵柄や文様を細かく描き込むことは難しかった。絵柄や文様よりも，無地の焼き物の表面に現れる表情や気配といったもので良さが判断された。人為的には出せない偶然性の模様やパターンが評価の基準であった。

　ところが純白に近い白磁が現れて以降，何がどのように描かれているかが決め手になっていく。まずはテーマが決まらなければ，どのように描くかも定まらない。テーマと図柄が決まっても，実際に指示通りに描く技量がなければせっかくの白磁も生きない。にわかに熟練技能者による巧みな筆さばきが，焼き物の生き死にを左右するようになった。とくにヨーロッパでは絵柄や文様の美しさを競い，単なる商品の域を超えた美的芸術品としての出来栄えが求められるようになった。

　絵柄や文様を忠実に描く熟練技能者とは別に，絵柄や文様を考えるデザイナーがいなければ新しい焼き物づくりは始まらない。発想の源は無限であるが，表現できる白地のキャンバスには大きさとかたちが限られている。この白い空間に何をどう描くか，思いは頭の中を駆け巡る。ヒントは世の中，社会の中にあり，当時の人々が何を好んでいたかである。日本の場合，有田焼や瀬戸焼は江戸，京都，大坂の大市場に送られていった。都市で流行っている，たとえば着物の柄や織物の模様などは手がかりとなる。佐賀藩や尾張藩は大市場を重視して蔵元を派遣していた。現在のように情報が簡単には伝わらなかった当時，市場から送られてくる商品情報を見過ごすことはできなかった。

第6章

中国・朝鮮・東南アジアにおける窯業生産

第1節　中国・景徳鎮の窯業生産・組織体制

1．中国における景徳鎮の特別な地位とその背景

　景徳鎮といえば中国を代表する焼き物の産地であり，世界における焼き物の歴史において果たしてきた役割は大きい。ヨーロッパでまだ磁器が生産できなかった時代，景徳鎮からヨーロッパの王侯貴族を魅了する高級磁器が送り出されていった。国内の混乱により景徳鎮で焼き物が生産できなかった時期があり，オランダはその代わりとして有田で焼かれた磁器を輸出した。しかしそれはあくまで代役としての役割であり，有田が生産したのは景徳鎮の磁器のいわば写しであった。ほかではとても生産できないほど高いレベルの磁器がなぜ景徳鎮で生まれたのか。その秘密は大きな関心を呼ぶ。景徳鎮の景徳とは，宋代の景徳年間（1004～1007年）に初めて鎮が置かれ，皇帝御用達の陶磁器が焼かれるようになったことに因む。それ以前は揚子江の支流である昌江の南にあるため南昌と呼ばれた。昌江の昌（Chang）は英語のChinaに通じており，国名であり陶磁器をも意味するChinaという言葉と昔から縁があったという説もある。その真偽は定かではないが，磁器の主原料であるカオリンが景徳鎮に近い高嶺山（Kaoling）に因んで命名されたことは事実である。

　景徳鎮の市街地は昌江を挟むようにして歴史的に発展してきた。内外に送り出された陶磁器は昌江を行く舟運によって運ばれ，途中の鄱陽湖を経て揚子江へ出る（長谷部・大塚，1978）。ここを下れば河口の上海まではおよそ600kmの旅である。中国大陸をほぼ東西の方向に流れる揚子江は，国土を南北に分けるさいに境界線の役目を果たす。より一般的なのは，揚子江のやや北側を東西に走る秦嶺・淮河線を境界とする方法である。それによると景徳鎮は中国南部の北寄りに位置することになる。中国南部には景徳鎮をはじめとして，その東側から南側にかけて古くからの窯業地が分布している（図6-1）。一方，秦嶺・淮河線の北側では河北，山西，山東に窯業地がある。中国における焼き物の歴史を概観すると，当初は北部での発展が南部より勝った。その後は南部が追いついて南北が競い合う時代が続いたが，最後は南部

が優勢となった。その代表格が景徳鎮である。

　景徳鎮が他の多くの陶磁器産地とは違う特別な地位を築いていったきっかけは，先にも述べたように，宋代に皇帝専用の陶磁器を生産するようになったことである。この特別な地位はその後も変わらず，明代には御器廠，清代には御窯廠と呼ばれるまでになった。現在はこのような名称は統一されて官窯と呼ばれるが，変わらないのは皇帝をはじめ権力者が使用する陶磁器を

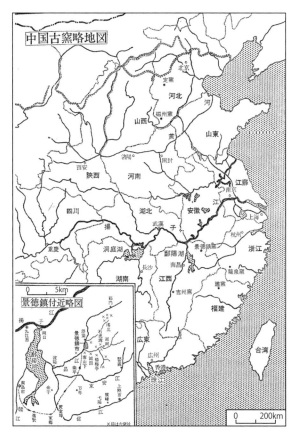

図6-1　景徳鎮付近および中国の古窯の分布
出典：長谷部・大塚，1978, p.266 による。

一貫して生産してきたことである。むろんこうした特別な窯のほかに民間の窯も景徳鎮にはあった。しかしその規模や窯業技術の面で大きな格差があり，互いに競争できるような間柄ではなかった。

　ポイントは，民間の窯なら外せない損得計算が官窯では無視できるほど国から経費が投入され運営されていたという点である。ほかでは真似のできない優れた陶磁器を生産するために，必要な物的，人的資源を惜しみなく投入して焼き物が焼かれた。当時，焼き物は，高級な絹製品と同じように社会的，文化的に重要な価値や意味をもっていた。やや大げさに言えば，中国のもて

第6章　中国・朝鮮・東南アジアにおける窯業生産

る力を陶磁器の姿を介して目に見えるかたちで示すねらいがあった。こうした国からの大きな期待に応えるために，窯業生産技術を極限的レベルにまで磨き上げ，新たな焼き物を生み出し続けていった。

　皇帝への献上品を焼いた官窯は，最初から存在したわけではない。当初は，民窯で焼かれた多くの陶磁器の中から優れたものを選んで献上品としていた。1278 年に浮梁磁局という国の磁器管理機関が景徳鎮に設けられ，献上品選別の役目を果たすようになった（大木，2014）。状況が大きく変わったのは，明が権力を握り財政倹約方針を転換して以降である。景徳鎮の中心市街地の珠山に官窯が建設され，国の後ろ盾をもとに陶磁器生産が始められた。こうして始まった景徳鎮官窯が歴史的に果たした意義を理解するには，生産組織体制と新製品・新技術の開発という 2 つの点に注目しなければならない。徹底した分業体制による効率的生産と，飽くなき技術・製品追求の姿勢がカギをにぎる。官窯のレベルアップは民窯にも好影響を与え，産地全体の発展に結びついていった。

2. 景徳鎮官窯の徹底的な分業一貫生産体制

　景徳鎮の官窯が他産地の追随を許さない高みを目指したのはなぜであろうか。それを知る手がかりは，当時の中国において高級陶磁器が国家の外交政策に果たしていた役割の大きさである（金沢，2010）。朝貢制度は外交関係を維持するのに不可欠であり，賜物・贈答品・貿易品として陶磁器が用いられた。その場合，単なる陶磁器では意味をなさず，いかに高品質な陶磁器であるかが為政者を満足させるのに欠かせない条件であった。官窯で焼かれる陶磁器は，大きくは皇帝・宮廷使用と高級官僚・朝貢使者・貿易品使用の 2 種類に分けられた。前者は欽限，後者は部限と呼ばれた。通常，こうした奢侈品は生産規模が小さく採算に合わない。しかし中国王朝は対外的な見えを重んじ，必要以上の量と質を官窯に求めた。そのために膨大な資金が官窯に投じられたが，その原資は国中から徴収した租税で賄われた。

　明王朝は官窯で焼かせる陶磁器の生産量を増やすために，各省に対し数度にわたって徴を課した。1546 年に徴収した銀 11 万両はすぐに遣い切り，1554 年に再度 2 万両の銀を徴収した。しかしこれも遣い果たし，その後は

焼き物世界の地理学

布政司の庫銀の貸付に頼るような有様であった。こうした国の横暴に対して不満を顕わにする地方長官も現れた。不満は官窯で焼かれる陶磁器の過剰な生産量に対してばかりではなかった。不要と思われるほど多い種類や精巧過ぎる描画・色彩内容に対して，節度を求める声があげられた。各地で頻発する洪水被害に苦しむ地方の長官としては，目をつむっていることができなかった。しかしこうした不満にもかかわらず，官窯は国が求める要求内容を実現すべく，生産体制づくりとイノベーションの進展に励んだ。

　実現されていった生産体制の中で特筆されるのは，分業を基本とする手工業工場制を生み出したことである（新井，2017）。これは世界における工業発展の歴史の中でも注目すべき点で，その先進性には驚かされる。技術と製品開発においても，青花を代表とする釉上彩絵技術（いわゆる上絵付け），あるいは豆彩や五彩を代表とする釉下技術（下絵付け）において大きな発展があった。分業は工業分野で革命的発展をもたらしたことで知られる。それはヨーロッパも日本も同じで，北アメリカで自動車が安価に大量に生産できるようになったのも分業ゆえである。それを陶磁器生産の分野でいち早く実現したのが，景徳鎮の官窯であった。しかもその中身において過剰とも思えるほどの分業生産体制が打ち立てられていった。

　通常，陶磁器は素地の成形，絵付け・施釉，焼成という3つの工程を経て生産される。これら主要な工程のほかに，匣鉢の製造や木工作業もある。大まかにいえばこうした工程を連続的につなげながら，陶磁器は生産されていく。表6-1に示すように，明代の景徳鎮の官窯ではこれら主要な工程を23もの細部工程に分け，各工程に配置した職人の手仕事を結びつけながら陶磁器が生産された。細部工程は主に作と呼ばれる手工業の作業場の単位である（李・宮崎，2009）。たとえば成型（成形）の場合，大碗作，酒鍾作，大皿作，竹作，鉄作，小皿作，絵作など18の作があった。1743年の乾隆8年以降になると，成型部門は園器工房，琢器工房，鑲器工房になり，前2部門はそれぞれ9つの工房による分業体制で編成された。焼成部は8部門，加飾部は4部門によってそれぞれ構成された。工房，戸，業と呼ばれた職場には固有の職種が割り当てられており，それぞれ決められた仕事をこなした。こうした仕事を後方で支援する人々もいた。いかに細密な分業生産体制によって焼き

表 6-1 景徳鎮の伝統的手づくり工房における職業・製品・制作工程の分業体制

中心分野	工房(作-業)内の分業					職種の分類	支援分業
	官窯(明)	官窯(清)	乾隆 8 年以後				
成型業	大碗作	官古器作	園器工房	脱胎業工房	碗,皿,カップなど磁器	篩土	土掘戸
	酒種作	上古器作		二白釉製坯土工房	二等級の碗など	淘泥	白土戸
	大皿作	中古器作		四人器製坯工房	染付磁器,冬青釉磁器	精錬	型坯戸
	竹作	古器作		四小器製坯工房	碗以外の染付磁器,冬青釉磁器	轆轤挽	大工戸
	鉄作	小古器作		冬青釉製坯工房	小碗と猪口	押印	刃物戸
	小皿作	満古器作		飯閉製坯工房	粗末な小碗など	鑲埕	鉄工戸
	絵作	粗器作		古器製坯工房	粗末な猪口	荒削	竹器戸
	字作	彫作		満尺皿製坯工房	10 寸以上の粗末な皿	水補充	印戸
	匣作	定単作		官古令猪口製坯工房	粗末な猪口・皿	内掛	桶戸
	泥水作	仿古作		大件業工房	大きな花瓶・瓶・鉢など	細削	など
	大木作	填白作		粉定業工房	高級品	底削	
	小木作	砕器作		淡描器業工房	粗末な染付磁器	印坯	
	染作	紫金作		灯業工房	照明用器具	上釉	
	印作	など	琢器工房	官蓋業工房	湯呑み	記証	
	色作			彫削業工房	彫刻が施された磁器	底軸	
	船作			滑石業工房	粗末な磁器	装坯	
	漆作			博古器業工房	不規則な磁器	抬坯	
	樽作			針匙業工房	長短のスプーン	窯送	
	など		鑲器工房		規格品でない磁器	など	
焼成業		焼柴窯業 焼槎窯業		風火窯戸	高温白磁	満掇	薪戸
				色窯戸	顔料釉薬	窯詰	窯作戸
				包青窯戸	青磁	窯焼	槎戸
				龍缸窯戸	龍虹	窯開	窯詰戸
				大小器窯戸	彩磁	窯作	匣鉢戸
				匣鉢窯戸	匣鉢	匣詰	煉瓦戸
				塔坯窯戸		挑槎	樽匠戸
				焼園窯戸		など	など
加飾業		紅店 二等洲店 錦窯		意彩業	低級で粗末な磁器に加飾	乳料	顔料戸
				粉古彩業	低級で大型な磁器に加飾	絵付	乳鉢戸
				美術彩業	装飾技術で高級な磁器に加飾	填彩	筆戸
				黄家洲飾彩業	磁器の欠点を埋め合わせるために加飾	焼炉など	など

出典:李・宮崎,2009,p.41 による。

物が生産されていたかがわかる。

　これだけ細分化された分業工程を,官窯はその内部において構築していった。分業は通常,縦方向の垂直分業と,横方向の水平分業からなる。景徳鎮の官窯は,これら 2 種類の分業をすべて内部において完結させていた。つまり官窯の外に依頼することなく,あらゆる工程を内部に設けてつないでいった。それほどまでに官窯は規模の大きな施設であり,実際,通常の民窯が多くても 5 ～ 6 基の窯を所有しているのに対し,官窯は初期の頃で 20 基,宣徳年間(1426 ～ 1435 年)には 58 基にまで窯を増やした。こうした窯で焼かれる陶磁器は,茶碗や皿のような円形の焼き物・円器と,形が不規則な琢器に分かれる。多くの民窯では円器も琢器も 2 ～ 3 次の水平分業(外部委託)

に頼りながら完成させる。ところが官窯では，いずれの場合もすべて内部の分業のみで実現することができた。製陶業は，とくに日本では大資本が参入するには適さない産業といわれてきた。しかし景徳鎮の官窯のように国家が後ろ盾となって立ち向かえば，例外的に大規模な陣容で陶磁器が生産できることがわかる。

3．多様な技能集団に支えられた官窯の発展と衰退

　景徳鎮の官窯はただ単に国家的要請を受けて陶磁器生産に取り組んでいたわけではない。他の追随を許さない高水準の技術で新製品が開発できたのは，ほかにはない特別な制度や組織があったからである。それを理解するには，明代に設けられた戸貼制度にまで遡って考える必要がある。1370年に明は全国民に戸籍を持たせ，出身地，家族数，年齢，財産状況などを戸籍簿に登録させた（喩，2003）。このうち手工業生産に携わる者は匠籍に編入された。匠籍に属する工匠は輪班匠か住坐匠のいずれかであった。輪班匠とは，一定の期間をおいて都に赴き，手工業に従事する者のことである。通常は国の都に出向くが，景徳鎮のように地方にある官営の主工場で従業する場合もあった。このような周期は1班と呼ばれ，通常は4年ごとに1班が回ってきて，1班について3か月間仕事に就いた。仕事といっても実際は義務的作業であり，課せられた労役に従事した。

　住坐匠は主に都とその近くに住む職人であり，他所へ移動することなく，毎月，都で10日間の労役に服した。都への移動が義務づけられていた輪班匠の中には存留匠という特別な職人もいた。存留匠は国の都ではなく，地方の官営施設に留まって仕事を行った。通常，存留匠は軍事施設と紡績施設に限られたが，景徳鎮の陶磁器生産施設はその例外であった。存留匠は専門的技能をもった職人であり，恒常的に国営施設において就業することが望まれた。景徳鎮では存留匠を確保するために匠役制度が設けられ，他の一般の労働者とは異なる編役として遇した。しかし実際にはこうした編役の力だけでは熟練労働力を維持することは難しかった。そこでこの課題を解決するために，特別な給与を与えて外部から優秀な人材を登用した。これが雇役と呼ばれる工匠であり，民窯で活躍する高技能職者の中から目ぼしい人材を引き抜

いて雇用した。

　官窯の中には特別な技能をもった工匠がいる一方，特殊技能もなく普通の労働に従事する非熟練労働者も多かった。その多くは近隣の県から徴用された労働者であり，碟陽県64名，余干県36名，楽平県38名，浮梁県18名，万年県7名，安仁県10名，徳興県17名という記録が残されている（喩, 2003）。こうした労働者は砂土夫と呼ばれ，陶石の採掘や運搬に従事したり重量のある器物を運んだりした。さらに，現業の場で作業に従事する工匠や砂土夫のほかに，官窯経営の事務部門で働く者も多数いた。そのトップは作頭と呼ばれ，配下には70名ほどの管理・事務・守衛部署の労働者がいた。

　焼き物づくりは，その歴史から考えても個人による手仕事が基本である。ただし，技能水準には個人差があるため，優品は巧みな技能保持者でなければつくることができない。そのような名人は数が限られており，それゆえ優れた陶磁器を大量に生産することは難しい。こうした限界を突破するには作業工程を徹底的に分業化し，ある程度の技能保持者であれば対応できるような仕組みを構築するしかない。究極の分業体制こそが景徳鎮で高水準の陶磁器生産を可能にした条件である。しかも単なる分業体制だけでは不十分で，分業工程が互いに連携している必要がある。分業と連携・協調を同時に達成しなければならない。

　いまひとつ忘れてならないのは，個々の作業に従事する労働者のモチベーションを高めることである。高品質の陶磁器生産に携わっているという誇りや自負心だけでは十分とはいえない。目に見えるかたちで向上心に応える必要がある。そのために準備されたのが，昇進制度の採用である。ただし，科挙制度との兼ね合いから，工匠に官職を授与するのは好ましくないという意見もあった。しかしそうした意見は退けられ，昇進制度に鼓舞された官窯の職人たちはモチベーションを高めることができた。

　景徳鎮における数々の技術革新の中でも特筆されるのは，1330年代に始められた青花と呼ばれる釉下彩絵技法である。これはコバルトを下絵付けの顔料として用い，単なる青ではなく複雑な青の世界を磁器の表面に写し出す方法である。元代からの青花磁技術が明代になって確立し，大型の青花磁器が貿易品として送り出されていった。明代には酸化銅を用いた釉里紅の製造

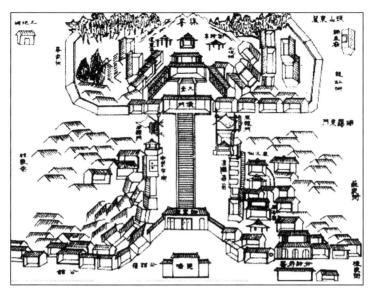

図6-2　清代における景徳鎮の官窯工房
出典：李・宮崎，2009, p.42による。

技術も発展するが，技術的難度は青花以上であり多くは生産されなかった。その後，明王朝と新興の清の間で権力争いが起こり，その影響を受けて景徳鎮は1660年に閉鎖された。明から権力を奪い取った清の時代になって景徳鎮は復興し，明代から続く技術は継承された（図6-2）。清朝成立1世紀後に景徳鎮は最盛期を迎えた。粉彩や琺瑯彩などの新技術を駆使して生産された中国製磁器がヨーロッパ市場を席巻したのはこの頃のことである。

　こうして景徳鎮の官窯では技術革新が次々に誕生していった。しかしその一方で，官窯はこれまでの生産体制を維持するのが次第に困難になっていく。その主な原因は，官窯から民窯への技術流出と貨幣経済の発展である。それまで官窯は民窯への技術流出を警戒してきたが，民窯から官窯への人材登用が進むにつれて秘密保持が難しくなった。また，それまで義務として課せられてきた労役を貨幣支払いによって逃れようとする者が現れるようになった。民窯への技術流出は王朝の財政弱体化とも絡んでおり，官窯が民窯に対して生産の肩代わりを依頼する方向へと進んでいった。やがて官窯には優秀な人材が集まらなくなり，労働編成の維持も難しくなった。官窯の技術力を

第6章　中国・朝鮮・東南アジアにおける窯業生産

支えてきた匠役制度の有効性は失われ，工匠はモチベーションをなくしていった。

　これまで官窯を支えてきた身分的・社会階層的な生産体制が崩壊し始めたといってよい。隠れていた官窯の非効率な体制と経済的脆弱性が顕になった。これまでは，前近代的あるいは中世的ともいえる社会体制のもとで，ひたすら人力に依存しながら分業生産を続けてこられた。しかし社会情勢は変化し旧態依然的な体制では持ちこたえることができなくなった。中国における近代化の波とともに徐々に存在基盤を弱めていった官窯は，遂にその歴史的役割を終えることになる（新井，2019）。長い歴史を通していかにしたら優れた陶磁器が生まれるか，その条件を世界に向けて示してきた景徳鎮官窯が残した遺産は大きい。

第2節　朝鮮半島における窯業生産の歴史

1．古代朝鮮の勢力争いと高麗における青磁の生産
　朝鮮では紀元前5000年頃の新石器時代に，紐のような装飾を表面に貼りつけた突帯文土器が現れた。つづいて斜線文を刻んだ櫛目文土器が全国各地でつくられるようになった。紀元前1000年頃になると弥生土器のように文様のない土器へと変わり，さらに紀元前後には中国から伝えられた轆轤と窯の技術を用いて瓦質土器がつくられるようになる。瓦質土器とは表面に炭素を吸着させた瓦質焼成の土器のことで，煤けたような特徴をもつ。この瓦質土器をもとに三国時代の高句麗・新羅・百済・加耶では陶質土器と呼ばれる灰黒色の土器がつくられた。さらにこの頃，釉薬をかけて低温度で焼成する緑釉陶器が現れ，つづく統一新羅時代に向けて大きく発展していった。

　三国時代は7世紀中頃の新羅による朝鮮半島の統一を経て新時代へと移行する。しかしその後，高句麗と後百済に分裂して10世紀には後三国時代を迎える。互いに争う新羅，後百済，高麗の中で最も安定していた高麗が最終的に朝鮮半島を統一した。そのさい，高麗は新羅の貴族や渤海の遺民も取り込んで国をつくったので，新羅・高句麗・渤海を継承する国家が生まれた。

高麗時代には中国浙江省の北部に広がる五代越窯の影響を受けながら青磁が焼かれた。中国で秘色と呼ばれた青磁は，高麗では深い青みを帯びた美しい釉色でつくられ翡色と称された（姜，2010）。白や黒に発色する土を器面にはめこんで装飾する象嵌技法も生み出され，高麗青磁特有の姿をまとうようになった。

青磁の胎土は焼成するまえは褐色を呈している。これを素焼きすると灰色がかった色に変化する。これに鉄分を含んだ釉薬をかけて窯の中で還元炎焼成する。還元炎焼成とは窯の内部に酸素を十分に供給せずに焼くことである。こうすることにより釉薬に含まれるチタニウムやマンガンなど微量元素の含有割合に応じて表面の色を変えることができる。緑に近い釉色もあれば「雨過天晴」と称される澄んだ青色もあるように，さまざまな発色が生まれる。11世紀の高麗では，国力の増大と中央集

図6-3　朝鮮半島の主要な窯跡分布
出典：東洋陶磁学会，2002, p.335 による。

第6章　中国・朝鮮・東南アジアにおける窯業生産

権体制の確立にともない，青磁を焼成する窯は全羅南道の康津に集中して
いった（図6-3）。ほかに全羅北道南西部の扶安でも青磁は焼かれた。これら
2つの産地は高麗国における官窯としての性格を強めていく。この頃に青磁
を焼いた窯は，10世紀に用いられた塼築窯ではなく土築窯であった。ちな
みに塼築窯とは，土を焼締めて板状にしたものつまりレンガを用いて築いた
窯のことである。土を粘土状にして築く土築窯は別名，泥窯と呼ばれた。

　高麗で青磁の生産が最盛期を迎えるのは12世紀頃である。中国の宋で評
判の高かった耀州窯，定窯，汝窯などの影響を受け，日用使いの青磁が大量
に生産された。その一方で，高麗特有ともいえる象嵌の施された高級な青磁
も生産された。高麗青磁は中国にも持ち込まれたが，概して江南地方よりも
むしろ華北地方において高く評価された。瓶，梅瓶（口が狭く肩の張った形
態の瓶），鉢，水注，香炉，水滴などが主な器種である。香炉や水滴の中には，
人物，動物，器物などの具象的形態で器形をつくる彫塑的なものもあった。
1170年の高麗では，武人の鄭仲夫が軍事クーデターを起こし国王毅宗を暗
殺して明宗をたてるという，いわゆる武臣の乱が起こった。この事件を契機
に社会の雰囲気が変わり，磁器の作風も変化して単色磁に加えて象嵌青磁が
盛んに生産されるようになった。

　ちなみに象嵌という言葉は，元来は金属工芸分野で使われてきた用語であ
る。象嵌青磁の製造では素地土の上に文様を彫り，色違いの土を埋め込んで
仕上げるのが一般的である。それまで高麗の磁器には文様のないものが多く，
たとえ透彫，陰刻などの加飾があっても基本的には単色であった。ところが
12世紀から13世紀にかけて，色の異なる土を使って図柄を表す象嵌青磁が
流行るようになった。青磁に銅の色に似た赤色系統の文様を加えた銅画も描
かれるようになった。銅画は日本では辰砂と呼ばれる硫化水銀の鉱物を使っ
て描いた文様のことであり，日本では古墳の内壁や石棺の彩色や壁画に見ら
れる。

　高麗時代の朝鮮半島では青磁がほぼすべての陶磁器の造形を主導していた
といってよい（伊藤，2017）。しかし数は多くないが白磁も焼かれていた。白
磁が少なかった理由は，白磁は青磁よりも高い温度でしか焼けないため，十
分に評価できる白磁を焼き上げるのが難しかったからである。同じ窯で青磁

と白磁を焼くと，白磁土が磁化するには温度が足らず，まるで石膏のような
質感の軟質磁器にしかならない。高麗で白磁が焼かれたのは，全羅北道扶安
の柳川里や京畿道龍仁の西里である。このうち扶安の窯跡で出土した白磁の
破片を見ると，胎土と釉が十分に密着しておらず釉が剥落している。これは
白磁の生産がいまだ完成の域に達していなかったことを物語る。扶安も龍仁
も白磁生産を十分成功させることはできず，いずれも15世紀までに消滅し
た。

2．青磁生産と白磁生産の端境期に焼かれた粉青沙器

　高麗時代に盛んに生産された象嵌青磁の技法が時代とともに衰退していく
一方で，粉青沙器と呼ばれる焼き物が登場してきた（丁ほか，2006）。粉青沙
器は室町末期の日本では朝鮮からの輸入品として珍重され，侘茶の茶碗とし
てもてはやされた。しかしこの焼き物は李氏朝鮮時代にあってはかなり大量
に生産された普及品であった。朝鮮では必ずしも高級とはいえずむしろ粗製
碗の類であったが，日本では到来物の焼き物として珍しがられた。粉青沙器
という少し変わった名前は，生産当時からのものではない。1930年代に美
術史家の高裕燮が「粉粧灰青沙器」と名づけたのを，のちになって粉青沙器
と略して呼ぶようになったのがその由来である。

　高麗で生産されていた当時，粉青沙器は単に磁器と呼ばれていた。それが
輸入された日本では高麗茶碗の一種として珍重され，作調によって三島，刷
毛目，粉引などとも呼ばれた。このうち三島は，器面にスタンプで細かい文
様を押し，色の違う土で象嵌したものをいう。刷毛目は白い化粧土を器面に
刷毛で塗り，刷毛の跡が残っているものである。さらに粉引は液状の白化粧
土に器を浸したもので，高麗ではトムボン（日本語の「ドボン」に近い擬音語）
と呼ばれた。なお三島という名は，江戸時代に伊豆国の三嶋大社が発行した
暦の文様に似ていたためというのが通説である。

　さて，青磁から粉青沙器へという焼き物の生産交代は，国家の体制が変化
するのにともなって焼き物が移り変わるという事例のひとつといえる。すな
わち，高麗青磁を生み出した高麗では王朝の弱体化が進み，1370年代まで
青磁を一手に生産してきた康津の官窯が機能しなくなった。このため，官窯

で働いていた陶工たちは新たな働き口を求め各地へ散っていった。こうした動きの中で、青磁の器形、彩色、文様に変化が見られるようになった。しかし全体的に見れば、青磁が衰退の道を歩んでいったのは明らかである。そうした流れを補うように、粉青沙器が自然発生的に生まれた。

粉青沙器がどこで生まれたかは特定できない。しかしその後にたどった過程はおおよそ以下の5つの時期に分けることができる（丁ほか，2006）。第1期は胎動期（1365～1400年）であり、象嵌青磁文様の解体と変貌、梅瓶の曲線の変化、暗緑色の釉色によって特徴づけられる。これは官窯であった康津沙器所が解体され、窯が全国に拡散したのがそのきっかけである。第2期は発生期（1400～1432年）で、14世紀高麗の象嵌青磁の伝統である蓮唐草文の継続に特徴がある。第3期は発展期（1432～1469年）に相当しており、粉青沙器の七種技法がすべて用いられた。

第4期は変化期といえる段階（1469～1510年頃）であり、地方色が鮮明になった時期でもある。刷毛目と粉引が増加する一方、白磁へ移行していく動きも見えてきた。最後の第5期は衰退期（1510～1550年頃）に当たっており、浅い印花技法と白土刷毛目文をわずかに残しながら白磁化への移行がはっきりしてきた。印花技法とは、花柄模様に化粧土を埋め込む方法で、日本では三島手と呼ばれた。こうした5つの時期を通観すると、青磁という完成された磁器が、その後の崩壊過程を経て白磁へと移り変わっていく途中に、粉青沙器という焼き物が現れたことがわかる。

高麗から朝鮮へと権力が移行したのは1392年であり、政治拠点も開城（ケソン）から漢城（ソウル）へと変わった。上述した粉青沙器の胎動期はまさにその前後期であり、国の政治体制変化に符合している。朝鮮王朝の成立後、中央官庁と王室で用いられた陶磁器は、諸郡県に税（貢物）として賦課されたのち中央に納められた。15世紀半ばまで、全国各地の窯から中央に納められた焼き物のほとんどは粉青沙器であった。白磁の生産は限られており、京畿道広州など一部の地域で焼かれていた程度であった。青磁から白磁へ至る間の中間的な焼き物として、粉青沙器が大量に焼かれた。

李氏朝鮮における陶磁器の生産は1467（世祖13）年に大きな変化を迎える。京畿道広州に官営の陶磁器製作所である「司甕院分院（しょういん）」が設置され、官窯体

制が確立したからである。これにともない，中央へ納められていた陶磁器は土産貢物として調達する方式から脱却し，官による直接生産・調達へと移行していく。この時期は粉青沙器生産の変化期（第4期）に相当している。官窯が都の近くに設けられたため，全国各地の窯で粉青沙器を生産する必要性は次第に減っていった。最終的に粉青沙器は16世紀半ばを最後に，以後は生産されなくなった。

3．朝鮮半島における磁器生産の歴史と官窯の役割

　本節ですでに述べたように，中国と陸続きの朝鮮における磁器の生産は中国の製陶技術を受け継ぐかたちで始められた。高麗では青磁がもっぱら生産され，独自の発展を遂げた。一方の白磁に目を向けると，これも中国から製陶技術が9世紀頃に伝えられた。これは軟質磁器で，白色粘土にソーダガラスなどの副原料を混ぜて焼成したものであった。名前は磁器であるが分類上はあくまで陶器であり，磁器に似せてつくった陶器だったといえる。いまひとつは中国の元代・明代に伝わった正真正銘の磁器すなわち硬質磁器である。
　このように，朝鮮半島における磁器生産の流れは，軟質磁器と硬質磁器の2つの系統がある。このうち前者は，すでに述べたように扶安の柳川里や龍仁の西里で生産が試みられたが長続きせず，15世紀までに消滅した。一方，後者の硬質磁器は中国明代の官窯の流れを受け継ぎ，京畿道広州を中心とする朝鮮王朝の官窯において生産された。15世紀から20世紀まで500年以上にわたって生産された。同じ磁器といっても，より高質なものを求める社会の発展とともに，残るものもあれば消えるものもある。
　朝鮮王朝時代の白磁生産の歴史は，器を飾る装飾の有無やその技法などを手がかりに，前期，中期，後期に区分することができる（山本，2013）。それによると，前期は朝鮮王朝が成立した1392年から17世紀までで，15世紀に一時的に流行した象嵌白磁と，中国からの白磁に朝鮮独自の特徴を加味した青華白磁によって特徴づけられる。次に中期は17世紀から18世紀中期までで，鉄絵白磁の流行と，一旦は衰退したがその後復活した青華白磁が特徴的である。最後に後期は18世紀中頃から1883年までで，青華白磁や辰砂彩が中期と同様に大量に生産されたが，概して低品質であった。ちなみに

1883 年は，官窯の役割を果たしてきた分院が民営化された年の前年にあたる。

　朝鮮における白磁の生産は 17 世紀の中期以降，本格化していく。白磁を盛んに生産したのは，宮廷など高位階層に属する人々が使用する陶磁器を焼いた官窯だけではなかった。一般庶民が用いる日用使いの陶磁器を焼いた民窯の存在を忘れることはできない。しかしそれでも，広州にあった著名な官窯が製陶技術をリードしたのは間違いない。その影響は白磁を大量に生産した地方の民窯にも及んだ。民窯が大衆向けに白磁を大量に生産したことは，各地で発掘される古窯跡や住居址・墳墓からの出土品から明らかである。

　朝鮮における官窯は高麗時代から存在していた。それは中国宋代の窯の影響を受けたもので，西海岸の扶安と南海岸の康津で青磁を生産した。その後，官窯は海岸地方から他の地方へ移動し，地方の官匠が官窯だけでなく民窯についても技術面で指導を行うようになった。ただし，官窯の移動先やそこでの生産状況，さらには官窯と朝鮮時代の窯業とのつながりについては，詳しいことはわからない。ちなみに高麗の都・開城は現在の北朝鮮の黄海北道南部にあり，盆地状地形で四方を松山に囲まれていたため別名松都あるいは松京の名がある。この時代に官窯があった扶安は韓国・全羅北道の南西部に位置しており，その間の距離は 250km である。いまひとつ官窯のあった康津は同じく韓国・全羅南道にあり，都との距離は 370km である。このように高麗時代の官窯が当時の都からかなり離れていたことは，朝鮮時代の官窯である広州分院が首都・漢城の近くにあったのとは対照的である。

　朝鮮時代に国土全域に磁器所が 136 か所，陶器所が 185 か所あったことを記す記録が残されている（山本，2013）。こうした記録が存在することは，中央や地方の窯が国の管理下にあったことを物語る。なかでも都に近い京畿道広州には窯が 100 基以上もあり，国から派遣された監督官が管理をしていた。広州の官窯では沙器匠と呼ばれる工人が働いていた。広州の官窯とは別に官僚や地方の有力者向けに焼き物を焼いた窯は地方にもあったため，生産面で官窯と民窯を厳密に区別することはできない。このことは，90 名近くの外工匠が各地方に派遣され指導に当たっていたことからも明らかである。しかし全体的に国が焼き物の生産に対して管理を徹底させる体制のあったことは

間違いない。

　現在の首都ソウルの南東側に位置する広州一帯には，朝鮮時代に白磁を生産した窯が分布していた（図6-4）。その数は全体で340か所にものぼる。初期には道馬里，中期は金沙里，そして後期から晩期にかけては分院里を中心として白磁が生産された。朝鮮王朝時代，宮廷の食事を司る部署は司饔院といった。このため，食事に用いる白磁を焼いた場所は司饔院分院と呼ばれた。分院は高級白磁を焼く

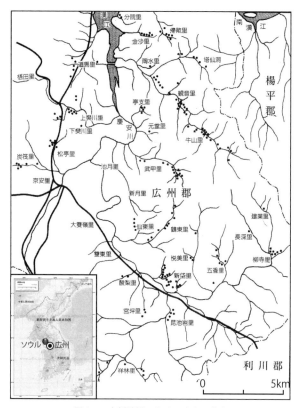

図6-4　広州地域における古窯の分布
出典：尹編，1998, 378 による。

窯であり，のちに分院は高級陶磁を総称する名前となる。広州一帯の官窯で一貫して生産されたのは白磁である。とくに世宗朝（1419 ～ 1450 年）には，御器として白磁を用いるという記録が残されているように，端正な器形と純白の釉調の優れた白磁が生産された。司饔院分院では総勢380名の京工匠が生産に関わり，ほかに器面を装飾する画員が白磁の釉下にコバルトの顔料で青花の模様を描く作業に従事した。

　朝鮮は，16世紀末から17世紀初めにかけて日本による文禄・慶長の役や清の侵略を受ける。このため磁器生産は大きく衰退する。また青花の原料であるコバルトが不足したため，これを補うために白磁の下に鉄絵具で絵付け

第6章　中国・朝鮮・東南アジアにおける窯業生産

をする鉄砂が盛んになった。18世紀前半に広州の官窯は燃料不足に陥ったため金沙里に移転する。金沙里の官窯ではおだやかな釉調の白磁や簡素な文様の青花が焼かれ，朝鮮時代独特の美がつくりあげられた。1752年に官窯は分院里に移設され，生産体制は安定を取り戻し朝鮮磁器の最盛期を迎えた。しかし1883年，国力の衰退とともに分院里の官窯は民窯に移管され，500年にわたる官窯の歴史はここに幕を閉じた。

第3節　東南アジアにおける窯業生産の歴史

１．ベトナムにおける陶磁器生産の歴史

　ベトナムには北部に5か所，南部に2か所，陶磁器産地がある。このうち年間生産額が3,270万ドル（2003年）で最も多いのが北部にあるバンチャンである（荒神，2006）（図6-5）。北部の他の産地はいずれも150万ドル以下であり，バンチャンには遠く及ばない。南部のビンズオンは輸出額ではバンチャンを上回るが，国際的な知名度ではバンチャンを下回る。バンチャン焼を生産しているバンチャン村は，首都ハノイの南東10kmのソンホイ川左岸にある。人口7,150人のバンチャン村は農家世帯81に対し窯業関連世帯796というように，村民の大多数が陶磁器の生産や販売に携わっている。陶磁器は国有企業1社，株式会社3社，合作社4社，有限責任会社30社のほかに約1,000社の家族経営主体によって生産されている。面積がわずか164haほどの村内に大小合わせて1,000を超える陶磁器生産主体が集まる，まれにみる陶磁器生産集積地である。これほどの集積地は国内にはなく，まさにベトナムを代表する陶磁器生産拠点といえる。ただしバンチャン村だけで陶磁器を生産するのは難しくなってきたため，1986年から始まったドイモイ以降は隣接するザンカオ集落の人々が窯の建設や燃料用の薪の運搬などを行うようになった。

　バンチャンにおける陶磁器生産の起源はリー朝時代（1011～1225年）にまで遡ることができる。伝えられるところによれば，1010年に李太祖がリー朝を設立したさい，首都をニンビン省のホアルーから現在のハノイにあた

るタンロンに移したことが, そのきっかけであった。新首都タンロンに近く河川交通にも恵まれ, おまけに近くで陶磁器原料を産出したことが幸いした。以後, バンチャンの陶磁器生産は活発になっていく。それを促したのが, 15世紀のレー朝による中国・明への貢物の献上, それに16世紀のマック朝による国内交易の促進である。こうした政策のもとで, 貢物, 宗教用具, 日常食器などの陶磁器がバンチャン村で生産されていった。

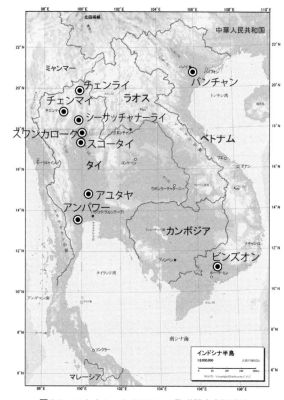

図6-5 ベトナム・タイにおける陶磁器生産関連地

　バンチャン村の陶磁器生産の最盛期は17世紀であった。この頃, 日本との間で朱印船貿易が盛んに行われ, 陶磁器が日本に向けて輸出された。オランダは東インド会社を通じてバンチャンで焼かれた陶磁器を東南アジア方面へ輸出して利益を上げた。輸出品には日用品や美術品のほかにタイルも含まれていた。この時期, 中国の清朝が対外交流を禁ずる海禁政策をとっていたため, 中国からベトナムへの陶磁器輸出はなく, その圧力を受けることがなかった。ところが17世紀も後半になると風向きが大きく変わっていく。1684年に清が海禁策を解いたため, 中国製磁器が大量に東南アジア方面に押し寄せてきた。質の高さでは中国製磁器に対抗するのは難しい。やむなく東南アジア市場からは撤退せざるを得なくなった。さらに悪いことに, 日本

が17世紀中頃から鎖国政策をとり始めたため，日本への輸出の道も断たれた。

　19世紀半ばから20世紀初めにかけてベトナムはフランスの植民地体制下に組み込まれた。バンチャン村の陶磁器生産は低迷状態から抜け出ることができず，市場を海外から国内へと切り替えた。安価な茶碗や壺などの日用品，レンガ・タイルなどの建設用陶磁器が細々と生産され，国内市場へ向けて送り出された。この頃の衰退ぶりは，バンチャン村の窯が1907年にわずか17基を数えるに過ぎなかったことからもわかる（荒神，2006）。村民は資金不足で窯を築くこともできず，数少ない家族経営形態の窯元で雇われ陶工として働くほかなかった。しかも需要が少なかったので窯を焼く頻度を抑えなければならず，年間に数回程度であった。こうして生産量は減少したが，15〜17世紀の増産がたたり肝心の白陶土の埋蔵量に限界が見えてきた。このため生産は周辺から仕入れた原料を使って行われた。

　1954年の社会主義体制化にともない，バンチャン村の陶磁器生産に大きな変化が訪れた。最大の変化は生産形態にあり，それまで家族経営とそこでの雇用労働だったのが，労働者は国有企業もしくは合作社の構成員として編成されることになった。1958年から1984年にかけて，バンチャン村に3つの国有企業，6つの合作社，同じく6つの生産組が生まれた。そのうち中心になったのが，1958年設立のバンチャン陶磁器会社と，1962年に組織されたポップタイン合作社である。バンチャン陶磁器会社は1,250人の従業員を雇用した（荒神，2006）。生産品は国家計画にしたがって決められ，茶碗や建設用陶磁器などが生産された。主な輸出先は旧社会主義国であった。

　こうして伝統的な生産体制から社会主義的な生産体制へ移行したが，時間をおかず1986年からのドイモイ政策により再び体制は変えられることになる。30年間続いた国有企業や合作社のもとでこれまで通り働く道も残されたが，望むなら自ら経営主体となって陶磁器を生産し販売する道も開かれた。いわば以前の状態に戻った感があるが，そのさい歴史の浅いザンカオ集落の中にも陶磁器生産を始める者が現れた。しかしザンカオも含めたバンチャンの陶磁器生産の主体は依然としてバンチャン陶磁器会社やポップタイン合作社が担った。ドイモイ政策のねらいは，自由な生産によって産業を活性化す

る点にあった。しかし社会主義的生産体制の体質は残ったままで，変化する市場の要求に応えることができなかった。生産が低迷したままの現状から脱するには，さらに新たな変化が必要であった。

　こうした状況に変化をもたらしたのが，1990年代後半から始まる陶磁器の輸出拡大である。輸出拡大には大きくいって2つの特徴があった。ひとつは輸出対象の拡大であり，いまひとつは製品の多様化である。ドイモイ以前の主な輸出先であった旧社会主義国に代わり，1990年代後半以降は韓国，日本，台湾，香港，ASEAN諸国などが主な輸出先になった。ほかにフランス，ドイツ，オランダなどヨーロッパ諸国へも輸出された。ベトナム全体での輸出という点から見ると，バンチャンは南部にあるビンズオンには及ばない。しかしビンズオンが輸出指向的な量産体制によって生産しているのとは異なり，バンチャンでは小規模家族経営による生産が主流を占めている。1社あたり4〜5基の窯を築き近代的な生産ラインで量産するビンズオンに対し，バンチャンの輸出規模はその3分の1程度である。

　バンチャンの伝統的な陶磁器製品は，芸術性を帯びた工芸品にその特徴がある。生産は基本的に手作業で行われ，丈夫で厚みのある製品が多い。碗などの食器類，食料品備蓄用の瓶・壺などの台所用陶磁器，花瓶や動物像などの美術品，ロウソク立てや香炉など宗教祭事の道具類，タイル・レンガなどの建設用陶磁器など，実に多様な陶磁器が生産されてきた。こうしたいわば国内市場向けの製品群とは別に，ティーセットやマグカップなど海外市場を意識した製品がバンチャンで新たに生産されるようになった。厚みを抑えなおかつ耐久性のある陶磁器など，海外でも通用する製品が開発されてきた。芸術性豊かな陶磁器も依然として生産されているが，その一方で質の揃った工業的製品も量産されるようになった。海外市場の動向に柔軟に対応しようとする意識傾向を読み取ることができる。

　こうした輸出先と製品の多様化は，生産方法の革新化をともなって進められてきた。これまでの手工業生産のままでは量をこなすことができない。このため轆轤を使った成形に加えて鋳込み成形を取り入れ，省力化を進める方向が見られるようになった。手描きをやめ印刷で素地に絵柄を付ける方法も採用されるようになった。さらに伝統的な薪窯から石炭窯への転換が1980

年代に進み，生産コストは引き下げられた。1990年代後半になると一部の生産者はガス窯を使用するようになり，製品の軽量化と破損率低下が実現した。こうした生産方法の革新化には新規投資が前提となる。すべての生産者が実現できるとは限らず，結果的に生産者の間に格差が生まれた。これは生産の自由化がもたらす結果であり，受け入れるしかない。ベトナム・バンチャンの陶磁器生産は市場自由化の波に乗って大きく変貌を遂げた。

2．タイにおける陶磁器生産の歴史

　タイにおける焼き物の歴史は，13世紀にスコータイ王朝が成立し中国から陶工を招いて中国式の陶磁器が紹介される以前と以後では様相が大きく異なる。タイで現在，最も古い焼き物といわれているのがバンチェン土器である。この土器はタイ北部のラオスとの国境に近いウドーンターニー市から東へ50kmほどの場所で発見された。刻線黒色土器の特徴があり，紀元前2200年早期から紀元後2世紀頃までにつくられたと思われる。野焼きの土器なのでそのままでは水漏れする。そこで焼き上がった土器がまだ熱いうちに籾殻をこすりつける。すると表面に薄い膜ができて水漏れしにくくなる。バンチェン土器が黒色土器なのはそのような理由による。時代でいえば日本の縄文時代の後期から晩期にあたっており，土器の特徴は縄文土器と似ている。その後，タイでは9世紀から15世紀までの間，カンボジアにあったクメール王朝（アンコール王朝）時代のクメール陶器の影響を受けながら陶器づくりが続けられた。

　13世紀にスコータイ王朝が誕生したさい，王都スコータイと副都シーサッチャナーライの周辺において中国の影響を強く受けた焼き物がつくられるようになった（図6-5）。スコータイは現在のバンコクの北427km，シーサッチャナーライはさらにその北50kmに位置する。パーヤン村，ツカータ村，バンコーノイ村に築かれた窯で焼かれた陶器はヨム川沿いのスワンカロークに集められ，舟運で運ばれた。北から南に向かって流れるヨム川を下りチュムセーン付近でナーン川と合流し，さらにチャオプラヤ川に流入して南下すればシャム湾（タイ湾）に至る。ここからは海路で東南アジアや日本へと運ばれた。積出港の名をとってスワンカローク焼と呼ばれたため日本では宋胡録焼（スン

コロウ焼）と称しタイの陶磁器をさした。しかしスワンカローク焼はこの時代の焼き物だけをいうため，タイで生産された陶磁器すべてと解するのは正しくない。鉄絵陶，青磁，褐釉陶，白釉，淡青釉陶など多彩な陶磁器が焼かれたが，最も一般的なのは鉄絵陶である。当初のデザインは中国の影響を受けたが，しだいにタイ風のデザインへと変化していった。淡青釉陶の翡翠色は見事でまぎれもなくスワンカローク焼であるが，のちにこの系列を引き継いで興ったチェンマイのセラドン焼と混同されることもある。

　日本で宋胡録焼と呼ばれたタイの焼き物は，安土桃山時代から江戸時代初期にかけて輸入された。同じ頃，中国・景徳鎮の焼き物やベトナムの安南焼も日本に流入し，茶人の間で珍重がられた。この安南焼は前項で述べたハノイ近郊のバンチャン村で焼かれたバンチャン焼である。スワンカローク焼は15世紀後半になって，突如途絶えてしまう。原因はアユタヤ王朝とスコータイ王朝がタイ北中部の覇権を巡って争い，その結果，アユタヤ王朝がスコータイ王朝を合併したためである。スコータイ王朝のもとで続いてきたスコータイとシーサッチャナーライの窯は閉ざされ，その後は遺跡としてのみ存在する運命をたどった。これらの窯で焼き物をつくっていた陶工たちは，タイ北部のサムカムフェン（チェンマイ）やカロン（チェンライ）などほかの土地へ移っていった。これらの土地ではその後，近代的な陶磁器生産が開始されていったため，結果的に伝統は引き継がれたといえる。

　アユタヤ王朝は1351年にウートン王によって開かれた。アユタヤはその都となり，建都以降，1767年にビルマ軍の攻撃で破壊されるまでの417年間，アユタヤ王朝の王都として栄えた。アユタヤはバンコクの北約80kmにあり，チャオプラヤ川とその支流に囲まれた地形は水運に恵まれている。17世紀はじめにはヨーロッパと東アジアを結ぶ国際貿易都市としても繁栄した。そのアユタヤへ16世紀末から17世紀前半にかけて中国から白い磁器の上に多色に彩色された色絵食器が伝えられた。しかし残念ながら，当時は磁器を生産する環境がタイに整っていなかった。やむなく国王は職人を中国へ派遣し，そこで生産させた磁器をタイ王室御用達として輸入した。これがベンジャロン焼の基礎となり，これをもとにその後はタイでも磁器が生産されるようになる。しかし一気に完成品に至ったのではなく，絵付技術が先行し，輸入し

た白磁に絵を付ける分業体制による生産時期もあった。絵付技術に比べて磁器の生産技術がそれだけ難しかったということである。

　ベンジャロン焼という名称は，古代サンスクリット語のベンジャとロングに由来する。ベンジャは5を意味し，ロングは色のことであるため，ベンジャロンは「五彩」という意味になる。しかし実際は5つ以上すなわち多彩色を散りばめて焼き物を飾ることを意味する。文様はシンメトリックな左右対称を基本とし，金彩をふんだんに使いながらタイ王族の象徴であるガルーダ（ビシュヌ神の乗る半人の鳥）や花，草，炎などの伝統的モチーフを特徴とする。金の使用はラーマ2世の時代から始まり，一般的な文様は主にラーマ2世やラーマ5世（1853〜1910年）の頃から使われるようになった。とくにラーマ2世の時代には，タイ語で「金の水の紋様」を意味する「ラーイ・ナム・トーン」という金彩による縁取りが施されるようになった。これがいわゆる金襴手（きんらんで）の始まりであり，以後，ベンジャロン焼は王室専用の磁器すなわち高級食器というイメージがもたれるようになった。現在，ベンジャロン焼はバンコクの南西60kmのサムットソンクラーン県アンパワーにある工房で生産されている。

　15世紀後半にアユタヤ王朝とスコータイ王朝がタイ北中部の覇権を巡って争ったさい，スワンカローク焼は途絶えた。しかし，タイ北部へ移り住んだ陶工たちはサムカムフェン（チェンマイ）やカロン（チェンライ）で新たに焼き物づくりを始めた。チェンマイで焼かれた青磁（セラドン焼）は，スワンカローク焼の時代に特徴のある焼き物として生産されていた。独特な青緑色は，釉薬や粘土に含まれる酸化第二鉄が高温の還元焼成によって酸化第一鉄に変化することで発色する。チェンマイのセラドン焼は地元で産出する原料を用い，木灰からつくった釉薬をかけて高温で焼成される。窯出しのさいに温度差でひび割れのような貫入が自然に入り独特の風情を醸し出す。厚みのあるぼってりとした素朴な外見と翡翠のような透明感のあるグリーンがインテリアにも馴染む。

　セラドンという名前の由来は諸説あるが，サンスクリット語で石を意味する「SILA」と緑の意味をもつ「DHARA」を掛け合わせてできたという説もそのひとつである。セラドン焼の中には手彫りによって彫刻や飾りをつけた

ものもある。装飾の絵付や彫刻は陶工たちによるオリジナル・デザインであり，すべて下絵なしに描いたり彫ったりするため，できあがった焼き物はそれぞれ違った顔をもつ。王室専用の磁器といったイメージの強い鮮やかな色彩で飾られたベンジャロン焼とはある意味，対照的な焼き物といえる。

<table>
<tr><td>コラム
6</td><td>過酷な焼き物づくりの現場</td></tr>
</table>

　まだ世の中にエアコンなどなかった時代，ものづくりの現場は夏の暑さと冬の寒さに耐えなければならなかった。現在でも作業環境の都合上，自然状態のまま作業を行わなければならない現場もある。焼き物をつくる作業場（このような場所はムロあるいはモロと呼ばれた）にはほかにはない特殊な環境もあった。それは焼き物を焼く窯場のことで，作業所内の一角とはいえ，1,000℃かそれ以上で燃えさかる焔を間近に感じながら作業が行われた。ただし現在なら毎日のように行われる焼成も，昔は一か月に数回といったように回数は限られていた。しかし，まだ十分冷めきっていない窯の中から焼き物を取り出す作業は厳しかった。窯の中は熱が残っているため本来なら薄着で作業をしたいが，肌を露出したままだとまだ熱い窯の壁やサヤ（エンゴロ）に触れて火傷になる恐れがあった。厚手の作業着を身につけ，暑い夏の熱い窯の中から焼き物の入ったサヤを運び出す作業が行われた。

　過酷な作業環境は暑さだけではなかった。冬は冬で息を吐けば空気が白くなるような作業場で，冷たい素地を手にするときの感覚の無さは言い表せない。高温の窯から取り出される焼き物とは対照的に，素地は水分を含んだ粘土そのものである。寒冷地は素地が寒さで凍りつく恐れがあるため，もともと焼き物づくりには向いていない。北海道を含む東日本に焼き物産地が少ないのはこうした理由が考えられる。ただでさえ冷たい素地に釉薬を施すには，どろどろに溶けた釉薬の入った桶の中に素地をドボンと漬けてまた取り出す。こうすれば素地全体に均一に釉薬を施すことができるからである。それはそれでよいが，冷たく溶けた釉薬の中に素手で握った素地を一回また一回と入れては取り出す作業の繰り返しはやはりきつい。しかしこうした作業を辛抱強く続けなければ，焼き物は完成に向けて前へは進んでいかない。

　暑さ寒さの気温の厳しさに加え，湿度の高さが就労者を苦しめる。成形された素地は急いで乾燥させるとひび割れが起きる。このため，できるだけ湿気の多いところで素地に含まれる水分をゆっくりと蒸発させる。陽の当たる南側ではなく，

第6章　中国・朝鮮・東南アジアにおける窯業生産

作業場の北側の薄暗いところが適している。とくに湿度を高めるような工夫はしないが，少なくとも作業所全体を乾燥状態にすることは避けなければならない。このため，カラッとした雰囲気とは縁のないどことなく湿っぽい澱んだ空気が作業場全体に漂っている。陽当りのよい南側は絵付をするなど細かい作業には向いている。北側には乾燥をきらう生の状態に近い素地を縦方向に並べた細長い板（モロ板という）が，棚の上に乗せられている。こうして焼き物づくりの作業工程に適したレイアウトが自然に決まる。ほとんどの窯元が同じようなレイアウトを採用していることから，作業場づくりには共通の道理がはたらいていることがわかる。

　暑い寒いという極端さに似たコントラストとして，焼き物づくりの場には白と黒の対照性がある。白とは白磁に代表される磁器の白さのことである。長石，石英，カオリンなど原料の段階でも白はありふれた色である。その白さを極めるために，細心の注意を払って不純物が混入しないような手立てが講じられる。一番厄介なのは鉄分である。鉄の粉すなわち鉄粉が素地にわずかでも付着したら完璧な白磁にはならない。このため，製土すなわち坏土をつくるさいに泥状の土の中に磁石<ruby>磁石<rt>じしゃく</rt></ruby>を入れて鉄分を吸着させる。こうした手立てをしなければ，坏土は白くならない。坏土を成形した素地に釉薬を施すさいにも気を配る必要がある。白粉と呼ばれる純度の高い長石を水で溶かした釉薬もまた純白でなければならない。

　黒は窯の煙突から吐き出される黒煙や作業場の板壁のコールタールの黒，それに燃料の石炭の黒などである。現在では見られなくなった黒煙は，酸素を遮断して窯の中を蒸し焼き状態にする還元焼成のときに発生する。板壁の黒には地域性があるが，建物の耐久性を補うために臨海部に近い窯場ではよく見られる。最後の石炭は石油やガスが使われるようになって燃料リストからは消えた。石炭窯が初めて導入された頃，「黒い石炭でどうして白い茶碗が焼けるのか」といって反対を唱えた人がいたという逸話が残されている。新しい技術や設備を取り入れようとするとき，懐疑的になる人が現れるのは焼き物世界に限ったことではない。

ヨーロッパにおける窯業生産の歴史

第1節　ドイツにおけるマイセンなどの窯業地

1．東洋磁器への憧れとマイセンでの磁器生産

　17世紀のドイツでは30年戦争（1618〜1648年）が終わり，多くの藩主領，選帝侯の領地，司教領などが入り交じるまとまりのない空間が広がっていた。それぞれの支配者は独立した支配力を有し，その力を誇示するために豪華な宮殿や庭園を建設した。建物ばかりでなく，その内部に納める家具・調度品の類にも気を配り豪華絢爛さを互いに競った。建築家，彫刻家，画家，名工たちがそのために動員されたが，その中に陶器職人も含まれていた。陶器は日常的に使用する食器がその中心であり，日々の食事を満足のいくものにするために重要な役割が担わされた。また陶器職人には可能な限り優れた食器が食卓上に並べられるか，そのための高い技量が求められた。

　陶磁器とくに磁器というとザクセン公国のマイセンの名がすぐに思い浮かぶ。たしかにマイセンはヨーロッパで最初に磁器の製造に成功した土地である（南川・大平，2009）。しかし磁器を製造しようという試みはマイセンよりも，むしろフランス・パリ郊外のサン・クルーの方が早かった。フランスは1690年代までに一応の成功をみたが，それは磁器のうちでも軟質磁器と呼ばれるものであった。カオリンを含んだ硬い磁器を最初に誕生させたのはザクセン公国である。マイセンにおいて硬質磁器の製造が成功したのは，ポーランド王にしてザクセン選帝侯でもあるアウグスト2世の強い意志と支援があったからである。アウグスト2世の熱意は，権力者の単なる趣味の延長に由来するものではなかった。経済的にも芸術的にも世界に通用する硬質磁器を自らの手で生み出したいという強い意志からきていた。マイセンでの成功はまもなく他の地域にも知れ渡り，各地で追随する事例が現れた。

　ザクセン公国のみならずヨーロッパ各地の王侯貴族が中国製の磁器を憧れの眼差しで見てきたのは，中国から大量に輸入される美しい磁器に絶えず接していたからである。中国製の青と白の色彩が対照的な磁器が17世紀だけでも300万個ヨーロッパに持ち込まれ，各地に運ばれていった。当初は中国の景徳鎮製の磁器であったが，国内事情で生産が一時的に途絶えると，日本

製の類似磁器を輸入した。輸入された東洋製の磁器は，これまで宮殿内で使われていたヨーロッパ製の焼き物を駆逐した。日用使いの碗，瓶，小皿，大皿でさえ，過度に装飾が施された感さえある東洋の磁器に置き換えられた。1709年にベルリン郊外のシャルロッテンブルクの宮殿を訪れたアウグスト2世は，宮殿の居間を埋め尽くすように並べられた400以上の中国製磁器を見て驚いた。王は驚くとともに，自ら建設を思い描いていた日本宮殿の中にこれ以上のコレクションを並べることを決意した。

　アウグスト2世のような権力者でなくても，東洋から到来した美しい磁器に魅了されたヨーロッパ人は多かったであろう。美しい磁器をテーブルの上に置くのが普通になると，それに合わせて食事のマナーに対する気配りも変わってくる。美しい食器で食事をするときは，それにふさわしい礼儀やマナーで振る舞おうとする意識の向上である。しかしそれと同時に，東洋製の食器に描かれている文様や色彩に対して幾分，違和感を抱くこともあった。当時は貿易商人がヨーロッパ人の好みに合うように図柄や色彩を指定して食器をつくらせていた。しかしそれはヨーロッパ人にとって完全に満足できるものとは必ずしもいえなかった。磁器製の食器を構成する本体の磁器は，当時はまだヨーロッパでは独力でつくることができなかった。ヨーロッパ人の感性にあった磁器食器であるためには，ヨーロッパ人自身が磁器を独自につくるしかなかった。

　アウグスト2世が磁器製造の成功でねらったのは，経済的な富の蓄積だけではなかった。ヨーロッパ人の感性を満足させる磁器を自らの力で実現する点にあった。磁器はこれまでの焼き物とは異なり，あくまでも硬く，薄く，透明感があり，優美さをそなえた焼き物である。粘土とカオリンを混ぜ合わせた原料で成形し焼成すれば，カオリンと石英，長石が融合した高質な白磁が生まれる。焼成温度は1,300℃から1,400℃とこれまでにないほど高温であるため窯の構造も変えなければならない。器の表面の装飾に用いるエナメル顔料は低温で色付けできることは，これまでの焼成試験でわかっていた。長石は焼成中に溶融し器全体が滑らかなガラス状になるように作用する。

　アウグスト2世がドレスデンのすぐ北のマイセンに建設した磁器製造工場は，1710年から1750年の間，ザクセン公国内で唯一磁器を生産する模範工

場であった。職人として雇われた銀細工職人のヨハン・ヤコブ・イルミンガーや漆職人のマーチン・シュネルは，アウグスト2世の考え方を受け入れてマイセン工場の基礎づくりに貢献した。しかし，王の命を受けアルブレヒト城に幽閉の身で磁器製造を成功させたヨハン・フリードリッヒ・ベトガーは，1719年に30代の若さで亡くなってしまう（Gleeson, 1998）。1714年にアルブレヒト城から解放されたが，換気のない埃っぽい実験室での作業がたたり病気になってしまったからである。王自身はというと，彼は自ら収集した東洋製の磁器を参考に工場で生産する磁器の美術的特徴を決めることに腐心した。参考品には普段から使用している食器や諸侯からの贈り物として受け取った磁器類が含まれていた。その結果，マイセンの工場はアウグスト2世の個人的嗜好と選帝侯としての威厳を世界に示す磁器を生産する方向で進んでいった。

　マイセンの工場やのちに他地域の工場でも標準となっていった磁器は，大きくいって2つのタイプからなる。ひとつは東洋製の碗，大皿，小皿のセットを複製したもので，いくぶん調和を欠いており使いやすいとはいえなかった。青と白が基調になっていたのは，輸入磁器の特徴をそのまま受け継いだからである。いまひとつのタイプは，フランス・スタイルのシルバー・サービスをもとにしたセットである。これはフランス王朝のスタイルに憧れを抱いていたアウグスト2世の嗜好を反映しており，ベルサイユ宮殿での晩餐会にふさわしい豪華なセットでスワン・サービスと呼ばれた。スワンすなわち白鳥が白磁に刻まれた優雅な器は，現在でもマイセン陶磁器を代表する食器セットである。

　食卓上に並べられる食器とは別に，マイセンでは磁器製の彫刻や置物が工場を代表する焼き物になった。このルーツは16世紀から17世紀にかけてイタリアで始まったテーブルの上に彫刻を置く習慣にある。砂糖を素材につくったオブジェクトを食卓の上に置くファッションがイタリアから北に向かって広まっていった。このオブジェクトの代わりに磁器製の彫刻を置くスタイルが生まれ，マイセンの工場でもつくられるようになった（前田監修, 2002）。また卓上の小さな彫刻とは別に，大きな彫刻が磁器で製造された。これは，ヨーロッパの宮廷で催される行事に因むシンボル的な彫刻を庭園に

置くという習慣にその起源がある。いずれにしても，マイセンでは食器や彫刻・置物などさまざまな磁器製品が生産された。

２．マイセン以外の６つの代表的な窯業地

　現在のドイツの国土域内において伝統的に焼き物生産が行われた産地のうち，とくに名前の知られているものとして７つを挙げることができる。このうちマイセンはいわば別格的な存在であり，すでに詳しく述べた。他の６つはヘーヒスト，ベルリン，ニュンフェンブルク，フランケンタール，ルドヴィヒスブルク，フュルステンベルクである。これらはマイセンを含めて，18世紀ドイツの名窯と呼ばれている。フュルステンベルク以外は中世以来の古窯として地図などにも掲載されており，窯業地として長い歴史をもつ（図7-1）。

　マイセンに次ぐドイツ第2の古窯とされるヘーヒスト（Höchst）は，ヘフストあるいはヘヒストとも発音される。ヘーヒストはドイツ西部の金融・交通都市として名高いフランクフルトの都心部から西へ10kmのマイン川右岸

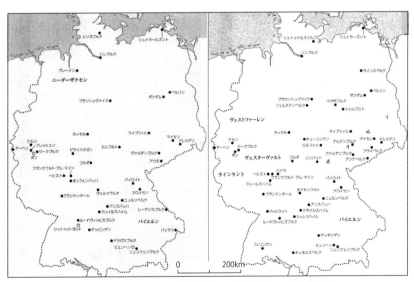

図7-1　ドイツにおける中世（左）と近世（右）の窯業地分布
出典：前田，1999, p.298,302 による。

に位置する。現在でこそ工業地区としての性格が濃厚であるが，1746年に
マイン河畔の小さな町であったヘーヒストに新たな窯が築かれた。窯を築い
たのはレーベンフィンクという人物で，彼はマイセン窯で中国趣味の美術様
式であるシノワズリーや柿右衛門様式に健筆をふるっていた絵付け師であっ
た。マイセン窯での過酷な管理体制に耐え切れず，マイセンからヘーヒスト
に移り住んで開窯した。ヘーヒスト窯からは文豪ゲーテと親しく交わりゲー
テの自然回帰思想から影響を受けた作品を多く残したヨハン・ペーター・メ
ルヒオールが出ている。ヘーヒスト窯は戦争に巻き込まれ開窯50年で閉窯
に追いやられたが，第2次世界大戦後の1947年に市民運動が契機となって
再興された。再興後のヘーヒスト窯は閉窯当時のままの厳密な絵付け技術を
維持しており，下絵すらない白磁の上に絵付け師がフリーハンドで描くとい
うスタイルは失われていない。

　次に，KPM（Königliche Porzellan-Manufaktur）ベルリンの名で知られる王立
ベルリン磁器窯は，1751年にプロイセンのフリードリッヒ大王から特許を
得た羊毛商のウィルヘルム・カスパー・ウェゲリーがヘーヒスト窯から陶工
を迎えて開窯したのが始まりである。しかしこの窯は数年後に閉じられてし
まった。その後，王の依頼を受けた金融業のヨハン・エルンスト・ゴッツコ
ウスキーが窯を再建し，さらにフリードリッヒ大王自身がこの窯を買収して
王立磁器製作所として再スタートさせた。フリードリッヒ大王はマイセンか
ら有能な美術家を招き，マイセン様式とセーブル様式を併せたベルリン磁器
窯に独特な様式を生み出させた。大王存命中は王の好みを反映したもので占
められたが，王の死後はネオ・クラシシズムへと移行し，落ち着いた作風の
ものがつくられた。1830〜1840年代には壮大な壺やミニアチュールのよう
な繊細な陶板画などが生産された。これらは王立ベルリン磁器窯が誇る最も
豪華絢爛な作品でもある。

　ニュンフェンブルクはミュンヘン近くの城の名前であり，1761年にそれ
までノイデック城内にあった窯を移転して以降，ニュンフェンブルク窯と呼
ばれるようになった。開窯は1747年でマクシミリアン3世ヨーゼフによっ
て設立された。ヨーゼフの妻はマイセンのアウグスト2世の孫娘であり，強
王に習い自ら高質な磁器を生産して威信を高めようとした。窯をニュンフェ

焼き物世界の地理学

ンブルク城内に移して以降，現在に至るまで同じところで開窯以来の伝統を
守りながら磁器が生産されてきた。城内を流れる小川で水力発電をしたり，
磁器用粘土を成分調合して独自につくったりするなど，オリジナリティを厳
守している。転写による絵付は一切行わず，すべて手描きで絵付師はひな形
なしで1枚の皿を3週間もかけて仕上げるという徹底ぶりである。ニュンフェ
ンブルク窯の名をヨーロッパ中に広めたのが，造形家フランツ・アントン・
ブステリによるロココ調のフィギュリン（陶磁器製人形）である。9年間に
制作した150種もの作品はウィットとエネルギーを感じさせ多くの人気を集
めた。愚直なまで伝統を守り抜く姿勢は他に例を見ない存在であり，世界の
王室・皇族関係者がニュンフェンブルク窯を訪れるのも珍しくない。

　フランケンタール窯は，ライン川とネッカー川の合流地点に位置するマン
ハイムの北西にある。近世の窯は1755年に築かれ，1800年頃までが最盛期
であった。いくぶんクリームがかった色の地にマイセン風の絵付けをした
テーブルウェアや磁器製の小影像が製作された。とくに磁器製の小影像では
動きのある表現と繊細な彩色が秀逸である。テーブルウェアでは花などが素
材として用いられ愛らしさや優しさが表現された。1780年代以降はセーブ
ル窯の影響を受けるようになり，青地金彩や新古典主義的な装飾の作品に終
始した。最後はナポレオン戦争に巻き込まれ，開窯後，半世紀を待たずして
閉窯した。

　フランケンタールでの開窯の1年後の1756年に，シュツットガルトに近
いルドヴィヒスブルグで近世の窯が開かれた。最盛期は1764～1775年とさ
れ，ロココ様式の踊り子たちの小影像にこの窯の高度な技術が現れている。
その後は新古典主義の洗礼を受けた作品が大半を占めたため独自性を失い，
1824年に閉窯した。最後のフュルステンベルク窯は中世にはその歴史がな
い。北ドイツ・ハノーヴァーのブラウンシュヴァイク公カール1世が，マリア・
テレジアの御用窯であったウィーン窯に触発され，自領の狩猟館に築いた窯
である。場所はフュルステンベルク城内で，1770年代から1804年頃にかけ
てロココ様式の渦巻装飾を浮彫りにしたテーブルウェアや小影像がつくられ
た。下絵付に記されているF印は，領主のカール1世が1753年以後，製作
される磁器のすべてにFのイニシャルをつけるように命じたことによる。

以上のドイツ7大古窯のほかに、アンスバッハ窯（1758～1860年）、ゴーダ窯（1757年～現在）、フルダ窯（1765～1790年）、ケルスターバッハ窯（1761～1802年）などが知られている。

第2節　フランスにおけるリモージュなどの窯業地

1. フランス・リモージュで始まった磁器生産の歴史

　ザクセンと並びフランスもまた、どのようにしたら中国や日本からの輸入磁器と同じものが生み出せるか熱心に取り組んでいた。軟質磁器の製造には成功したものの、硬質磁器ではザクセンに先を越されてしまった。ザクセンに遅れること約半世紀、ようやくフランスでも硬質磁器が生産できるようになった。それはマイセンなどザクセンの工場から硬質磁器の製造法が伝えられたこともあるが、1765年に硬質磁器の製造に欠かせないカオリンがリモージュの近くで発見できたことが大きかった。これに先立つ1740年に、パリ東郊のヴァンセンヌ城に設立された王立の製陶工場が1756年に西郊のセーブルに移された。セーブル窯は焼き物のデザイン面でヨーロッパをリードする役割を果たした。代表的なデザインとしてルイ14世風スタイルやエンパイア・スタイルなど、いずれもロココ調スタイルを特徴とした。こうしたスタイルはプロシア、イギリス、ロシアなどにまで広まり、その影響力は1830年代まで続いた。

　リモージュに近いサンイリエ・ラ・ペルケでカオリンが発見されたのは偶然の出来事であった。この町に住む化学者の妻が1765年に何か白い鉱物を見つけた。彼女は石鹸として使えるのではと考えたが、夫に調べてもらうと磁器の原料になるカオリンであることがわかった。それから6年後の1771年に、リモージュに最初の製陶工場が誕生した。その年には早速、パリ・セーブルの王立製陶工場の分工場がリモージュに設けられた。こうしてリモージュは、磁器生産地として発展していく道を進み始めた（久末, 2015）。現在、リモージュは国内における陶磁器総生産の80％を占めており、フランスを代表する陶磁器産業都市である。

リモージュの焼き物産地としての初期の発展条件は，何といっても近くで
カオリンが産出したことである。これに加えて恵まれていたのは，窯を焼く
ために欠かせない燃料の薪材が周辺の森林で調達できたことである。リモー
ジュはフランス中央部にある中央山塊の西側の森林地域に囲まれている。近
くを流れるヴィエンヌ川は，水車水力でカオリンを砕いたり，薪材や陶磁器
製品を運搬したりするのに利用できた。もともと痩せ地が多く農業に向いて
いなかったので，生まれたばかりの製陶工場には多くの労働者が離農して集
まってきた。安い労働力が利用できたことも，リモージュで陶磁器産業が発
展するのに好都合であった。

　リモージュの最初の工場はルイ14世の弟の庇護のもとで創業し，その後，
この工場はルイ14世自身によって購入された。その頃に焼かれた磁器のデ
ザインはロココ調で，異国風の鳥，花，海などの風景が明るい色調で描かれた。
昔の神話や牧歌的な生活シーンも好んで取り上げられた。国王所有の製陶工
場だったため，磁器の生産には何かと制約が多かった。しかし1789年のフ
ランス革命を境にこうした制約はなくなり，商業的生産ができるようになっ
た。1819年の時点でリモージュには製陶工場が4つあったが，1900年には
35にまで増加した。これにともない窯の数も120基となり，8,000人が工場
で働いた。水力を利用して原料の鉱石を粉状に砕く事業所は1837年に16を
数えた。

　当初，リモージュの工場では燃料として薪材を使用していた。ヴィエンヌ
川の舟運を利用して輸送された薪材は，1789年が1.0万㌧，1814年が2.3万㌧，
1855年が10.7万㌧，そして1865年が4.5万㌧であった。その後，燃料は石
炭に変わっていく。リモージュの陶磁器産業は順調に発展していったわけで
はない。大きな落ち込みはフランスとドイツとの間で戦った普仏戦争（1870
〜1871年）と，第一次，第二次世界大戦のときに経験する。とくに第二次
世界大戦のさいは，労働力不足とドイツによる占領で生産量は大幅に落ち込
んだ。リモージュの製陶工場で生産された陶磁器は国内はもとより海外に向
けて輸出された。とくに多かったのはアメリカ向けで，高級なディナーセッ
トから日用使いの陶磁器まで幅広いジャンルにわたっていた。

　アメリカ向け輸出のきっかけになったのは，1840年代初頭に著名な投資

家デービット・ハヴィランドがリモージュに工場を設けたことである。彼はこの工場でアメリカ市場向けの高級な陶磁器を生産した。その中にはアメリカ大統領のリンカーンやグラントなどの要人が公式の場で使用するものも含まれていた。国際的評価を高めていったリモージュの陶磁器は，1925年のパリ博覧会に出品され大いに人気を博した。リモージュ産の陶磁器が王室や大統領府などでの晩餐会で使われてきた歴史は，ルイ14世が製陶工場を保有し専用の陶磁器を焼かせていた時代にまで遡ることができる。過去にはフランス皇帝ナポレオン3世の皇后や，フランスを訪問したエリザベス女王の晩餐会で用いられたこともある。高級感あふれる過去の輝かしい遺産を現代的感性に取り込んだ焼き物づくりがいまも続けられている。

2．フランス国内に生まれた主な窯業地

　セーブル窯やリモージュ窯ほど知られてはいないが，フランスには近世以降に限っても10余りの窯業地がある。多くは18世紀中頃から後半にかけて開かれたが，現在まで続いているものは少ない（図7-2）。これらの中で開窯時期が16世紀初めとやや古く，フランスにおいて磁器製造の取っ掛かりとなったのがルーアン窯である（前田，1976）。ルーアンはフランス北西部のノルマンディー地方にあり，パリの北西140kmあたりを蛇行しながら流れる

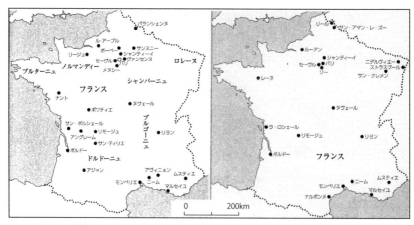

図7-2　フランスにおける中世（左）と近世（右）の窯業地分布
出典：前田，1999, p.297,301 による。

セーヌ川に面している。1530年頃，マッセオ・アバケンなる人物がイタリアのマジョリカ焼の技法を用いて焼き物をつくったのが始まりである。当初は色付きのタイルに画像を描いたものが多かった。その後，100年ほどが経過し，1647年から50年間にわたり独占的に生産できる権利を得たニコラス・ポワレがマジョリカ由来のファイアンス焼をつくり始めた。独占的生産が終了した後は生産が本格化し，工場数も増えていった。しかし盛況だったのは18世紀中頃までで，末期近くになると他の安価な窯業地やイギリス製のクリームウエア陶器との競争に直面するようになった。クリームウエア陶器とは淡い色の下地に鉛釉をかけたクリーム色の洗練された陶器のことで，フランスではファイアンスと呼ばれた。

　次にサン・クルー窯はイル・ド・フランスのパリ西郊に位置する。開窯のきっかけは，すでに述べたルーアンでファイアンス磁器の生産に携わっていたクロード・レヴェランが国内で最初となる磁器生産のライセンスをここで取得したことによる。その後，レヴェランからこの窯を譲り受けた陶工ピエール・カシノーを中心とする陶工たちが軟質磁器の研究を進め，1690年頃からはカシノーの息子たちの手によって軟質磁器が生産されるようになった。彼らが磁器生産に熱心に取り組んだのは，ナイフやフォークを使用しても傷がつかない硬い中国製磁器に太刀打ちできる磁器を自前で生産したかったからである。サン・クルー窯ではフラックス（溶剤），砂，チョーク（主成分は炭酸カルシウム）の混合物であるフリットを原料として用い，完璧な磁器ではないが中国製磁器に近い焼き物をつくることに成功した。この窯の焼製品は中国・明代の青白磁器の影響を受けており，モチーフも中国製磁器を元にしている。下絵の出来栄えは見事で，魅力の少なくとも一部は素材自体の品質にあったといえる。完全な純白とはいえないが，温かみのある黄色もしくは象牙色の色調は当時の焼き物としては最高位にあった。1722年にアンリ・トゥルー窯と合併し，1730年以降は中国の多色磁器を模倣し色彩に富んだ磁器を生産するようになる。有田焼の柿右衛門様式を取り込んだ焼き物も焼いたが，1766年に窯は閉じられた。

　フランス北部を流れるオワーズ川に近いオワーズでも，1730年から1800年にかけて焼き物が生産された。オワーズ川はフランスとベルギーの境界付

近を流れており，セーヌ川に流入するためその支流でもある。オーズ川のさらに支流にノネット川があり，そのほとりに開かれたのがシャンティイ窯である。活動期間は70年間と短かったが，全体は初期，中期，後期の3つの時期に分けることができる。フランスの他の窯と同じように，王侯の支援のもとで磁器製造が試みられたのが始まりである。若くして優れた芸術の審美眼を持っていたルイ4世アンリ・ド・ブルボン＝コンデ（通称コンデ公）は早くから東洋文化に精通しており，日本や中国から高価な陶磁器を収集していた。しかし輸入費を抑えたいという思いもあり，東洋風陶磁器を自ら生産することにした。1730年に設けた工房周辺の通りは rue du Japon すなわち日本通りと名付けるほど東洋に対する関心が強かった。コンデ公は1736年にサン・クール窯からシケール・シルーを招き，シャンティイでの陶磁器生産とその秘伝による生産方法の保護に対して勅許状を与えた。シルーは1751年までシャンティイ窯の総責任者としてその生産運営のすべてを委ねられた。シルーとともにサン・クールから呼び寄せられた名造形師のルイ・グジョンを筆頭に13人の職人の手により当時のフランスではシャンティイでしか目にすることができなかった秘伝の陶磁器が生産された。

　ルイ・グジョンもルーアン出身であったことを考えると，ルーアン，サン・クール，シャンティイというように，焼き物の生産技術が生産地を変えながら引き継がれていったことがわかる。しかしいかんせんシャンティイにおいても，当時はまだカオリンを近くで手に入れることはできなかった。このため，生産できたのは軟質磁器に限られた。中期のシャンティイ窯は次に述べるヴァンセンヌ窯から技術を学び，後期にはヴァンセンヌとセーヴルの両方の味をミックスした焼き物をつくった。しかし名品を輩出するセーヴル窯とイギリスのウェッジウッドには勝つことができず，1800年にその歴史を終えた。

　1740年にパリ東部の使われなくなった王室のヴァンセンヌ城に設立されたのがヴァンセンヌ窯である。クロード・ハンバート・ジェランがここにワークショップを設立し，1740年に亡くなったコンデ公のもとで働いていたシャンティイ窯の職人を雇い入れた。彫刻師や画家などの職人は磁器の製造に取り組んだがうまくいかなかった。やはりカオリンが入手できなかったことが

大きく，リモージュでカオリンが発見されるまで時間を待たねばならなかった。ジーン・ルイス・ヘンリ・オリーが後援するようになってようやくパリの市場で評価される焼き物が生産できるようになる。1756年，ヴァンセンヌの磁器工場はパリ西部のセーヴルに設けられた新しい建物に移転した。しかし経営がはかばかしくなかったので1759年に国王が購入し，以後，世界的に有名なセーヴル磁器がこの窯から生まれることになった（内藤，1960）。つまり，セーヴル窯の前身はヴァンセンヌ窯であった。革命後，セーヴル窯はフランス国家の所有権に移行し，それ以来今日まで操業を続けている。

第3節　イギリス・スタッフォードシャーの窯業

1．陶土原料に恵まれたスタッフォードシャーの窯業

　16世紀のイギリスでは鉛釉のシスタシアン陶器が焼かれていた。シスタシアンという名前はヨークシャーのシトー会修道院から破片が出土したことに因むが，1540年に修道院が解散した頃に生産されていたことを記す記録が残されている。一見すると黒または鉄褐色の金属のように見える釉薬が施された暗赤色の硬い陶器が特徴的で，カップや大型のジョッキなどが出土している。ヨークシャーの南東290kmに位置するイギリス東部のノリッジでは，1567年頃，アントワープからノリッジに移住した2人のフランドルの陶芸家，ジャスパー・アンドリーズとジェイコブ・ヤンソンが，薬剤師などのためにタイルや器をつくったといわれる。彼らはその後，ロンドンへ去ったが，ノリッジでは焼き物の生産が続けられた。17世紀末の作と思われるパズル水差しや白い陶器などは，オランダからの輸入品と考えられる。

　1720年代，イギリス中央部のスタッフォードシャーではアストバリーという同じ名前の陶工が数名焼き物づくりに従事していた。その中の一人ジョン・アストバリーは，1688年にオランダからやってきたジョン・フィリップとデイビッド・エラーから焼き物づくりの技術を学んだ。ジョン・アストバリーは18世紀初頭にスタッフォードシャー南部のシェルトンに工場を設け，黄色味の釉薬がかかった赤色炻器を焼いた。イギリス南西部のコーン

ウォール半島中部にあるデヴォンシャイヤーからパイプクレイ（白色粘土）を取り寄せて使用したのは彼が初めてであった。灰色または白色の粘土を使ってつくられたスタッフォードシャー製のフィギャーはジョン・アストバリーの手によるものである。彼はまた，従来からの炻器をより白くするためにフリットを原料に混ぜて作製した。

　ジョン・アストバリーの息子のトーマス・アストバリーは，後にホワイトウエアと呼ばれることになる鉛釉を使った陶器をつくった（廣山，2004）。ホワイトウエアはウェッジウッドの手によって改良が施され，最後はクイーンズウエアとして完成していく。アストバリー親子がつくったためアストバリーウエアと呼ばれる焼き物は，瑪瑙陶器，鼈甲陶器，黒陶器，釉陶器，塩釉器，白陶器・クリーム陶器，テラコッタ，人形・置物類など非常に多種類にわたっている。後にスタッフォードシャーの窯業地域が栄えていく礎を築いたアストバリー親子が残したアストバリーウエアは，20世紀中期にスタッフォードシャーの炻器が見直されたさい，高く再評価された。

　17世紀を通してイギリスではマイセンの赤炻器と中国製磁器を手本とした陶器が生産された。しかし17世紀末期になると塩釉炻器へと移行していく。塩釉炻器とは，焼成時に窯の中に投じられた食塩のソーダが胎土に含まれるケイ酸・アルミナと化合することで器の表面がガラス質で覆われる焼き物である。しかしこの塩釉炻器も，18世紀になるとクリームウェアや磁器に取って代わられ，さらにその後はウェッジウッドのブラックバサルトやジャスパーウェアへと交代していく。なおブラックバサルトとは，黒色の炻器でカップ内側に釉薬を施し表面は研磨で仕上げる玄武岩をイメージした器である。またジャスパーウェアは，カメオガラスなど古代ギリシャ，古代ローマ美術の形状や装飾をモチーフに表面に浮き彫りを施した器である。こうした一連の技術改良を行ったのが，ストーク・オン・トレントの製陶業者たちである。白色陶土とスタッフォードシャーの陶土を混ぜてつくられてきたクリームウエアをさらに改良するために，原料，成形，焼成の各段階で試行錯誤が繰り返された。

　こうした試行錯誤が行われた結果，これまでよりも種類が多く，しかも比較的安価な焼き物が生産できるようになった。高級品志向に偏らず大衆向け

焼き物世界の地理学

の焼き物へと対象を広げたため，より多くの需要に応えることもできた。そ
れが可能になったのは，成形方法で改良が進んだからである。従来からの
プレス成形法は粘土を真鍮や柔らかくて粘り強い雪花石膏に押し付けてボ
ディーをつくる方法であった。しかし，新たに考案されたスリップ成形法を
使えば，これまでより効率的により多様なかたちのボディをつくることがで
きる。粘土に水を加えて均質な泥状にした陶土すなわちスリップ（泥漿）を
石膏型に流し込むだけの方法だからである。流し込んだあとしばらく時間を
おいて半乾燥状態になったら型から取り出す。スリップ成形法の普及にとも
ない，単純な形状の皿や鉢だけでなく，複雑なデザインの水差しやポット，
置物などが大量に生産されるようになった。

　こうしてイギリスではスタッフォードシャーを中心に窯業が盛んになって
いくが，この地での隆盛の背後にはどのような条件があったのであろうか。
豊富な陶土原料と燃料用の石炭に恵まれていたという条件は納得しやすい。
しかし石炭は国内の各地で産出したため，決定的な要因とは考えにくい。や
はり主要因は陶土の堆積であり，手に入れやすい陶土に惹かれて窯業を始め
る人々が集まり，切磋琢磨して一大窯業地が築かれていった。図7-3は，ス
タッフォードシャーのストーク・オン・トレント市を構成するロングトンに
おける陶土採掘地を示したものである。この図は1947年当時のものである

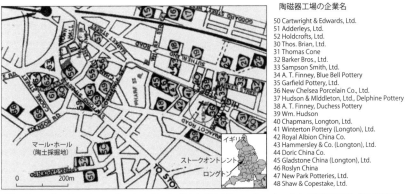

陶磁器工場の企業名

50 Cartwright & Edwards, Ltd.
51 Adderleys, Ltd.
52 Holdcrofts, Ltd.
30 Thos. Brian, Ltd.
31 Thomas Cone
32 Barker Bros., Ltd.
33 Sampson Smith, Ltd.
34 A. T. Finney, Blue Bell Pottery
35 Garfield Pottery, Ltd.
36 New Chelsea Porcelain Co., Ltd.
37 Hudson & Middleton, Ltd., Delphine Pottery
38 A. T. Finney, Duchess Pottery
39 Wm. Hudson
40 Chapmans, Longton, Ltd.
41 Winterton Pottery (Longton), Ltd.
42 Royal Albion China Co.
43 Hammersley & Co. (Longton), Ltd.
44 Doric China Co.
45 Gladstone China (Longton), Ltd.
46 Roslyn China
47 New Park Potteries, Ltd.
48 Shaw & Copestake, Ltd.

図7-3　ストーク・オン・トレントのロングトン地区のマール・ホールと陶磁器工場（1947年）
　　　出典：towns of the City of Stoke-on-Trent, North Staffordshireのウェブ掲載の資料
　　　（http://www.thepotteries.org/potworks_wk/104.htm）をもとに作成。

が，マール・ホール（Marl Hole）と呼ばれた陶土採掘穴のすぐ北側と東側に多数の製陶工場がひしめくように分布していた。この図の中だけでも22工場を数える。これらの製陶工場はマール・ホールで採掘された陶土を原料として焼き物を生産した。こうしたことから，ストーク・オン・トレントの窯業は資源が工業を引き寄せて集中立地させた典型的な事例といえる。なおマール・ホールはその後，土砂で埋め戻され，現在，跡地は運動施設や教育施設の敷地として利用されている。

２．硬質磁器の生産を目指し独自の道を歩んだイギリス

ヨーロッパの大陸側では1710年にマイセンで磁器製造が可能になり，その後，後を追うように磁器生産地が現れていった。しかしイギリスでは磁器製造の試みはあるものの，実現できる段階には至っていなかった。そのイギリスで硬質磁器の生産が始まったきっかけは，ウィリアム・クックワージーがコーンウォールでカオリンを発見したことである。クックワージーは中国製の硬質磁器と同じものを自国で生産したいという機運を熟知しており，そのために不可欠な原料のカオリンを探していた。コーンウォール地方のセントステファンで探していたものを見つけたクックワージーは，1768年にプリマス陶磁器工場を設けた。これがイギリスで最初の磁器生産工場であるが，工場は2年後の1770年にブリストルに移転した。この工場はリチャード・チャンピオンに経営が委ねられ，ブリストル磁器工場として稼働した。ブリストル磁器工場には前歴があり，1750年から1752年までの間，ランズブリストルウェアという名前で軟質磁器を生産していた。その後この工場はウォーチェスター磁器会社と合併するが，生産したのはやはり軟質磁器であった。

このように，イギリスで最初の硬質磁器はプリマス，ブリストルで生まれた。ところがなぜかこれらの工場では硬質磁器の生産は長続きせず，軟質磁器が焼かれた。硬質磁器の本格的生産は，すでに述べたように，ブリストルの北約180kmのスタッフォードシャーで行われることになる。スタッフォードシャーは，イギリスのウエストミッドランド，すなわち国土の中央部西寄りに位置する。この地で発展していった硬質磁器は，ザクセンのマイセンやフランスのリモージュとは異なる性質をもっている。それは，軟質磁器から

焼き物世界の地理学

硬質磁器への移行の仕方が独特なものであったことによる。コーンウォール
でカオリンを発見したクックワージーに代表されるように，18世紀中頃の
イギリスでは，中国製の硬質磁器と同じものを独自に生産しようという機運
が強かった。しかしその道程は険しく，結果として，別の方法によって硬質
磁器に近い焼き物をつくる道を選ぶことになる。

　イギリス人が別の方法で考え出したのがボーンチャイナである。軟質磁器
の原料に動物の骨を砕いたものつまり骨粉を入れる。こうすることにより焼
き上がった製品は軟質磁器よりも硬くなる。おまけに器の厚みを薄くしても
衝撃には強く，フィギュアの場合は先端を細く仕上げても硬くて壊れにくい。
1747年に最初に成功したのはロンドンのボウ磁器工場で，やがて全国各地
に広まっていった。とくにこれを発展させたのが，スタッフォードシャーで
製陶業を営んでいたジョシアン・スポードである。それは1790年代初頭の
ことで，スポードはこれにカオリンを混ぜた原料でボーンチャイナを生産し
た。もうこの頃はイギリスでもカオリンが入手できたので，スポードが始
めた磁器は「スタッフォードシャー風ボーンチャイナ」と呼ばれた。以
後1815年頃まで，イギリスの硬質磁器の基本はこのスタイルで生産された。
大陸の硬質磁器に比べると硬さにおいて勝っているというふれこみであっ
た。

　スタッフォードシャーは現在に至るまで，イギリス国内において最大規
模を誇る陶磁器産地である。先に述べたスポードをはじめ有名な製陶会社
が集まっており，国の内外に向けてさまざまな陶磁器を供給し続けてきた。
まずはスポードであるが，彼は1749年，16歳のときに窯業家のトーマス・
ウィールドンに声をかけられ工場で働くようになった。この工場で働いた
のは1754年までで，その後，ジョサイア・ウェッジウッドと一緒に仕事をす
るようになる。ウェッジウッドは1754年から1759年までウィールドンと手
を組んでいたので，その関係もあってスポードとウェッジウッドは出会っ
た。1770年，スポードはジョン・ターナーが経営していた工場を買い取り，
1805年にはターナーが所有していた特許権を取得した。スポードはターナー
風の焼き物に手を加え，青の装飾や白いストーンウェアを生み出していった。
これはクリームウエアと呼ばれる文字通り乳白色の焼き物で，フランス，オ

ランダ，イタリアでも類似品が生産された。

　イギリスで独自に発展を遂げていったボーンチャイナは，スタッフォードシャーのストーク・オン・トレントに集まる製陶会社によって生産された。先に述べたスポードやウェッジウッドをはじめ，ウォーチェスター，ロイヤルクラウンダービー，ロイヤルドルトン，ミントンなどそうそうたる顔ぶれである。とりわけウェッジウッドは，スポード同様，創業者の名前をそのまま企業名にしているが，1759年の創業以降，陶磁器の生産方法を熟練職人による手作業中心から分業システムへと転換したことで知られる。

　創業者のウェッジウッドは，折から進行中の産業革命の中にあって陶磁器産業の生産・販売技術の革新で大いに貢献した。とくに力を入れたのは古典的な焼き物を現代的に再生することで，1760年代末期から1770年代初期にかけて新製品を次々に市場へ送り出した。ウェッジウッド製の陶磁器は社会階層の高い人々から高い評価を得た。ウェッジウッドは高級食器に対する需要に応える一方，一般庶民向けの陶磁器生産にも心がけた。ウェッジウッドが開発して市場に出した新しい趣向の製品は，すぐに他社からコピー品が出るほど注目された。

　創業者ウェッジウッドは，生涯，自社で硬質磁器を生産することはなかった。国内や大陸諸国のライバル企業とは一線を画した経営戦略に終始した。とくに力を入れたのは，繊細な陶器やストーンウェアの生産である。製品の出来栄えに不揃いが生じないようにするため，これまで職人が手書きで描いてきた文様を印刷技法で行えるようにした。これによって価格を安く抑えることができ，庶民階層でも手が届くようになった。彼が試みた新しい方法は生産に限らず販売の分野にも及ぶ。ダイレクトメール，セルフサービス，無料送付，カタログ販売など，現在では当たり前になっている販売方法の多くはウェッジウッドの発案によるものである。基本を貫いていたのは，商品を求める一般庶民の強い願いに応える熱意が産業革命を動かすという考えであった。

　図7-4は，イギリスにおける中世と近世の窯業地の分布を示したものである。同じように中世と近世を比較して示したドイツやフランスの場合と比べると，いくつかの特徴が指摘できる。まず窯業地の数についてであるが，中

焼き物世界の地理学

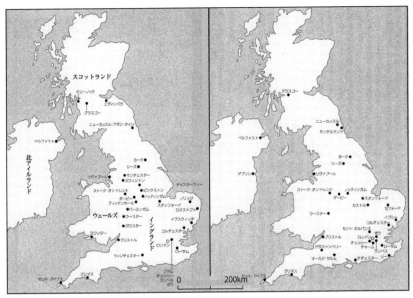

図7-4　イギリスにおける中世（左）と近世（右）の窯業地分布
出典：前田，1999, p.299,303 による。

世から近世にかけて若干減少している。これは窯業地が２割近く増えたドイ
ツとの違いであり，むしろフランスと似た傾向である。とくに目につくのは
マンチェスター，スウィントン，バーミンガム，ディッケンホールなど中部
地域の窯業地である。ここではストーク・オン・トレントが近世に一大窯業
地として発展しているため，その影響を受けた可能性がある。一方で，国土
の南東部すなわちロンドンに近い地域では，リー，チチェスター，チャーム
などが近世になって現れた。それらの一回り外側ではセフォード，カストル，
オールド・サルムといった産地も現れた。ドイツ，イギリス，フランスの三
国を比較すると，窯業地の数は人口規模順に対応するが，ドイツは人口以上
に多く，フランスは逆に少ない。

第７章　ヨーロッパにおける窯業生産の歴史

第4節　スウェーデンとハンガリーの窯業地

1．スウェーデンの陶磁器生産の歴史

　北欧・スウェーデンにおける焼き物生産は，ドイツ，イギリス，オランダなどの影響を受けながら始められた。現在にも続く陶磁器メーカーは少なく，主なものは3社ほどである。現在でも人口は1,000万ほどしかなく，もともと国内市場は大きくない。しかし人口の多い南側の国々とはひと味もふた味も違う趣のある焼き物を生産してきた歴史がある。デザインを重視した美術産業の中で焼き物づくりは確固とした地位を築いてきた。ここでは，創業年次の古い順に，ロールストランド，グスタフスベリ，ウプサラ・エクビィの3社の足跡を振り返りながら，スウェーデンにおける陶磁器生産の歴史について考える（図7-5）。

　創業年次が1726年と3社の中では最も古い陶磁器メーカーはロールストランドである。「スウェーデン磁器工房」という名前が設立時の社名であり，ドイツの磁器メーカーで働いた経験のあるヨハン・ウルフがストックホルムのロールストランド城で生産の指導にあたった。ヨーロッパ

図7-5　スウェーデンにおける陶磁器生産企業

では1710年にザクセン公国のマイセンで最初の磁器生産が始まったため，それから20年も経ずにストックホルムでも磁器生産の取り組みが開始されたことになる。しかしこのとき実際に生産されたのは，15, 16世紀イタリア・ファエンツァのマジョリカ焼に由来するファイアンスであった。ファイアンスは胎土の粗い軟質の錫釉色絵陶器であり，ぶどう酒の搾りかすを灰にして釉薬とし，これに鉛と錫の酸化物を加えたもので描画する点に特徴がある。焼成温度は1,100℃前後であまり高くない。このとき描かれたコバルトブルーの絵柄は中国製磁器を手本としており，東洋磁器の影響を見ることができる。

　1740年代にはグスタフ3世の宮廷建築家だったヤン・エリック・レンが，ビアンコ・ソプラ・ビアンコ（イタリア語で「白地に白」という意味）と呼ばれた乳白色の錫釉薬を用いて白色模様の焼き物を焼いた。その後，軟質磁器が本格的に生産されるようになり，ロールストランドの商標のついた製品がストックホルムのウプサラ大聖堂前の店舗で販売された。1770年代にはルソーの平等主義思想やリンネの博物学思想の影響を受けたと思われる動植物を題材に取り入れたデザインの焼き物が生産された。やがて産業革命の影響を受けて機械生産が始まり，手描きに代えて導入された銅版印刷の絵柄を付けた大型食器が焼かれるようになった。モチーフとして好んで採用されたのは，エキゾチズムを想起させるイギリス磁器に多いウィローやブラックスウェーデンなどである。

　1800年代後半，ロールストランドはボーンチャイナと硬質磁器の生産を始める。会社は順調に発展し，国内で十指に入る企業にまでに成長した。1873年にはロシア向け製品の輸出関税を回避するため，フィンランドにアラビアという別会社を立ち上げた。この頃からスウェーデンのシンボルである3つの王冠をデザインに取り入れた絵柄がロールストランドのマークとして製品に付けられるようになった。当時のスウェーデンは「ダイニングの時代」と呼ばれており，ダイニングルームを飾り立て立派な晩餐会を催すことで家に箔が付くとみなされた。この頃，ロールストランドの製品の中で人気があったシリーズの一つに東洋風の景色を描いた"Flytande blatt"シリーズがあった。Flytande blattとは英語でFlow blueのことである。基本は青い釉薬を用いるが，灰青色や緑がかった青色，真っ黒な青色などさまざまな青の

発色に特徴があった。これも元はといえばイギリスのスタッフォードシャーで始まった転写陶器に手本があり，海外からの影響が依然として続いていた。

　ロールストランドに次いで創設が早かったのがグスタフスベリである。1825 年にストックホルムの東 22km のグスタフスベリに設立されたこの企業は，1640 年代から続いてきたレンガ会社がその前身である。夫に先立たれ会社を引き継ぐことになったマリア・ソフィア・デ・ラ・ガルディが，念願の陶磁器工場の併設を試みた。しかし希望した優れたオランダ人陶工を招くという構想は実現しなかった。ストックホルムの厳しい寒さが陶工たちに移住をためらわせた。その後，会社の経営は卸売業を営むハーマン・オーマンに変わり，古いレンガ工場が取り壊されて磁器生産の工場に生まれ変わった。ハーマン・オーマンはスウェーデン社会で台頭しつつあった中産階級に向けて磁器製品を提供したいという思いを抱いていた。ところが出来上がった製品を見ると十分な品質とはいえず，芸術的センスを備えた専門のデザイナーを欠いていることが問題だと悟った。グスタフスベリも，先に述べたロールストランドと同様，磁器生産の草創期はイギリスやドイツからの影響を強く受けていた。

　19 世紀も半ばに入ると，サムエル・ゴーデニウスとその息子のヴィルヘルム・オーデルベルクがグスタフスベリを引き継ぐことになった。2 人は設備投資と生産工程の近代化に力を入れた。この頃の主な製品は浴室用の陶磁器と美術陶磁器であった。美術陶磁器の中で最も注目されたのは，マジョリカ焼とパリアン磁器であった。パリアン磁器は，1845 年頃にイギリスで考案された長石を主成分とした無釉磁器である。非常に粘りのある粘土でつくるため，複雑な造形表現の磁器彫像に向いていた。その後，19 世紀末にジョセフ・エクベルが若干 12 歳でアシスタントとして入社したことがきっかけとなり，グスタフスベリの製品は評価を高めていくことになる。修業を経てジョセフ・エクベルは自ら作品をつくるようになり，同僚のグンナー・ヴェンネルベリと一緒になってズグラッフィートの技法を開発した。ズグラッフィートとは，ガラス張りの表面に模様を刻んだ芸術性に優れた製品のことである。1900 年のパリ万国博覧会に出展されたグスタフスベリの製品は高く評価され，世界的な陶磁器メーカーとして歩み始めていく。

ジョセフ・エクベルはその後も制作に励み，20世紀初頭には「スウェディッシュ・グレース」の時代を代表する陶芸家の一人となった。スウェーデン風アールデコの特徴は，大胆な色と強いコントラストを持つ独特なデザインにある。彼のラスター釉の作品は，幾何学的な形状，艶消しの青緑釉，金彩などによってこの特徴をよく表現している。ジョセフ・エクベルのあとを引き継ぐ人材として招かれたのがヴィルヘルム・コーゲである。陶磁器制作の経験不足を跳ね返すように，彼は入社後1年もしないうちに，機能的なテーブルウェアシリーズ「Liljebla」（リリー・ブルー）を制作した。このシリーズは，1917年に開催されたリリエルバルク展覧会で高評価を得た。リリエルバルクは，現代スウェーデンの美術産業の発祥の地として知られる。スウェーデンの美術産業は，美と実用を兼ね備えた住宅用装飾の実現を目指して芸術家と産業が一致団結した成果から生まれた。焼き物はその中で重要な位置を占めている。

　さて，3社の中で創業が一番新しいのがウプサラ・エクビィである。1885年に設立されたウプサラ・エクビィは，その名のようにストックホルムの北約60kmのウプサラで誕生した。当初はタイルの生産が目的で，地元で産出する粘土がタイル生産に適していた。床タイルの生産から始まり，壁タイル，暖炉器具，テーブルウェア，陶磁器へと製品の種類を増やしていった。創業当初は財政的に苦しい時期もあったが，1910年代末には300人の従業員を雇うなど北欧でもその分野において有数の企業となった。初期に生産された製品の多くは実用性，装飾性ともに十分といえるものではなく，もっぱら海外製品の模倣に終始していた。しかし1920年頃からデザイン・レベルの向上を目指してデザイナーを雇用するようになり，状況が大きく変化した。1925年にパリで開催された国際展示会においてスウェーデンの実用的なデザインは国際的に高い評価を得た。しかしその時点ではまだウプサラ・エクビィはその恩恵を受けるまでには至っていなかった。1930年代後半になってようやく認知されるようになり，以後，スウェーデンのインテリアデザイン業界で存在感を高めていく。

　1930年代のウプサラ・エクビィで工房を牽引したのは，アンナ・リサ・トムソンである。彼女は革新的取り組みに熱心で，新しい素材や装飾的な技

術に果敢に挑戦した。シンプルで美しい形を活かしたフォルムが彼女の特徴的なスタイルとなった。作品は自然や水などからインスピレーションを受けることが多かった。それから20年後の1950年代になると，異国文化への関心がウプサラ・エクビィの作品にも見られるようになる。イングリッド・アターボリが製作したネグロ・シリーズは，そうした影響を受けた代表的作品といえる。マンガンの粘土と白い装飾が特徴的なこのシリーズは，陶磁器収集家の間で人気の作品となった。1950年代は，ウプサラ・エクビィで焼き物をすべて手作業でつくるシリーズが始まった時期である。これを担ったのは，イギリス出身のデザイナーのドロシー・クラフである。独特の表現を施した愛らしいネコ，「ニャーオ」はその代表作である。

　ウプサラ・エクビィはその後も，幾何学的パターンや装飾を用いて柔らかいフォルムの陶器を制作したヨールデイス・オールドフォーシュ，魅惑的な女性の世界を明と暗，微笑と厳粛など両極端にあるもので表現したマリ・シムルソンなど多くの女性デザイナーを輩出した。こうした勢いのある時期は1960年代まで続いた。しかし，1960年代も後半に入ると国際競争に晒されるようになり，会社の売り上げは下り坂に向かっていく。1930年代から1960年代にかけて短くも輝かしい時代を築いたウプサラ・エクビィは，1970年代に工場規模の縮小を余儀なくされ，1978年にとうとう企業閉鎖に追い込まれた。

２．ハンガリーにおける陶磁器生産の歴史

　ハンガリーには歴史の古い陶磁器会社としてホロハーザ（1777年設立），ヘレンド（1826年設立），ジョルナイ（1853年設立）の３つがある（図7-6）。このうち設立年次が最も古いホロハーザは，ハンガリー北東部のスロバキアとの国境に近いボルソドアバウジゼンプレム郡ホロハーザにある。ガラス生産の会社として創設され，当初はカップボトル，皿などを生産した。しかし，ガラスの原料入手先や市場は工場から遠く，立地条件に恵まれているとはいえなかった。そこで当時，工場を所有していたカロリ伯爵は，近くで発見されたカオリンを原料に陶磁器生産を始めることにした。ガラス生産の開始から半世紀後の1831年のことで，のちに述べる同じハンガリーのヘレンドが

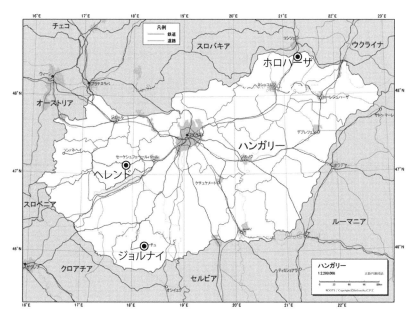

図7-6　ハンガリーにおける陶磁器生産企業

1826年に陶磁器生産を始めたので，そのあとを追うような転身であった。

　会社の所有者は次々に変わり，1857年当時は700人ほどの地元村民の多くを労働者として雇い入れていた。製品は素朴な民俗美術品のようなもので，装飾デザインやモチーフは父から子へさらに孫へと引き継がれていった。時代が20世紀を迎えると，置物，ランプ，掛時計など家の中で飾り物として置く装飾陶磁器が生産されるようになる。第一次世界大戦が終わって生産が再開されると，陶磁器原料の質を高めてより高質な陶磁器になるよう努力が払われた。会社はこうして発展軌道に乗り成長していった。

　1939年からはカロリ・サクマリーが経営を担うようになる。彼はこれまでの製品が芸術的，技術的視点から見て時代に乗り遅れていると考えていた。そこで手始めに新しい動力を得るため石炭火力発電所を設置し，電気炉も導入した。これまで地元市場向けに生産していたのを改め，大都市の上層階級を意識した製品を手掛けるようになったのである。しかし国家体制が社会主義化したため，こうした方向へ完全にかじを切ることはできなかった。社会

主義国家の陶磁器業として生産が許されたのは，電気絶縁体などの工業用磁器のみであった。

　冷戦下の1957年，ホロハーザは実用的な美術陶磁器を生産するようになる。若くて才能のある陶芸家が新製品の開発に携わるようになり，ヨーロッパ市場でも通用する製品が生まれていった。恵まれた窯業資源とハンガリーの伝統的文化を背景に，繊細な手描きの技を用いた独特な陶磁器が送り出されていった。ホロハーザの愛好家は，ヨーロッパはもとよりアメリカや日本などにも多い。現在の従業員は670名を数える。このうち350名が熟練工，40名以上が熟練の手描き職人という陣容は，ホロハーザが世界的に見て高度な技術者集団の集まりからなることを物語る。

　さて，次はヘレンドである。ヘレンドはハンガリーの陶磁器メーカーの中では知名度が最も高いと思われる。それは，この企業がハンガリーという国の成り立ちと深く関わりながら発展してき歴史をもつからである。ハンガリー北西端のショプロン出身のビンス・スティングルが1826年に設立したヘレンドは，ブタペストの西約120kmに位置する。創設者のスティングルはウィーンとチェコで陶磁器づくりの技術を学んだ経験があった。ウィーンといえば，1718年にクラウディウス・インノセンティウス・デュ・パキエが磁器生産で先行するマイセン窯に習い，マイセンから陶工を引き抜いて立ち上げた磁器工房が有名である。マイセンからウィーンを経てヘレンドへという磁器製造技術の伝播の動きを見ることができる。

　ウィーン磁器工房は一市民が設立した最初の民間工房であり，1744年までデュ・パキエの指導のもとで操業が続けられた。ところがこの工房はその後，マリア・テレジア率いるハプスブルク家によって買い上げられ帝室磁器製作所となる。王侯貴族が自ら用いる陶磁器を自由に生産できる窯を所有したがる傾向はヨーロッパでは珍しいことではない。帝室磁器製作所は1784年から1805年まで大いに栄えたが，1830年代に量産化に向かったことがたたり，質の低下を招いてついに1864年に操業を停止した。ビンス・スティングルは帝室磁器製作所が低迷し始めた頃にウィーンからハンガリーのヘレンドへ移り，ここに窯を築いて磁器生産に取り組んだ。しかし彼の専門的知識と製品販売力は十分とはいえず，資金不足と高金利をまえにして事業は行

き詰まった。

　1839 年，以前からヘレンドの工房と関係のあったモール・フィッシェルがビンス・スティングルの後を引き継ぐことになった。彼は工房を建て直し，釉薬製造や焼成の施設を新たに建設した。再建開始から 15 年が経過した 1854 年には従業員が数十名を数えるまでになった。当時，工房で生産されたのは，ビーダーマイヤー様式やネオバロック様式の磁器であった。これはチェコでつくられていた磁器と似ており，その影響を受けていた。ビーダーマイヤー様式は市民の日常生活を重視した素朴なスタイルであり，絵画のような華やかさを特徴とするネオバロック様式とは対照的な位置にある。

　ヘレンドの名を世に知らしめたのは，1842 年に開催された第一回ハンガリー産業博覧会においてである。出展した 200 余社のうち磁器を出展したのはヘレンドだけであった。展示されたのは，質素な仕上がりの磁器と，金彩をふんだんに施した装飾食器セット・花瓶・皿であった。日常的な簡潔性と非日常的な装飾性の両面から磁器づくりにアプローチするヘレンドの特徴がよく表れていた。産業博覧会での高い評価をてこに勢いづいたヘレンドは，生産量の増加と工場の拡張を続けた。ところが 1843 年 3 月 27 日夜半の失火で工場と倉庫が消失するという災難に見舞われた。しかしそこからも立ち直ることができ，生産を再開した。

　苦難から立ち直ったヘレンドをさらなる高みへ導くきっかけとなったのが，1844 年にカーロイ・エステルハージ伯爵夫人から 18 世紀にマイセン窯で生産された食器セットの補充を依頼されたことであった。エステルハージは，現在のスロバキア南西部が出自のハンガリー貴族である。この難しい依頼に見事に応えたことが評判となり，以後，ハンガリーの上流貴族から次々と注文が舞い込むようになった。エステルハージ伯爵はヘレンドを経営するモール・フィッシェルの最大のパトロンとなり，伯爵家に伝わるコレクションを磁器製造のために手元におくことを許した。こうしたハンガリーの上層階級との強い絆を武器に，ヘレンドは高級磁器の生産に打ち込んだ。

　ヘレンドのこうした企業努力は，1851 年のロンドン万国博覧会で成果となって表れた。1 万 5 千にのぼる出品者の中で最高賞を勝ち取り，出品した作品はすべて完売した。会場でヴィクトリア女王がディナーセットを注文し

たことが伝えられると，ヨーロッパ中の王侯貴族がこれに習ってヘレンドへ器を注文した。1855 年のパリ万国博覧会でも受賞の栄誉に浴したヘレンドに対し，ハプスブルク家のフランツ・ヨーゼフ 1 世，すなわちオーストリア皇帝は娘の公女ゾフィーのためにティーセットを注文した。ハンガリー皇帝をその後兼ねることになるフランツ・ヨーゼフ 1 世は，ロンドン万国博覧会で受賞したフィッシェルに騎士勲章を授けた。1864 年にウィーンの帝室磁器製作所は操業を停止したため，ヘレンドはオーストリア＝ハンガリー二重帝国における特別な磁器生産所としての地位を確立していった。

　さて，最後に紹介するジョルナイは，1852 年にミクロス・ジョルナイがハンガリー南西部のペーチに設立した陶磁器会社である。創業時は土鍋，建築用陶磁器，水道管を生産したが，1854 年に息子のイグナック・ジョルナイが会社を引き継いで以降，磁器メーカーへの道を歩み始めた。1873 年のウィーン万国博覧会や 1878 年のパリ万国博覧会で出展品が高く評価され，国際的知名度を高めた。とくにタイル製品は耐寒性に優れており，アールヌーボーの流行の波に乗り各地の重要な建築物で採用された。第一次世界大戦の頃にはハンガリーでも有数の企業にまで成長した。ただし大戦中は陶磁器や建築材料の需要が減少したので，碍子など絶縁体の需要が見込まれる軍事分野に市場を求めた。大戦後は政治的混乱や原材料難，市場喪失などの苦難に巻き込まれたが，恐慌の終了とともに生産活動は以前の状態に戻った。

　第二次世界大戦中のブダペスト爆撃から戦後の社会主義化を経て工場は国有化された。社名をジョルナイからペーチ磁器工場に変え，一般食器を生産した。1982 年に市場経済が再開されたのを契機に会社は独立事業体となり，社名は再度ジョルナイに戻された。1995 年の民営化によってハンガリー投資開発銀行が主な所有者となり，その後，3 つの独立した会社に分割された。貴族社会との深い関わりや国家体制の社会主義化とその反動など目まぐるしい歴史的転変をかいくぐってきたのがハンガリーの陶磁器づくりの歴史である。日常的簡潔性と非日常的装飾性の強いコントラストに，それが現れている。

陶磁器印刷焼付法・デカールの開発をめぐって

　陶器と磁器を見比べたときに受ける印象はかなり異なる。しかし同じ磁器どうしを比べた場合でも，出来栄えには千差万別の感がある。たとえば17世紀初めに伊万里で焼かれた磁器いわゆる初期伊万里には不思議な味わいがあり，当時，それを見た大坂・京都・堺の商人の興味を掻き立てた。それは中国・官窯で焼かれた完全無欠の染付などとは違い朝鮮王朝の特徴をとどめており，形状や施釉の仕上がり具合に不完全さを感じさせる磁器であった。器面には不純物の痕があり底には陶工の指跡さえ残されていた。皿，鉢，碗の底の高台は小さく釣り合いを欠いていた。しかしこうした不完全さや不均衡がむしろ面白みを醸し出しており，日本人を魅了した。仕上がり具合の幼稚さ・未熟さが，かえって融通無碍な自由や余裕を表しているとして高く評価された。

　しかしこの初期伊万里も，中国製磁器をホワイトゴールドと絶賛したヨーロッパ人の目から見れば，日本人のそれとは違っていたのではないだろうか。完璧な磁器を求める立場からすれば，焼き物表面の小さな痕を見過ごすことはできない。余白は余裕ではなく，そこにはしかるべく絵柄や模様が計算通りに描かれていなければならない。ただし手作業による描画には限界がある。この矛盾を解決するために，これまでとはまったく別の方法で実現しようとする動きが現れてきた。不完全，不均衡を許容する日本あるいは朝鮮とは異なり，いかに完全な素地をつくり，その上にきめ細かな図柄を寸分の狂いもなく描くか，その技法をめぐって研究開発がヨーロッパで進められた。時代はちょうど産業革命が始まろうとしていた頃であり，その発祥地であるイギリスで研究開発の萌芽が生まれた。

　課題は白い器面に広く余白を残すことではなく，むしろいかに多彩な絵柄や模様で器面を埋め尽くすか，その技術を発見することであった。決め手は印刷術であり，これまで人が手で描いていた描画を印刷技術によって置き換えるという画期的アイデアである。これは基本的にはグーテンベルグの活字印刷が手書きに取って代わったのと同じである。ただし印字用インクは白紙の上に乗るが，この場合は焼成前の素地の上にインクすなわち釉薬を乗せる点に大きな違いがある。素地は凹凸をともなう局面をもつため，平面印刷に比べ難易度はずっと高い。本の印刷なら黒一色ですむが磁器の場合は多色が当然で，しかも色の異なる顔料を個別に器面上に乗せなければならない。これは顔料を高温で焼き付ける焼き物ゆえの制約であり，常温で何色ものインクを重ねて発色させるパソコン用プリンターとは異なる。

デカール，これが磁器に転写するシートの呼び名である。英語の decalcomania またはフランス語のdecalcomanieの略語であり，このシート状のデカールを作成するために，先進地のヨーロッパにおいて，またそれを習って独自に開発を行っていった日本においてさまざまな取り組みがあった。イギリスでは当初，彫刻家がこの試みを手掛け，エナメルに印刷した装飾を陶器に反転印刷するパッド印刷を生み出した。しかしエナメルは熱に弱く画像がぼやけてしまったためものにならなかった。その後，ポターリッシュと呼ばれる紙に銅版を使った印刷でインクを定着させる方法が開発された。出来上がった用紙を水に濡らし素焼きした陶器に貼り付け，その上から分離剤として石鹸を塗って紙を洗い流せば，絵柄や模様だけが残る。木材パルプではなく麻が原料のポターリッシュを用いたのは，曲面状の陶器に転写するには紙自体にある程度の強度と吸水性，それに印刷性能が必要とされたからである。

　ヨーロッパで技術開発が進められたデカールは，1880年代末にドイツから流入した一片の転写紙をきっかけに日本でも独自開発が始まった。一片というのは事実で，一片わずか9cm四方の婦人画のデカールが1枚7銭もすることに驚いた小栗國次郎の心に火をつけた。美濃焼産地・多治見出身の小栗は，輸出用陶磁器での使用を念頭に安価なデカールを目指して取り組んだ。紙，インク，糊を微妙に配合させながら試行錯誤を繰り返し，約6年の歳月をかけ同業の加藤味三郎とともに1902年に最初の転写紙を完成させた。しかし苦心の末に完成した転写紙も，当時はまだ輸出市場が十分に育っておらず，採用する機会は見いだせなかった。いくら技術が完成して商品が生まれても，肝心の需要がなければ成果は生かされない。それでも，当時，新橋芸者として名を馳せたポン太（鹿嶋ゑつ）の髭洗いを描いた磁器が満州へ，また，同じポン太の似顔絵が印刷された盃や銚子が国内市場へ出ていった。

　その後，小栗國次郎は多治見から名古屋へ移り，森村組を経たあと1906年に自ら印刷会社を立ち上げ，ヨーロッパで流行していた図柄を取り入れた輸出向け陶磁器の商品化に取り組んだ。一時，小栗を雇い入れた森村組は小栗の後任に深田藤三郎を迎えた。その深田も1908年に深田式陶磁器印刷焼付法の特許を取得し，独自に設立した印刷所で業務拡張に励んだが42歳の若さで早世した。小栗と深田が礎を築いたデカールすなわち転写紙業は美濃・瀬戸の焼き物産地を控える名古屋に根付き，第一次世界大戦頃から急増していく名古屋からの陶磁器輸出に欠かせない業界を形成するまでになった。国内向け磁器では初期伊万里のような遊び心を求める一方，欧米スタンダードの洋食器では寸分の狂いもない器面の上に微塵の隙もなく絵柄・模様を描くことが求められる。相反する基準の狭間でいかに

折り合いをつけるか，日本人が背負う焼き物に対する価値観の複雑さをあらため
て思う。

第8章

焼き物・陶磁器の海外輸出と国内流通

第1節　中国製陶磁器の輸出の歴史

1. ヨーロッパ諸国が競って海上輸送した中国製陶磁器

　焼き物・陶磁器は生産地から国内や海外の消費地へ送り出されていく。その場合，大きくいって2つの意味があるように思われる。ひとつは経済的な需給関係としての意味で，運ばれてきた焼き物が使えることで消費者は満足する。いまひとつは，焼き物のフォルム，デザイン，絵柄，色彩など美的要素が味わえることから生まれる満足である。前者が経済的，機能的効能であるのに対し，後者は芸術的，心理的効果である。むろん両者は不可分の関係にあるため，厳密に区別することはできない。焼き物食器を手に入れた消費者は，それを使って食事をするとき，料理が盛られている器や飲み物が入った器を含めて満足な気持ちに浸る。焼き物が遠い異国から運ばれてきたものであれば，その国の雰囲気をどこかに感じながら食事をする。食器が醸し出す気配を通して，異国の文化に触れたような気持ちになる。古くから焼き物・陶磁器を海外に送り出してきた中国などは，そのことによって中国文化の一端を世界に発信してきたといえる。

　その中国は，16世紀から20世紀にかけてヨーロッパやアメリカを中心に陶磁器を輸出してきた。中国製品の海外への輸出は唐の時代から始められたが，その当時の輸出品の中に磁器が含まれていたか否かははっきりしない。中国は，元代から明代にかけてイスラム，アラブ，中央アジアに向けて多くの陶磁器を送り出した。この方面への輸出品は，白い器の表面にコバルトの釉薬で青く文様を描いた大型の磁器である。磁器ではないが，ヨーロッパで celadon あるいは greenware と呼ばれた龍泉青瓷もイスラムに輸出された。イスラム社会では多人数が一緒に食事をする習慣がある。このため大型の皿が多く，中国で一般に使われた深鉢とは対照的な焼き物であった。龍泉青は950年頃から1550年頃まで，浙江省の麗水で生産された。中国の輸出用陶磁器は，国内用の上品なものに比べると幾分硬く粗雑な出来であった。それは，長い海上輸送に耐えるためと，輸出先の人々が中国人ほど洗練されていないと考えたからである。

ヨーロッパやイスラムへの輸出品とは別に，中国から東南アジアや日本に向けて送られていった陶磁器がある。主な輸出港は広東省の汕頭であったため，汕頭焼あるいは漳州焼の名前で呼ばれた。主な輸出の時期は明代後期である。産地は海沿いに散らばっており，漳州，福建，平和県がその中心であった。日本へは天啓焼の名で知られる焼き物が明代に輸出された。天啓という名前は明の皇帝の在位年代（1621〜1628年）に由来するが，輸出はこの期間に限らない。日本で古染付の名で呼ばれた青いコバルトで下絵付けされた焼き物である。生産地は景徳鎮の官窯ではなく民窯であった。天啓が輸出されたのは，中国で明朝から清朝へと政権が移行していった時期に当たる。当時，日本では茶の湯文化が花開いており，日本からの要望を取り入れた焼き物を中国は輸出した。朝廷の移行期は，これまでの伝統にとらわれない自由な技法を取り入れた焼き物がつくられやすい。天啓・古染付もそうした例のひとつである。

　中国からヨーロッパへの陶磁器輸出はいつごろから始まったのであろうか。15世紀から16世紀にかけてイスタンブールを訪れたヨーロッパ人の中に中国製の陶磁器を買い付けた者がいた。このときヨーロッパ人は中国製の陶磁器に初めて接したと思われる。これとは別にポルトガル人がマラッカ経由で中国の陶磁器を入手している。ポルトガルがインドのゴアやマラッカに勢力を伸ばした16世紀初頭のことで，マヌエル1世は1524年にゴアの総督となったバスコ・ダ・ガマを介して手に入れた。このほか，1564年にチロル帝国伯になったオーストリアのフェルディナント2世が，中国製陶磁器の収集家として知られる。こうした初期の散発的な輸出につづいて，まとまった量の焼き物が中国からヨーロッパに向けて送り出されていくようになる。クラック磁器，汕頭磁器，景徳鎮磁器，紋章磁器，広東磁器など多彩な磁器である。このうちクラック磁器は，白地をベースに青いオランダ風の模様を描いた焼き物で，明代後期に輸出された。紋章磁器は，ヨーロッパで流行した家紋をデザインして描いた磁器である。さらに広東磁器は広東省の広州で焼かれた輸出用磁器で，東洋と西洋の雰囲気を融合させたデザインに特徴があった。

　中国から輸出された磁器の中に日本の有田で焼かれた磁器が含まれていた

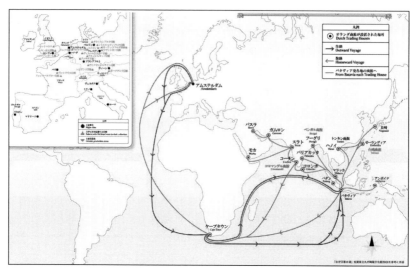

図8-1　オランダの東インド会社による有田焼のヨーロッパへの輸出
出典：九州国立博物館のウェブ掲載資料（https://www.kyuhaku.jp/exhibition/exhibition_s19.html）による。

ともあった。これは，伊万里港から長崎港を経由して中国へ送られた有田焼が，さらに中国の港で中継され輸出されたものである。17世紀中頃から18世紀中頃にかけての時期であり，輸送したのはオランダの東インド会社の船である（図8-1）。有田焼の色鮮やかな色調や文様は，後に中国やヨーロッパで模倣されるほどの出来栄えであった。ポルトガルの後を追うようにしてアジアに進出したオランダは，ポルトガルと激しく衝突しながら対アジア貿易で優位な立場に立つようになる。オランダは，1602年と1604年の2度にわたり中国産の陶磁器を積んだポルトガル船を襲い積荷を奪ってヨーロッパに持ち帰った。それを競売にかけたところ高く売れた。購入者の中にはイギリス国王とフランス国王が含まれていた。これをきっかけに，ヨーロッパで中国産の陶磁器に対する人気が高まった。オランダはこの経験をふまえ，1602年から1682年までの80年間に3,000〜3,500万個の陶磁器を中国や日本からヨーロッパへ運んだ。

　東アジアからヨーロッパに向けて陶磁器を輸送したのはオランダだけではない。オランダに続きイギリスの東インド会社も加わり，3,000万個が輸送

焼き物世界の地理学

された。さらに，オランダ，イギリスに対抗するためにフランスも輸送競争に参加し，1664年から1794年の間に1,200万個を輸送した。オランダによって追い払われたかに見えたポルトガルも，フェリペ2世が設立した東インド会社を通じて1,000万個運んだ。しかし期間は1628年から1633年までのわずか5年間であった。これら以外に北欧のスウェーデンもオランダ，イギリスから刺激を受けてヨーテボリに東インド会社を設立し，1766年から1786年の間に2,000万個を運んでいる。ただし注意したいのは，ヨーロッパ諸国が競うように輸送した陶磁器は中国産だけではなかったという点である。すでに述べたように，明と清の戦いのため中国で輸出向け陶磁器が生産できない時期があった。このため日本の有田がこの空白を埋める役割を果たした。1740年代までに中国は元の状態に復帰し，ヨーロッパ向け陶磁器の輸出を再開した。

　康熙帝（1662〜1722年）の時期，中国の輸出向け陶磁器は最盛期を迎えた。生産は景徳鎮に集中し，生産体制は再編された。17世紀後半からの輸出向け陶磁器は青と白を基調としたものと，康熙五彩あるいは素三彩と呼ばれた白地に緑と赤で絵を描いたものが中心であった。景徳鎮の磁器や宜興の陶器はヨーロッパの陶工たちに刺激を与えた。ヨーロッパに大量に送られてくる中国製の陶磁器を購入した王侯たちは，それらをコレクションとして収集するようになった。1670年から1672年にかけてフランスのルイ14世がトリアノンに建設した陶磁器を展示するためのバロック式の建物はその代表である。建物の内装と外装をフィレンツェ産のタイルで装飾した豪華な建物であったが，1687年には取り壊された。

　こうして中国製陶磁器が人気を博す一方，これまでヨーロッパでは生産できなかった硬質磁器がヨーロッパ人の力で独自に生産できるようになった。これにともない，中国がヨーロッパ市場で築き上げてきた独占的地位は揺らぎを見せるようになる。これまでは景徳鎮で生産された完成品が輸出されていた。しかしヨーロッパでも磁器生産が始められたため，中国製磁器に対する需要は減少していく。中国に対しては磁器に家紋デザインを描くだけといった廉価品の注文が多くなった。廉価品に応えるためには生産を分業化して生産費を抑えなければならない。景徳鎮で半製品を焼き広東で絵付けをす

239

ることで値下げに対応しようとした。これにより輸出品陶磁器の質が低下したのはいうまでもない。

2. 中国からヨーロッパへ輸出された陶磁器の特徴

　国際的に取引される陶磁器が相手先の市場でよく売れるには，その市場の性格を正しく把握しそれに応えるような製品でなければならない。中国からヨーロッパに向けて輸出された陶磁器の場合，皿，碗，壺などにどのような絵柄がどのような色調で描かれていたか，またそれらがヨーロッパ人の趣味に合っていたか否かが決め手であった。とくに大皿などは表面積が大きいので，そこにどのような絵柄や文様が描かれているかは重要である。歴史の長いヨーロッパでは先祖から引き継いできた由緒ある紋章に対する関心が高い。紋章をモチーフに輸出用陶磁器をつくる場合，紋章がどれくらいうまく描かれているかが決め手になる。紋章をデザインに取り入れた陶磁器に対する注文は 16 世紀頃から始まった。ヨーロッパの商人は家系ごとに特徴のある紋章を中国の生産者に伝え，陶磁器を焼かせた。時代とともに色彩は豊富になり，皿や碗の縁取りに金の顔料を使うなど豪華なデザインになっていった。商人はヨーロッパだけでなく北アメリカ向けの輸出陶磁器の生産も中国に依頼するようになった。

　絵柄は紋章だけではない。イスラムに源をもつデザイン，イタリア・フィレンツェ風の図柄，東洋では仏教系の布袋像，菩薩像などが絵柄として取り込まれた。器だけでなく彫像・フィギャー用の題材も各方面から採用された。微笑む少年，オランダ風の男女などである。18 世紀中期以降になると，マイセンで生産された磁器製フィギャーのコピー品もつくられた。オーストリア・チロル地方の舞踏や，鳥，犬，鷲，象，猿などさまざまな動物をかたどった彫像が磁器でつくられ輸出された。彫像デザインだけでなく製造方法でも変化があった。たとえば清王朝の康煕帝の時代（1662 ～ 1722 年）には粉彩と呼ばれる上絵彩色技法が生まれた。琺瑯彩あるいは洋彩とも呼ばれたこの技法によりこれまで以上に多彩な陶磁器が誕生した。さらに 1720 年頃にはマンダリンパレットと呼ばれる粉彩形式が新たに加わる。この粉彩ではタバコの葉がモチーフとして選ばれることが多く，これに鳥，花，昆虫などの図

焼き物世界の地理学

柄を添えた陶磁器が生産された。

　こうしたどちらかといえばアジアや東洋に因んだ絵柄やモチーフのほかに，ヨーロッパに源のあるものも陶磁器生産の場に持ち込まれた。キリスト教の布教のための宗教系のもの，ギリシャ・ローマ神話，田園風景，文学・逸話，鳥瞰図など，実にさまざまなモチーフが取り上げられた。なかにはオーストラリア・シドニーの風景を描いたボウル（碗）もあったが，これなどはオーストラリアでマッコーリー時代と呼ばれた経済成長期にあやかったものである。ヨーロッパや一部の新大陸をモチーフとした陶磁器は18世紀を通して輸出された。

　当初，中国からの陶磁器輸出は国営の東インド会社など公の組織によって行われた。その後，民間企業が貿易船のスペースを一部借りて陶磁器を輸送する業務に乗り出すようになる。18世紀に大量に輸出された陶磁器の多くは，ティーセットやディナーセットであった。その絵柄の多くは青と白を基調に花，松，竹，塔などを描いたウィローパターンと呼ばれるものである。ウィローすなわち柳に代表される東洋風の風景が，中国製陶磁器の定番の図柄であった。こうしてヨーロッパに運ばれた陶磁器の中にはオランダやイギリスでさらに絵付け加工される場合もあった。過剰ともいえる図柄を満載した陶磁器がヨーロッパ市場に出回った。

　時代は19世紀へと進み，中国からヨーロッパへの陶磁器輸出はかつての勢いを失っていく。19世紀末になると，宜興で大量に生産した陶磁器を広東の港から送り出すことが多くなる。すでにヨーロッパ各地では独自に磁器を生産する試みが軌道に乗り出しており，中国にとって強力なライバルになろうとしていた。時代がさらに進んで20世紀になると，中国産の陶磁器は趣を現代風に一新し，新たな輸出品として登場する。国際市場の中ではかつてのような圧倒的存在感はない。しかしそれでも中国の生産条件の優位性は失われていない。それはたとえば，日本市場の特性を研究し品質を向上させた結果，中国製陶磁器の日本への輸出量が近年，急激に増加していることからもわかる。陶磁器は依然として中国の産業において重要な位置を占めている。

3．中国製陶磁器の東南アジア，日本への輸出

　中国から東南アジアへ輸出された陶磁器の中で最も古いのは，紀元後１～２世紀の西漢時代のものである。しかしその数は少ない。中国からの輸出が目立つようになるのは唐代（618～907年）に入ってからで，とくに９世紀半ば以降のことである。当時，東南アジアではインド，チャンパ（ベトナム北部），マラヤ，ジャワ，ペルシャ，アラブなどの商人が長距離交易で利益を稼いでいた。商人たちは陶磁器を船に積み込むために，広州や揚州などの港に集まってきた。こうした商人に陶磁器を売り渡すために，中国は福建省，広東省，江西省の各地に窯を築いて陶磁器を生産した。中国産の陶磁器の品質は高く，脆くて割れやすい他産地の陶器とは比べ物にならなかった。東南アジアのみならず，日本や中東，ヨーロッパへも送り出されていった。途中に幾度か中断はあったが，宋代から明代にかけて輸出は続けられた（松尾，1999）。

　こうして中国からの陶磁器輸出は続いたが，明代の朱元璋の時代になり，1372年に民間貿易が禁止されてしまった。禁止は外国人に対する嫌悪感によるもので，国内に海外から影響が及ぶのを避けるためであった。輸出はすぐには止まらなかったがやがて減少していく。中国からの陶磁器輸入が減少した東南アジアでは，15世紀以降，タイやベトナムの焼き物が市場での割合を高めていく。「明ギャップ」と呼ばれた中国製陶磁器の輸入減少を補うように，タイやベトナムなど域内産の焼き物が出回った。一方，明王朝は海禁政策とは対照的に，大規模な鄭和の軍船を1403年から1433年までの間，７度にわたりインド，アフリカにまで遠征させている。しかしこうした勢いも，モンゴルからの脅威をまえに次第に弱まっていった。以後150年間，中国海軍の力は衰えていく。

　明の海禁政策は実効性に乏しかった。1509年にマラッカに入港したポルトガル船は，そこに中国の貿易船が停泊しているのを見つけた。中国は実質的に貿易を続けていたのである。明王朝は海禁政策が有効でないことを悟り，1567年に海禁政策を取りやめ貿易船に航行の許可を与えた。16世紀末までに中国は陶磁器輸出を再開し，タイやベトナムの焼き物を市場から駆逐していった。中国製陶磁器が輸出市場で復活できたのは，タイとベトナムの国内

事情に助けられた側面がある。すなわち，タイはビルマとの間で戦争が起きたので国内の窯が活動を停止した。ベトナムでは北部を支配した莫朝（1528〜1592年）が内政重視政策をとったため，輸出が衰えた。

　これ以降，中国製陶磁器は市場シェアを伸ばしていくが，混乱もあった。それは明王朝が清と戦った時期で，国内での陶磁器生産は停滞を余儀なくされた。この間，中国製陶磁器の減少分はベトナムの陶磁器によって補われた。このことは，オランダの東インド会社が1669年，1670年，1672年にトンキン湾で輸出用陶磁器を船積みした記録のあることからもわかる。これより先の1535年，ポルトガルはマカオを貿易の拠点とすることを中国に認めさせた。しかしその後にやってきたオランダによってポルトガルは追われる身となる。貿易独占をねらうオランダは，中国と直接関係をもつよりも，むしろ東インド会社をバダビア（現在のジャカルタ）に置き，中国人商人と取引する方法を選んだ。これにより，バダビアが東南アジアにおける中継港としての役割を果たすようになる。タイ，ベトナム，マラヤから多くの商品がバダビアに集められた。ある統計によれば，中国からのジャンク船は1年間に200万個の陶磁器を運んできた。このうち40万個はオランダの東インド会社，40万個は民間商人がそれぞれ引き取り，残りの120万個がローカル市場へ流れていった。

　ポルトガルと対抗する立場からスペインは西廻りでアジアに到達しており，1571年にマニラに拠点を築いた。マニラを中心に中国，フィリピン，マラヤなどを結ぶ交易網がつくられ，スペインは1573年から太平洋を横断してメキシコのアカプルコを目指すガレオン船に貿易品を積み込んだ。この中には福建省から中国船がマニラに運んできた中国製の陶磁器も含まれていた。アカプルコで荷揚げされた陶磁器は陸路ベラクルスまで運ばれ，さらに大西洋を渡ってヨーロッパへ送られた。マニラに向かうガレオン船にはニュースペイン（メキシコ）やポトシ（ボリビア）からの銀が積まれていた。ガレオン船による貿易は1年に1往復の割合で行われたが，陶磁器や絹織物を積んだ東向きの航海は西向きの航海に比べて危険が多かった。30隻以上のガレオン船が積載過剰で沈没している。

　東南アジアから見れば北に位置する日本も，中国から陶磁器を輸入してき

第8章　焼き物・陶磁器の海外輸出と国内流通

た。これは日本から見たときの立場であるが，1640年代に江戸幕府は海外との貿易を中国，オランダとの間だけに限った。長崎を唯一の貿易港とする貿易で輸入された中国製陶磁器は，幕府が置いた長崎会所を通して日本の商人の手に渡った。落札で陶磁器を入手した商人は大坂廻船・糸荷廻船を使って大坂まで運び，さらに大坂・京都の問屋に送り届けた。ただし，輸入品のすべてが長崎会所を経て流れたわけではない。除き物・買い物扱いとされた陶磁器があり，これは長崎市中の商人の手を経るか，あるいは役人の私用や私販のルートを経て流れた。市中商人はそれを直接販売するか，あるいは近在の市場へ回した。

　この時期に海外から輸入された陶磁器は，一般には長崎の出島や中国人の唐人屋敷を経て国内に流通したと考えられている。しかし実際はこうした輸入品とは別に，薩摩藩が取り扱う輸入品があった。これは清国から琉球へ送られてきたものを薩摩藩が入手し，京都の問屋に送っていた陶磁器である。薩摩藩は直に京都へ送る以外に，領内の商人に手渡すルートももっていた。薩摩藩が京都の問屋へ送っていた陶磁器の一部は，不正取引の可能性があった。領内商人が大坂の問屋に流していた部分も不正取引であった。こうした曖昧な取引品のほかに，難破船の積荷や長崎市中での密売・流出など出処が不確かなものもあった。

　長崎会所を経由して大坂や京都まで運ばれた陶磁器は，仲買商人の手を経て全国市場へ送られていった。この中で最も大きな市場は江戸であった。江戸で求められる陶磁器の質は高かった。このため，長崎に入ってきた輸入陶磁器は種々雑多であったが，江戸で売られた陶磁器には様式や価格の面で偏りがあった。江戸で発掘された遺跡をもとに考えると，江戸では碗や小杯など特定の器種が相対的に多く，器形や文様に規格性がうかがわれる（弦本，2014）。18世紀以降の出土量がとくに多く，中級，下級の武士の居住地域からも数多く見つかっている。出土した陶磁器の8割近くは景徳鎮製である。景徳鎮製の陶磁器は全体として多いが，琉球経由で薩摩藩が扱った陶磁器には徳化窯，福建・広東窯のものも多く含まれていた。

第2節　近世・近代の日本から輸出された陶磁器

1．近世日本からの磁器輸出の歴史

　日本からの磁器輸出のきっかけが中国における磁器生産の一時的中止で
あったことはすでに述べた。中国で明と清の間で争いが起こり，それまで景
徳鎮で生産されてきた磁器が輸出できなくなった。やむを得ずオランダ商人
は，九州の有田に目をつけ，中国製磁器と似たものを焼かせようとした。時
代は1640年頃で，日本では文禄・慶長の朝鮮出兵のさいに連れ帰った朝鮮
人の陶工たちから磁器製法を教えられてそれほど時間が経過していなかっ
た。つまり生産できなくなった中国の代役を果たせたのは九州産地しか見当
たらなかった。有田の磁器は朝鮮経由の製法ゆえ朝鮮の影響を受けていた。
しかし基本は中国の磁器を下地にしたものであり，ヨーロッパの市場で好ま
れそうな器形でつくられた。白地に描かれた図柄は東洋風で，これはオラン
ダが中国の磁器に求めていた雰囲気を踏襲したものである。

　輸出用磁器は肥前国・有田で生産されたため有田焼（英語では Arita ware）
と呼ばれた。しかし有田という名前は生産地名であると同時に焼き物の様式
をも表している。これは焼き物の世界ではよくあることであるが，有田では
伊万里や柿右衛門という呼称がこの地域で焼かれた磁器を指すのに用いられ
た。伊万里は有田で生産された磁器を送り出した港町である。柿右衛門は有
田で焼かれた磁器の中の一部の様式を指す。柿右衛門が人名であることは，
ヨーロッパの消費者にはわからなかったかもしれない。わかっていたとして
も，それが陶工の個人名ではなく窯全体の名前であることがどれくらい理解
されていたかはわからない。有田が生産地であり伊万里は輸出港であること
が正しく理解されていたかも不明である。つまり有田，伊万里，柿右衛門と
いう名称は，同一視されたり混同されたりして用いられた。

　伊万里港から長崎に送られた有田の磁器は，中国とオランダの商人の手に
よって海外へ運ばれた。1639年に日本の幕府は海外との交易を長崎に限定
し，中国とオランダのみを相手に交易することを認めていた。中国商人は磁
器を長崎から中国まで運び，そこでヨーロッパの商人に手渡した。長崎での

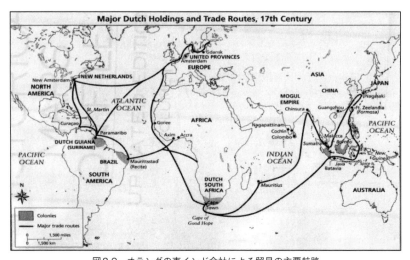

図8-2　オランダの東インド会社による貿易の主要航路
出典：East & West Fine Arts Consulting のウェブ掲載資料（http://www.eastandwestfinearts.com/
uploads/2/0/5/6/20563068/essay_2-_chinese_export_ceramics_2012web.pdf）による。

管理的交易は 1641 年から開始された。オランダは当初はわずかな量しか扱わなかった。1656 年は 4,169 ピースにとどまったが，その後，取扱量を増やし 1659 年には 64,866 ピースにまで増やした。以後，1 世紀にわたって有田の磁器を大量に買い付けて輸出した。オランダは 1619 年に東インド会社の拠点をバダビアに定め，日本，中国，東南アジアとヨーロッパを結ぶ貿易路を築いていった（図 8-2）。オランダの中継貿易はアジア－ヨーロッパ間とアジア地域内の両方で成り立っており，日本からの磁器は両方面に送り出されていった。

　オランダは有田の磁器をヨーロッパへ輸出する一方で，下絵付けのためのコバルトを有田焼のために輸入した。コバルトはインド，ペルシャ，東南アジアの港から持ち込まれた。コバルト輸入の見返りとして，有田の磁器が東南アジアへも輸出されることにつながった。東南アジアの各地に残された有田の磁器が，こうした貿易が行われたことを物語る。ただし東南アジア向けの有田焼は，ヨーロッパ向けの磁器とは異なるセラドンと呼ばれた青磁である。紀元前 14 世紀の中国（殷）で初めて焼かれたとされる青磁の歴史は長く，朝鮮や日本，東南アジアにまで広がった。ヨーロッパでも焼かれたことはあっ

焼き物世界の地理学

名古屋で見つける化石・石材ガイド
西本昌司

地下街のアンモナイト、赤いガーネットが埋まる床……世界や日本各地からやってきた石材には、地球や街の歴史が秘められている。
1600円＋税

ぶらり東海・中部の地学たび
森 勇二／田口一男

災害列島日本の歴史や、城石垣を地質学や岩石学の立場から読み解くことで、観光地や自然景観を《大地の営み》の視点で探究する入門書。
2000円＋税

名古屋からの山岳展望
横田和憲

名古屋市内・近郊から見える山、見たい山を紹介。山の特徴やおすすめの展望スポットなど、ふだん目にする山々がもっと身近になる一冊。
1500円＋税

名古屋発 日帰りさんぽ
溝口常俊 編著

懐かしい風景に出会うまち歩きや、公園を起点にするディープな歴史散策、鉄道途中下車の旅など、歴史と地理に詳しい執筆者たちが勧める日帰り旅。
1600円＋税

愛知の駅ものがたり
藤井 建

数々の写真や絵図のなかからとっておきの1枚引き出し、その絵解きをとおして、知られざる愛知の鉄道史を掘り起こした歴史ガイドブック。
1600円＋税

伊勢西国三十三所観音巡礼　千種清美
◉ もう一つのお伊勢参り

伊勢神宮を参拝した後に北上し、三重県桑名の多度大社周辺まで、39寺をめぐる初めてのガイドブック。ゆかりの寺を巡る、新たなお伊勢参りを提案！
1600円＋税

写真でみる 戦後名古屋サブカルチャー史
長坂英生 編著

ディープな名古屋へようこそ！〈なごやめし〉だけじゃない名古屋の大衆文化を夕刊紙「名古屋タイムズ」の貴重写真でたどる。
1600円＋税

風媒社 新刊案内

2024年
10月

寝たきり社長の上を向いて

佐藤仙務

健常者と障害者の間にある「透明で見えない壁」を壊していくため挑み続ける著者が、自身が立ち上げ経営する会社や未来をひらく出会いの日々を綴る。　1500円＋税

近鉄駅ものがたり

福原トシヒロ 編著

駅は単なる乗り換えの場所ではなく、地域の歴史や文化への入口だ。そこには人々の営みが息づいている。元近鉄名物広報マンがご案内！　1600円＋税

名古屋タイムスリップ

長坂英生 編著

おなじみの名所や繁華街はかつて、どんな風景だったか？全128ヵ所を定点写真で楽しむ今昔写真集。昭和100年記念出版。　2000円＋税

〒460-0011
名古屋市中区大須1-16-29
風媒社
電話 052-218-7808
http://www.fubaisha.com/
［直販可　1500円以上送料無料］

たが，長くは続かなかった。基本は磁器であるが陶器やストーンウエアの雰囲気があり，色彩豊かな磁器を求めるヨーロパ人にはあまり好まれなかった。

　1659年からの2年間，有田は輸出用磁器に対する膨大な生産依頼に対して必死で対応した。既存の窯だけでは対応できないため，波佐見など他の産地にも生産を依頼した。有田ではこのとき窯の数が12にまで増加した。これらはすべて輸出用磁器を焼く窯であり，国内向けの窯は1〜2にすぎなかった。大量に生産され輸出された有田の陶磁器は，アムステルダムのオークションで取引された。オランダが直接運んだ磁器はもちろんであるが，中国の商人が運んだ磁器を中国の港で入手したヨーロッパの商人も海路輸送してこのオークションに持ち込んだ。ここから先はそれぞれの国に分かれて運ばれていったが，柿右衛門はイギリス，フランス，ドイツで評判が高かった。

　ヨーロッパの市場において，有田の磁器は品質の割に中国製磁器よりも高く評価された。このため有田の窯元は大きな利益を得たが，それ以上の利益に預かったのはオランダであった。しかし1680年代以降，有田の輸出用磁器の生産量は減少に向かう。中国が輸出用磁器の生産を再開したからである。しかし理由はそれだけではなく，オランダがイギリスとの間で戦争状態に陥ったことも影響した。東アジアからの磁器輸出業務に支障が生ずるようになったからである。結局，有田の磁器がヨーロッパに輸出された期間はそれほど長くはなかった。しかし，朝鮮から磁器製造法が伝えられてまだ日が浅かったにもかかわらず，ヨーロッパ市場で通用する磁器を生産・輸出できたことは大きい。評価も中国製磁器を上回るほどで，代役以上のはたらきをしたといえる。

　日本で焼かれた輸出用磁器は，基本的にオランダの商人がヨーロッパ市場の好みを考えてつくらせたものであった。このうち大きめの平たい皿は中東や東南アジアにも輸出された。ヨーロッパで流行った紋章をデザインに取り込んだ磁器は，日本ではほとんど焼かれなかった。これは，幕府が1668年に海外から陶磁器を輸入することを禁じたため，参考になる紋章デザインを窯元は入手できなかったことが原因と思われる。器形として参照された焼き物の中に青と白の磁器がある。日本では染付と呼ばれたが，これは明代に景徳鎮で焼かれたクラック磁器を真似したものである。当初，中国ではイス

ラム系の南アジアや東南アジア向けに生産したが，ヨーロッパでも評判がよかったものである。このほか，かつて中国から輸入した陶磁器を手本に輸出用に有田で生産した壺や碗などもある。

　有田で生産された磁器の中で，上絵付けを施したものを伊万里焼と呼んだ。伊万里は陶磁器を船積みする港に過ぎなかったが，焼き物の種類名を表す名前としても使われた。下絵付けと上絵付けは同じ窯元で行われる場合が少なくなかった。上絵付けでは赤や金が色彩として用いられ，線を描くために黒色も使われた。こうした色彩豊かな伊万里焼と対照的なのが柿右衛門である。柿右衛門の特徴は純白色と余白の大きさにあり，明るい色彩で動植物や景色が描かれた。

　有田で焼かれた磁器の中には，有田から遠く離れた産地の名前で呼ばれるものもあった（村上，2009）。それが古九谷で，加賀国・九谷で生産された九谷焼の初期の名称に因む。加賀の古九谷は17世紀から18世紀までが生産時期で，後期の九谷焼は19世紀以降の焼き物である。このうち前期の古九谷に相当する焼き物が有田で生産され輸出されていたことが現在では定説になっている。古九谷の特徴は有田焼に比べると白さに欠け，薄暗ささえ感じられる。それを補うかのように，赤，緑，金など多彩な色で絵模様を描き全体をおおっている。佐賀鍋島藩と大聖寺藩前田家の間に婚姻による縁戚関係があり，両産地の間を人や技術が交流して焼き物も伝播したという指摘もされている。地名と実際の生産地名，それに焼き物の名称がときとして一致しない事例がここにも見出される。

2．幕末・維新期に輸出された薩摩焼の歴史

　日本からの陶磁器輸出は，有田の焼き物が長崎を経由してヨーロッパに送り出された江戸初期の一時期だけではない。それから200年ほど後の江戸末期から明治初期にかけて磁器が海外へ輸出された。有田では佐賀藩が幕末期に産業振興を目的に輸出向け磁器の生産を奨励した。この時期の陶磁器輸出で特筆されるのは，同じ九州にある薩摩藩が領地内で焼かせた薩摩焼を盛んに輸出したことである。ただし注意すべきは，薩摩焼は名前こそ薩摩であるが，実際には薩摩で焼かれたもの（本薩摩）以外に，京都，東京，横浜，名

古屋などで焼かれたものもあったということである（今給黎，2012）。なぜこのように同じ名前の陶磁器が複数の産地で焼かれたのか，非常に興味深い。

　薩摩焼がヨーロッパで高く評価され，その結果，輸出に結びついていったきっかけは，1867年のパリ万国博覧会での出品である。江戸幕府に対抗するために薩摩藩は特産品を万博会場内に展示し，存在感を誇示しようとした。6年後の1873年にウィーンで開催された万国博覧会では，すでにヨーロッパでブームになりかけていたジャポニズムの追い風を受け，薩摩焼は大いに人気を博した。明治維新を達成した新政府は，国の産業振興の一策として国産品の海外輸出を奨励した。しかし海外でSASTUMAと評判の高い薩摩焼を輸出するには，本家の薩摩すなわち鹿児島だけの生産では十分ではなかった。そこで，先に述べたように，鹿児島以外の産地，すなわち伝統工芸の歴史のある京都や，新たに開かれた横浜港に近い東京，横浜，それに瀬戸物産地に近い名古屋で薩摩焼が生産された。

　薩摩すなわち鹿児島で薩摩焼が輸出量を賄えるほど多くの生産ができなかったのは，薩摩焼が薩摩藩の管理のもとで生産を抑えられてきたためである。そうした歴史的経緯を知るには，薩摩焼がどのようにしてこの地で生まれたか，その背景にまで遡らねばならない。薩摩焼と薩摩藩の関係は，有田焼と佐賀藩の関係にうり二つといってよい。すなわち文禄・慶長の朝鮮出兵のさいに朝鮮から陶工を連れてきたことが，佐賀藩と同じように，薩摩藩でも焼き物が焼かれるようになったきっかけである（沈，1998）。1598年に薩摩藩主・島津義弘はおよそ80名の陶工を連れ帰り，うち40余名が串木野島平に着船した。以来，250年以上にわたり島津家の庇護のもとで李朝の流れに連なる陶芸が薩摩藩で続けられてきた。

　ウィーン万博に薩摩焼を出品したのは，薩摩藩が苗代川に設けた藩営焼物所を主宰してきた第十二代沈壽官であった。彼は，1875年に藩営焼物所が廃止されたさい，私財を投じて工場を受け継いだ。薩摩藩が自ら使うための焼き物は白薩摩と呼ばれ，堅野系と苗代川系の2つの藩窯で焼かれた（図8-3）。白薩摩は希少な白陶土を使って焼かれたため生産量は限られた。一方，一般向けの焼き物は黒もんと呼ばれた。これは火山地帯特有のシラス土壌を原料としたため，鉄分の影響で焼き上がりが黒くなったためである。素朴で

頑丈な仕上がりが特徴であり，まさに普段使いにはうってつけの焼き物であった。

薩摩焼として輸出されたのは白薩摩で，その原料の白陶土は藩内の数か所で産出した。なかでも多かったのが指宿カオリンである。薩摩藩は白陶土が一般

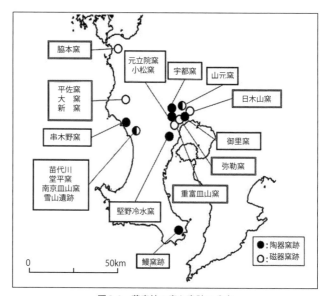

図8-3　薩摩焼の窯と窯跡の分布
出典：渡部芳郎，2019，「薩摩焼研究の現状と課題」東洋陶磁学会第46回大会基調講演資料をもとに作成。

の目には触れないようにし，京都へ派遣した職人が覚えてきた色絵技法や金襴手を駆使して白薩摩をつくらせた。藩窯は1601年に帖佐（現在の始良郡始良町）の宇都に陶工・金海（日本名，星山仲次）が開窯したものである。堅野系と呼ばれる藩窯では，献上・贈答用の茶碗，茶入など古帖佐と呼ばれる茶陶が焼かれた。堅野で初期に焼かれたものは古薩摩といわれ，薩摩焼の主流を歩んで明治維新まで続いた。

　さて，海外からの注文に応じきれない薩摩焼は，薩摩・鹿児島の本薩摩のほかに本州でも焼かれて海外需要に対応した。このうち京薩摩は，三条・東山に近い粟田焼産地で焼いたものである。端正な象牙色の素地に施された精緻な金彩色絵と，京都らしい洗練された意匠が特徴的である。1881年の時点で，粟田にあった錦光山製陶所は陶工250名，徒弟40名を擁して生産にあたっていた。粟田で素地から仕上げまで行う以外に，鹿児島から素地を運び粟田で絵付けを行う分もあり，最盛期には日本からの総輸出量の8割を占めるほどであった。

東京，横浜で薩摩焼を焼いたのは，輸出拠点の横浜港に近いという位置的条件に恵まれていたからである。当時は横浜の外国商館の手を経て輸出が行われていたため，原料が入手しにくいというハンディは打ち消された。東京では西洋絵付けの中心となった河原徳立（のりたつ）が深川に設立した「瓢池園（ひょうちえん）」が生産拠点であった。横浜では明治の日本を代表する陶工・宮川香山や保土田商店などが薩摩焼の生産に励んだ。保土田の薩摩焼は，鹿児島の沈壽官窯で製造した素地を横浜まで運びそれに絵付けをして完成させた。輸出は森村組が引き受け，ニューヨークのモリムラブラザーズで販売された。なお，森村組は1876年に森村市左衛門と弟の豊が日本製品の直輸出のために東京に設立した貿易会社であり，陶磁器の輸出増加にともない名古屋に拠点を移し日本陶器合名会社（現在のノリタケカンパニーリミテド）を設立して輸出用陶磁器の生産を開始している。

　その森村組が拠点を置いた名古屋でも薩摩焼はつくられた。名古屋では明治初期から陶磁器の絵付けが始まり，九谷や京都などの産地から名古屋に移ってきた職人が当時人気のあった薩摩焼風の絵付けをした。ここでは近くに瀬戸や美濃の焼き物産地を控えているため，薩摩焼をつくるための素地はすでにあった。薩摩焼は貫入の入った卵色の陶器が素地である。しかし名古屋の場合，瀬戸や美濃で磁器が生産されていたため，素地として用いられた磁器の上に絵付けをした薩摩焼が多い。全面に絵付けを行うと，せっかくの磁器の素地が隠れて見えなくなる。余白を残すことなく絵付けをするのが薩摩焼の特徴であり，薩摩焼と磁器の組み合わせは必ずしも十分とはいえなかった。

３．名古屋と瀬戸が連携した輸出用陶磁器加工完成業

　近世日本の海外貿易は長崎港を唯一の窓口として行われた。幕末に横浜港が開港し，陶磁器が商館の手を介して輸出されたことは薩摩焼の事例のところですでに述べた。横浜港の開港からほぼ半世紀後の1907年に名古屋港が開かれ，名古屋周辺で生産される産物が外貨獲得を目当てに輸出されるようになった。陶磁器は開港当初から主要な輸出品であり，戦前期を通してつねに最大の輸出品であった。戦後も1950年代末まで陶磁器は名古屋港からの

輸出品のトップであり，さながら名古屋港は陶磁器輸出港として誕生したようにも思われる（林，2000）。この間，名古屋港以外の港湾からも陶磁器は輸出されたが，名古屋港が全国の陶磁器輸出に占める割合は 1935 年が 89.1％，1945 年が 61.4％，1953 年が 92.7％であり，圧倒的であった。

　輸出用陶磁器はなぜこれほど名古屋港から集中的に海外に送り出されたのであろうか。その理由を知るには，名古屋とその背後の瀬戸物産地との関係に注目する必要がある。近代日本は欧米諸国に並ぶべく，国内資源を総動員して輸出品の生産に取り組んだ。茶，絹糸，絹織物などと並んで陶磁器もほぼ国内資源だけで製品に仕上げることができた。日本製陶磁器に対する欧米での高い人気は，近世初期の有田焼や幕末期の薩摩焼などの事例からもわかる。しかしこれらはいずれも九州の陶磁器産地の焼き物である。有田は近世初期に輸出の経験があり，幕末・維新期においても海外貿易にいちはやく取り組んだ。たとえば深川製磁は 1878 年にフランスから製磁機械一式を購入し，輸出用陶磁器の生産を開始した。これを契機に有田では輸出用陶磁器の一貫制機械生産が始められた。海外で人気の高い薩摩焼が鹿児島以外に京都，東京，横浜でも生産され輸出されたことはすでに述べた通りである。

　薩摩焼は名古屋でも生産された。名古屋は近世を通して尾張藩の城下町であり，藩が統制した焼き物の生産と流通の拠点であった。より正確にいえば，名古屋は瀬戸および美濃で生産された焼き物を集荷し，江戸，大坂，京都などに送り出す役割を果たしてきた。藩が命じた有力商人がこの役目を果たし，背後圏で行われる陶磁器の生産・流通を差配してきた。ただし近世末期になると，生産地とくに美濃の産地卸売業者が台頭し，江戸や大坂にも進出して流通に大きく関わるようになる。そして迎えた明治維新と廃藩置県で尾張藩はなくなり，産地の生産者や卸売業者は統制的な陶磁器生産・流通の束縛から解放された。藩の後ろ盾を笠に着て特権的に振る舞ってきた名古屋の蔵元商人も存立基盤を失った。

　こうして名古屋からは陶磁器の生産・流通の管理機能が失われた。ところが失われたのは尾張藩と名古屋蔵元による封建的な管理組織であり，陶磁器産地の生産能力に変化はなかった。残された生産能力を新時代に合わせて十二分に発揮するには，これまで管理とともに庇護の役目を果たしてきた尾

張藩の影響力を取り払い，独自に陶磁器の市場開拓に励む必要があった。時代は開国と外国貿易に対する期待で盛り上がる近代初期，おのずと海外市場に目が向けられるようになった。名古屋の背後にある瀬戸・美濃とくに瀬戸は，近世後期に名古屋の陶器商と一緒になって尾張藩の陶磁器生産・流通統制に加担した。しかし時代は大きく変わり，統制とは真逆の自由な環境のもとで新たな市場を切り開くことが，産地発展の道であることを悟った。

　新時代に新たな道を求める動きは，近世の名古屋で陶磁器を扱っていた商人の間からも生まれた。ここでも尾張藩の影響力はなくなり，自由に商いができる環境が生まれた。明治中頃から海外市場をターゲットに陶磁器を加工完成させる業者が台頭してきたのは，まさにそのような動きの中からである。たとえば滝藤商店を創業した滝藤万次郎は，幕末期に名古屋の蔵元で奉公した経験をもとに絵付加工業を営むようになった。絵付加工とは磁器の上に絵柄を描いて焼成し完成品にすることである。江戸期を通して名古屋には窯はなく，焼き物は瀬戸・美濃で焼かれてきた。それは明治期以降も同じであるが，江戸期と異なるのは，瀬戸で焼かれた陶磁器の半製品を名古屋で上絵付して仕上げた点である。

　絵付窯は小規模なため，名古屋のような市街地でも設置できる。これは一種の地域間分業体制であり，川上にあたる瀬戸から送られた白地の半製品を加飾することで付加価値が高まり利益が得られる。利益が得られるのは完成品が市場で売れるからである。この場合の市場とは日本製陶磁器に対して高い人気を示す海外市場であり，近世までの国内市場ではない。近世から近代への国の大転換が，焼き物産地の生産・流通体制を大きく変化させた。

　生産と流通の2つの機能を兼ね備える輸出用陶磁器加工完成業者は，上流部の焼き物生産地と最下流部の海外市場の両方に目を配り，総合的視野から行動しなければならない。滝藤万次郎と同じように輸出用陶磁器加工完成業に参入した松村九助は，やはり名古屋で松村商店を興した。彼は佐賀の出身で，幕末期は長崎から取り寄せた呉須やコバルトを瀬戸の窯元に売り歩いていた。出身地が名古屋や瀬戸でない点は滝藤と同じであり，いわばよそ者の立場から新時代に期待される業界を築いていった。製品の質を高めるために東京，京都，九谷，有田などから職人を招き，自社工場で絵付けを行わせた。

海外で評価される高品質の陶磁器を完成するために，必要な人的・物的資源
を総動員した。

　輸出用陶磁器加工完成業は，1900 年に開業した中央本線の大曽根駅の西
側一帯に集中していた（図 8-4）。ここは江戸期に名古屋の中心部に蔵元が集
まっていた堀川沿いとは違う場所である。大曽根駅が瀬戸電気鉄道（1902 年
の開業当初は瀬戸自動鉄道，現在は名古屋鉄道瀬戸線）の名古屋側のターミナ
ルであることが物語るように，ここは名古屋と瀬戸を結びつける位置にある。
川上の瀬戸から川下の名古屋へ至る場所であり，ここに業者が集まったのは
地理的に考えても合理性がある。地理的拠点性は，江戸時代に名古屋にあっ
た５つの木戸のひとつが大曽根にあったことからもわかる。木戸の西側一帯

図8-4　名古屋市東区の輸出陶磁器関係業者の分布（1934 年）
出典：堀川と瀬戸を結んだ瀬戸電のウェブ掲載資料（http://www.nagoya-town.info/miti/kita ̄setodenn/
yusyutu.html）をもとに作成。

は旧城下町の武家地であり，明治維新によって禄を失った旧士族にとってこの種の手工業は就業や起業にとって好都合であった。旧城下町の一角と陶磁器生産地を連絡する結節点に，輸出用陶磁器加工完成業の一大集積地が誕生した。

　近世の大曽根は城下町の主要な出入口であり，近代以降は鉄道交通の結節点として出入口機能を継承した。中央本線の路線誘致の願いが叶わなかった瀬戸にとって，大曽根と名古屋を結ぶ鉄道は陶磁器産業にとって欠かせなかった。先に述べた瀬戸電気鉄道は瀬戸の有力窯元と大曽根の有志が私財を投じて実現した。そのような点から考えても，瀬戸で生産した上絵付け前の半製品を自前の鉄道で大曽根まで輸送し，そこで上絵付けをして完成させるのはむしろ自然の流れであった。

　市場が国内であれば中央本線に積み込めば全国どこへでも製品を出荷することができる。しかし，大曽根周辺の輸出用陶磁器加工完成業は海外市場が前提の業態である。このため，名古屋港へ完成品を輸送しなければならないが，開港当時はまだ鉄道や自動車の便はなく堀川の舟運だけが頼りであった。このため瀬戸電気鉄道を実現した人々は，この路線を大曽根からさらに延ばして堀川に至る延伸計画を考えた。これが実現すれば，名古屋の輸出用陶磁器加工完成業ばかりでなく，瀬戸の陶磁器産業にとっても利点が大きい。燃料の石炭や産業・生活物資を名古屋港から瀬戸へ輸送するのに大いに力を発揮するからである。この延伸計画は既成市街地には鉄道が通せないため困難視されたが，名古屋城の外堀の中に路線を敷くという奇策が実現して達成された。

　堀川沿いに瀬戸電気鉄道の堀川口駅が設けられ，輸出用陶磁器や石炭などが取り扱われた。輸出の場合，堀川を10km南下すれば名古屋港に至り，そこで停泊中の貿易船に陶磁器を積み込むことができた。横浜港の開港から半世紀遅れて開港した名古屋港は，陶磁器，織物，木工品など名古屋周辺で生産された製品を海外市場へ送り出したいという強い要望が繰り返された結果，誕生した。戦前を通して名古屋港の輸出品第1位は陶磁器であり，戦後になっても1950年代までこの地位は変わらなかった（林，2017）。名古屋とその周辺の工業生産は近代から現代にかけて大いに発展していったが，瀬戸・

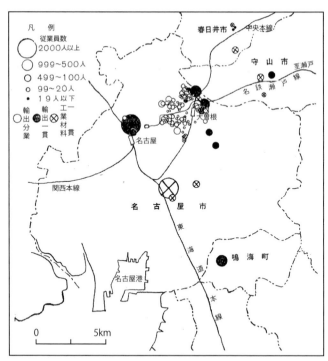

凡　例

従業員数
○ 2000人以上
○ 999～500人
○ 499～100人
○ 99～20人
・ 1 9人以下

○輸出分業
⊗輸出一貫
工業材料貫

春日井市　中央本線

守山市　至瀬戸

名鉄瀬戸線

大曽根

名古屋

関西本線

名 古 屋 市

東海道本線

名古屋港

鳴 海 町

0　　　5km

図8-5　名古屋市における陶磁器工業の分布（1957年）
出典：三浦,1960, p．39 による。

　名古屋の輸出用陶磁器加工完成業はその基礎を築く大きな役割を果たした。
　図8-5 は，1957 年時点における大曽根地区の輸出用陶磁器加工完成業を含
む名古屋市全体の陶磁器工業の分布を示したものである。戦後 10 年以上が
経過したこの時期も，依然としてこの地区では瀬戸方面から素地を仕入れ，
それを分業下請け体制で上絵付けを施し，完成品にして輸出する業者が活動
していた。ただしこの間に変化もあり，戦前の商業資本的経営から脱し自社
工場を構えて完成品にする業者が現れてきた。その一方で，商社機能を強め，
輸出業に特化する業者も生まれた。陶磁器を一貫生産して輸出する業者が瀬
戸方面で増えたのは，海外市場に活気があり旺盛な需要に応える必要があっ
たからである。しかしこうした状況はいつまでも続かなかった。1980 年代
中頃から進んだ円高傾向のもとで国際競争力は低下し，大曽根地区の輸出用

陶磁器加工完成業は操業休止から撤退への道を進んでいく。都市化が進む市街地内での工業活動の継続は容易ではなく、ついに歴史的使命を終えことになった。

第3節　近世日本における焼き物の国内流通

1．尾張藩の美濃焼物取締役・西浦屋の卸売活動

　前節では近世から近代にかけて日本製の陶磁器が海外に向けてどのように送り出されていったかについて述べた。焼き物の地域間移動に注目すれば、距離の長い国際移動と距離の短い国内移動に分かれる。国際移動すなわち輸出入・貿易は経済学で扱われることが多い。これに対し地理学は国内移動に関心をもつことが多く、陶磁器の国内流通との関連で地域間移動が考察の対象となる場合がある。しかしそれは主に現代の陶磁器流通であり、近世や近代が研究の対象になることはほとんどない。この分野は歴史学の研究対象という暗黙の了解のようなものが存在する。こうした背景事情もあり、以下の記述も歴史学研究の成果がもとになっていることを最初に断っておきたい。

　さて、近世末期、日本国内の陶磁器生産は、地理的に国土の中央部に位置する瀬戸・美濃と西日本の有田の2大産地で行われていた。このうち瀬戸・美濃で焼かれた陶磁器が尾張藩陶器蔵物仕法と呼ばれる管理制度にしたがって生産・流通していたことは本書ですでに述べた。しかし時間の推移とともに制度がほころびを見せるようになり、制度の外側で流通する現象が現れてきた。とくに美濃で力をもつようになった有力商人の西浦屋の登場が大きかった。1835年に尾張藩から美濃での焼き物を統率する支配人「美濃焼物取締役」に任じられた西浦屋は、多治見の本店のほかに江戸や大坂に店を構えて陶磁器の流通に大きな影響力を発揮するようになった。多治見の本店は美濃で生産された陶磁器を集荷して名古屋の蔵元に送る役割と、江戸、大坂で売れた陶磁器の対価である荷代金を美濃の窯元に支払う役割を果たした。一方、江戸、大坂の店は、消費地において陶磁器を卸売する機能を果たした。つまり、生産地の卸売と消費地の卸売の両方の役割を果たしたの

である。

　産地卸（問屋）と消費地卸（問屋）は，別々の主体で営まれるのが一般的である。これは現代においてもそうであり，近世末期に産地と消費地の両方に拠点を築いて陶磁器流通に携わっていた西浦屋のような存在は例外的といってよい。それほどまでの力をもつに至ったことには驚かざるをえないが，これは西浦屋が 1841 年に名古屋勘定所入りを果たしたことが大きい。同じ年に株仲間解散令が出されたが尾張藩はこれにしたがわず，尾張藩専売仕組のもとで販売する姿勢を変えなかった。名古屋勘定所に入った西浦屋は，江戸，大坂で尾張産の焼き物を売り捌く地位についた（図8-6）。念願であった「中央市場」へ進出する機会を得た西浦屋は，1846 年に大坂，翌年には江戸に店を開き，「御国産陶器売捌人」すなわち瀬戸・美濃の焼き物を中央市場で卸売する役割を担うようになる。株仲間解散令で勢いをなくした江戸，大坂の特権商人から力を奪うようなかたちでの中央市場進出であった。

　産地で焼き物を集荷する役目と消費地でそれを卸売する役目をともに担った西浦屋は，流通の上流と下流をつなぐ活動記録を残している。焼き物の仕入先と販売先の 2 つの方向の記録を調べることで，瀬戸・美濃の焼き物がどのようなルートで流れていったかを知ることができる。多治見の西浦屋本店に集められた焼き物の生産地はすべて美濃である。明治期以前，瀬戸焼という名称はあったが美濃焼という名前はなかった。美濃産の焼き物は，あくまで尾張藩陶器蔵物仕法の中では瀬戸焼の付属としての扱いであった。しかし江戸や大坂の市場ではそ

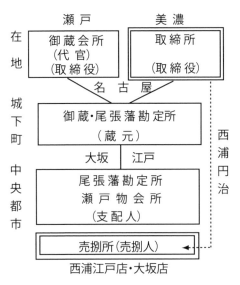

図8-6　美濃・西浦家の尾張藩陶器仕組内での地位
出典：山形，1983，p.18をもとに作成。

のような区別はなく，尾張藩の後ろ盾のもとで生産・流通している尾州産の
焼き物として扱われた。その尾州産の江戸市場での販売割合は，全体のおよ
そ半分であった。これは1856年，江戸へ全国から運ばれてきた焼き物の総
量30万5,533俵のうち13万2,208俵（割合にして43.3％）が尾張産であった
ことから明らかである（山形，2008）。

　一方，江戸市場での競争相手ともいうべき有田焼は25.1％，近畿物は
18.5％であった。有田焼を江戸へ運び入れていたのは紀州（14.8％），鍋島
（8.1％），大村（2.2％）である。有田焼の地元である鍋島，大村が有田焼に関
わるのは理解できるが，なぜ紀州が有田焼を運び入れ，しかも鍋島・大村よ
り多い量を扱っていたか。これは本書の第4章，第2節でも触れたが，近世
の経済体制が領国経営のもとにあり，藩が物産の生産・流通に関わることで
利益に与っていたことが背景にある。紀州藩内には小規模ながらも焼き物の
産地があり，製品を市場に送り出したい藩と地元・箕島港の廻船業者の利害
が一致した。箕島陶器商人とも呼ばれた廻船業者は，有田焼に混ぜて紀州産
の焼き物も運んだ。ほかに相馬藩や黒田藩なども藩陶器仕組のもとで焼き物
の生産・流通に関わっていた。尾張藩を筆頭とする藩経営の国産仕法によっ
て江戸に運び込まれた焼き物は全体の73.8％を占めた。近畿物の内訳は京都
焼（7.6％），信楽焼（8.2％），堺擂鉢（2.7％）であった。

　西浦屋の江戸店は時代が江戸から明治になっても東京店として存続した。
1876年の場合，焼き物の仕入先割合は瀬戸焼38.0％，美濃焼15.6％，有田
焼23.4％，京焼など22.7％であった。たてまえは尾張藩の江戸（東京）での
卸売の窓口であるが，実際には瀬戸・美濃以外の産地の焼き物も仕入れてい
た。すでに尾張藩はなく，西浦屋の多治見本店ではなく東京店であれば，瀬
戸・美濃産地以外から焼き物を仕入れることは大いにあり得た。このうち有
田焼の仕入先は佐賀藩，紀州藩のかつての江戸蔵元や黒田藩の筑前商人であ
り，これは幕末期の1859年と変わっていなかった。このことは，国の政治
体制変化に制度や仕組みが追いついていないことを物語る。西浦屋は有田焼
を新潟の商人からも仕入れた。これは，山形の紅花を酒田経由の東廻り航路
で江戸へ運んだのち，さらに上方へ送ったことと関係がある。上方から瀬戸
内を経由して新潟へ向かうさい，下関で有田焼を積み込んでいたのである。

つまり、新潟を拠点とする本州を一周する海運ルートがあり、江戸へ向かう紅花と一緒に新潟からも有田焼は届けられた。

西浦屋の江戸（東京）店は1865年から1867年の慶応期を通して、毎年ほぼ同じくらいの卸売実績を残している（山形、1983）。卸売先を地方別に見ると、江戸24.2%、奥州（東北）23.3%、相州（相模国）6.1%、野州（下野国）8.0%、上州（上野国）7.0%、常州（常陸国）4.0%であった（図8-7）。奥州については仙台が主な卸売先と思われるが、それ以外に山形、秋田、横手を回って売り歩いた部分もある。常州が4.0%で、下総も4.0%とわずかだったのは、近くに笠間焼や益子焼などの産地があったためである。これらの産地は江戸市場へ地元で焼いた焼き物を送り出していた。東日本は西日本に比べて焼き物の産地が少ない。有田よりも距離的に近い瀬戸・美濃の焼き物を卸売りする西浦屋にとって、関東以東は大きな売上が期待できる市場であった。

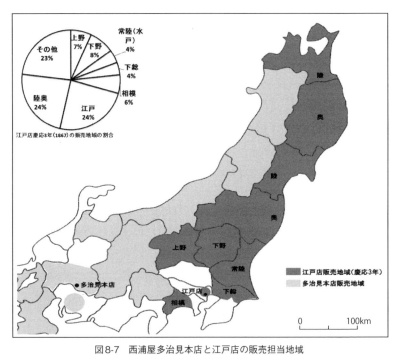

図8-7　西浦屋多治見本店と江戸店の販売担当地域
出典：多治見陶磁器卸売商業協同組合のウェブ掲載資料（http://tatosyo.com/monogatari/monogatari＋waza.pdf）による。

2．大坂市場に進出した西浦屋の卸売活動

　近世日本を通して大坂は全国各地からさまざまな物産が送り込まれてくる一大市場であった。焼き物もその中に含まれており，近世後期には西国の有田焼，中部日本の瀬戸（美濃を含む）焼，それに近畿周辺の焼き物が大坂に集まってきた。瀬戸焼は前項でも述べたように，尾張藩陶器専売仕組のもとで瀬戸・美濃から運ばれてきた。それを大坂で取り仕切ったのが，多治見に本店を構えた西浦屋であった。それまで江戸や大坂での焼き物の卸売は一部の特権商人の手によって行われていた。それが1841年に株仲間解散令が出て自由な営業ができるようになった。尾張藩は解散令にしたがわず，名古屋勘定所入を果たした西浦屋は江戸，大坂へ進出する機会を得た。株仲間解散令は1851年に廃止され新たに再興令が出されるが，解散令が出された後に台頭した弱小商人に支援されながら西浦屋は1846年に大坂に店を開いた（山形，1983）。解散令で力を弱めた特権商人に代わり，西浦屋は大坂でも卸売の商いができるようになった。

　西浦屋の大坂店は江戸（東京）の場合と同様，尾張藩陶器専売仕組において末端に位置する売捌所である。売捌所で営業する名古屋出自の商人は複数いた。しかし，美濃産地で焼き物を一手に集める取締役をつとめ，卸売先の大坂市場では売捌人として活動する西浦屋は，産地と市場を直結する有力なルートを掌握していた。大坂で卸売をする他の売捌人が衰退するのを横目でにらみながら，西浦屋はひとり勢力を伸ばしていった。尾張藩陶器専売仕組の中で瀬戸・美濃の焼き物が売れれば，藩としては何も不都合はない。売上金回収は藩を通して行われるため，藩財政への貢献も期待できる。西浦屋と尾張藩の共生関係は，西浦屋の発展にとっても好都合であった。

　西浦屋大坂（大阪）店の卸売活動の実態を見るまえに，大坂市場へ全国からどれほどの焼き物が集まってきていたか，その地方別割合を見てみよう。時期は維新後であるが1873年，有田44.0％，美濃25.7％，信楽15.2％，瀬戸6.4％で，以下，伊賀，京，淡路の順であった（山形，2016）。やはり大坂では有田の存在感が大きい。明治期以降，美濃は瀬戸とは別の産地と認識されており，シェアは瀬戸の4倍であった。尾張藩はなくなったが陶器専売仕組の制度は

継承されていた。そのような中で美濃・多治見に本店を置く西浦屋が西国向けに陶磁器の独占販売ができたのは，地元生産地・美濃が瀬戸をはるかに凌駕する量の焼き物を大坂市場に送り込んでいたからである。

　大坂の瀬戸物問屋に集められた焼き物は，ここで店を構える卸売商人の手によって各方面へ売り捌かれた。1873年の場合，大坂周辺が65.6%，京都が3.4%であり，大和，摂津を含む近畿全体を合わせると76.9%を占めた（山形，2016）。大坂の卸売商人は近畿を越えて四国，山陽，山陰の各方面にも卸売した。また，京都，丹波，筑前，薩摩，尾張など焼き物産地向けに卸売することもあった。これは，同じ焼き物でも産地ごとに違いがあり，多様な焼き物が各地域で求められたことを物語る。幕末期と比べると大坂の瀬戸物問屋は畿内一円に対する卸売のウエートを増しており，広域的供給力が弱まったことがわかる。

　さて，大坂支店を構えた西浦屋は，西国方面への独占的な売捌能力を十分に発揮した（図8-8）。仕入先を地域別に見ると，美濃焼57.2%，瀬戸焼2.9%であり，6割近くを多治見本店から送られてきた美濃焼が占めた（山形，2016）。瀬戸焼は尾張藩時代に蔵元だった名古屋の陶器商人から仕入れた。しかしその量は美濃焼の20分の1程度にすぎなかった。ちなみにこの当時，大坂市場での産地別陶磁器価格（1俵当たり）は有田焼3.7円，美濃焼2.6円，信楽焼0.4円，瀬戸焼0.3円であった（山形，2016）。大坂を含む西日本では陶磁器は唐津物と呼ばれ，瀬戸物と呼ばれなかった理由が，価格の違いに反映されている。それはともかく，西浦屋は総仕入量の6割を旧尾張藩の陶器専売仕組の対象範囲から仕入れていた。ほ

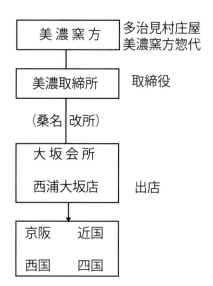

図8-8　西浦屋の大坂以西での販売独占
出典：山形，1983，p.22をもとに作成。

焼き物世界の地理学

かの仕入先としては京焼と信楽焼が 15.3％，唐津物・西物と呼ばれた有田焼が 8.5％であった。

　主に美濃から焼き物を仕入れた西浦屋大坂支店は，畿内，南海道，山陽道，山陰道を中心に卸売した。ただし年によって販売先に変動があるため，特定の年の結果だけをもとに判断するのは適切ではない。1852 年の卸売先別割合で多かったのは泉州・紀州・阿州（阿波国）・讃州（讃岐国）の 18.2％であった（山形，2008）。京都・信楽・近国が 14.1％，因州（因幡国）・雲州（出雲国）・伯州（伯耆国）が 9.0％でこれについでいた。西浦屋のお膝元である美濃へは 8.9％が送られた。美濃焼とは違う焼き物が美濃焼産地に卸売されたのは興味深い。売捌先で諸国向けの割合が全体の 46.6％を占めたことから，西浦屋大坂支店はかなり広い範囲にわたって卸売していたことがわかる。諸国向けは 1857 年も 44.7％を占め，畿内の 20％，山陽道の 15％を大きく上回った。年が進んで 1864 年になると諸国向けは 69.2％にもなり，江戸向けの 20.3％と合わせると 9 割にもなった。年が進むにつれて卸売先の範囲が広がっていったことがわかる。

　西浦屋大坂店は他産地から仕入れた焼き物を地元の美濃に送る以外に，美濃へは陶磁器生産に不可欠な梒灰（ゆすばい）や呉須など特殊な絵薬を送っている。梒灰は磁器だけに使用される高級な溶媒であり，南九州で産する。また呉須は主体が酸化コバルトの藍色を出すための顔料であり，美濃でもわずかに産出するが上質なものは中国から長崎へ輸入されていた。西浦屋大坂店は，長崎から大坂に届く梒灰・呉須を，毎年，美濃の窯元に販売するほか，多治見の本店にも送っていた。入手が困難な梒灰・呉須は高価なため西浦屋に大きな利益をもたらした。梒灰・呉須の代金を窯元に前貸しすることで，産地の問屋資本として窯元を支配することもできた。生産原料の販売，製品の集荷，消費地での卸売のすべてに関わりながら，西浦屋は近世後期から近代初期にかけて陶磁器卸売商人として大いに活躍した。

3．佐賀藩の陶器専売制による有田焼の卸売

　近世後期から近代初期にかけて，日本において陶磁器の生産・供給を二分したのは西国・有田と中部日本の瀬戸・美濃であった。このうち瀬戸・美濃

については，尾張藩の陶器専売仕組のもとで江戸（東京）・大坂（大阪）へ産地から焼き物が送られていった。二大消費地は，市場であると同時にここからさらに遠方へ焼き物を送る中継地としての役割も果たした。その役割を主に担ったのが西浦屋だったことはすでに述べた。西浦屋は美濃・多治見の本店からこれら二大消費地に美濃産の焼き物を出荷する以外に，各地の小市場にも直接焼き物を送り出していた。つまり尾張藩の陶器専売仕組の正式ルート以外に，独自の販売ルートをもっていた。

　陶磁器販売が複数のルートで行われたのは有田焼の場合も同じである。有田焼の場合，1849 年に佐賀藩は陶器専売制を設け，特定の商人に中央市場で有田焼を卸売するようにした。佐賀藩の陶器専売制は，尾張藩の陶器専売仕組と同じ理由で設けられた。すなわち中央市場で得た売捌代金正貨を藩の窓口を通して確実に回収し，そこで生まれた利益を藩財政の資金に組み入れるためである。有田焼は佐賀藩の陶器専売制によるメインルートの江戸・大坂のほかに，日本海側を北上するルート，中国・四国・九州の近在を回るルートでも売り捌かれた。

　佐賀藩の陶器専売制によるルートでは，伊万里商人の丸駒が蔵元として江戸に派遣された。丸駒が選ばれたのは，有田焼を賃船に積み込む伊万里港で多くの船を所有し，江戸市場への販売が任せられる商人だったからである。なお賃船とは荷主の依頼を受けて荷物を輸送する船であり，荷物を自ら購入し寄港しながらそれを販売する売船とは異なる。蔵元として江戸に店を構えた丸駒は，佐賀藩の後ろ盾を背景に有田焼を卸売した。1835 年の記録によれば，伊万里港から送り出された有田焼の総量は 31 万俵であり，このうち19.4％にあたる 6 万俵が江戸売りであった（山形，2008）。関八州の 5 万俵も含めると 35.5％が江戸を含む関東一円への荷物であった。大坂向けは 3.6 万俵だったので，全体の 47.1％が中央市場で卸売されたことになる。

　伊万里港を出た賃船に積み込まれた有田焼の半分近くは江戸・大坂に向かった。残る半分はそれ以外の全国向けであり，送り先は 40 にものぼる。主なものを挙げれば，伊勢 1.6 万俵，備前 1.3 万俵，越後 0.9 万俵，伊予 0.75万俵，豊後 0.7 万俵，長門 0.7 万俵などである。以下，出雲，出羽，備中，越前などと続くが，いうまでもなくいずれも目的地は各地の港である。伊万

焼き物世界の地理学

里港から各地方の港へ有田焼を運んだのは，筑前と紀州の廻船業者であった。主体は伊万里に比較的近い芦屋，山鹿（いずれも福岡県遠賀郡）の筑前の廻船業者で20万俵を輸送した。伊万里から距離は遠いが紀州・箕島の廻船業者も6万俵を運んだ。

筑前や紀州の廻船業者は瀬戸内から太平洋に出てさらに江戸・関東へ向け有田焼を運んだ。輸送先は江戸・関東であるが，そこが最終消費地とは必ずしもいえない。これは卸売商品の特性ゆえで，輸送先はあくまで卸売先であり，最終的な販売先はさらにその先にある。伊万里港から有田焼を積んだ廻船が向かった先には中継港もあった。たとえば駿河は，瀬戸・美濃・常滑などから仕入れた方が距離的に近いが，有田焼を0.9万俵も受け入れている。これは有田焼を地元で売り捌くだけでなく，中継して他所へ送るためである。伊万里港から1.6万俵も送り出された伊勢の場合も事情は似ており，伊勢を経てさらにその先へ運ばれていった。伊勢の場合は尾張国を拠点とする尾州廻船が九州～兵庫～江戸を輸送ルートとしており，伊勢もその中に含まれていた。

焼き物の仕向地（港や都市）と最終消費地との関係には注意を払う必要がある。この点でとくに注目されるのは，下関，浜田，新潟，兵庫が果たした中継機能である。これらの港や都市の名前は，伊万里港からの仕向地としては記録されていない。しかしこれらは有田焼の全国輸送で重要な機能を果たした。たとえば下関の場合，ここは日本海航路と瀬戸内海航路を結ぶ中継港として絶好の位置にある。有田焼を積んで日本海を海岸沿いに北上するにしても，瀬戸内海を東に向かうにしても，船は必ず下関に寄港した。下関で中継されたのは有田焼（唐津物）ばかりではなかった。瀬戸・美濃で焼かれた瀬戸物も瀬戸内を西に向かって運ばれ，下関で唐津物と混載されて日本海側へ運ばれた。

瀬戸内の港の中で兵庫が注目されるのは，東西方向に移動する貨物を兵庫港が中継していたからである。兵庫に近い大坂は舟運機能の低下もあり経済的役割が弱体化していた。それを補うように兵庫港が成長してきた。伊万里と江戸との間の直線距離は950kmで，その途中の兵庫との間は500kmである。距離的にいっても中継港として申し分ない位置である。兵庫港の歴史は古く，

第8章　焼き物・陶磁器の海外輸出と国内流通

8世紀初めに大和田泊と呼ばれた頃からの港である。淀川河口の難波津が土砂堆積で利用できなくなり，神埼川河口の河尻がその役割を果たすようになるが，そこから1日航程の兵庫港が賑わうようになった。兵庫港は1868年に東隣に神戸港が開港されるまで，瀬戸内を航行する廻船の寄港地として栄えた。

　日本海側では浜田と新潟，とりわけ新潟が中継港として重要な役割を果たした。浜田の廻船問屋の清水屋に残された史料によれば，清水屋は伊万里から北上してきた北前船から有田焼を仕入れ，それをさらに北へ向かう廻船で送り出した（山形，2016）。輸送したのは紀州廻船と伊予廻船で，このような輸送を伊万里では旅商との取引による輸送と呼んだ。ちなみに伊万里～浜田の直線距離は270㎞，伊万里～新潟は970㎞である。浜田と新潟の間には小浜や岩瀬浜があり，それぞれ越前，越中方面向けに有田焼を中継した。新潟がとくに重要だったのは，信濃川，阿賀野川の舟運と連絡することで内陸部まで焼き物を送り込めたからである。日本海を北上して酒田，秋田に向かえば，供給範囲はさらに広がる。酒田からは最上川の舟運で出羽地方一帯にまで届けられた。このため新潟には多くの焼き物問屋が集まり，伊万里から送られてくる有田焼はもとより，大坂あるいは江戸を経由して運ばれてくる瀬戸・美濃の焼き物も取り扱った。

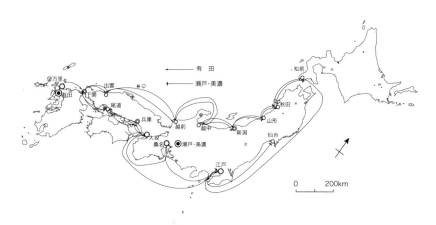

図8-9　近世，有田，瀬戸・美濃産焼き物の廻船輸送
出典：山形，2016,p.249 などをもとに作成。

焼き物世界の地理学

図8-9は，有田焼と瀬戸・美濃焼が伊万里あるいは桑名といったそれぞれの積出港から廻船で運ばれていった状況を示したものである。両産地ともに本州を一周するような廻船輸送ルートをもっていた。中央市場の大坂へは相対する方向から，それ以外は互いに並行するかたちで焼き物を運んでいた。両産地から距離が遠い日本海側北部では新潟が主要な中継機能を果たした。やはり距離的に遠い奥羽北部へは，有田焼は新潟商人の手を介して運ばれた。瀬戸・美濃焼は江戸を介し，さらに仙台を経由して送り込んでいた。廻船によって各港へ運ばれてきた焼き物は，可能であればそこからは川船で内陸部へ輸送されローカルな市場にまで届けられた。鉄道交通がいまだなかった時代ではあったが，四方を海に囲まれた島嶼国の有利さもあり，重くて嵩張る焼き物も遠方まで運ばれていったことがわかる。

コラム 8　稲藁で焼き物を包んで輸送する文化

　インターネットの通販サイトから焼き物を注文すると，数日後にはダンボールに入った状態で焼き物が届けられる。便利な時代になったとつくづく思うが，ダンボールがなかった時代にはどのように送られたのだろうと，ふと思う。そもそも通販サイトなどなかった時代であり，焼き物は陶磁器小売店で直接購入して家まで持ち帰るのが普通であった。小売店から自宅まではそれでよいとして，問題は消費地卸売店と小売店の間，あるいは産地卸売店と消費地卸売店との間をどのように輸送したかである。さらに遡れば，生産者である窯元から産地の卸売店まで，距離は近いがどのように焼き物を運んだかである。いずれもダンボールのなかった時代のことである。自動車はむろん鉄道さえ存在しなかった時代であれば，まとまった量の輸送は水上交通に頼るほかなかった。

　ダンボールは19世紀中頃のイギリスで使われ始め，日本ではその半世紀後の1909年に厚紙を貼り合わせた箱の製造に成功したといわれる。ということは，近代初頭まで紙製の箱をモノの輸送に使うことはなかったということである。では何を使っていたか。歴史をひもとけば，藁束がモノを包んだり結び合わせたりするために使われていたことがわかる。焼き物に限らず多くのモノが，米づくりの国の稲の副産物ともいえる藁を使って梱包されていた。一本だけなら頼りないが，集めて束にしたり広げたりすれば，大抵のモノは包み込むことができる。曲げた

り折ったりして工夫をすれば，モノのかたちや大きさを問わず包装できた。きわめて柔軟性のある素材である。

　ただし同じモノでも，焼き物は重くて割れやすく嵩張るという特性がある。最も注意すべきは割れやすいという点である。焼き物を積み重ねるさい，間に緩衝材がないと割れたりヒビが入ったりする恐れがある。このため，面倒ではあるが紙や藁を間に挟むか，あるいは最初から焼き物を丸ごと藁で包み込むかする。割れを防ぐことばかり考えて藁を多く使うと，荷物全体が大きくなってしまう。いかに藁を節約しながら割れない状態で焼き物を包むか，これが作業者には求められた。こうした作業は専門的で高い技能をもっていないとできない。このため，焼き物産地には藁を使って梱包作業を専門に請け負う職人がいた。窯元の依頼で作業を行うのが本職で，職場を渡り歩きながら生計を立てていた。

　稲や小麦からとれる藁は同じでも，藁を使って焼き物を包装する方法には産地ごとに違いがあり，それぞれ特徴があった。たとえば有田の焼き物は，大きく分けて「菰包み」と「輪巻き」という2種類の荷造り方法によって梱包された。菰とはイネ科のマコモを粗く織ってつくったむしろことであるが，マコモの代わりに藁が使われることが多かった。菰包みは円筒形の俵のように荷造りをする方法で，伊万里港から送り出される海上輸送荷物はこのかたちが多かった。小さめの焼き物を海上輸送の衝撃から守るのに適していた。同じ海上輸送でも大型の焼き物は，輪巻きで梱包された。太く編み込んだ縄を巻くように締めたためこの名があるが，これも長距離海上輸送に耐えるように考え出された。

　焼き物を藁で梱包する技術は，米俵や酒樽など焼き物以外のモノを包み込む技術と共通する部分が多い。すでに平安の頃からさまざまな方法が考案されており，モノの移動には欠かせない技術であった。稲作文化の国ゆえ梱包の分野でも藁を用いた多様な包み方が各地で生まれた。梱包文化と呼んでもいい知恵や技術が育まれ，それが伝統的に継承されてきた。しかしダンボールの登場により，そうした継承は途絶えたかに見える。稲藁も現在はその9割以上がすき込みや堆肥として利用され，残りは家畜の飼料に回されている。焼き物を細い藁を使って包み込むなど，いまではとても信じられない方法で焼き物は保護され，遠方まで運ばれていった時代があった。

第9章

焼き物を包み込む文化とその広がり

第1節　多様な文化の中で生まれる焼き物

1．焼き物・陶磁器を包み込む文化概念

　本書では主に「焼き物」という言葉を使っているが，ほぼ同じ意味で「陶磁器」という言葉もある。焼き物が窯で焼成したものであることを強調した言い方であるのに対し，陶磁器は陶土あるいは磁土（陶石）でつくった器，すなわち陶器と磁器を一緒にして表す言葉である。ただ陶器や磁器には器という漢字が含まれるため，どうしても食器の意味合いが大きい。器とはいえないタイルは陶磁器といっていいのか，といった疑問さえ湧いてくる。それならば，原料成分や用途を問わないただ焼成してつくるという意味で，焼き物といった方がしっくりくるのではと思う。日本語の世界だけならこれでおさまるが，日本以外ではどのように考えたらよいだろうか。

　日本語の陶器にあたる英語は一般には pottery である。pottery は古いフランス語で陶器職人を意味する poterie に由来する。その poterie はというと，ラテン語で壺を意味する pottum がもとになっている。液体を入れる壺が語源ということであれば，pottery にはもともと器の意味が含まれていると歴史的に類推することができる。その当時の壺は土器か炻器であったと思われるので，pottery が磁土（陶石）でつくられる磁器を含まないことは明らかである。つまり pottery ＝陶磁器ではなく，あくまで pottery ＝陶器である。

　一方，磁器に相当する英語の porcelain は，中国を訪れたマルコポーロがイタリア語で porcellana と呼ばれていた宝貝の表面と磁器の表情が似ていたのでそのように名付けたのが語源とされる。たしかに宝貝の白い光沢は磁器のすべすべした光沢とよく似ている。しかし，porcelain それ自体に器の意味は含まれない。陶器の語源的ルーツである壺とは異なり，磁器の語源は形状や機能ではなく色彩や風合いの類似性に由来する。言葉は歴史的に生まれる知的産物である。モノは地域を問わず同じでも，使われる言葉や言語が違うと表現のための語彙も異なる。言葉や言語は文化の一部である。文化は幅広い概念であり，衣食住のうちの食に関わる料理やその器も文化概念に含まれる。焼き物・陶磁器を文化という概念の中でとらえたらどのようなことが

いえるだろうか。

　古代から現代に至るまで，多くの場面で焼き物や陶磁器は人々の身近に存在してきた。とくに生きていくのに欠かせない食事のための器として使用されたことが大きい。金属や木材など別の素材で器をつくることもできる。しかしこれらは耐熱性・耐腐食性・耐久性という点で焼き物や陶磁器には及ばない。金属は調理用具として，また木材は椀や皿など一部の器として用いられることはある。鍋や釜など金属製の調理用具が登場する以前は，土器で煮炊きをすることもあった。しかし次第に焼き物・陶磁器は調理された料理を入れたり盛り付けたりする器として用いるのが一般的になった。

　食事の内容すなわち料理の中身は国や地域によって異なる。それは地表上のどこに住むかで手に入る食材が違っており，それらを使って調理した結果である料理が千差万別だからである。食材は，気温・降水量などの違いで変わる気候や，標高・地形・土壌など多様な条件によって規定される。多様な食材を用い工夫を凝らして調理・仕上げた料理をどのように口に入れるか。このスタイルも時代，民族，社会などによって異なる。たとえ同じ時代の同じ民族が同類の料理を口にする場合でも，社会階層が違えば食事の作法が異なることもある。所得差は食材の質の差に現れ，料理の食べ方をも左右する。

　食材，料理，食事作法などに見られる多様性は，人々の暮らし方や生活様式における多様性の一部である。暮らし方や生活様式は文化という概念の中にあり，国や地域ごとに異なる文化が食を多様なものにしている。文化は衣食住のあらゆる分野に染み込んでおり，それが食の場面に現れると，食文化としてとらえられる。そのような食文化を支える重要な用具として焼き物や陶磁器がある。器がなければせっかくの料理も口にすることができない。食文化を支える焼き物や陶磁器が料理と無関係であるとは思われない。多様な生活様式のもとに多様な食文化があり，それを支える焼き物・陶磁器もまた多様な性格を帯びる。

　このように，食材の種類，調理方法，料理内容と並んで食器もまた文化という概念に含まれる。文化は非常に幅広い概念であり説明がしにくい。食卓の上に並べられた食器ひとつを取り上げただけでも，材質，形状，色彩などの奥にはさまざまな意図が潜んでいる。なぜこのような原材料が選ばれ，ど

のような考えで形状や色彩が決まり，どのように焼かれたのか。これらはすべて生産者の意図やデザイン（計画）によって決められる。その生産者は，ある特定の時代，民族，社会に属しており，そこにおいて通用する食器を生産する。通用するとは文化的フィルターを通過することであり，暗黙的に了解された基準や枠組みの中におさまることを意味する。要するに食材・料理，食器，食器生産者のすべてが文化の中にあり，文化的に制約される存在だといえる。

　地表は，歴史的，地理的にかたちづくられてきたさまざまな文化によって覆われている。各文化は当初は孤立的であるが，時間の経過とともに互いに接触し合うようになる。歴史的に見ると，文化の接触にはある種の方向性や偏りがある。日本の場合，古くは中国大陸から文化が流れ込み，日本はその影響を受けた。その後，外からの影響を嫌い，国を閉じた。明治維新は西洋文化が勢いよく日本に流入する契機となり，それまで国内で培われてきた日本文化はその影響を受けて変わっていった。これらはいずれも文化の双方向移動というよりは，むしろ一方から他方への移動である。

　焼き物世界の事例でいえば，中国で生まれた磁器が各地へ広まっていったのがその代表である。磁器は東西交易の道を経て西はイスラム，ヨーロッパへ，東は朝鮮半島を経て日本へ伝えられた。南下して東南アジア一帯にも広まっていった。陶器や炻器とは原料・焼成窯が異なる磁器は，単に優れた器としてだけでなく，それを生み出した中国の技術文化や美術的文化を伝える役割を果たした。高温で焼成されたきめ細やかな硬い器は，これまでの器とは比べ物にならないほどの特性をもっている。青と白を基調に描かれた絵柄や文様は中国らしさに満ち溢れており，東洋風の文化的雰囲気を異文化地域に伝えた。

　こうして各地に広まっていった中国の磁器は時間とともに現地化し，在来文化の中でかたちを変えながら吸収されていった。磁器の原料の磁石（陶石，カオリン）は地球という自然が生み出した生成物であり，普遍的性質をもっている。しかし，原料をどのように利用して製品にするかという加工・製造の方法は文化ごとに違いがある。当初，ヨーロッパでは中国風の絵柄や文様が磁器を生産するさいに参考にされた。しかし，磁器を製造する技術を独自

に開発し確立してからは，ドイツやフランスの伝統的デザインをもとにした磁器が生まれていった。同じことは，器の上の料理についてもいえる。食材，調理，食事それ自体はどの文化にも存在する。しかし，これらを具体的にどのように組み合わせるかは，個々の文化ごとに異なる。インドを植民地化したイギリスが自国の料理としたものが日本に持ち込まれ，それが日本風に変わってカレーライスが生まれたように，食文化は多様であると同時に絶えず変容している。

2．磁器に対する憧れと陶器の風情を評価する文化

　陶磁器はその名のごとく陶器あるいは磁器のことであり，いずれも器とくに食器をさす。器は容器であり，液体や個体が食卓や床の上にこぼれないように支える。液体は容器のかたちに合わせてとどまり，やがて人の口の中に飲み込まれていく。固体は容器のかたちにはあまり左右されないが，容器の大きさを大きくはみ出ることはない。飲料や食料が身体の中に摂取されるまでの間，それらを器の中で保持する。これが陶磁器の基本的な役割であり，炻器，陶器，磁器など材質が何であっても問題はない。炻器よりまえの須恵器は透過性が低く差し支えないが，そのまえの土師器は液体が漏れる恐れがあるため適切な器とはいえない。土師器以前の土器の段階では液体の保存に苦労が多かったと推測される。

　土器の段階から磁器に至るまで，いかに液体や固体を不都合なくとどめおくかに努力が払われてきた。お茶，紅茶，コーヒーなどをカップに注ぎ，それを手に持って飲む習慣は多くの文化に共通する。重くて飲み口が厚いカップは敬遠されやすい。調理場から食卓までの運びやすさを考えると，食器はできるだけ軽い方が好ましい。食器をいかに軽く丈夫につくるかは大きな課題であり，陶器から磁器への進化はまさにこの課題を解決した結果にほかならない。食器を何度も使うことを考えれば，ただ軽くて丈夫なだけでなく，洗いやすく清潔に保存しやすいことも望ましい条件である。むろん陶器には陶器の良さがあり，また陶器しか生産できない地域も少なくなかった。そうした状況を乗り越えて磁器を生み出してきたのは，軽くて薄くて割れにくい清潔な食器に対する強い願望があったからである。

第9章　焼き物を包み込む文化とその広がり

こうした誰もが望む理想的な磁器の製造に世界で初めて成功したのは中国である。しかし人間の欲望は単に理想的な磁器を手に入れるだけでは満たされない。液体を入れる器であればその外側の表面が，また固体を乗せる器なら表側の表面がただ単色なのは物足りない。白い磁器すなわち白磁であれば，白い表面の上に何か印象的な絵柄や文様が欲しい。食事のさいにその絵柄や文様を目にすることもあろうから，その場にふさわしいデザインであれば申し分ない。むろん絵柄や文様などには目もくれず，本当の白さ真の白さを求める人もいるであろう。いずれにしても，液体や固体を器の中や上にとどめおくという役割のほかに，美的要素も器に求められるようになった。

　それでは美的欲求を満足させるデザイン性とは何であろうか。無数に考えられるが技術的に実現できないものは除外するしかない。手間ひまとの関係で経済的に採算が取れなければ，実現は難しい。ただし例外もあり，中国・朝鮮などの官窯や，ヨーロッパの王立の窯のように金に糸目をつけずに磁器を焼いたところでは，人間業とは思えないような複雑・精緻な絵柄や文様の食器が焼かれた。複雑で精緻なことは多くの耳目を集めるポイントである。それと同時に形状がユニークであることは他に比類がないとして満足度を高める。差別化や差異化の追求であり，人間の飽くなき欲望を実現する対象のひとつとして磁器食器が選ばれた。

　磁器食器に何を求め，何が実現されたら満足するかは，国や地域によって異なる。前項で述べた文化を規定する時代，民族，社会などには固有の特性があり，その特性にふさわしい磁器食器がある。たとえばヨーロッパなら，基本的にキリスト教を基盤とする文化がある。その中には局地性もあり，ドイツ，フランス，イギリスなど各文化においてよしとされる磁器食器がある。人々が受け入れないものを生産しても売れない。流行り廃れもあるため，つくり手は手を変え品を変えて要望に応えようとする。ドイツのマイセンやフランスのリモージュで独自に磁器が生産できるようになったのはひとつの転機であった。それまでの東洋風磁器から自国風磁器へとデザインを変えることで，文化的アイデンティティが打ち立てられていった。

　器に求める人々の要望は，磁器だけが対象ではない。また絵柄・文様だけが対象でもない。磁器よりまえの陶器の時代にあっても，たとえば日本の安

土桃山時代から江戸時代にかけて茶の湯文化の流行とともに侘び，寂びを尊ぶ時代があった。ここでは過剰な装飾は排除され，磁器にはない陶器の味わいや風情といったものが評価された。絵柄を描く場合でも，計画的な意図を外し，窯変で現れる偶然性を面白いとする価値観があった。当時の日本ではまだ磁器は製造できず，あくまで陶器という世界の中で陶器に現れる美しさを尊んだ。こうした価値観は，中国やのちのヨーロッパにおける磁器の世界の価値観とは異なる。磁器や陶器に対する評価や価値は，文化が違えば異なったものになる。

　戦国末期に流行った型にとらわれない陶器のデザイン評価は，その後の時代状況の変化とともに変わっていった。江戸時代の基礎が築かれ社会が安定すると，戦国末期の型破りな価値観は時代にそぐわず遠ざけられていったからである。未完成の無骨な陶器よりも，整った完成度の高い陶器がよしとされるようになった。器としての機能は変わらなくても，それを包み込む全体の表情の良し悪しに対する評価は移り変わっていく。やがて朝鮮から技法が伝わって日本でも磁器が生産できるようになると，食器に対する評価は陶器から磁器へと移っていった。いかに中国や朝鮮の磁器に近づけるか，これが焼き物世界の中で主要な関心事になった。

3．陶磁器製置物・ノベルティの生産・輸出と市場文化

　陶磁器と書けば陶器や磁器の食器がすぐに思い浮かぶ。しかしこれをカタカナでセラミックス（ceramics）と書けば，食器の範囲を大きく超えて焼き物全般をさすようになる。タイル，ガラス，レンガなども含まれ，ファインセラミックスも当然この中に含まれる。これらは主に工業用，住宅用に生産されるため，本書で取り扱っている焼き物とは異なる。狭い意味での焼き物の中には，食器のほかに玩具やフィギュアも入っている。統一名称は判然としないが，要は陶土や磁土（陶石）を原料に人や動物などの姿や形態をつくって焼成したものである。この種の焼き物は世界各地にある。とくにヨーロッパやアメリカで記念品や贈り物用の陶磁器製置物として販売されている。日本では土雛や博多人形などがこれに近いと思われるが，盛んに売り買いされているとはいえない。

日本では人形は木や布などを材料としてつくられることが多い。アイヌの熊の彫り物や鷹や馬の木彫，あるいは仏をかたどった木像などもある。しかし一般家庭では人や動物をかたどった焼き物はあまり見かけない。毎年の干支にちなんだ焼き物が瀬戸焼産地でつくられており，同様に信楽焼産地ではたぬきの置物がつくられている。かつて瀬戸では輸出向けに人形や動物の姿をかたちにした焼き物が盛んに生産されていた（中村，2014）。こうした焼き物はノベルティと呼ばれたが，ノベルティは新規な珍しいものという意味であり，とくに人や動物の焼き物という意味はない。主な輸出先はアメリカで，アメリカ市場での競争相手はアジアやヨーロッパの国々であった。ヨーロッパには人や動物をかたどった焼き物をつくる習慣が昔からあり，ヨーロッパからの移民がつくったアメリカにもこの習慣が持ち込まれた。

　ここでは日本の生産地すなわち瀬戸で使われていたノベルティという用語を用いるが，このノベルティもこれまで述べてきた文化との結びつきが強い。まず，人や動物のかたちをした焼き物をつくるという文化が存在する。この焼き物は通常，置物として各家庭のどこかに飾られる。人がモデルとされているが，老若男女さまざまな服装や出で立ちをしており，時代背景や地域も多様である。神話，伝承，物語などに題材を求め，人物の姿かたちが表情豊かに表現されている。鳥や獣など動物の姿にリアリティを追求したあとが伺われる。概して人も動物も写実性を重んじてつくられており，単なるおもちゃや玩具のレベルを超えている。

　実際，瀬戸でつくられてきたノベルティの市場価格は思った以上に高い。それだけ高価でも買い求めたいという人々がおり，製品の仕上がり具合に対する要求も高い。瀬戸の製造現場では，熟練の職人が精魂を込めてノベルティの製造に取り組んでいる（十名，2005）。陶磁器を機械の手を借りて大量に生産するのとは異なる雰囲気が漂っている。芸術家がアトリエで作品づくりに取り組むのに似ており，定型的な食器を製造するのとは勝手が違う。大げさに言えば，人や動物の置物が今にも動き出しそうな表情で見る者に迫ってくる。置物に魂を込めるそんな名人芸によってノベルティはつくられてきた。

　図9-1は，1975年当時の瀬戸市におけるノベルティ製造企業の分布を示したものである。わずかではあるが，ノベルティをつくっている企業は西隣

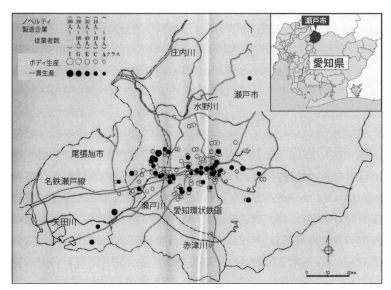

図9-1　瀬戸市におけるノベルティ（玩具・置物）製造企業の分布
出典：林，1979, p.69 をもとに作成。

の尾張旭市にもある。大多数の企業は瀬戸市中心部の瀬戸川両側の平坦地と
それに連なる丘陵斜面上にあり，全体として集積立地パターンが特徴的であ
る。図の凡例にあるように，企業はノベルティのボディだけを生産するもの
と，ボディ生産から絵付け加工まで一貫して行うものの2種類があった。ボ
ディ生産企業は一貫生産企業に比べると従業者数の規模がやや小さいものが
多い。これらは下請生産に特化した企業であり，ボディをつくり完成メーカー
に渡す。瀬戸市では，江戸時代から続けられてきた和食器の生産は丘陵斜面
に築かれた登窯で行われてきた。対照的に，歴史が比較的新しいノベルティ
生産は石炭，重油，ガスなどを燃料とする窯で行われるため，谷の底にあた
る平坦面上に企業が集まるという特徴が明瞭である。とくに下請生産に依存
する場合は，依頼先は地理的に近いほど好都合であり，企業集積が生まれや
すい。
　一般に輸出用の焼き物を生産するということは，輸出先市場でそれを購入
して使用する人々を念頭に置いて製品をつくることである。生産者と消費者
は異なる文化の中で生活している。消費地からの注文にしたがい，その指示

第9章　焼き物を包み込む文化とその広がり

通りに製品は生産される。しかし生産者は，輸出先の人々の生活状況や文化的背景をどれほど理解して生産しているであろうか。そこまで厳密に考えなくてもよいのかもしれない。自国で使用される製品は自国民にしか生産できないなどということはありえない。だがしかし，その国の伝統文化や技術をもとにつくられる製品の場合，オリジナリティにどれくらい近いかが問われる。食器であれば，形状や絵柄・文様の仕上がり具合が輸出先でそれを使う人々のセンスや感性にどれほど適合しているかである。ノベルティの場合はこの適合基準のハードルがかなり高いように思われる。

　このことは逆の場合を考えるとわかりやすい。たとえば日本人形を欧米人が自国で生産し，それを日本に輸出するといったケースである。ほとんどありえないし想像もつかないであろう。ただしそれが中国や東南アジアであれば，多少は現実味を帯びるように思われるのはなぜであろうか。やはりアジア文化圏といった漠然としてはいるが，何らかの共通性が根底にあるからであろうか。しかしそれでもなお，実際には中国製や東南アジア製の日本人形は受け入れられないかもしれない。素材や部品は輸入できても，最終的な組み立てや仕上げは国内で行うのが無難かもしれない。それだけ特定文化との結びつきが強いのが陶磁器製ノベルティである。文化の違いを乗り越えてノベルティをつくり上げる瀬戸の職人芸の凄さを感じないわけにはいかない。

　さて，その瀬戸のノベルティ生産は1980年代中頃から進んだ円高で輸出困難となり，やがてほとんど輸出されなくなった。高い技術力をもってしても，国際経済の波を乗り越えることはできなかった。文化は乗り越えられても，経済の波は乗り越えられなかったのである。ノベルティの国内市場はほとんど期待できないため，実質的に生産は終了した。しかし海外ではヨーロッパやアジアでなお生産が続けられている。もともとノベルティはイタリアの人形生産から始まり，イギリスでつくられた素焼きのフィギュアなど各地に生産の歴史がある。最初に磁器生産に成功したのはザクセンのマイセンで，フランスがこれに続いた。素材が陶器や炻器から磁器に変わり，より精巧で緻密な細工が可能になった。

　ひとくちにノベルティといっても，消費対象である愛好家の幅はかなり広い。精巧な出来栄えを求める層もあれば，旅先での土産品程度にしか思わな

い層もある。子供向け人形のように精巧さがそれほど求められない分野では，プラスチック製人形に置き換わっている。子供の世界には流行り廃りがあり，素材が陶磁器製でなければならないという意識も薄れている。焼き物世界では，ファストフードのグローバル・スケールでの隆盛により陶磁器製飲食器を使って食事をする回数が減ったといわれる。似たことが食器以外の分野でも起こっている。現代人にとって愛玩の対象が陶磁器製でなければならないという信念はもはや通用しないかもしれない。

第2節　焼き物文化の移動・交流・継承

1．中国とイスラムとの間の焼き物文化の交流

　焼き物には各地の文化を互いに伝え合う媒体・メディアのような性質がある。それ自体重くて割れやすいという弱点はあるが，耐腐食性や耐久性は抜群であり，衣服や木製品などと比べると長持ちする。水上交通手段を使えばかなり遠方まで運ぶことができ，重いというハンディキャップは克服できる。こうした特性をもつ焼き物の交流史をたどることで，焼き物を媒介として地域間にどのような文化的結びつきがあったかを知ることができる。交流あるいは交易・貿易は比較優位性の原理にしたがって行われると，経済学では習う。生産性の優位な地域から劣位な地域へ向けてモノは移動する。焼き物の場合も同じで，国内や地元で生産しても太刀打ちできないため他地域から受け入れる。そのさい受け入れるのは，陶器や磁器など焼き物の本体だけではない。焼き物を構成する形状・絵柄・文様などの様式，スタイル，ファッションもまた受け入れている。焼き物に表現された文化的要素が受け入れ先で影響力を発揮し，新たな文化創造のきっかけとなる場合もある。

　焼き物の地域間交流の中で，中国とイスラムとの間の交流は歴史的に古い。紀元前4〜3世紀頃，洛陽を都とした東周でつくられた土器の壺は，西アジア産の金属製の壺を真似たものであった。東周ではガラス器の装飾にも西アジアからの影響がみとめられる。紀元前2〜1世紀頃から始まるシルクロードによる交流でも中国は芸術，宗教，生活様式などの分野で西アジアからの

図9-2　古代シルクロードを経由して運ばれた焼き物

出典：SEMANTIC　SCHOLAR のウェブ掲載資料（https://www.semanticscholar.org/paper/
Ceramic-ware-along-the-Ancient-Silk-Trade-Route%E2%80%94A-Punekar-Ji/
61ecf5ba42e4f5caedc3829ccf8b4a5f6c2beee9）をもとに作成。

影響を受けている。東西に長く延びるシルクロードは，ルート沿いの地中海，
エジプト，インド，中央アジアのさまざまな文化的要素を融合させながら中
国に伝えた（図9-2）。こうした複合的影響は，6世紀の中国の北魏や北周で
つくられた高質な土器にもみとめられる。土器にはササン朝ペルシャの豪華
な装飾，仏教の蓮，動物，踊り子などがモチーフとして取り入れられた。7
世紀初めから始まる唐代に盛んにつくられた緑，黄，橙の三色を表面に施し
た三彩陶器は，その晩期にはイスラムにまで広がりイスラム三彩を誕生させ
た。

　中国とイスラムが直接交流をするようになったきっかけは，751年のタラ
ス平原の戦いであった。これ以降，中国でイスラム社会の様子が知られるよ
うになり，広東や広州にイスラムから船が来るようになった。9世紀に入る
と中国製の焼き物がイスラムに流入するようになる。当時，イスラムが輸入
した焼き物は高価であったため丁寧に取り扱われた。イスラム圏にあった在
来の窯は中国から到来した焼き物から影響を受けた。中東で発掘された中国
製の焼き物のうち古いのは8世紀頃のもので，中国北部で焼かれた白陶，浙
江北部の越で焼かれた青磁，それに湖南の長沙で焼かれた炻器などである。
中国製の焼き物は，イスラム社会では有力者相互間の贈り物として用いられ
た。

　中国からイスラムへの焼き物の輸出は，中国がモンゴルから攻撃を受ける
頃まで続けられた。イスラムでは中国からの輸入品を手本に自ら焼き物をつ

くり，地元市場に供給した。中国製の大皿は大人数で食事をする習慣のある
イスラムでは好評で，青磁は毒を取り除くはたらきがあると信じられていた。
しかし1450年以降，生産地である中国では青磁は流行らなくなり，安物が
輸出向けにつくられるくらいであった。その後，明代の海禁政策によって交
流は禁止されることになる。しかしそれは表向きで，実際には中国製の焼き
物はイスラムへ送られていった。ところがその後イスラム側で変化が起こり，
これまで輸入一辺倒であったのをやめ，イスラム自身が中国風の焼き物をつ
くるようになった。

　中国とイスラムの間の焼き物交流では，いくつかの特徴的様式をもった陶
器や磁器が時代を画す役割を果たした（三上，1990）。なかでもよく知られて
いるのが，すでに述べた唐代の三彩陶器，すなわち唐三彩である。名前のよ
うに，唐代に人気のあった3つの色，すなわち唐三彩で絵柄を表現した陶器
が9世紀頃から中東に運ばれていった。イスラムに流入した唐三彩の様式は，
中東（現在のイラクあたり）の陶工たちによって模倣された。しかしその一
方で，中国もイスラムから影響を受けている。中央アジアの騎馬像や歌手の
姿を絵柄に選ぶなど，唐三彩の様式としてイスラム風の雰囲気を取り込んだ
からである。

　技術的に先をいく中国はその後，白磁を生み出す。すでに磁器製造に成功
していた中国はよりレベルの高い白磁製造に挑み，それを実現した。これに
対し白磁が生産できないイスラムは，それに似た白い陶器をつくって対抗し
ようとした。中国は白磁に加えて青磁の生産にも成功する。青磁は磁器生産
を前提に，銅を溶かした釉薬を表面に施すことで生まれる。イスラムはこう
した技術を中国から取り入れ，独自の焼き物づくりを進めた。中国はさらに
前へ進み，14世紀になると白磁の上に青色で絵柄を描いた焼き物を生み出
すようになる。青色の原料はコバルトであるが，これを用いる技法は9世紀
末にイスラム圏と対峙するアナトリアの西部で生まれたものである。むろん
その場合は磁器ではなく陶器に彩色を施すためにコバルトが用いられた。コ
バルトが手に入らない中国はイスラムから輸入し，白磁に映える青を出すた
めに使用した。

　白地と青い模様のコントラストが印象的な中国製の磁器の中には，イスラ

ムでつくられた錫製の工作物からそのイメージを取り入れたものがある。原
料のコバルトだけでなく，描かれた絵柄のモチーフもイスラムに由来する中
国製の磁器である。異なる 2 つの文化がひとつの焼き物の中に融合して存在
する。異国風のモチーフは消費者の心をとらえやすい。明らかに中国が源と
思われる鶴や龍あるいは蓮の花などが，シリアやエジプトで使われた焼き物
にも好んで描かれた。果実のぶどうはイスラムにも中国にも普通にある。オ
スマントルコのイズニックでつくられた焼き物のぶどうの絵柄は，中国の明
代によく使われたものである。たとえ対象は同じでも，それをデザインとし
て絵柄に取り入れたパターンには文化的特性がにじむ。文化的特性を運ぶ媒
体として焼き物は地域間を行き来した。

2．ヨーロッパの焼き物文化に見る東洋からの影響

　東の中国からの影響を受けたイスラムは，輸入品をモデルに独自の焼き物
を生産していった。その一方で，イスラムはその西に広がる地中海のさらに
西のイベリア半島に焼き物文化を伝えている。8 世紀にイベリア半島を侵略
し，そこに定着したペルシャ人とアラブ人の混合民族であるムーア人は，イ
スラム様式の製陶技術をもたらした。それはアッバース朝時代に生まれたも
ので，土器の表面に錫が含まれる釉薬を施す技術である。これにより，描か
れた絵柄が光沢を帯びた焼き物に仕上げることができた。東アジアではほと
んど広まらなかったこの技術は，イスラム圏からヨーロッパへと伝わってい
く。中国製磁器に特有な明るさを出すことができなかったため，精巧・緻密
なデザインによって欠点を補おうとした。

　細かな技法で焼き物の美を追求する風土は，スペイン・トレドに近いタラ
ベラ・デ・ラ・レイナのまちの景観から感じ取ることができる。このまちは「陶
器のまち」（La Ciudad de la Cerámica）と呼ばれる。タラベラ産の陶器製のタイ
ルで城壁全体が覆われているからである。フェリペ 2 世が城を築いた 16 世
紀中頃，タラベラ・デ・ラ・レイナはヨーロッパにおける焼き物文化の中心
地であった（図 9-3）。スペインと並んでその隣国のポルトガルもまた，焼き
物文化では大きな貢献をした。ポルトガル王マヌエル 1 世は，ヨーロッパで
最初の陶磁器収集家だったといわれる。首都のリスボンは 16 世紀から 17 世

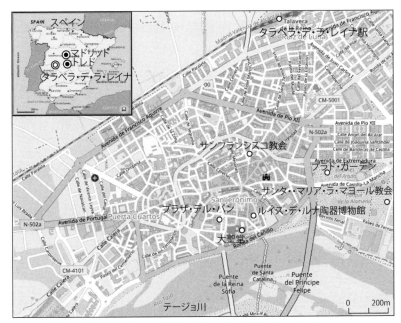

図9-3 「焼き物のまち」と呼ばれたスペインのタラベラ・デ・ラ・レイナ
出典：Free Country Map Com.のウェブ掲載資料（https://www.freecountrymaps.com/map/
towns/spain/496524427/）およびpinteretのウェブ掲載資料（https://www.pinterest.jp/
pin/507569820482956217/）をもとに作成。

紀にかけて陶磁器を輸入する主要港であった。ポルトガル王はバスコ・ダ・
ガマからの献上品に感激し，当時，金や銀にも匹敵するといわれた中国製磁
器を得るために船団を送ったほどである。

　ルネサンス期，スペインと経済的結びつきの強かったイタリアは，スペイ
ンから流入した陶器に刺激され独自に焼き物づくりに取り組んだ。1575年，
フィレンツェのメディチ家において錫釉を使って装飾を施した焼き物がつく
られた。これは中国製の硬質磁器に対抗しようという試みであったが，残念
ながら成功には至らなかった。しかし軟質磁器はつくることができ，これが
きっかけとなってマジョリカ焼が生まれた。マジョリカ焼には白地に鮮やか
な彩色を施し，歴史上の光景や伝説的光景を描いたものが多い（ジスモンディ，
1977）。マジョリカは地中海に浮かぶ島であり，スペインのバレンシアから
イタリアへ陶器を運んできた船の航路上に位置する。島の名に因んでマジョ

第9章　焼き物を包み込む文化とその広がり

リカ焼と呼ばれるようになったという説のほかに，アンダルシア地方のマラガに由来するという説もある（Sweetman, 1987）。いずれにしても，メディチ家の努力にもかかわらず，以後100年間，ヨーロッパでは硬質陶器はつくることができなかった。

　ヨーロッパという地域内部における焼き物文化の影響はなおもつづく。1500年，イタリア人の陶工グイド・ダ・サヴィノがオランダのアントワープにやって来てマジョリカ焼を広めた。その影響はアントワープにとどまらず，1570年代にはオランダ北部のミデルブルグやハーレム，さらに1580年代にはアムステルダムにも及んだ。これらの地域で焼かれた焼き物はデルフト焼と呼ばれ，1640年から1740年にかけて最盛期を迎えた（Caiger-Smith, 1973）。名前はこの焼き物産地の中心として発展したデルフトに因む。ロッテルダムとハーグに挟まれたような位置にあるデルフトでは，それまでビール醸造が盛んに行われてきた（図9-4）。ところが1654年に火薬工場が爆発するという大惨事があり，これを契機に産業の転換が図られ

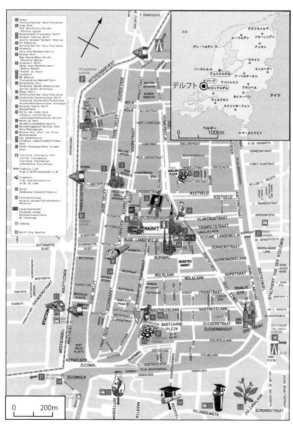

図9-4　オランダ・デルフトの中心市街地
出典：delftsanpocom のウェブ掲載資料（https：//delfto.com/info/）をもとに作成。

た。デルフトでは地元産の粘土とドイツから取り寄せた粘土を混ぜて使い，繊細な焼き物がつくられた。

　デルフト焼を生み出したオランダは，対外的にはポルトガルとの覇権争いに勝利し東洋貿易に乗り出していく。手を付けたのが中国製磁器のヨーロッパへの輸送である。輸入した中国製磁器はあまりにも高価であったため，当初は一部の富裕層の手にしか渡らなかった。ところが輸出元の中国では，明朝の萬暦帝の死去をきっかけに清との間で内乱が起こり，磁器の生産と輸出ができなくなった。この機にオランダが日本の有田に中国製磁器と同様の磁器をつくらせるようになった経緯については，本書でもすでに述べた。これと並行するように，輸入先のヨーロッパではオランダのデルフト焼産地で中国製磁器を模倣した安価な代用品がつくられるようになった。東と西の両方で，消えた中国製陶磁器の穴埋めをする動きが生まれた。

　デルフト焼の代用品は低温で焼成した割には白い釉薬による出来栄えがよく，磁器に近い焼き物であった。中国風のデルフト焼は，1630年代から18世紀中頃にかけてヨーロッパ市場で売られた。オランダが東洋風のデザインを模倣したのはこれだけではなかった。中国製陶磁器の代役として焼かれた有田焼がヨーロッパに流入してくると，デルフト焼産地はその特徴を取り入れた焼き物をつくるようになった。当時はそれだけ有田焼に人気があったということである。有田焼をモデルとしたデルフト焼は1700年代初頭まで市場に出回ったが，中国で磁器の生産が復活すると衰退していった。

　オランダの南に位置するフランス，あるいは東側のザクセンもまた，中国製磁器から影響を受けた。ともに王や皇帝が磁器生産に強い関心を抱き，自国での独自生産を実現するために援助を惜しまなかった。硬く美しい硬質磁器に対する憧れが基底にあるが，それ以外に国の威信や経済的富に対する欲望もあった。中国や日本の磁器を集めて展示する館を建てるなど，磁器を通して東洋文化に近づこうとした気風がうかがわれる。磁器の力を借りた文化的パワーが政治力や経済力に転化された事例といえる。

　フランスやザクセンと同様，ヨーロッパに位置するイギリスでも磁器生産の取り組みはあった。しかし，国が先頭に立って音頭を取るということはなかった。むしろ日常使いの焼き物づくりを重視し，ブルーウィローに代表さ

れるイギリスらしい焼き物がつくられた。ウィローパターンとも呼ばれるこのデザインの発案者は，スタッフォードシャーのストーク・オン・トレントにトーマスミントン・アンド・サンズを設立したトーマス・ミントンである。彼は陶芸家であり製陶会社の経営者でもあったが，18世紀中頃から始められた銅板転写技術（プリントウェア）を使って安価に仕上がる焼き物を市場に供給した。銅板転写技術はリヴァプールで出版業を営んでいたジョン・サドラーが考案し，ジョサイア・ウェッジウッドによって本格的に採用されていった革新的技術である。

　多彩色な焼き物が好まれるヨーロッパでは白地に青（藍）で絵付をした染付は珍しかった。ブルー・アンド・ホワイトという名前で呼ばれ，一般家庭の間で普及していった。白と青のウィローパターンのモチーフは中国の悲恋物語に由来する。たなびくように描かれた柳が東洋的イメージを喚起し，異国情緒を漂わせる。柳とともに空を飛ぶ鳥や中国風の小船，それに人物なども描かれており，物語の一場面を想像させる。ヨーロッパ人から見れば中国あるいは東洋そのものを表す心象風景であり，磁器をはじめ焼き物世界をリードしてきた中国・東洋に対する憧憬の念がうかがわれる。ウィローパターンは18世紀から19世紀にかけて世界中で広まり，日本にも江戸末期に伝えられた。

3．中国から朝鮮・日本へ継承される焼き物文化

　中国で生まれた焼き物が世界の他地域に与えた影響は，中国と陸続きの朝鮮半島や地理的に近い日本でもみとめられる。とりわけ朝鮮への影響は大きく，中国と朝鮮の焼き物を比べてみても，どこがどのように違うのかはっきりわからないほどである。焼き物を成り立たせているいくつかの要素が2つの国でよく似ている。こうした類似性は，2つの国の文化それ自体が似ていることを示唆している。歴史を遡ると，朝鮮南東部に新羅があった時代（紀元前57～紀元後935年），ここで焼かれた土器に刻まれた幾何学的文様は中国漢代の青銅器の文様に酷似していた。9世紀頃に焼かれた屋根瓦やその飾りに施された灰色や緑色の釉薬は，漢の時代に中国から新羅に伝えられたものである。

朝鮮の高麗時代（918〜1392年）は概ね中国の宋と元の時代に相当する。この時代になると焼き物はより多様になるが，全体としてはひとつのまとまりとして認識できる。鉄分を多く含む黒釉が特徴的な天目がどこで焼かれたかについては論争がある。しかし一部は高麗で焼かれたことは間違いない。メロンやウリをモチーフに取り入れた青磁も高麗独特の焼き物である。青磁は磁器の部類に入るが，うっすらと青みがかった白の釉薬に特徴がある。器の形状が丸みを帯びた小物入れの焼き物も当時の朝鮮独白のものである。墓の中から発掘された青磁の破片には，中国の青白焼や定州焼との類似点が多いことがわかっている。しかし中国スタイルを模倣した初期の頃の容器も，時代が進むにつれて独自色を帯びるようになる。

　朝鮮の青磁は基本的に土台は炻器であり，表面に青みがかった緑や白色の釉薬を施している。中国の越窯とほとんど同じと思われるような青磁もある。中国の青磁と違うのは，釉薬の下に飾りを彫り込んでいる点である。飾りは粘土の上に文様の刻みを入れてつくられる。その上から黒や白の泥漿状の化粧土をかける。文様の多くは花や葉であるが，鳥の姿が文様として刻まれることもある。蓋のついた小物入れの青磁もあり，蓋の文様として中心から外に向けていくつかの花びらが対称的に描かれている。自然界の中の何からどんなモチーフを選び取るか，この点については民族性や国民性といった文化的要素が関わっている。

　14世紀末から始まる李朝時代の朝鮮の焼き物は，中国の明代，清代の焼き物に比べるとつくりが幾分雑なように思われる。しかし装飾の質は高い。形状は中国の焼き物とは違っており，ロープメロンや梨のかたちをした瓶には中国の焼き物には見られない特徴がある。金属製容器の雰囲気を帯びた陶器の入れ物も中国製とは異なる。ほかにロープを使ったアシンメトリーなハンドルのついた焼き物など，中国製にはない特徴も見られる。青磁の下地に褐色がかった黒釉を施す技法は高麗時代に始まったが，これは李朝時代もそのままつづいた。ただし，文様は手書きではなく印刷で行われるようになる。2層の対照的な色からなる釉薬の表面の層を掻き落として線画を描く装飾技法も生まれた。

　ほとんど炻器のように見える磁器に灰色がかった青色の下絵を描いて釉薬

を施した焼き物にも優れたものがある。絵は筆を使って描かれており，その点では中国よりもむしろ日本の焼き物に近い。筆ではなく刷毛で化粧土を塗る刷毛目という技法も考案され，李氏朝鮮では当初は装飾絵と一緒に使われた。しかしのちには単独で用いられるようになっていく。刷毛目は素地に白泥を刷毛で塗り透明釉をかけて焼き上げたものをいうが，刷毛目を装飾として焼かれた茶碗はとくに高麗茶碗と呼ばれた。ただしこれは日本での呼称であり，室町から安土桃山の時代，日本では朝鮮は俗に高麗と称されていた。室町時代後期の日本ではそれまでの書院茶に代わって侘茶が台頭してきた。侘びの美意識にあう茶碗として朝鮮の高麗茶碗に目が向けられたことが示すように，日本は朝鮮の焼き物から大きな影響を受けた。

　日本の焼き物は中国と朝鮮の両方から影響を受けており，2つの影響を峻別することは難しい。中国からの直接的影響，朝鮮を経由した間接的影響，さらに朝鮮からの直接的影響もある。これらを区別することにあまり意味があるとは思われない。はっきりしているのは中国あるいは朝鮮の影響が日本の焼き物に及んだという事実である。影響は単なる伝達や伝来とは意味が違う。伝えられた土地において理解され受容され，さらに模倣や改良が繰り返されたのちに，その土地のものとして定着していく。影響を与える側も受ける側も，ものづくりの環境・風土・体制は同じではない。焼き物然りであり，元は同じでも異なる生産環境から生まれる焼き物にはその土地固有の顔がある。

　さて，日本の焼き物に対する中国の影響は，奈良時代から平安時代初期に焼かれた施釉陶器に見ることができる。唐三彩として知られる緑色，黄色っぽい褐色，白色の3つの色を単独に，あるいは組み合わせて施釉した陶器である。最初は燃料として使った木や藁の灰が窯の中で溶けて発色した偶然の産物であった。しかしその後は発色するように意図的に施釉された壺，皿，碗，瓶などが焼かれるようになる。中国と朝鮮からの影響は平安末期頃からはっきり現れるようになった。日本と大陸との間の交流が深まったからである。鎌倉時代に入ると，1223年に陶工の加藤四郎左衛門景正が中国に渡り作陶技術を学んで帰国した。彼は瀬戸で窯を開き，これがきっかけで瀬戸周辺に200以上もの窯が築かれた。ここで焼かれた黒釉の天目は，中国福建省

の建窯で焼かれていたものを真似てつくられた。天目の起源は遠く殷・周に
あり，建窯で焼かれた建盞が代表的であるが，江西省の吉州窯産の鼈盞，玳
玻盞，華北でつくられた河南天目なども知られる（西田・佐藤編著，1999）。
　日本では天目は当初，儀式用の器として焼かれた。しかし室町時代に入る
と，茶碗，皿，壺など日常的に使用する食器が天目でつくられるようになる。
それ以前の鎌倉時代に焼かれた天目は装飾を施したものが多かった。室町時
代になると茶の湯の流行にともない，より簡素なつくりの焼き物へと変化し
ていく。侘びを重んずる茶会の集まりでは簡潔さを求める流れが強かったか
らである。鎌倉，室町の両時代を通して長石成分の多い釉薬を用いる傾向が
みとめられる。詳細に見ると，時代が後になるほど瀬戸天目のように器の表
面に流れを感じさせる傾向が強くなっていく。焼成時に黒釉が一方向に流れ，
釉だまりができるようにして焼いた天目である。濃い柿釉の上に黒色釉のか
かったものがとくに珍重された。
　戦国末期になると瀬戸から美濃へ移住する陶工が現れ，美濃が茶の湯文化

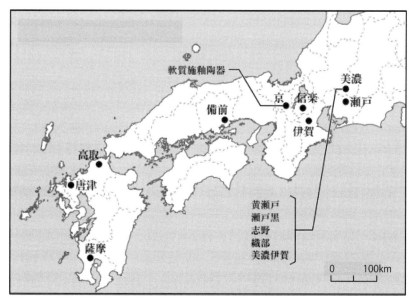

図9-5　桃山様式の茶陶を生産した窯業地
出典：ヒナちゃんのblog のウェブ掲載資料（http://blog.livedoor.jp/aa3454/archives/77682130.html）
をもとに作成。

第9章　焼き物を包み込む文化とその広がり

を支える桃山様式の焼き物を供給するようになる。初期の桃山の茶陶は一点一点が強い個性をもった作品が多かった。最盛期の慶長年間（1596～1615年）から元和年間（1615～1624年）にかけては生産量が一気に増え，美濃だけでなく信楽，備前，唐津などで焼かれた製品に篦目（櫛や篦を使って表面に装飾を施す技法）や歪みなどを施すものが現れた（図9-5）。これによって陶器の形状や意匠が大胆になり，多様な焼き物が生まれた。茶の湯文化の中心は京都であり，各地の窯業地で焼かれた桃山様式の茶陶が京都に集められた。事実，京都三条通の一角に「せと物や町」という地区があったことが発掘調査で確認されている。

　図9-6は，この発掘地区の位置を示したものである。発掘のきっかけは，慶長期（1596～1615年）末の頃の様子を描いたと考えられる「洛中洛外図屏風」（富山・勝興寺本）や寛永期（1624～1645年）初期の町並みを記したと思われる「京都図屏風」などである。これらの絵図から，三条通のうち寺町通から柳馬場通の範囲に焼き物を販売する瀬戸物屋が存在したことが明らかになった。1987年から始められた数回に及ぶ発掘により，安土桃山時代につくられた美濃焼，唐津焼，備前焼，信楽焼など国内各地の焼き物のほか，外国から輸入された陶磁器も出土した。未使用の焼き物がまとまって発見されたことから，ここが一般の居住地区ではなく，商売目的で焼き物を取り扱っていた地区であることは明白である（西森，2019）。

　京都を中心に茶の湯文化が広がりを見せていく一方で，室町時代の禁欲的

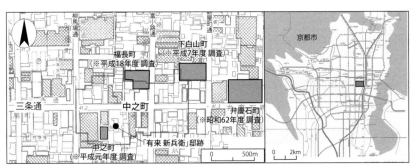

図9-6　京都三条の「せと物のまち」の桃山陶器の発掘地
出典：京都市のウェブ掲載資料（https://www.city.kyoto.lg.jp/bunshi/cmsfiles/contents/0000269/269410/sannjou2.pdf）をもとに作成。

で簡素を求める動きは後景に退いていった。桃山様式の焼き物は，分厚くて割れ目模様の入った志野，青と茶が印象的な黄瀬戸，古田織部に由来する織部などがその代表である（末吉，2020）。天下を統一した豊臣秀吉に茶道を指南した千利休は，これまで尊ばれてきた中国風の天目から簡素な朝鮮風の焼き物へと流れを変えた。一説では朝鮮からの帰化人とされる阿米夜の息子・長次郎が京都で楽焼を始めたといわれる。秀吉が愛好した楽焼は，高火度で焼いた陶器や中国の磁器とも異なる。日常生活用品には目もくれず，茶の湯の道を究めるために欠かせない道具，すなわち茶陶として最もふさわしい造形をそなえた焼き物である。華道用の花入れや香道用の香台・香炉，それに客の前で炉や風炉に炭を組み入れるときに使う灰器などもつくられた。いずれも精神的文化性を高めるときの焼き物であり，いかに精神文化と焼き物が深く結びついていたかがわかる。

　朝鮮半島に近い九州の唐津では，1580年代に岸岳城の城主・波多氏の領地内で唐津焼が焼かれるようになった。これには朝鮮人の陶工が関わっており，後に朝鮮出兵のさいに連れてこられた陶工も加わり，唐津焼の生産は増加していく。初期の唐津焼は16世紀末で終わるが，17世紀に焼かれたものもある。茶道の世界では「一楽，二萩，三唐津」という言葉がある。聚楽第建造のさいに掘り出された土を使って焼いた楽焼が最も高く評価され，萩藩のもとで朝鮮人陶工が御用窯で焼いたのが始まりとされる萩焼がこれに次ぐ。さらに，昔から唐船の出入りが多く地名の由来にもなった唐津で焼かれた茶陶が第三番目とされる。器面に絵や柄や斑模様を付けるなど多くの技法を駆使して焼かれた唐津焼は，茶陶の世界でも高い評価を得た。

　その唐津に近い有田では，唐津の場合と同様，朝鮮出兵のさいに連れてこられた朝鮮人陶工の李参平が泉山で陶石を発見し磁器を日本で初めて焼いた。有田では酒井田柿右衛門につながる人物が長崎で偶然出会った中国人から上絵付けの技法を教えてもらい，これがきっかけとなって赤，緑，青，黄などさまざまな色で絵を描き，茶色で縁取る独特な様式が生み出された。柿右衛門風の白い余白を残すスタイルは日本国内ばかりでなく，遠いヨーロッパの磁器づくりの場においても広まった。焼き物を媒介とする文化的交流は，政治や社会の違いを超え，歴史的に受け継がれていく。

第3節　日本的風土の中で焼き物文化を考える

1. 外来技術を日本の風土に適合させる文化的伝統

　人間と焼き物の関係は古くから続いており，国や地域においてそれぞれ特徴がある。生活のために用いる道具の中には器に限らず焼き物が含まれており，身近な存在である。時代や地域の違いを問わず，ほとんど地表上のどこへいっても見られる。むろん焼き物よりも金属や石や木などを細工してつくった方がよい場合は，焼き物はつくられなかったであろう。しかし世界中の多くの地域では土器の使用から文化が始まり，土器から炻器，陶器，磁器へと焼き物は進化していった。それは文化の発展と並行して進み，ある意味では器の進化と文化の発展は不可分の関係にあるといえる。器の主な目的は料理を入れるすなわち食器としての役割を果たすことであり，一日たりとも欠かせない食事を支える用具として焼き物はどこにでも存在した。

　こうした普遍的存在としての焼き物は，時代や民族や社会の違いを超えて人々の生活を支えてきた。しかし，時代，民族，社会には個別の組み合わせがあり，いつのどの民族の社会において焼き物と人間がいかなる関係にあったかによって特徴が異なる。このことを日本に焦点を当てて考えてみるとどのようなことがいえるだろうか。

　まず前提として，時代，民族，社会がその中に存在する場として地理的環境がある。日本は温帯モンスーン気候で四方を海に囲まれた細長い島国である。年間の平均降水量（1,714mm）は世界の平均（973mm）よりも多く，夏季の暑さと冬季の寒さは明確に区別される。間に過ごしやすい春と秋があり，明瞭な四季ごとに生活のための工夫がこらされてきた。同じ島国でもイギリスなどとは異なり，火山が多く標高も高い山岳地帯が背骨のように列島上を縦走している。海浜から高山に至るまでの多様な地形と急流河川が列島の造形を多彩にしている。

　地理的環境は産業の歴史的発展の方向を左右する。古くはどの国や地域も第一次産業に多くを依存し，産業様式と生活様式が密接に結びついていた。陸上では稲作を主体に穀物の生産と養蚕や綿花栽培が行われ，海岸部では漁

業で暮らしを営む人々が多かった。こうした第一次産業中心の経済の中で地場の資源を加工し，生活に豊かさを感じさせる日用品が生み出されていった。焼き物はそのようなものの中に含まれていた。食器に限らず入れ物や器が必要とされる場面において，粘土や陶土を原料とする焼き物がつくられた。ただし粘土や陶土の成分構成には地域差があり，成形や焼成の技術にも優劣があった。後の時代から見れば稚拙ではあったが，地域ごとの必要性に応じて焼き物はつくられた。与えられた地理的環境という限られた条件のもとで，それぞれ試行錯誤的に焼き物が生まれたといってよい。

　こうした各地の焼き物づくりに対し，中国や朝鮮半島から新しい窯業技術がもたらされた。それは飛鳥・奈良時代（538 ～ 794 年）のことで，伝えられたのは鉛を含む釉薬をかけて陶器を焼く技術である。これにより色鮮やかな緑釉陶器や奈良三彩の焼き物が生まれた。さらに平安時代（794 ～ 1185 年）になると，人工的な釉薬を施した高火度焼成の灰釉陶器づくりが猿投窯で始まった。平安末期からは，堅くて耐水性に優れた焼締陶器が猿投に近い常滑や渥美で焼かれるようになる。同類の焼き物は，越前・信楽・丹波・備前でも生まれた（森，2019）。地元の需要に応じて焼き物を焼く時代から，焼いた焼き物を他地域に運んで需要に応える時代へと移っていった。

　これら中世に多くの焼き物を焼いた産地は，それぞれ固有の粘土・陶土の産出に恵まれていた。需要の多かった当時の都との位置関係や，焼き物を輸送する手段などの条件も考慮しなければならないが，原料産出の有利性はこの時代の焼き物産地を規定する要因であった。中国・朝鮮半島から伝えられた技術を習得したうえで，日本社会の生活事情に合った焼き物を焼く。当然のことかもしれないが，外からの技術情報を逃さず自らの風土に適したものに変えて実用に供するというスタイルが，すでにこの時代にみとめられる。これは焼き物に限られたことではなく，多くの分野に共通している。独創性には欠けるが社会が求めるかたちにして提供する換骨奪胎に近い行動パターンである。

　俗に「中国陶磁写し」と呼ばれる施釉陶器が，鎌倉・室町時代（1185 ～ 1568 年）に瀬戸・美濃地方でつくられた。背景には中国渡来のいわゆる唐物を尊重するという価値観があった。磁器生産の歴史が長くヨーロッパでも高く評価さ

れた中国の生産技術は，簡単に追いつけるものではなかった。せめて中国産の焼き物に似たものをつくって満足する，あまり前向きとはいえないが，まずはそのレベルまでには達しようという心意気であった。しかし時代が進み室町時代後期になると，国産の焼き物に対して新たな価値観が現れてくる。唐物から和物への文化的転換とでも表現される社会の変化である。

室町時代後期から盛んになった茶の湯文化の流行がそれである。お茶を飲む習慣は奈良時代にこれも中国からもたらされた。当初は漢方薬のような扱い方をされたが，次第に普通に茶が飲まれるようになった。その後，茶を飲むこと以外に，その周辺の作法や茶道具全般にわたり様式美が追求されるようになった。焼き物の茶碗はその中核をなす道具である。自然に茶碗の形状や色彩，手にしたときの感触などに注目が集まり，茶碗が醸し出す固有の景色の良し悪しが問われるようになった。茶も施釉陶器も外来であるが，それを用いる習慣や様式の深化はこの国の中で進められた。そのような中で中心的役割を果たしたのが，桃山時代に活躍した千利休である。彼の指導で生まれた長次郎の楽茶碗，美濃の黄瀬戸・瀬戸黒・志野・織部，それに備前・信楽・伊賀・丹波・唐津で生まれた茶陶など，各地で多様な焼き物が生産された。

中国の先進的な焼き物に対する憧れから，茶陶に代表される国産陶器の多様な表情の追求へと時代は推移していった。しかし，磁器を独自に生産したいという潜在的欲求は消えることはなかった。これはヨーロッパも同じで，主要国は王や皇帝の威信をかけて独自開発に取り組んだ。そしてその試みはザクセンで初めて成功するが，日本はそれより100年以上も前に朝鮮出兵を機に現地の陶工を連れ帰って磁器を焼かせた。時代状況に違いはあるが，同じ目的を一方は独自に，他の一方は半ば強制的な方法で実現した。磁器の国産化を進めた日本は，長崎経由で中国から上絵付けの技術を学び，独自に進化させていく。有田焼，伊万里焼の誕生であり，まだ磁器生産に到達していなかったヨーロッパの皇帝たちはその出来栄えに驚いた。

手段はどうであれ，外から取り入れた技術を使いこなしさらに質の高いものに仕上げていくのに日本人は長けているように思われる。焼き物を焼く窯にしても，中国や朝鮮半島から当時としては先進的な窯を築く技術を導入し，さらにそれを改良して日本に適した窯へと進化させていった。このため東ア

ジアの窯は中国の窯が祖形となり，朝鮮半島も日本も互いに似た窯を使って焼いた。ただし窯は似ていても燃料には違いがあった。中国では石炭が手に入れやすいのに対し，朝鮮半島と日本は松などの薪を燃料として使用した。ヨーロッパは中国に近く，石炭を燃料とする窯を築いた。日本で石炭窯が普及するのは近代中期以降である。それも独自開発ではなく，ドイツからつまりヨーロッパからの技術移入であった。その後は日本お得意の改良・改善で石炭窯から重油窯，ガス窯，電気窯へと発展させていった。

2．登窯から石炭窯への転換過程に見える文化的風土

　日本において薪を燃料とする登窯から石炭窯への転換は，焼成方法の歴史的推移の中でどのように位置づけられるであろうか。初期の穴窯から登窯に至るまでの窯の段階的過程では，いかに効率的に強い火力を得るかに関心が向けられた。しかしその場合，暗黙的了解として，燃料用の薪が手に入るという前提があった。薪はアカマツが最良とされたが，樹種を問わず木が育つには一定の時間がかかる。当初は近くで入手できた松もやがて尽き，遠くの山元から取り寄せなければならなくなる。焼き物の生産量が増加すれば，それに応じてこれまで以上に多くの薪を確保しなければならない。松材などの育成速度と焼き物生産量の増加速度を比較すれば，いずれ燃料不足状態に陥るのは目に見えている。実際，近代初期の窯業地では周囲の山地がほとんど禿山状態になり，豪雨による土砂崩れが頻発していた。いつまでも燃料を松材に依存する体制は維持できないと誰もが感じていた。

　そこで在来の登窯から石炭窯へ切り替える動きが現れてくるが，その動きには大きくいって2つの側面があったように思われる。ひとつは海外で生まれた技術を日本に取り入れるさいの導入過程という側面であり，いまひとつは導入に対する既存窯業地の反応の差異という側面である。前者は，同じ焼き物を焼くにしても，また窯の基本構造は同じであっても，国や地域が異なれば，実際に普及していく窯にはその国や地域に適したかたちがあるということである（宮地，2008）。後者は，新しい技術に接したとき，その技術をどのように評価して取り入れるか，あるいは躊躇するかの判断である。一般に焼き物文化は，焼き上がった製品，もしくはその製品の生活の中での有り様

を中心に語られることが多い。しかし実際には焼き物をつくり出す生産の仕組みそれ自体も文化という概念の中に含まれる。いかなる文化的な社会環境，生活環境の中で生きている人間が焼き物を生み出して使っているか，文化というものは幅広く総合的にとらえる必要がある。

　さて，日本で登窯から石炭窯へ焼成方法が移行していく過程では，2人の人物が重要な役割を果たした。ひとりは1868年すなわち明治元年に来日したドイツ人の化学者のゴッドフリード・ワグネルである。彼はアメリカ企業が長崎で石鹸の製造を始めるために日本に来たが，当時，まだ日本では石鹸を使う習慣がなく事業は成功しなかった。滞在中の長崎で，ワグネルは佐賀藩を脱藩してイギリスに留学した経験のある石丸虎五郎と出会い，有田の窯業について話を聞く機会があった。有田の磁器製造を見学したいと思ったワグネルは，長崎の久冨商店を介して有田の陶芸家・深海平左衛門を紹介された。深海は皿山郡令の許可を得て，ワグネルを佐賀藩雇用の身分として有田に呼び寄せた。1870年に4か月間滞在したワグネルは，化学者としての知識を有田の窯業関係者に披露した。たとえば，これまで高価な呉須を使っていたのを，安価なコバルトに白土を混ぜて希釈すれば呉須に劣らない色が出せることを教えたのはその一例である。ワグネルはまた，発色が困難とされてきた藍色以外の色も本窯で発色できる理由を化学的に説明した。こうした説明を聞いた深海は，後日，赤・黄・青を発色させる顔料を開発し，これら3つの顔料を使ってさまざまな色を出すことに成功した。

　ワグネルから有田の窯業関係者が学んだのはこうした知識にとどまらなかった。それが石炭窯に関する情報である。それまで登窯（薪窯）しか知らなかった有田の関係者をまえに，ワグネルは石炭を燃料とする窯を実際に築いて焼成の実験をして見せた。斜面に築かれ大量の薪を必要とする登窯を平地の上の石炭窯にすれば，深刻な薪不足の問題が解消できることを示そうとした。有田は北九州の炭田地帯に近く，登窯から石炭窯への転換は非常に魅力的なものとして受け止められた。ワグネルの有田滞在が4か月間と短かったのは，明治政府が財政難を理由に佐賀藩が望んだ外国人の長期雇用を制限したからである。ワグネルはその後，大学南校（東京大学の前身）の教師に迎えられて上京する。さらに1872年には大学東校（東京大学医学部の前身）

に移り，物理や化学を教えた。1873年のウィーン万国博覧会のさいには日本事務局のお雇い外国人として参加し，出品の選定方針から選定，技術指導，目録の作成などにも携わった。

　日本との縁が深まっていったワグネルは，1884年に東京工職学校（東京工業大学の前身）に雇用され，2年後には教授になった。その東京工職学校でワグネルから直接教えを受けた学生の中に西山八次郎がいた。西山は佐賀県西松浦郡曲川村（現在の佐賀県西有田町）の生まれであり，地元の有田焼については誰よりも関心をいだいていた。このことは，西山が学業を終えた後，名古屋で陶磁器製造問屋を営んでいた松村九助の入婿となり，名前も松村八次郎となったことからも明らかである。彼は東京工職学校に在学中から，有田焼産地が瀬戸焼・美濃焼産地に比べて遅れているという認識をもっていた。この産地間格差を縮めるには，石炭産地に近い有田で石炭窯を普及させる必要があると考えた。瀬戸焼・美濃焼産地に近い名古屋を活動拠点とするようになった松村は，マグネルから学んだドイツの石炭窯が日本の窯業地にそのままのかたちで導入できるとは考えなかった。難点のひとつは築窯費用が高すぎる点で，そのまま導入すれば3,000円もかかると試算された。そこで彼はより安価でしかも性能の良い石炭窯ができないかと試行錯誤の取り組みを始めた。

　1902年，約10年に及ぶ石炭窯の実験・実証研究を経たのち，後に松村式石炭窯と呼ばれるようになる窯が完成した（松村，1931）。これに先立ち，松村は自ら欧米に出かけ，各地の現場を訪ね歩いて石炭窯の実情を見聞している。先進地の実態を知ることは，日本への石炭窯導入にとって不可欠な経験であった。東京工職学校時代の恩師であるマグネルが提案した石炭窯の課題を知っていた松村は，その改良に心血を注いだ。マグネル窯では火焔の動きが窯の中で均等にならず，これでは日本の窯業者には受け入れられない。松村は実験ではなくあくまで実践に耐える有用な窯の実現を目指した。そのためには，火焔が均等に動き回り窯の中のどの部分も偏りなく同じ温度になる窯でなければならない。それに何よりも重視すべきは経済性であり，築窯の材料や方法にも気を配った結果，500円の予算で収まる石炭窯を完成させた（図9-7）。

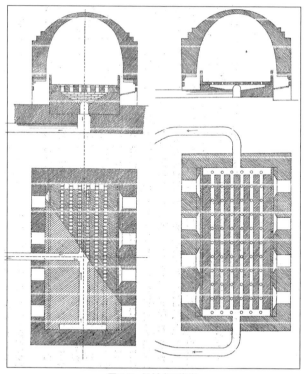

図9-7　松村式石炭窯
出典：陶工伝習書のウェブ掲載資料「http://kyusaku.web.fc2.com/kama-matumura.jpg」をもとに作成。

ここまでは，海外の石炭窯を日本に導入する過程の経緯である。異なる文化的背景のもとで新技術を導入するさいに，いかなるすり合わせが求められるかという文化的側面である。ともかくも松村八次郎の努力で国内仕様を満足させる石炭窯は完成した。1902年に第1号となる石炭窯が瀬戸焼・美濃焼産地に導入され，硬質磁器が焼かれた。この情報は産地内に広がり，登窯から石炭窯へ転換する機運が醸成されていく。転換への動機の裏には燃料費負担の重荷があった。当時，原料・燃料・労働の費用全体を100とした場合，燃料費が半分，原料費と労働費がそれぞれ4分の1を占めていた。入手がますます困難になっていく薪に代わって安価な石炭が燃料に使える窯なら，生産コストを抑えることができる。石炭窯導入に最も積極的だったのは，松村のいる名古屋に近い瀬戸焼・美濃焼産地であった（太田，1951）。とくに美濃焼産地が積極的で，石炭窯の基数は1910年が11，1914年が112，1915年が137というように増加し，1922年には291を数えるまでになった（宮地，2008）。

　こうして1910〜1920年代に美濃焼産地では石炭窯が急増していったが，

焼き物世界の地理学

産地内で等しく増えていったわけではない。1922年の場合，笠原（97），肥田（59），妻木（49）では多いが，下石（7），多治見（8）は一桁にとどまっていた。この違いは地区別の事業所数が要因として考えられるが，それ以外に生産品目や窯業者の意識の違いも背景要因として考えられる。伝統的な地場産業地域では共同体組織の力が大きく，地区ごとの意思決定に影響を与えることが多い。近くで石炭窯を導入して成果を上げていれば，それを知って後を追うということは十分考えられる。先行事例の経験が有形無形のかたちで伝わり，あとに続く者に影響を与える。美濃焼産地という大きな括りの中に対応の異なる個別の地区があり，それが石炭窯の導入割合の違いとなって現れたと思われる。焼き物は地域共同体的な風土の中から生まれてくる。新技術の導入をめぐる動きにおいても，そのような文化的風土がにじみ出る。

　石炭窯導入に関する美濃焼産地内での地区別差異を拡大したものとして，瀬戸焼・美濃焼産地と有田焼産地の対応の違いを指摘することができる。日本製石炭窯の発明者である松村八次郎が現在の西有田町の出身者であることはすでに述べた。彼の婿入り先である松村家の当主・松村九助もまた有田の出身者であり，ともに名古屋を活動の拠点としていたとはいえ，故郷の有田焼のことを気にかけていたことは想像に難くない。実際，松村八次郎は石炭窯発明の6年後の1908年に有田で最初の松村式石炭窯を築いている。ライバルである瀬戸焼・美濃焼に遅れを取らせまいという思いがあったと思われるが，名門・香蘭社の石炭窯がその第1号である。そのとき築窯に協力した技師の梶原幸七は，その後，有田での石炭窯普及に尽力していくことになる。

　ところが当初の期待に反し，香蘭社に導入された松村式石炭窯は陶磁器ではなく碍子を焼く窯として使われた。その理由は，手数をかけて丁寧に仕上げられる高級な陶磁器の焼成に石炭窯は適さないという評価が下されてしまったからである。専門用語では「いぶり」や「くすみ」と呼ばれる不均一な焼成が石炭窯では避けられず，やはり手には入りにくいが薪を使って焼かなければ高級品にならないと判断された。香蘭社に代表される石炭窯忌諱にも似た対応は，1920年代における府県別石炭窯導入数の違いがよく示している。すなわちこの頃，愛知県では総窯数656のうち115が石炭窯，岐阜県では581のうち268が石炭窯であったのに対し，佐賀県では220のうち石炭

窯は数字にならないほど僅かでしかなかった。有田出身者が苦労の末，発明にこぎ着けた石炭窯も，出身地ではほとんど注目されることはなかった。

このように有田焼産地では当初，不人気であった石炭窯も，大正期に入ると徐々に導入が始まっていく。背景には佐賀県による産業支援策があり，窯1基について500円の補助金が支給された（宮地，2008）。県の技師であった藤木保道が先行する瀬戸焼・美濃焼産地を訪れ，石炭窯の威力を実感したことが支援策として結実した。当時，石炭窯の築窯費は約500円であったため，補助金を受ければほとんど無償で導入できた。その結果，1924年には西松浦郡に27基，藤津郡に15基の石炭窯が設置された。全部で42基の石炭窯が有田焼産地にも出現した。しかしそれでも産地全体の基調は，有田焼のような美術的焼き物は薪を使って焼き上げる窯でしか生まれないという信念であった。この間，名古屋周辺の窯業地では大量生産方式を取り入れた大規模工場がさらに改良された石炭窯を使って陶磁器生産に励んでいた。中小の事業所も揃って石炭窯へと移行し，薪を燃料とする窯での焼き物づくりは過去のものとなった。

3．工業的製品と芸術的作品の二面性をもつ焼き物

文化という概念は幅が広く，考えようによっては無限の広がりをもっているともいえる。文化は海の上に浮かぶ氷山にたとえられることがある。水面上に見えているのは文化概念のほんの一部に過ぎない。見えないところに文化は潜んでおり，多くは意識されることがない。これは焼き物文化についても当てはまり，外側に見えているのは一部であり，裏側や奥底には意識されにくい文化的要素が隠れている。たとえばテーブルの上に置かれたコーヒーカップを見つめると，形状やデザインや色模様が目に入ってくる。しかし，そのコーヒーカップはどこの誰がどのようにつくったのか，またつくるに当たってどんな原材料を集めたのか，さらにどのような窯に入れて焼いたかなどを問おうとしても，すぐに答えは得られない。目に見えるものを見えるようなかたちで成り立たせている背後に，文化的枠組みの中で活動する数多くの人間がいる。

コーヒーカップの裏側には無数の人間がおり，それをまた別の人間が見て

いるという関係がある。対象を焼き物一般に引き戻せば，ひとつの焼き物を介して人と人が交わっている。焼き物を見て何かを感じたとすれば，焼き物の生産者・作者とそれを見た人の間で対話があったといえよう。生産者・作者はその焼き物を手にすると思われる人間を想像しながらつくる。両者の気持ちはその焼き物が市場で取引されたとき結びつく。末永く愛用され使われ続けることで，両者の思いは全うされる。とくに焼き物だけというわけではないが，身近にあって愛用される焼き物には不思議な特性がある。単なる器という次元を超え，使用者の手に馴染みパーソナライズされやすい性質がある。

　このような性質をもつ焼き物には，製品としての性格と作品としての性格の２つの側面がある。その境界は曖昧であり，厳密に区別することはできない。同じ焼き物でも，見方や立場が変われば，工業製品といえる場合もあれば芸術作品といえる場合もある。一般的には製陶工場で大量に生産されれば工業製品であり，陶芸家が工房で手づくりすれば陶芸作品だと思われている。たしかにこれは，生産者の社会経済的属性（従業員か作家か）と生産方法（機械か手づくりか）の違いに注目すれば納得できそうである。しかしそのような見方の奥には，機械生産による工業製品よりも手間ひまかけてつくった陶芸作品の方が上という価値観が潜んでいるように思われる。はたしてこれは正しいのだろうか。

　焼き物づくりの原点に立ち返って考えるなら，ほとんどすべての焼き物は使用目的があってつくられる。器であれば何を入れるかという意図があり，それにふさわしい焼き物がつくられる。置物の場合でも，宗教，趣味，愛玩，鑑賞など何らかの目的をある程度意識してつくられる。一方，陶芸作品としての焼き物は鑑賞目的という点では置物に通ずるところがある。しかし明確な使用目的があるわけではない。むろん器のかたちをしていれば，陶芸作品といえども日常的に使用することはできる。しかし多くは作家すなわち陶芸家と呼ばれる人が使用目的などは考えず，ただ造形美を表現するために焼き物をつくる。絵画や書などとは異なり，焼き物には器という本来期待される目的があるため，作品と製品は混同されやすい。

　本来あるべき器としての役割よりも，美的対象としての役目を重視する傾

向は，世の中が豊かになり社会の階層化が明確になるにつれて強まる。為政者や特権階級が一般庶民には手の届かないような焼き物を焼かせ，それを私有することで権威付けに利用する。産業革命以前の世界において高度な技術を必要とする焼き物が手に入りにくかった時代においてはとくに有効であった。キャンバスや紙の上に表現される絵画や書とは異なり，焼き物に描かれた絵や文字は1,000℃かこれを上回る高温状態の窯の中でほぼ永久に固定化される。高級になればなるほど高度な技術が求められるため，為政者は熟練の職人を集め専用の窯で焼かせた。これは東アジアもヨーロッパも同じである。

　産業革命が起こったあとの世界にあっても，希少な焼き物を求める傾向は消えなかった。王侯・貴族はいなくなったが，代わりに富裕な資本家が台頭し，一般に流布する焼き物とは違うものを欲しがった。器としての機能は最初から求めず，差別化でき所有欲を満足させる焼き物を欲した。希少であるがゆえに大量生産には向かず，高技能職人の手仕事に近い焼き物がつくられた。こうして焼き物の社会的差異化が強まる一方で，これに異議申し立てをする動きも現れた。民芸運動はその一例である。庶民階層が普段使いするが，それでいて機能美もそなえた焼き物をつくろうという動きである（濱田，2006）。美しさの評価は見方や立場を変えれば，それに応じて変わる。芸術美を追求する極限で生まれる美もあれば，器としての役目を果たしなおかつ美的感覚を刺激する美もある。文化は一見すると中立的に見えるが，実はその広がりには幅がある。社会階層の幅が広くなれば広くなるほど，美を生み出す文化の幅も広くなる。

　工業的製品か芸術的作品かという議論は，前項で述べた近代初期の石炭窯導入過程における瀬戸焼・美濃焼産地と有田焼産地の対照的な反応にも通ずるところがある。一方は欧米由来の新たな焼成窯を日本流に改良して積極的に導入しようという対応である。他の一方は，美術的高級感にこだわり，伝統的な焼成方法である薪を使った窯でしか焼けないとして当初は石炭窯を忌諱するような対応である。欧米にも美術的高級感に満ちた陶磁器が石炭窯で生産されていたことを考えると，薪を燃料とする登窯に拘泥する対応は理解しにくい。がしかし，美術的高級感という定義しにくい主観性を含んだ価値

であるがゆえに，より値打ちがあるかのように思わせることは戦略的には考えられる。どこの産地か，どこの窯元か，どのメーカーや陶芸家かといった情報が依然として幅を利かす部分が，焼き物世界には残されている。

4．日本文化とともに生まれる和食と和食器

　和食，洋食という言葉があるように，和食器，洋食器という言葉がある。中華食という言葉はあまり耳にしないが，もしあるとすれば中華食器という言葉もあるのだろうか。和食は日本食ともいい，日本人が伝統的に口にしてきた料理全般をいう。とはいえ，北の北海道すなわち昔の蝦夷地から，南は沖縄すなわち琉球まで，すべてを和食・日本食で包み込むのは適していない。たとえ本州島に限ったとしても，距離の離れた北と南では食べてきた料理の中身には違いがある。日本海側と太平洋側でも差異があり，ひと括りにすることはできない。そのような地域差はあるとしても，全体的に見れば，欧米や中国・朝鮮とは明らかに異なる共通の特徴といったものは存在する。なによりも気候・風土の違いが食材を規定し，それを用いて調理する仕方にも独自性が生まれ，最終的に出来上がる料理は西欧や中国・朝鮮などの料理とは違ったものになる。

　和食に対応する和食器についても，料理と同じようなことがいえる。ただし器の原料については地域間で大きな違いはない。違っているとすればそれは原料の性質を見抜いて焼き物をつくり上げる技術の地域差である。歴史的に見て最も大きな違いは，磁器が生産できたか否かである。口にするものは同じでも，器が陶器か磁器かでは雰囲気や印象はかなり異なる。まして料理方法が変化して陶器より磁器の方が食べやすくなれば，陶器の出番は少なくなる。たとえば日本人の主食である米は，室町の頃までは甑で蒸す強飯であった。ところが桃山の頃から鍋釜で炊く粘質な姫飯が普及するようになった。吸水性のある陶器では飯がへばりつくため使いづらく，江戸初期になっていち早く磁器が生産できた肥前の磁器製食器が市場に浸透していった。対抗できない瀬戸・美濃はやむなく肥前と競合しない袋物の徳利，擂鉢，片口鉢などに力を入れざるを得なくなった。

　表面が白く滑らかでしかも硬くて割れにくい食器が出回れば，誰しも使い

たくなる。食事は食器を含めて味わうものであり，とりわけ器の白さは視覚的満足度を高める。これもまた肥前と瀬戸・美濃の事例であるが，いまだ磁器が生産できなかった18世紀後半の瀬戸・美濃では，白化粧を施した器に呉須で絵を描いた安価な太白焼がつくられた。太白とは砂糖の白さを指すが，これは明らかに肥前産の白い磁器に似せようとして生まれた陶器である。磁器が焼けない産地の切なさが伝わってくる。瀬戸・美濃の磁器生産への飽くなき追求は，天明年間（1781 ~ 1788年）に肥前鍋島藩窯を出奔した副島勇七が瀬戸の陶工の加藤粂八に磁器製法を伝えたことがきっかけとなり，陶工・加藤民吉の肥前行につながる。民吉が密かに持ち帰った磁器製法技術をもとに試行錯誤が繰り返され，晴れて瀬戸産の磁器誕生へと至った。結果的にわかったのは，瀬戸・美濃に普通にある堆積粘土の成分を選り分けて合成すれば磁器になるということであった。それは例えてみれば，普通にある素材を用いていかに高級な料理をつくるかという技術の問題のようにも思われる。

　近世までの日本では，陶器も磁器もすべて和食用の器であった。西洋文化が流入した近代になると磁器は洋食用の器としても使われるようになる。現代の日本人なら，食器を見ればそれが洋食用か和食用かの判断はつくであろう。もっとも洋の違いを問わず世界中のありとあらゆる料理が入ってきている現在は，料理と食器の対応関係にずれが生じている可能性はある。料理自体の和洋折衷化も進んでおり，どこまでが和でどこからが洋かなど区別すること自体が無意味なのかもしれない。料理は生きている人間が口にするものである。時間とともに食べる人が変われば，味わいにも変化が生まれる。変化していく料理を特定のカテゴリーの食器と結びつけること自体，意味はないのかもしれない。変化する料理と同じように，食器もまた変わっていく。伝統からの脱皮や新規性を出すために，和食器らしからぬ和食器をつくる試みもある。料理も食器もともに同じところにはとどまらない。

　料理と食器の間にある一種の共変性をみとめながら，それでもなお和の本質や中核といったものは存在する。それは日本の伝統文化を表象するコアのようなものであり，そのコアがテーマとなって食器がつくられている。それは概ね近世までの日本の社会において普通に存在した衣食住に関わる要素である。明治維新による近代化以降は西欧文化の急激な流入で，こうした要素

は撹乱された。それは別段悪いことではなく，新しい時代にふさわしいものへと移行していくさいに避けて通れない過程である。しかしこと料理や食器の領域では，近世以前の伝統性は日本人のアイデンティティのようなものとして維持されている。おそらく同じようなことは他の多くの国や地域においてもいえよう。

　和の本質や中核をテーマとする食器すなわち和食器を他の食器と区別するひとつの基準は，ぼかしや曖昧さである。たとえば食器に描かれた絵は，点と線の組み合わせによって構成される。面は点の集合であり，点が高密度で集まれば濃く描かれ，低密度なら薄くぼかされる。線も幾何学的に定まった直線や曲線なら，空間を分ける境界線として意識される。しかし線が不規則で明確な方向性を示すことなく描かれていれば，単なる偶然にしか見えない。点や線をうまく描くことと，それらに計画的意図をもたせることは別のことである。前者は技能の問題であり，後者は意志の問題である。計画的意図を感じさせずにうまく描かれた絵柄には融通無碍な伸びやかさがある。

　和食器は基本的に陶器，磁器，炻器のいずれかでつくられる。その割合を統計的に調べたものはないが，洋食器や中華食器に比べると磁器の占める割合は少ないであろう。歴史的に炻器の時代が長かったヨーロッパや，早くから磁器がつくられていた中国とは異なり，日本は陶器の時代が長く，磁器の歴史は浅い。磁器はヨーロッパではホワイトゴールドと呼ばれたし，中国でも朝鮮でも白磁が尊ばれた。器の表面に何も描かなければ，いかに完全無欠の白磁であるかで評価が決まる。描けばその絵柄が何をモチーフにしていかに正確に表現されているかが問われる。キャンバスに描かれた絵画のように，焼き物本体よりも描かれた絵のメッセージ内容に関心が向かう。それが白磁のキャンバスなら，できるだけ多くのメッセージを描いて注目を集めようという気になる。

　陶器で和食器をつくることが多かった日本では，磁器が登場する以前の中世までの伝統文化のもとで和食が生み出されてきた。近世以降も磁器の食器がつくられたのは九州の有田周辺だけで，江戸後期になってようやく瀬戸・美濃でも焼けるようになった。陶器に比べると手間ひまのかかる焼き物であり，自然，庶民には手の届きにくい存在であった。手に入れやすい陶器に普段の

料理を盛り付けするスタイルが主流になるのは自然なことであった。陶器なら色が白いかどうかはあまり問題ではない。むしろ窯の中で偶然発色して生まれた模様が面白く味わいがあるとされる。型にはまらない焼き物の風情をよしとする茶の湯文化由来の伝統もある。和食器のぼかしや曖昧さはどこか融通無碍で，多神教の国・日本の社会にふさわしいかもしれない。

　図9-8は，1985年から2017年までの都道府県別和飲食器・洋飲食器の出荷額推移を示したものである。統計分類では和飲食器，洋飲食器とされるが，ここでは飲食器も含む意味で和食器，洋食器と表現する。和食器は1991年をピークに出荷額はほぼ連続して減少してきた。どの県もほぼ同じように出

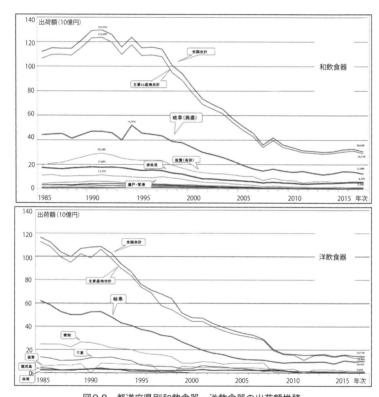

図9-8　都道府県別和飲食器・洋飲食器の出荷額推移
出典：岐阜県産業経済振興センターのウェブ掲載資料（https://www.gpc-gifu.or.jp/chousa/jiba/2020/ceramics.pdf）をもとに作成。

焼き物世界の地理学

荷額を減らしてきたが，総出荷額の半分弱を占める岐阜県の絶対的な減少額は大きい。2017年は1990年代の半分以下にまで減少した。美濃焼の岐阜県に次いで出荷額の多い有田焼の佐賀県，それに続く波佐見焼の長崎県の全国順位はこの間変わらず，岐阜県と同様，長期減少もしくは停滞状態で推移した。この結果，2017年の全国の出荷額はピーク時の3分の1にまで減少した。こうした出荷額減少の一部は中国をはじめとする海外からの輸入品による供給で補われた。連続的な出荷額減少の背景にあるのは，人口減少，少子高齢化，デフレ経済下での所得の伸び悩みなどである。バブル経済期以前のように和食器を盛んに購入する習慣はどこかへ行ってしまったように思われる。

　和食器と同じように，洋食器もまた1991年をピークとして出荷額は一貫して減少した。むしろ出荷額の落ち込みは和食器以上であり，2017年は最盛期の5分の1以下にとどまる。輸入品の多くが和食器ではなく洋食器であることを考えると，洋食器の出荷額減少は輸入品の影響をより強く受けた結果のように思われる。府県別シェアでは和食器と同様，岐阜県が半分もしくはそれ以上を占める。特徴的なのは和食器でシェアが岐阜県に次いで大きかった佐賀県，長崎県が低位に甘んじている点である。愛知県，三重県，滋賀県など岐阜県の隣県の方がシェアは大きい。こうしたことから，和食器と洋食器のシェアがともに大きな岐阜県，和食器に強い佐賀県，長崎県，洋食器に存在感がある愛知県，三重県といったように，産地ごとの特徴が浮かび上がってくる。産地名でいえば，オールラウンドの美濃焼，和食器の有田焼，波佐見焼，洋食器の瀬戸焼，万古焼，といた具合である。すべての産地すなわち全国ベースの出荷額において，和食器は洋食器を上回って推移してきた。両者の開きは年を追うごとに相対的に広がってきており，洋食器の供給力が弱くなっていることがわかる。これは食生活における洋風化とは逆の傾向であり，海外から輸入した洋食器に国産品が押されていることを物語る。

第9章　焼き物を包み込む文化とその広がり

生活や暮らしの文化と深く結びつく焼き物

　コーヒーカップとティーカップの違いはどこにあるのだろうか。コーヒーショップや喫茶店で飲み物を注文したとき，出されたカップを眺めながら考えることはあるだろうか。コーヒーカップに比べるとティーカップは飲み口が広く背が低いのが一般的である。沸騰したてのお湯を注いでつくった熱い紅茶が飲める温度にまで早く冷ますのがその理由だといわれる。また，ティーカップの内側に絵柄が描かれているのは，澄んだ紅茶の中に映る絵柄を楽しむためともいわれる。これに対し，抽出に時間がかかるコーヒーは温度が低めでできあがるため，冷めないようにカップに厚みをもたせているともいわれる。コーヒーカップの形状が円筒形に近いのは，コーヒーの香りが飛ばないようにするためという説もある。カップの形状に関するいずれの理由や説ももっともらしく，うまくできているように思われる。

　こうした理由や説は，コーヒーカップやティーカップの生産者がどのようにカップが使われるかを考えてデザインした意図をふまえているようにも思われる。もともとはカップの利用者がそのような形状のデザインを要望したのか，あるいは生産者が利用状況を想定してデザインしたのか，確かなことはわからない。しかし一旦，カップごとに使い方の違いが決まれば，以後はそれが継承されパターン化されていく。同じ嗜好品でも，コーヒーと紅茶では原材料となる植物も違えば収穫後の製法もまったく違う。コーヒーショップや喫茶店のメニュー上では隣り合わせでも，そこまでに至るまでの経路は大きく異なる。近年話題にされることの多いトレーサビリティも似ているようで違う点も多い。

　コーヒー文化があればティー（紅茶）文化もある。それぞれに代表的と思われる国の名前も思い浮かぶ。いずれもその国の人々の生活や暮らしに深く溶け込んだ飲み物である。国民性と飲み物を切り離すことはできない。コーヒーを飲みながら生活するスタイル，紅茶を味わいながら暮らすスタイル，それ自体が文化である。コーヒーとカップとその国の人々，同じく紅茶とカップとそこで暮らす人々，それらは一組のセットのようなものである。カップは飲み物と人々をつなぐ役割を果たしている。コーヒー，紅茶にさまざまな種類があるように，それらを飲む人々もまた多様である。であれば，カップにも色々な種類があってよいであろう。ただし，カップの背が高いか低いか，あるいは飲み口が厚めか薄めかといった基本は守られているように思われる。

　コーヒー，紅茶はグローバリゼーションとともにいまや普遍的な飲み物の部類

に入った。これに対し，ローカリゼーションの域をでない飲み物，あるいは飲み方それ自体が忘れ去られようとしているものもある。たとえば前者でいえば日本茶，後者は盃で飲む日本酒（清酒）である。もっとも日本茶については，容器が湯呑茶碗からペットボトルに変わり愛飲者が増えた。海外にまで広がる兆しさえある。対して日本酒は，これを盃で飲む姿はあまり見かけなくなった。日本茶も日本酒も，コーヒーや紅茶と同じように，人々の生活や暮らしと切り離せない歴史がある。とりわけ日本酒を盃に注いで飲み交わす習慣には，単なる飲酒以外のメッセージが込められてきた。かつては冠婚葬祭のすべての場面に登場し，人と人との間の結びつきを確かめ合う役目を果たしてきた。

　コーヒーカップ，ティーカップ，湯呑茶碗，盃，これらはいずれも焼き物である。これに対し，ワイン，ビール，ジュースはグラスで飲むのが一般的である。幼児の場合はプラスチック製のコップも使われる。飲み物ごとの容器の使い分けは，生活する上で考え出されたある種の知恵である。はじめに誰が言い出したかわからないが，知恵に説得性があればそれが習慣となって定着する。習慣はやがて文化へと結びついていくが，盃文化のように習慣が風化すれば過去の文化になる。いずれにしても，焼き物が人々の生活や暮らしの中の小道具として文化形成に役立ってきたことは確かである。

第10章

焼き物の社会性と販売促進の取り組み

第1節　社会における焼き物の位置

1．社会階層に呼応する焼き物の身の置き所

　焼き物がいまだ土器のレベルでしかつくれなかった時代，土器はその家の者が近くにある土を使ってつくり，それを簡単なかまどのようなところで焼いていたと思われる。その後土器を専門につくる者が現れ，作業を手分けして仕上げていくようになった。これは想像にすぎないが，同じような土器が数多くつくられるようになると，生産の効率性も増して売り物としての土器が出回るようになる。さらに土器の段階から炻器や陶器の段階へと進むにつれて，職人集団のようなものが生まれる。あるいは家族単位で焼き物づくりを本職のように始める者も増えてくるであろう。地場産業というにはまだ早いかもしれないが，地理的に近い範囲で同業の生業によって生活を成り立たせる者が集まるようになる。

　地理的に近い範囲で同じような仕事をする者が集まるのは，原料の土や燃料の薪それに水が入手しやすい場所が限られているからである。焼き物の里とでも表現される集落共同体は，ある種の社会的分業で成り立っている。焼きものづくりのレベルが上っていくのにともない，専門的な作業が増えていく。それをこなすには分業体制が不可欠である。全体の元締めのような役割を果たす窯元の指示のもとで，近隣から集まった人々が持ち場持ち場で作業に励む。窯や作業場などある程度の資本がなければ，焼き物は生産できない段階にまで達している。窯元は注文主からの要望を聞き，それが実現できるように現場の従業者に指示して作業を行わせる。リスクを負うのは窯元であり，それに見合うだけの利益が得られなければ，焼き物づくりは成り立たない。

　焼き物づくりの社会的分業は農林業に近い部分もあるが，違うところもある。農林業の社会的分業は，地主経営者のもとで小作人や雇われ労働者が農地を耕したり山仕事に励んだりすることである。農林業が焼き物づくりと違うのは，農林業は広い土地がなければ成り立たないという点である。窯と作業所があれば基本的に成り立つ焼き物づくりは，互いに離れているより接近

焼き物世界の地理学

 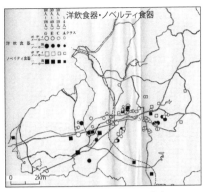

図10-1　瀬戸焼産地における和飲食器と洋飲食器・ノベルティ食器メーカの分布
出典：林，1979, pp.63-64 による。

　しあっている方が何かと都合がよい。情報交換や就業者のやりくりなど，近くにいればやりやすい。四季の移ろいや気候の変化に左右されやすい農林業とは異なり，焼き物づくりは自然条件の影響はあまり受けない。寒冷地は若干の不利がみとめられるが，農林業に比べれば大きなハンディキャップではない。総じて，農林業が分散的景観を示すのに対し，焼き物づくりは一箇所に集まって操業している感じが強い。

　図10-1 は，1970 年代中頃の瀬戸焼産地における和食器と洋食器・ノベルティ食器のメーカー分布を示したものである。まず気がつくのは，和食器のメーカーは図の右側に，洋食器・ノベルティ食器のメーカーは図の中央から左側にかけて集まっていることである。いずれも集積立地パターンが特徴的で，とりわけ和食器メーカーではその傾向が著しい。図の右側すなわち東側は丘陵地帯であり，傾斜面に築く登窯に適した地形が広がっている。実際，このあたりの和食器生産は江戸時代から続いており，登窯は姿を消したが，生産品目は変わっていない。一方，図の中央から左側すなわち西側は瀬戸川沿いの平坦地であり，洋食器やノベルティ食器といった主に輸出向けの食器が生産されてきた。生産の歴史は近代以降で，和食器に比べると新しい。和食器がほとんど一貫生産であるのに対し，洋食器・ノベルティ食器ではボディのみを生産するメーカーもあり専門化が進んでいる。これは，洋食器では上絵付けをして付加価値を高めるのが一般的だからである。ボディ・メーカー

は上絵付けを行わず，中間製品としての食器を完成品メーカーに納める。丘陵地性の地形が卓越する瀬戸焼産地には農耕に適した平坦地が少なく，大きな河川もない。窯業原料が産出しなければ今日に至るまで未開発の丘陵地形のままであったと想像される。地中に眠る資源を掘り出し，地形に適応しながら，肩を寄せ合うようにして焼き物づくりが行われてきた。

　瀬戸のような地勢条件は，多くの焼き物産地に共通している。地勢条件の中でもとくに重要であったのは窯業原料である。ただし同じ原料でも，陶土や磁土（陶石）の分布には地域性があり，条件に恵まれたところが産業として生き残ることができた。地域間で競争が続けられる中で，次第に西の有田と東（地理的には中部）の瀬戸・美濃が江戸・大坂・京都などの中央市場でシェアを高めていった。有田や瀬戸・美濃が焼き物産地として発展できたいまひとつの要因は，佐賀藩や尾張藩による庇護・支援体制である。生産・流通・販売の段階で規制や保護といった公的影響力が発揮された。近世の社会政治体制全般が産業・経済と深く結びついていたことを考えれば，これは特別奇異なことではない。いつの時代でも純粋なかたちの経済というものは存在しない。社会，政治，文化など経済外的要素と結びつきながら経済活動は行われる。焼き物づくりにおいても，近世にあってはこの時代の社会政治体制を抜きにしては成り立たなかった。

　焼き物と社会や政治との強い結びつきは，日本に限らず中国・朝鮮あるいはヨーロッパにおいてもみとめられる。社会における焼き物の存在感が現在よりも高かった時代，高価な焼き物は政治の場において取引や贈答のアイテムとして利用された。中国の皇帝やヨーロッパの王侯・貴族が対外的な政治関係を確認するさい，高価な焼き物がそれを保証する役目を担った。日本の戦国期とりわけ豊織期と呼ばれる織田信長・豊臣秀吉が活躍した時代は，焼き物がとくに珍重された。千利休・古田織部・小堀遠州とつづく茶の湯文化も，為政者が生んだ社会政治体制の上で成り立っていた。ヨーロッパの王侯・貴族が東洋の磁器収集に異常と思われるほど熱心だったのは，焼き物のかたちで結実する美的要素の凝縮に驚いたからである。焼き物には人々の心を驚掴みにする何か得体のしれないものが潜んでいる。

　戦国の武将や王侯・貴族は，自分たちだけが手にすることのできる特別な

焼き物に執着した。それは，そのような焼き物には人の手が及ばない何かがあると思ったからではないか。それを実現するために，特権階級のためだけに焼く特別な窯，すなわち官窯や王立の窯が築かれた。中国・朝鮮・ヨーロッパにあり，江戸時代の日本で御庭焼を焼いた藩窯もこれに近い。同じ焼き物を焼く窯でも，民と官とでは社会的位置づけが明確に異なる。さすがに現代の日本には官窯にあたるものはない。しかしヨーロッパには依然としてロイヤルや王立を名乗る窯が存在する。王政は廃止されても，かつての威光を彷彿とさせる陶磁器に特別な感情を抱く気風は消えていない。ほかにも高級ブランドを売り物にする有名陶磁器メーカーがあり，豪華なショールームを設えた専門店や都心の百貨店の特設売り場で自社製の焼き物を並べている。時代は大きく変わったが，権威，伝統，高級感などによって差異化された焼き物は，それを受け入れる社会階層の支持がある限り存続し続ける。

2．焼き物の購入・消費の場での社会階層性

　焼き物は社会的な労働分業体制や社会政治体制下の制度のもとでつくられてきた歴史がある。焼き物の社会的側面は，生産だけでなく市場や消費の場面でもみとめられる。すぐに思い浮かぶのは，焼き物が市場の社会階層性を意識しながら取引されているという事実である。一般に所得階層の高い人は社会階層も高いと思われる傾向がある。近代以降の資本主義社会では，経済的成功が社会階層の上昇にある程度連動すると考えられているからである。本書でもすでに述べたように，高価な焼き物は所得階層の高い人の手に渡る可能性が大きい。これとは逆に経済的に中下層とみとめている人は，必要以上に高価な焼き物を手に入れようとは思わない。焼き物としての機能が十分に果たせ，なおかつデザインや絵柄などに満足できれば普及品で構わないという人が多いであろう。

　こうした焼き物の社会階層性は，実際に焼き物が売られている商業施設の違いに反映されている。ハイクラスな焼き物と称して並べているのは百貨店や高級陶磁器専門店である。スーパーの陳列棚に並べられているのは，中級あるいはそれ以下と評価されている焼き物が多い。さらに近年多くなった100円ショップなどでは，ほとんどワンコインで手に入る最下級の焼き物が

売り場の棚に並べられている。どうしてこれほど価格が違うのか，一般の消費者には理解できない価格差である。かろうじて手がかりになるのは，その焼き物がどこの国や産地で生産されたか，あるいはどのような窯元や作家がつくった焼き物であるか，くらいである。むろん見ただけでわかる材質の違いや，描かれている絵模様やデザインの優劣もある。しかし，それだけでこれほど大きな価格差が生ずるのか，理解できない部分も多い。

　これほど大きな価格差のある焼き物が消費地で販売されているのは，市場構造自体が社会階層的に分化しているからにほかならない。焼き物の生産者はこうした市場の社会階層性を意識し，その市場クラスに合うように焼き物をつくる。当然，作業の密度や要する時間は，目標とするクラスに応じて異なる。高級な市場向けの焼き物は，時間をかけ丁寧に仕上げられる。そうでない廉価販売中心の市場を目指すなら，労働密度も低く簡素な仕上げに終止する。つまり市場がそのように社会的に階層区分されていれば，それに応じてつくり手の側でも階層が生まれる。生産側と市場側は，互いに相手を意識しながら焼き物を取り扱っている。

　市場側の社会階層は，消費者がどのような小売業店舗で焼き物を購入しているかを見ればたちどころに判明する。百貨店や高級品を取り扱う陶磁器専門店へ出入りする消費者は，焼き物はこうした高級店舗で売られているものに限ると考えるであろう。自宅にあるこれまでの焼き物を思い浮かべ，それらと比較して遜色のないものを選ぶ。つまり消費者が所有する焼き物にはある種のランキングリストがあり，同じような価格帯の焼き物によって揃えようとする。こうした傾向は社会的に高い階層の消費者ばかりでなく，その反対側の社会的に低い階層においてもいえる。社会的に低い階層からみれば，なぜ百貨店の高級陶磁器売り場で価格の高い焼き物を買い求めるのか，理解できないであろう。逆もまたしかりである。

　焼き物にはその特性として，価格差に見合うほど大きな機能差はないという面がある。1万円を超えるコーヒーカップと100円ショップのコーヒーカップを比べた場合，淹れたコーヒーの味わいに大きな違いがあるとは思われない。これはなにも焼き物に限った話ではないが，機能の違いで商品比較をする電化製品などとは異なる。経済的価値を超えたところで，焼き物の優劣が

判断されている可能性が大きい。趣味や感性の違いという個人差の入る余地が大きい。それゆえに，単に社会階層が上か下かという基準以外に，性，年齢，職業などより多様な属性も掛け合わせて考えなければならない。産業革命以降に発明された数々の工業製品と比べると，焼き物は土器の時代からその機能は基本的に変わっていない。同じ機能を果たすカップや皿に色，絵柄，文様などで手を加えれば無数のバリエーションが考えられる。機能が単純・明確であるがゆえに，機能以外の部分にどのようにでも評価できる非経済的，社会的要素をもたせることができる。

　消費者が焼き物を購入するとき，産地名すなわち○○焼という名前は重要な情報源である。消費者の間には産地ブランドのランキングのようなものがあり，ワイン，日本酒，お茶のように産地名を手掛かりに焼き物選びをする。ワイン醸造が盛んなスペインには昔から厳格な原産地呼称制度があり，それに習おうとする動きが日本にもある（図10-2）。しかし日本の焼き物にはそのような制度はなく，ただ歴史的に産地名で焼き物が評価される傾向があっ

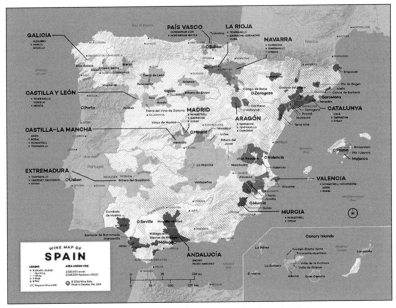

図10-2　原産地呼称制度によるスペインのワイン分布
出典：Wine Folly のウェブ掲載資料（s://winefolly.com/review/map-of-spain-wine-regions/）による。

第10章　焼き物の社会性と販売促進の取り組み

た。当然のことではあるが，同じ産地内には多数のメーカーがあり，つくられている焼き物も多種多様である。高級品もあれば普及品・廉価品もある。それゆえ，それらをひと括りにして産地名で一律に評価するのは実態に合わない。こうした矛盾に気づいている高級品メーカーは，独自に企業名やブランド名を掲げ差別化の手を打ってきた。消費者から紛れのない真の評価を得るには，実態に合わない産地名ではなく焼き物本体の良さや質に訴えるしかない。

3．家族社会，企業社会を維持する焼き物の役割

　歴史的に振り返って考えると，日本には世間はあったが社会はなかったという意見がある。なるほどと思われる意見であるが，近代以降，民主主義の広まりとともに，さまざまなレベルで社会を意識するようになってきたのも事実である。社会は，最小単位の家族から地域社会，都市社会などを経て国家社会へと広がっていく。最後は地球全体の人類社会に至るが，それぞれの単位で思いや感情をともに共有する意識，仲間意識のようなものを感じる。社会は別の言い方をすれば仲間の集まりであり，仲間意識をどのレベルで共有するかで社会の広がりが定まる。

　社会の最小単位である家族は，血のつながっている仲間によって構成される。両親とその子供，孫などである。両親の間に血縁関係はないが，子や孫を介して血縁的につながっていると考えることもできる。「血は水よりも濃い」のたとえのように血縁関係をもつ社会すなわち家族は，何ものにも代えがたい絆で結ばれている。そうした家族を時間軸でつないでいるのが家系という概念である。家柄，系統，血筋などという言葉でも表現されるが，要は血縁関係を時間という縦方向で見た場合のまとまりである。

　世界にはこうした家系を象徴するシンボルマークのようなものを考え出し，それによって一体性をつなぎとめようとする国や地域がある。ヨーロッパ諸国と日本が主にそれに該当しており，家系を目に見えるかたちで表すために，英語の coat of arms，日本語では紋章がシンボルマークとして考案された。紋章を学問的に論ずる紋章学（heraldry）という学問さえ存在する。英語の coat of arms が示唆するように，紋章は戦場で身につける鎧に由来して

焼き物世界の地理学

おり，各人がそれぞれの家系を表す標識をデザインとして付けていた。理由は兵士を区別するためであるが，家を代表して戦場に赴いているという自覚を鼓舞する役割もあった（浜本，2003）。キリスト教の聖地奪回のために結成された十字軍の兵士は，皆それぞれ己の紋章の付いた鎧で身を固めた。紋章の起源に関しては諸説あるが，11世紀から13世紀中頃にかけて，ある種の社会現象のように広がっていった。

ヨーロッパの場合，始めたのは王侯クラスで，それが貴族クラスにも広がり，13世紀中頃には下級貴族や騎士の間でも習慣化していった。いくつかの国では一般市民や農民階級にまで広がり，さらにヨーロッパ人が進出した植民地においても採用されるようになった。紋章には，①ある一定領域の中においては同じ図案があってはならない，また，②代々継承されてきた図案であること，という2つの決まりがある。個人を区別するには同じデザインであっては不都合であり，同じように見えてもどこか違いがなければ紋章とは認められない。

ヨーロッパで中世に広まった紋章とほとんど同じものが日本でいう家紋である。家紋の起源は源氏，平氏の時代にまで遡るとされるが，しだいに武家や公家の間で広まるようになった。家紋は長い歴史を経て現在に至っており，数え方にもよるが，全国でおよそ2万の家紋が確認されている。このように種類数がきわめて多い家紋は，血統や元々の帰属勢力に注目すると，いくつかのグループに大きく分けることができる。基本となるパターンが253種3,000余点あり，基本となるパターンをもとに多数のバリエーションが考案されてきた（高澤，2008）。

さて，こうして誕生したヨーロッパの紋章は，それを焼き物の上に描くことで家族一同が食卓を囲むときに互いに絆を感じさせるシンボルの役割を果たすようになっていく。英語では armorial ware と呼ばれており，鎧や兜など武具に付ける図柄を器の表面に描いた陶器である。紋章陶器とも呼ばれるこれらの焼き物は，スペインのイスパノモレスク陶器，イタリアのマジョリカ陶器，スリップウェア陶器，それにオランダのデルフト陶器に多い。このうちイスパノモレスク陶器は，その名のようにスペインとイスラムの要素を取り入れたキリスト教の支配下で焼かれた陶器である。またスリップウェア

第10章　焼き物の社会性と販売促進の取り組み

陶器は，器の表面をスリップと呼ばれる泥漿状の化粧土で装飾した陶器である。さらにデルフト陶器は，オランダのデルフトとその近辺で 16 世紀から生産された白色の釉薬を下地に錫釉薬で彩色・絵付けした陶器である。

　イギリスは紋章陶器の人気が高い国で，17 世紀末から 19 世紀中頃にかけて中国で製造したものを輸入した。紋章の図案を中国側に指示し，完成品を受け取った。輸入は 1820 年頃まで続けられた。しかしその後，イギリス政府は国内の焼き物産業を保護するために輸入を禁止した。紋章陶器（磁器）は普段の食事のときでも使われる。しかしその本来の役目を発揮するのは，一族のメンバーが集まる特別な儀式のときの食事会においてである。ディナーセットのすべての器に同じ紋章が描かれており，見ただけでも壮観である。むろんこうしたディナーセットを揃えるにはそれ相当の資力がなければできない。そこまでして家系を守り継承したいという願望が根底にあり，食器はそのための道具としての役目を果たす。

　日本では羽織袴や着物などのアクセントとして家紋が用いられることはある。しかし現代社会において，我が家の家紋がどのようなものか認識している人はそれほど多くないのではないだろうか。とくに決められた定めはなく，単なる習慣の一部にすぎないように思われる。和服以外では，木製の什器などに家紋が描かれている場合がある。焼き物も什器の一部ではあるが，家紋が描かれた焼き物にお目にかかることはめったにない。むしろ日本では，企業や法人などの記念行事のさいに自社の社章を記した皿や置物などの焼き物を関係者に配る時代があった。新店舗の開店を記念し，店のマークのようなものを写し込んだ焼き物が配られることもあった。いずれもバブル経済期以前のことである。家中に貰い物の焼き物が溢れているのに，なおも粗品の焼き物を持ち帰るという時代であった。

　ヨーロッパには，家族という最小社会の絆を確認するために，紋章を描いた食器が使われてきた歴史がある。日本では会社の記念事業や新店舗の開店のさいに，紋章やマークが記された焼き物を関係者に配ることがあった。一方は家系という伝統を維持・確認する場所において，他方は企業ビジネスのプロモーションの場においてである。焼き物利用に彼我の差のあることを感ずるが，いずれの場合においても，焼き物は人々の身近なところにあってそ

の役割を果たしてきた。こうした役割を果たすのに適当な雑貨品は焼き物以外には見出しにくい。木材，金属，プラスチック，繊維，紙など身近にいろいろ素材はあるが，耐久性があって美的表現にも適した雑貨品はないように思われる。焼き物は家族社会や企業社会のまとまりを維持するアイテムとして優れた性質をもっている。

第2節　焼き物まつりの成り立ちの背景

1．定期市としての陶器市，焼き物市の成り立ち

　いまや日用雑貨品はどこにいても手に入るといってよいほど各地に店舗が展開している。何をどこの小売店舗で購入するかは自由で，消費者は欲しいものを求めて出かけていく。普通は商品ごとに売場が決まっており，売場を見回りながらお目当てのものを選んで購入する。小売店舗を決め，そのあとで売場に行って品物を選ぶ。普段の買物行動はこうして行われるが，ときには特定の商品が時間を限って販売されることがあり，そこで買い物をすることもある。特定の商品が一定の時間間隔をおいて売られるシステムは，一般に定期市システムと呼ばれる（石原，1987）。定期市というと歴史的イメージが浮かびやすいが，実際，昔はこのような小売システムのもとで買い物が行われた。いつ出かけていっても店が開いている常設店舗システムの登場は，人間の歴史の中では比較的最近のことである。その定期市は過去に限られたものではなく，現在でも各地で開催されている。名前はまちまちであるが，○○市，△△まつり，□□特売会などの名前で開かれている。

　定期市システムと常設市（店舗）システムの違いは，開催回数や消費者の来訪範囲の広がりなどにある。定期市は，週，月，年ごとに1回，2回など開催の回数が限られている。常設市は特定の休業日は除き，ほぼ毎日のように開催されている。両者の開催日数に違いがあるのは，小売業の売り方に違いがあるからである。定期市では，普段はその場所にいない小売業者が多数出店するため，日頃は見かけない商品が並べられる。買い物客からすれば，常設市では見かけない珍しい商品であり，買う気をそそられる。常設市の経

営者からすれば，そのように多種類の商品を常に店頭に並べておくことはできない。めったに売れない商品をいつまでも長く店先に置いておけないからである。市の開催が時間的に限られているがゆえに，普段は姿を見せない多くの小売業者が同じ会場に集まり商いをする。

　定期市を訪れる買い物客の来訪範囲が広くなる理由は説明を要しないであろう。常設市では目にしない珍しい商品が一箇所に集められて販売されるなら，出かけてみようという気になる。珍しいものを見ることができ，さらに気に入れば購入できるとあれば，人は移動距離の長さはあまり気にかけない。こうして定期市が開かれている場所へ各地から買い物客が訪れ，会場は文字通りお祭り騒ぎになる。人は人を見ることで刺激を受けたり何かを感じたりするが，それが数え切れないほどの人の数になれば，ある種の興奮状態に陥る。いやがうえでもまつり参加の一員としての感情は高揚する。いつしか定期市は普段は味わうことのできない楽しさが感じられる場所となっていく。しかし特別な一日の楽しさは長くは続かない。再び日常的な常設市のシステムに戻るが，時間の経過とともに次に開かれる定期市が待ち遠しくなる。

　歴史の発展とともに定期市システムは消え，常設市システムが普通の時代になった。しかし人は定期市システムを懐かしむ記憶をどこかに残している。現代では，ときどき開かれる○○市や△△まつりが擬似的な定期市システムを演出する舞台となっている。しかしそのような舞台が用意されたとして，はたして小売業者は何を売ったらよいのであろうか。これだけ世の中に多種多様な小売店舗があり，売られていないものなどないかのようにさえ思われる。よほど珍しい商品を用意しないと消費者は集まってこないのではないか。かなり選択肢が限られる中で，焼き物は有力な候補である。焼き物は日用雑貨であり，毎日の食事に欠かせない用具として位置づけられる。欠かせない用具であるがゆえに，すでに家庭内に十分備えられていて当然と思われる。にもかかわらず陶器市，焼き物市に出かけようという気になるのはなぜであろうか。

　陶器市，焼き物市は全国各地の焼き物産地で開催される事例が多い。図10-3は，茨城県の笠間焼産地で毎年ゴールデンウィークの時期に開催される「陶炎祭」の会場案内図を示したものである。1982年に始められたこの祭り

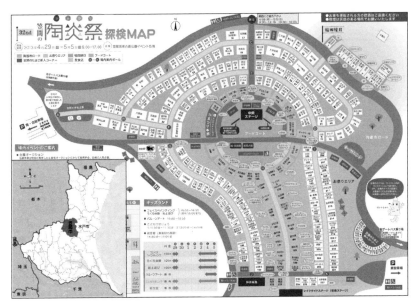

図 10-3　茨城県・笠間焼産地の焼き物まつり「陶炎祭」会場案内図
出典：笠間陶炎祭公式 HP のウェブ掲載資料（https://himatsuri.exblog.jp/19288463/）をもとに作成。

には 200 以上の店が笠間芸術の森のイベント広場に集まる。開始当初は地元
の陶芸家・窯元・販売者など 36 名による手づくりの祭りに過ぎなかったが，
年を経るごとに規模が大きくなり，現在では茨城県下最大のイベントにまで
なった。祭りの立ち上げ当初は，笠間焼の知名度向上や陶芸家・窯元の地位
向上が目標に掲げられた。このとき，第 1 回陶炎祭のメインイベントとして
延命地蔵菩薩の野焼きが行われたのは，笠間焼の基礎を築いた先人に対して
感謝の思いがあったからである。ここでも他の産地と同様，陶祖を偲ぶとい
う理念が開催者の間で共有されていた。地元で生まれる焼き物を核に伝統，
文化，生活を結びつけようとする思いが根底にある。

　陶器市，焼き物市が産地で開催されれば多種類の焼き物の中から好みの一
品が市価より安く手に入ると期待するのは当然である。ただし安さのみを期
待するなら，通常の廉価ショップやスーパーの特設会場でも購入できる。近
年は産地とはまったく関係なく，各地の陶磁器を集めて廉価販売する擬制的
な焼き物市も開催されている。しかしあえて産地開催の陶器市や焼き物市に

こだわりをもって出かけるのは，焼き物が生まれる土地柄や場所性に対する関心が根底にあるように思われる。買い物の行き帰りに工場や窯の周辺を歩いたり昔からの町並みを見たりするなど，ある種の産業観光が体験できる。焼き物産地と都市部の消費地との距離は昔も今も変わらない。しかし自動車の普及で時間距離は大幅に短縮され，日帰りで十分出かけられるようになった。生産地で日用雑貨品が直接購入できるケースがあまりない中で，焼き物はショッピングツアーのアイテムにもなっている。

　○○市や△△まつりの売り物として焼き物が選ばれているのは，焼き物が日常使いの食器だからという理由だけではない。焼き物は手にとって簡単に持ち運べ，自分使いとしてパーソナライズされやすい特性をもっている。また焼き物は，食器に限らず身の回りで形になるものならすべて成形の対象となる。耐腐食性・耐久性はいうまでもなく，割れやすいという欠点も技術開発で改善されてきた。むしろあまりに長持ちするがゆえに，飽きられたときの処理に頭を悩ませている。電子機器のように精密化やアプリケーション化によって機能それ自体の能力を高めるのが主流になりつつある社会にあって，焼き物の機能は昔から基本的に変わっていない。時の流れとは無関係に人々のそばにあって心を和ませる焼き物を求め，距離をいとわず焼き物の定期市を訪れる人の波は途絶えることがない。

2．焼き物まつり，陶器まつりの成立の背景

　先に述べた笠間焼の陶炎祭のように，日本の焼き物産地の中には，毎年，「焼き物まつり」や「陶器まつり」などを恒例行事として開催しているところが少なくない（図10-4）。産地で開催する行事であるため，現在も焼き物を生産する企業・事業所があり，その近くでまつりが繰り広げられる。まつりの中身は焼き物の販売がメインであるが，それ以外にアトラクション，展示会，飲食，それに神事などがある。神事は陶祖を祀る神社で行われ，本来ならこれがまつりの主役であるが，来場者はほとんど関心を払わない。お目当ては普段より安く販売される焼き物を手に入れることである。重くて割れやすいにもかかわらず，気に入った焼き物を買い求めて家路につく。焼き物を買わなくても露天商の店先を巡り歩き，いろいろな焼き物を見て回るのは面白い。

図10-4　全国陶器市開催のポスター
出典：相模太夫の旅録のウェブ掲載資料（https://blog.goo.ne.jp/sgh44103-anyt/e/
ebe0e1042b2f86f0b940cfc99e28c781）による。

それこそ昔の定期市の雰囲気を感じながら人混みにもまれて歩くことは何よ
りも楽しみなのである。

　有田，瀬戸，信楽，益子など全国的にも名の知れた焼き物産地では，毎年
恒例のまつりの日だけでなく，普段の日でも焼き物が売られている。それは，
産地で焼かれた焼き物を販売する小売店舗があるからで，毎日，店を開いて
いても経営は成り立つ。ところが生産量が少ない焼き物産地ではこうした条
件が満たされないため，焼き物を売る小売店舗は立地できない。ここでいう
生産量とは，産地を訪れる観光客向けの焼き物だけでなく，通常の流通経路
を経て市場へ送り出す焼き物も含めた生産量のことである。全体の生産量が
多くないと，産地で小売販売するのは難しい。窯元が数件程度の産地では，
窯元での直接購入はまれにあるが，かりに観光目的で訪れても小売店舗で焼
き物を手に入れることは困難である。

　上で述べた名の知れた焼き物産地では，まつりの来場者は，普段から営業
している小売商と，その日だけ即席の売り場を設けて商いをする小売商の両

方から焼き物を買うことができる。来場者にとって出店形態の違いなどはどうでもよく，気に入った焼き物が手に入ればそれでよい。常設店舗とまつりの日だけの店舗（定期市店舗）は競争相手のように見えるが，そのようなことはない。双方ともに，それぞれの立場でまつりを盛り上げる役割を果たしている。常設店舗の何倍もの数の露天店舗が集まることで，まつりの活気は倍増する。常設店舗は普段の売上の何倍もの売上が期待できるし，露天商も1日か2日で収入を稼ぐことができる。道路沿いなどで商いをする以上，なにがしかの場所代が求められるであろうが，それを上回る売上が期待できる。

　焼き物を販売する常設の小売店舗のない産地でも，焼き物関係のまつりを開催することはできる。その場合は，全国各地を渡り歩く焼き物の小売商人がまつりの日に集まってくる。場所は道路沿いであったり広場であったりする。まつりの来訪者は，その産地で焼かれた焼き物が安く手に入ると考えて訪れる。しかし実際は，その産地の焼き物のほかに他産地の焼き物も並べられているのを見て意外に思うかもしれない。昔なら考えられなかったであろうが，交通が発達した今日なら，どこの産地の焼き物でも手に入れて販売することができる。来訪者も売られている焼き物が他産地のものであっても気にかける風はない。地元で焼かれた焼き物をその地で買うという考え方は生きてはいるが，絶対的ではない。

　考えてみれば，地元でつくられたものをその土地で買うという行為は，焼き物以外ではあまりない。農家を訪れ米や野菜をその軒下で買い求めるのがこれに近いかもしれない。しかし，多くの人が大挙して農家へ食料を求めて出かけて行くというのは一般的ではない。焼き物の場合は，窯元が窯出しのときに訪れた人に焼き物を売ったのが，このような習慣のはじまりであったと思われる。こうした事例は現在でもあるが，本来の姿ではない。産業の近代化にともなって流通過程の整備が進み，生産者がいわば一見さんを相手に製品をその場で売るという行為は消えていった。産地を訪れた人にしてみれば，産地の工場や事業所で焼き物を購入したということは印象深い体験になる。こうしたことが現在も続いているということは，焼き物生産が近代産業として確立していった他の産業とは少し異なる性格をもっていることを示唆する。伝統性を引きずっているがゆえに，人々は昔ながらの直取引を懐かし

く楽しんでいるようにも思われる。

　通常なら都市にある一般の小売店舗で買い求めるのに，焼き物に限っては通常の消費行動とは別に，生産地まで出かけて購入しようとする。それが各地で開かれている「焼き物まつり」や「陶器まつり」を成り立たせている背景としてある。そこには，他の日用雑貨品とは異なり，焼き物にそなわる特性がある。毎日の食事に欠かせない食器が圧倒的に多く，老若男女を問わずパーソナライズされやすい。日本の場合，大都市圏から比較的近いところに現在も生産を続けている焼き物産地がある。むろん現在では廉価な中国製や高級なヨーロッパ産の輸入陶磁器などを手に入れる機会は十分にある。しかし輸入品からの圧力を受けながらも，依然として国内で生産が続けられている焼き物に対し，人々は親しみを抱いている。製品特性や，歴史的，文化的愛着，それにまつりやイベントに特有の娯楽性がないまぜになり，各地の焼き物まつりは成り立っている。

3．変わりゆく産業構造と焼き物まつりの意義

　産地直売形式で何かを売れば，生産者から消費者までの輸送費が省けるので，基本的に安く売れるのは当然である。通常なら消費地までの輸送に必要な費用を，消費者が産地まで自ら出向くことで自己負担している。しかしその負担に見合うだけ安く購入できれば不満はないし，産地を観光がてら見学する楽しみもある。焼き物まつりや陶器まつりの魅力は，来訪者自らが産地を訪れて買い物とまち歩きなどの観光をともに体験できる点にある（図10-5）。まつりの期間でなくても常設の焼き物小売店がある産地なら，通常の買い物ツアーとしてこうした楽しみを味わうことができる。まつりの開催期間中に訪れたら焼き物を選ぶ範囲も広がるため，掘り出し物が手に入る可能性は大きくなる。普段は見学できない窯元の工房などを見て回る催しがあれば，お得な観光サービスを味わうこともできる。

　窯元の工房や作業所は基本的に製造現場であり，主要な通りから奥まっていたり，離れたところにあったりすることが多い。生産設備を一通り整えるには，ある程度の広さの敷地が必要だからである。以前は小規模で行われていたが，生産規模の増大で敷地を広げた結果，現在のような工場制工業のか

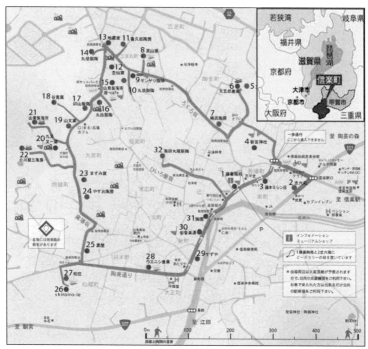

図10-5　滋賀県・信楽焼産地における窯めぐりコース案内図
出典：滋賀咲くblogのウェブ掲載資料（https://img01.shiga-saku.net/usr/sansaku/map-%E3%81%AA%E
3%81%AA%E4%BF%AE%E6%AD%A3s%E3%83%AC%E3%82%A4%E3%83%A4%E3%83%BC%E7%B
5%B1%E5%90%88.gif）をもとに作成。

たちで生産をしている製陶工場も少なくない。製陶業に大企業は少ないが，
中小企業形態でも規模の違いにはかなりの幅がある。ほとんど一人で陶芸作
家のように焼き物をつくる人，家族労働だけで細々と生産している事業所，
近隣のパート労働者を雇用して曲がりなりにも工場生産を維持しているケー
スなどさまざまである。日本の陶磁器産業はバブル経済崩壊以降，焼き物需
要の大幅な減少で生産量が激減した。事業所の数も減り，生き残った事業所
も苦労が絶えないのが現実である。

　古くからの焼き物産地では，産業界や行政の危機意識は根強い。すでに今
日的状況を見越し，陶磁器産業以外の産業振興に力を入れてきた産地もある。
たとえば瀬戸や美濃はそのような事例であり，まちの周辺に広がる丘陵地を
造成し，陶磁器以外の製造業の企業誘致をしてきた。製造業だけでなくアウ

焼き物世界の地理学

トレットモールのような大規模な小売業施設を誘致し，一帯を商業・サービス空間に変貌させてきた。印象的なのは，窯業原料が長年にわたって採掘されてきた鉱山の跡地が企業団地や大規模小売業施設の立地用地として絶好の空間であったという点である。ただし，こうしたケースはどこの焼き物産地にも共通するわけではない。

　瀬戸の場合，江戸後期から始まる磁器生産のために，木節粘土や蛙目粘土が分厚く堆積している丘陵地で大規模な採掘が行われてきた。採掘後，残された広大な跡地は名古屋などから移転してきた工場の立地用地として活用された。製造業が盛んな名古屋圏にあるという位置的条件が跡地利用に生かされた。これと似ているのが，美濃のうち土岐市における鉱山跡地の利用である。ここでも人口の多い名古屋圏の東外縁部という条件を生かし，良質な窯

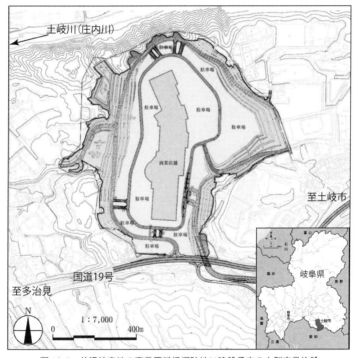

図10-6　美濃焼産地の窯業原料採掘跡地に建設予定の大型商業施設
出典：Re-urbanization 再都市化のウェブ掲載資料（https://saitoshika-west.com/blog-entry-7441.html）をもとに作成。

第10章　焼き物の社会性と販売促進の取り組み

業原料を採掘した跡地に大規模ショッピングセンターが立地することになった（図10-6）。窯業原料を堆積・保蔵してきた空間が陶磁器産業の時代を終え，次なる商業・サービス産業の受け皿空間になったのである。

　広大な鉱山跡地に進出する外来の企業や施設は，古くからある地元の陶磁器産業とはほとんど関係がない。長年関わりをもってきた行政としては，表向きのスタンスとして伝統産業の維持・振興の旗は簡単には下ろせない。しかし変わりゆく産業構造のもとで雇用機会や税収の確保といったことを考えると，これまでの産業政策を転換せざるを得ないのも事実である。しかしそのように厳しい環境変化の中にあっても，地元で生産され続けてきた焼き物がもつ魅力は捨てがたい。歴史の新しい新興産業にはない土地に深く染み込んだ社会性，文化性が残されている。たとえ産業全体に対する経済的貢献は小さくなっても，社会的，文化的貢献には侮れないものがある。

　先に述べた瀬戸でもあるいは美濃でも，もしくはこれらに地理的に近い常滑でも，焼き物まつりは例年開催されている。またまつりだけでなく，焼き物に関わる美術館，博物館，展示館，道の駅施設など数多くの施設が常設され，見学者を迎え入れている。こうした施設の見学者は交通・見学・飲食・買い物など観光のために産地にお金を落とす。統計的には商業や交通などのカテゴリーに含まれるが，陶磁器産業（製造業）からの収入とは別に，産地の経済を下支えするはたらきをしている。焼き物に対する需要が大きく減少している現状を考えると，焼き物を介したサービス経済化の可能性は軽視できない。各地で開催されている焼き物まつり，陶器まつりは，そのような現状からの出口を模索する動きのように思われる。

　焼き物まつりを開催するのは焼き物産地においてであるという常識は，現在では通用しなくなっている。そもそも「まつり」それ自体が伝統行事を中心に開かれる催事から離れ，商品の廉売市としてスーパーやデパートなどで年中開かれているという現実がある。伝統や由来などとは無関係にただ人が集まる場所をまつり会場と割り切れば，こうしたまつりも許されよう。その延長で，焼き物まつりも産地とはまったく関係なく開催される。むしろ特定の焼き物産地ではないため，全国各地の多様な焼き物に出会えるというメリットを消費者は感じるかもしれない。売り手もその点をよく心得ており，

産地のしがらみなどとは無縁で商いをすることができる。このような「場所性」を欠いた焼き物まつりは、スーパーの特設会場で開催される大特売市と何ら変わりはない。まつりと称することで、各地の特徴ある焼き物が普段の価格より安めに手に入るように思わせることができる。

　まつりが単なる大安売りの会場にすぎなくなってしまった「まつり」をどのように考えるか。否定的に考えれば、それは焼き物が生まれる場所との関係性を絶った「偽りのまつり」と映るかもしれない。しかし考えてみれば、焼き物の原料である陶土・陶石・釉薬や燃料（薪材）、動力（水車）などをすべて産地内で自給できた時代は遠い過去のことである。海外から輸入した原料や燃料を使って焼き物を焼くのがむしろ一般的である。こうした現状を考えれば、特定の焼き物を特定の場所に結びつけるのは、社会的、文化的伝統としての意味はあるが、経済的、産業的には意味がなくなりつつある。こうした現実をやむを得ないとして肯定するか、あるいはそれだからこそ場所性にこだわるべきか、意見はわかれるであろう。現代社会において日用雑貨品を手にするとき、それがどこで誰がつくったかを意識することは稀である。しかしこと焼き物の場合は、産地や生産者を気にかける消費者もいるように思われる。焼き物はそれだけ人々の気持ちに寄り添いやすいものといえる。

第3節　焼き物産地における卸売業の変化

1．焼き物卸売業の今昔と卸売商業団地周辺の変化

　焼き物は生産地の窯で焼かれ、そこからいくつかの手を経て最終的に消費者の手元に届く。時代や地域によって違いはあるが、まずは生産者の元から送り出される。そのさい、生産者の近くには産地卸（産地の仲買人）と呼ばれる商業者がおり、ここに引き取られるのが一般的である。ただし、生産規模の小さな生産地では、こうした役割を果たす卸売が成り立たない場合もある。ネット販売が普及してきた現在では最初から生産者が直接、消費者に販売することを念頭において焼き物を生産する場合さえある。それゆえ、産地卸が成立していたのは歴史的にはある限られた時代や地域であったといえ

る。

　ではそもそもなぜ産地卸が生まれるのであろうか。それは，焼き物が多く
の事業者によってつくられ，しかもその種類が多いため，まずは産地の近く
で品揃えをする必要があるからである。焼き物生産者は小規模であることが
多く，自ら消費地まで送って販売する力をもたない。企業ブランドのある生
産者なら独自のルートで消費地まで送り販売も手掛けることができる。しか
しこうした例は少なく，多くは産地卸にそれ以降のことは任せる。複数の事
業所や窯元から焼き物を仕入れた産地卸は自らの責任で製品を保管し，必要
に応じて消費地へ送り出す。産地卸は消費地からの注文を受けて，保管して
いる焼き物を出荷したり，ストックがない場合は事業所や窯元に生産を依頼
したりする。産地の生産者と卸売は持ちつ持たれつの関係を維持しながら存
続してきた。

　焼き物の生産地から消費地へ送られてきた製品は，まずは消費地卸の倉庫
や物流施設に保管される。ただしこれについても，消費地は一般に地代が高
く製品の保管費用も高くなりがちなため，この段階を省いて直接，スーパー
や陶磁器小売店へ送られる傾向がある。かつてはたとえば東京・日本橋の蛎
殻町や大阪西区のせともの町あたりに店を構えて卸売業を営んでいた商業者
がいた（林，1984）。現在でもその名残はあるが，焼き物を市街地中心部で
大量に保管することは難しくなってきた。都市郊外に専用の倉庫や物流施設
を確保しなければ，時代の流れについていくことはできない。いずれにして
も，消費地卸の流通経路上での役割は低下している。しかしそれでも，消費
地側の要望を聞き出し，それを産地に伝える役割は依然として必要である。

　このように，焼き物の流通過程では2種類の卸売が存在する。産地卸は生
産者と消費地卸を仲介し，消費地卸は産地卸と小売業の間を取り持つ。もと
もと卸売という業態は，一般の消費者にとっては縁の薄い存在である。これ
は生産地も消費地も同じである。しかし産地卸については，生産地で開かれ
る焼き物まつりのさいに，消費者がここを訪れて焼き物を購入する場合があ
る。通常なら小売販売をしない産地卸の業者が特別なまつりの日であること
から，直接，消費者に接する。たとえば美濃焼産地では土岐市や多治見市に
ある卸商業団地で直接販売が行われる。土岐市の場合は，卸商業団地に併設

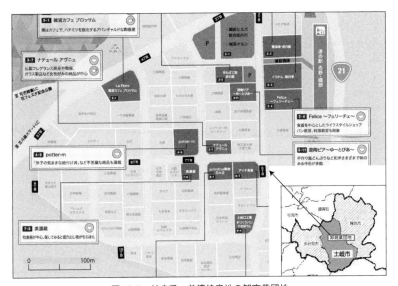

図10-7　岐阜県・美濃焼産地の卸商業団地
出典：織部ヒルズのウェブ掲載資料（https：//oribe-hills.com/sansaku）をもとに作成。

されている道の駅に常設の小売販売コーナーがある。また有田焼では有田町にある卸団地協同組合が常設の小売店舗を設けている。産地卸は生き残りをかけ，最終消費者に直接はたらきかけることで売上を伸ばそうとしている。

美濃（土岐・多治見），有田に共通するのは，歴史的に形成されてきた旧市街地の中ではなく，そこから距離の離れた台地の上に卸商業団地が設けられていることである（図10-7）。これは，高度経済成長の時代に焼き物の需要が急増し，これに対応するために産地卸売業者が用地確保を共同で行ったためである。同様な事例の瀬戸も含めて，4つの卸商業団地に入居した業者の多くは，それまでは既成市街地の中で営業を行ってきた。しかし既存地周辺では用地の拡張が難しく，いずれも周辺の丘陵地を造成して新たに施設を設けた。これは国の流通近代化政策に沿う動きであり，同類の事業は他の業種でも実施された。卸商業団地が建設された当時は，今日のような状況は想定できなかった。卸商業団地から消費地に向けて焼き物を大量に出荷する時代は過ぎ去った。現在では卸商業団地に陶磁器卸売以外の業種が入居したり，消費者に対して直接販売が行われたりするようになった。

第10章　焼き物の社会性と販売促進の取り組み

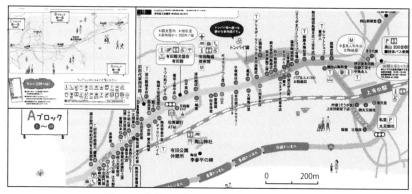

図10-8　佐賀県・有田焼産地の陶器市会場案内図
出典：有田商工会議所のウェブ掲載資料（http://www.marugotoarita.jp/）をもとに作成。

　とはいえ，多治見，瀬戸，有田では旧市街地中心部での焼き物まつりや陶
器市は，依然として継承されている。このうち有田で毎年春に開かれる陶
器市は，有田街道沿いにおよそ5km，3ブロックにわたって繰り広げられる
（図10-8）。旧来の産地卸売業者は郊外の卸商業団地に活動の拠点を移したが，
やはり産地卸売業の発祥地としての歴史的伝統は守りたいという意識が残さ
れている。全国的な焼き物生産地としての自負もあろう。昔ながらのまち並
みに沿って出店した露天商が並べる陶磁器を来訪者が見て回る様子は以前と
変わっていない。出店しているのは露天商ばかりではない。多治見の陶器ま
つりでは，生産者組合や卸商業組合の名前を染め抜いたテントも混じってい
る。市内にある工業高校の窯業科の生徒が轆轤の実演をしたり，自作の焼き
物を並べて販売していたりするテントもある。春は陶祖，秋は磁祖というよ
うに二度にわたって先人を偲ぶ瀬戸のまつりでは，普段は自動車が行き交う
道路を通行止めにし，その空間を数多くのテントと買い物客が一体となって
埋め尽くす。開催場は私鉄ターミナル駅に近いため名古屋方面からの来訪者
が多い。マイカーで訪れた人のためには当日だけの無料駐車場が用意され，
警備員が会場への道順を案内する。今年はどんな焼き物に出会えるか，どん
な焼き物を買おうかと胸膨らませながら，来訪者は鳴り物混じりの音の聞こ
える方へと向かって歩きだす。

2．収集した盃を展示する美術館の役割

　焼き物づくりを続けてきた生産者の中には，売上の長期低迷を打ち破るために，焼き物に製品とは別の付加価値をつけて提供しようと考えている人がいる。本来なら焼き物本体の良さや質の高さで勝負すべきかもしれない。しかし社会全体でサービス経済化が進む中で，消費者も焼き物それ自体の消費よりも，むしろ焼き物にまつわるイベントや観光などのサービス的消費を求めている。こうした消費需要の変化を正しく受け止めて対応していかないと，消費者とともに歩んできた焼き物づくりそれ自体の将来も描きにくい。従来からの流通経路を介した焼き物の生産・販売活動を維持しながらも，他方でサービス経済化を意識した試みが焼き物産地で展開されるようになった。

　一般に産業観光といわれるものづくりの現場を観光対象に仕立て上げ，消費者の関心をモノからサービスへと変えていこうとする動きは，焼き物以外の産業でも見られる。焼き物は日常的な生活雑貨の中では親しみがもたれやすく，生産現場もどことなく伝統性や手づくり的雰囲気を感じさせやすい。これまで述べてきた生産地での焼き物まつりや陶器まつりは，そのような仕掛けのアドバルーンとして機能してきた。しかし，年に1回もしくは2回程度の焼き物まつりでは，それこそお祭り騒ぎが済んだらまた普段の状態に戻り，生産地は静まり返ってしまう。そうした一過性のイベントを乗り越えて消費者の関心を産地に向けさせるのは簡単ではない。持続的な仕組みを考え出し，創意工夫を凝らしながら焼き物に潜むサービス的要素を引き出して提供する。既成概念にとらわれない新たな発想が求められる。

　すでに述べたように，日本における焼き物の消費需要は長期低迷の状態にある。通常の流通経路による焼き物の出荷はあるが，その量にかつての面影はない。これを補うためには焼き物から商品以外の価値を見出し，その良さを来訪者にわかってもらって満足感につなげる。そのためのアイデアは種々考えられる。しかし実現しようとすると困難が立ちはだかり，ことはすんなりとは進まない。以下に紹介するのは，焼き物生産地域の中では比較的周辺に位置する産地が特産の焼き物（盃）に光を当て，これを一大コレクションとして美術館のレベルにまで引き上げ，来訪者の目を引くことに成功した事例である。一度市場に出回った焼き物を産地の違いに関係なく収集し，一箇

所に集めて展示するという逆転の発想に見るべき点がある。

　さかづき美術館は，美濃焼産地の西南端の岐阜県多治見市市之倉町にある。美濃焼の卸売流通の中心地・多治見市中心部からはやや距離がある。土岐川支流の市之倉川に沿った規模の小さな産地として主に盃を生産してきた。江戸末期から昭和前期にかけて盛んであった盃の生産も，日本酒を飲む習慣の衰退とともに少なくなり，他の食器生産へと転換せざるを得なくなった。最盛期には 100 以上もあった事業所すなわち窯元も半分以下にまで減少し，往時の面影は薄れていくばかりであった。こうした状況に危機感を募らせていた産地の有力窯元と商社（産地卸）の仲間内で，盃をシンボルに掲げた美術館を建設する構想が浮かび上がってきた（林，2009）。江戸時代，当時の多治見村市之倉郷はここでしか生産が許されない特産品（親荷物）として盃を生産した。このイメージは近代以降も引き継がれ，市之倉といえばすぐに盃が思い浮かぶほどである。そのようなかつての記憶を産地振興に生かすアイデアをもとに美術館の建設構想が持ち上がった。

　この建設構想を実現するために「市之倉まちづくり委員会」という組織が設けられ，これが受け皿となって「陶の里　市之倉さかづき美術館」が2002 年に開館した。総工費は 3 億円で，うち 1 億円は岐阜県と多治見市が負担した。主な事業出資者は有力窯元 1 社と 2 つの商社，それに陶磁器工業組合である。有力窯元と商社は同郷の友人という間柄であり，地元に対する愛着心という点でビジネスの域を超えた絆で結ばれていた。公的資金の援助は受けたが，運営は地元に任せられ，焼き物業界だけでなく周辺関係者も一体となって美術館を支える体制が整えられた。

　盃をモチーフとする美術館という構想に至る以前に，「道の駅」の建設案や第 3 セクターによる施設建設案も検討された。しかしこれらの案は，地元の人材と資源を重視して事業を興すというポリシーのまえに消えていった。近世末から近代にかけて高度な技術で名品を生み出し続けた市之倉の盃生産にこだわった結果，単なる会館や観光センターではなく，美術館として品位のある施設を設けることに結論が落ち着いた。美術館にはミュージアムショップとギャラリーが併設されており，美術館は有料（400 円），他の施設は無料である。

美術館には2,000点を超える酒器・盃とは別に，美濃・瀬戸地方出身の名だたる陶芸作家の作品が陳列された。多くは故人の作であるため，歴史的な陶芸作品を鑑賞しながら地元の窯業史を学ぶしかけになっている。うち2名は，美術館の館長をつとめる有力窯元の父と祖父である。この窯元は近世からこの地で続く名門であり，とくに祖父と父は多くの輝かしい業績で地元窯業界に名を残した。この窯元は美術館が開館する以前から独自に展示施設を事業所内に設け，見学者を受け入れていた。美術館と窯元の工房は徒歩5分の距離にあるため，両者は半ば一体化しているといえる。

　美術館に作品を展示して運営するノウハウはすでに自前の窯元で経験済みであり，このことがさかづき美術館でも活かされている。2,000あるいは3,000ともいわれる盃は，館長の窯元当主が個人的に骨董品屋などを回って買い集めたものである。地元で生産しながらも残しておける盃には限りがある。いったん市場に出回って使用された点にむしろ価値があるため，国内の他産地や海外で生産された盃も収集・展示の対象とされた。最盛期には全国生産の75％以上を生産したといわれる市之倉の盃にこだわった意味がここに見出される。

　焼き物産地の活性化との関係でさかづき美術館が果たしている機能として注目されるのは，併設されているミュージアムショップとギャラリーの役割である。ミュージアムショップにはボックスコーナーと呼ばれる20の展示棚があり，ここに現代作家の手によるさまざまな創作品が販売用に並べられている。作品の生産地は地元の美濃に限定されず全国に及ぶ。これには目的があり，異素材つまりセラミックス以外の素材でつくられた創作品を並べることで，地元関係者を刺激するのである。焼き物を目当てに訪れた観光客や消費者に対しては，焼き物とは別の素材でつくられた作品を展示・販売することで興味・関心の幅を広げることができる。

　販売目的が主のミュージアムショップに対し，ギャラリーは展示に特化したつくりになっている。美術館併設を意識し，幾分，冒険的，前衛的な焼き物を紹介しようとする意図が伝わってくる。地元・市之倉の窯元はこれまで商社から届く注文に応じて陶磁器を生産するのが一般的であった。窯元の企画・デザイン開発能力は概して低く，市場の動向を敏感に受け止める姿勢に

第10章　焼き物の社会性と販売促進の取り組み

欠けていた。このような体質がいつまでも続けられるとは考えられず，自ら
製品開発能力を高めていかなければ生き残れない。ギャラリーには全国的ス
ケールで呼びかけて反応のあった陶芸家からの作品が並べられている。作品
は定期的に入れ替えられるため，ギャラリー目当てに来訪するリピーターも
多い。市之倉は，戦国末期の慶長から幕末に至るまで高名な寺社や幕府へ御
用品を継続して納めたという歴史をもつ。今日まで引き継がれてきた高い技
術力から生まれる誇りや自尊心のようなものが，よくある「焼き物センター」
ではなく「美術館」をこの地に実現させたように思われる。

3．未来へとつづく焼き物のサービス的効用

　焼き物のサービス化とは，モノとしての焼き物とは別の価値を焼き物から
引き出してサービスに仕立てることである。焼き物の多くは食器であり，ま
ずは食事のための用具としての機能を担わせる。しかし食器の中にはそれ以
外の機能をもったものがある。観賞目的でつくられる食器はその一例であり，
食器としての役割は最初から期待されない。陶器か磁器かといった素材や，
デザイン，絵柄，色彩などのコンビネーション全体が美的鑑賞の対象となる。
こうした焼き物は昔からあり，為政者，富裕階層，収集家などの間で取引され，
愛でられることが多かった。当然，そのことを前提に特殊な技能を発揮して
優れた焼き物を生み出す陶芸家もいた。食器は形状を与えるためのきっかけ
にすぎず，真の目的はいかに芸術的・審美的に美しいと思わせるかにある。

　本来の民具が芸術的高みにまでその姿を高められ，道具としての位置から
離れた存在になっていく事例は焼き物以外にもある。木工品や金属細工など
にそのような事例を見るが，共通しているのは道具としての美を追求して
いった結果，本来の役割を超えた存在になってしまった点である。機能と美
との関係は伝統的な雑貨品にとどまらず，現代人が日常生活の中で使用して
いるものの中にも多い。多くのものづくりの現場では，製品の機能と美をい
かにバランスさせて魅力的なものに仕上げるか，日々研究開発が行われてい
る。とりわけポストモダニズムで多品種少量生産が普通になった現代では，
機能以外にいかに消費者の美的好奇心を引き寄せるかに関心が集まる。

　焼き物の世界ではすでに遠い昔から，こうした美しさを追求する傾向が

あった。それは，料理を盛り付けたり液体を注いだりといった単純な機能以外に，焼き物には果たすべき役割がないからである。この単純な機能を果たすだけなら，どのような焼き物でも差し支えない。そこで，差別化や差異化に対するモチベーションがつくり手の心の中で高まり，美しさをそなえた焼き物づくりへの挑戦が始まる。社会階層の違いを問わず，人は美しいと思う用具に引き寄せられる。とくに社会階層の高い人々は購買力に余裕があるため，機能性よりも芸術性，審美性を重視した焼き物に目が向かう。つくり手も，自分の芸術的・審美的造形能力の高さを誇示するために，焼き物を造形の対象として選ぶ。すでにそこには，造形美を表現するための対象としての焼き物しか存在しない。

　焼き物の多くは食器であり，陶磁器という言葉も器を想定して創出された漢語である。しかし焼き物は食器以外に，置物，床や壁のタイル，衛生陶器，屋根瓦，レンガなどほかにも種類は多い。これらの焼き物は食事のための器とは別に，日常生活において役立つはたらきをしている。しかしやはり食器と同様，生活に潤いをもたらすために美的な要素が重視されている。置物はそれ自体が心を癒やす存在である。タイルにも気持ちを快くするような工夫が施されている。衛生陶器もまたしかりで，清潔感を醸し出すような形状と色彩に特徴がある。屋根瓦は普段はとくに注目されることはないが，飾りや色柄，形状に気を配った製品づくりが行われている。公共空間で多用されるレンガしかりである。目に優しく，心を和ませる色使いや表情を表すための工夫が積み重ねられている。

　食器を中心にこれ以外の製品も含めて，焼き物は人々の日常生活の多くの場面でサービスを提供している。もともとサービスとは，人々の身体や精神にはたらきかけ，その状態を良くするものである。食事を気に入った食器で食べれば美味しく感じ，気持ちも良くなる。美しい焼き物を見れば，それが食器であるか置物やオブジェであるかには関係なく，その美しさに感動する。心を揺さぶり気分を変化させることで，人々にインパクトを与える。食器の世界を離れても，家の中で，あるいはまちの中で，焼き物はサービス的効用を提供している。焼き物の原料は岩，砂，粘土であり，もともと地球の内部に含まれていたものである。それが形状を変え，食器，置物，タイル，瓦な

どの姿となって地表に存在する。本来は自然物でゴツゴツしたモノクロに近い物質である。それが人の手によって多様な姿かたち色模様を帯びる存在となり，日常生活を豊かなものにする。岩，砂，粘土の無機的物質から人の手を介した多彩なモノ，サービスへの転変は未来永劫つづくであろう。

第4節　知名度向上とデザイン力の育成

1．焼き物の知名度を高める重要性と海外市場戦略

　知名度とは，人やモノの存在が第三者に認識されている程度をいう。ビジネスの場合は，数ある商品の中で特定の商品の名前が広く知られていれば，それが商品購入に結びつく可能性があるため知名度は重視される。陶器や磁器など焼き物を生産する世界では，生産地や生産企業の認知度が知名度である。まれに陶芸作家のように生産者個人の知名度が話題になることもあるが，これはビジネスの世界とはやや性格を異にする。有田焼や美濃焼などのように産地の名前が商品名として認知されているのは，歴史の長い伝統的な産業分野に多い。こうした傾向は，歴史や伝統それ自体にその理由があるのではない。むしろ産地における生産者の数があまりに多く互いに区別できないため，やむを得ず産地名によって商品を代表させているのである。創業が近代以降で当初から比較的大きな資本によって陶磁器生産を始めた企業の中には，産地名ではなく企業名で商品を生産・販売しているものがある。伝統的な地場産業地域においても，企業努力で成長を成し遂げた事業所の中には産地名ではなく企業名を商品名として掲げているものもある。

　こうしたいわば例外的事例を除けば，大半の産地事業所の商品は産地名で消費者に判断される状態にある。知名度は商品の格付けやランキングに結びつきやすい。産地内の個々の事業所がいくら努力しても，産地知名度の枠からはみ出て存在感を主張するのは容易ではない。逆に高い知名度にあぐらをかき，名前先行で実態より過大な評価を受けている事業所もあろう。産地の歴史や伝統は，それ相当の努力の積み重ねによって獲得された価値である。その価値が知名度に反映され，現在の事業所やそこで生まれる商品に対する

焼き物世界の地理学

消費者の認識やイメージを左右している。そのような認識やイメージを向上させる王道は，焼き物の品質を継続的に高めていく以外にない。だがしかし，そのための道筋はひとつとはいえない。品質だけを取り上げても，何をどのように評価すればいいのか判断は単純ではない。まして多数の中小零細企業が分業体制で焼き物を生産してきた地場産業地域では，知名度向上を目指して地域全体の底上げを図る方策は単純ではない。ブランド志向への動きが強まる社会の中で焼き物生産地の知名度をいかに上げるか，その方途をめぐってさまざまな試みが展開されている。

　本書でもすでに述べたように，美濃焼は近世・江戸時代までは瀬戸物すなわち瀬戸方面で焼かれた焼き物の中に含まれていた。美濃焼という名称は市場では知られておらず，瀬戸焼のいわば付属的存在であった。歴史を遡れば，戦国末期に瀬戸から美濃へ移住した陶工たちが美濃焼の生産を始めた。しかし幕藩体制の成立にともない，瀬戸焼は尾張藩という有力な統制者のもとで庇護・育成の対象となった。一方の美濃焼は，その産地の多くが幕府支配の天領に含まれるようになった。祖先のルーツは瀬戸でも，移住先での生産が歴史を刻めば自ずと美濃の焼き物という意識が強まっていく。長く続いた幕藩体制も終わり近代になって統制経済から解き放たれると，美濃は独自性を発揮し始め，やがて瀬戸を追い越して国内最大の焼き物生産量を達成する産地になった。

　しかし，生産規模の大きさがそのまま焼き物の知名度に直結するとは限らない。むしろ，量産化を得意とするというイメージが先行し，産地の知名度向上を妨げてきた可能性がある。それでも，高度経済成長期という市場それ自体が拡大していく時代であれば，知名度を気にすることなく，産地は大量生産・販売による経済的繁栄を享受することができた。ところが時代は大きく転換し，低成長経済下で消費者の節約志向が広まり，焼き物はこれまでのようには売れなくなった。こうした傾向は焼き物だけでなく，多くの生活用品に共通している。年々，落ち込む需要に合わせるように生産量は減らさざるをえない。そこへ海外からの陶磁器輸入量が増え，焼き物産地の苦境を一層深刻な状況に追い込んでいる。事業所の倒産や廃業が増えていく中で，いかにしたら生き残れるか方策が探し求められるようになった。逆境であれば

こそ，衆知を集めてサバイバル戦略に打って出るという動きである。

　岐阜県瑞浪市は，多治見市，土岐市とともに美濃焼産地を構成する。人口規模が最も多い多治見市は，焼き物を集荷して市場へ送り出す卸売機能の中心地として発展してきた。土岐市は産地の中では生産量が最も多く，和食器を中心とするいわば中核的生産地として伸びてきた。これらに対し人口が多治見市の35％，土岐市の67％と少ない瑞浪市は，和食器とともに洋食器の生産地としての歴史がある。洋食器の生産はむろん近代以降に始められたが，その背景には多治見，土岐とはやや異なる地理的条件との関わりがある。美濃焼産地は基本的に土岐川とその支流に沿って延びる谷底平面と傾斜地を地形環境とする。土岐川本流が流れる向きは東北東—西南西であるが，この向きは屏風山断層や笠原断層の向きと同じである。これらの断層は，多治見，土岐，瑞浪の市域南部を貫くように走っており，3市の中心市街地は断層北側の土岐川沿いに形成された。しかし瑞浪市では断層南側の高原上に帯状の平地があり，現在では瑞浪市陶町と呼ばれるこの地区に窯を築いて焼き物づくりが近世を通して行われてきた。この帯状の平地を中馬街道が走っており，近世には美濃焼を信州方面へ輸送するルートとして使われた。

　陶町という名前からして陶業地を思い起こさせるこの地区は，瑞浪市の中心部から10km以上離れている。断層で南側は標高が高いため，北側の低地部から切り離された産地というイメージがある。しかしこの高原は南西方向に下ると瀬戸に通じている。瀬戸と名古屋は近代に入って陶磁器市場が海外にまで広がると，いち早く輸出用洋食器の生産を始めた。主導権を握ったのは主に名古屋で，瀬戸が中間製品を生産し，名古屋がそれに上絵付けをして輸出する分業体制が構築された。輸出拡大にともない，その分業体制の中に瀬戸と連絡しやすい陶地区が組み込まれた。陶地区は美濃焼産地にありながら，美濃と瀬戸を隔てる愛岐丘陵とほぼ同じ標高に位置する。このため，長い歴史を通して瀬戸との間には往来があった。瀬戸・名古屋の輸出用洋食器メーカーが陶地区を下請先として選んだ背景にはこうした地理的条件が作用していた。のちに陶地区には下請けだけでなく洋食器の完成品を生産するメーカーも育ち，和食器中心の土岐川流域地区とは異なる性格をもつようになっていく。

同じ焼き物でも，和食器と洋食器では市場構造に大きな違いがある。いうまでもなく和食器は国内，洋食器は海外が主たる市場である。このため，和食器では有田，瀬戸，美濃など産地の知名度が国内市場でどれほど浸透しているかに関心が向かう。ところが洋食器の場合は国内産地がどこかはほとんど関係がない。むしろ日本か中国かという国名もしくは企業名が知名度に結びつく。知名度を高めるためには存在感を増す必要があり，製品の高品質化は当然として，商品の良さを見本市や展示会などの場でアッピールしなければならない。和食器の世界では考えられない国際的スケールで自社製品の良さをバイヤーに認知してもらう業務が生産者に課せられる。これを怠れば輸出市場で生き残るのは難しく，企業存続も危うい。近代になり海外市場を目指すようになった瀬戸や名古屋の陶業地では当然とされた海外市場戦略を，美濃焼産地では陶地区のメーカーが考える立場に立った。

2．知名度向上と海外市場展開のために国際見本市に出展

　瑞浪市陶地区の輸出用洋食器メーカーは，名古屋や瀬戸の下請けあるいはOEM生産メーカーとして1980年代までは健在であった。OEM（Original Equipment Manufacturer）とは，製品は名の通ったメーカーの名前で販売するが，生産は別のメーカーが行うという生産形態である。陶地区にはOEMメーカーのほかに自前の企業名で生産販売するメーカーもあり，それらは国際的な見本市に自ら出展して海外のバイヤーとの間で取引をした。一貫生産のため従業員規模は120〜180名と陶磁器業界ではかなり多く，この点でも小規模零細が多い和食器メーカーとは一線を画していた。しかし1980年代中頃の円高傾向の進行とともに国際的な輸出競争力が低下していく。商品の性格上，国内市場への転換は難しく，中規模以上のメーカーはことごとく廃業に追い込まれた。国際経済の影響が輸出用食器の分野でいかに強烈かが思い知らされた。

　苦境に陥っていった輸出用洋食器メーカーの衰退から10年ほどして，今度は和食器メーカーがバブル経済崩壊の影響下に入っていく。これは国内各地の陶磁器産地が等しく直面した不況であり，切り抜けるための方策はそれぞれの産地で考えるしかなかった。これまでは，こうした苦境に対して各産

地の同業者組合など団体ごとに組織的に対応してきた。しかしそのような団体の体力は長期化する不況の中で弱体化し，有効な手を打つことができなくなっていた。美濃焼産地でも多治見，土岐，瑞浪の地区ごとに同業者組合の組織はあるが，どこも事情は似ていた。そのような状況下で，瑞浪地区では独自に焼き物の地域ブランドを立ち上げる構想が生まれてきた。ブランドは知名度と密接な関係にある。ブランドが認知されれば知名度向上につながり，ひいては販売増につながるという戦略である。

　一般に大企業のブランドは企業名，商品群名，個別商品名というようにいくつかに分かれている。しかしいずれも背後には大企業に対する信頼性があり，消費者はそれを拠り所に商品を選択する。これに対し中小零細の事業所の集まりである陶磁器産地では，ブランドは地域ブランドになりやすい。商品の信頼性は個々の事業所よりもむしろ産地すなわち地域によってもたらされる。それゆえ地域としての共同体的，集団的信頼性をいかに消費者に訴えて獲得するかが重要である。すでに述べたように，瑞浪地区は土岐川流域では最上流部に位置しており，下流方面すなわち土岐や多治見に比べると産地規模が小さい。土岐や多治見では共同組合は市内の各地区が単位となっており，市全体として必ずしもまとまっているわけではない。美濃焼の主産地である土岐，多治見に比べると瑞浪はいくぶん周縁にあり，事業所どうしのまとまりは他市に比べると強かった。

　瑞浪地区で立ち上がった地域ブランドづくり戦略において，具体的な戦術として選ばれたのは海外の有名見本市に瑞浪地区の焼き物を出展するというものである。こうした戦術が選ばれた理由や背景には，地区内で生産される焼き物の知名度向上と，焼き物の海外市場への売り込みという2つの意図があった。前者は，全国的に見て高級ブランドとは見なされていない美濃焼の中にあって，瑞浪はその周縁に位置するという思いがある。後者は，国内市場が長引く需要減退で売上の見込みがないのとは対照的に，海外では日本の陶磁器に対する人気が高まりつつあるという認識があった。こうした2つの意図による海外見本市への出展構想を後押ししたのが，1980年代まで市内陶地区の輸出用洋食器メーカーが国際見本市に定期的に出展していたという実績である。

陶磁器に関する世界で最大の見本市は，フランクフルトで毎年開催されるメッセである。春はアンビエンテ，秋はテンデンスとよばれるこの国際見本市は，日用雑貨品を対象とした世界一の見本市といわれる。権威のある見本市に出展しているということがブランドの価値を高め，実際に訪れたバイヤーとの間で取引を行うチャンスも期待できる。ブランドは国際市場においてはむろんのこと，国内市場においても産地の知名度向上に効果があるという思惑があった。しかしそのためにはいくつかのハードルを越えなければならない。ひとつは出展できるだけのレベルや水準にまで製品が到達していることである。事前に行われる審査に合格しなければ出展は不可能である。いまひとつは出展費用の問題である。大企業ならば捻出できる費用も，中小企業のグループだけでは賄いきれない。そこで打ち出されたのが，行政からの援助であった。地場の産業振興策として見本市出展に関わる費用を助成してもらうという戦略である。

　地元の業界から持ち込まれた国際見本市への出展構想と，そのための助成要請に対して，瑞浪市は前向きに応えることにした。しかし人口4.1万人の小さな自治体にとって，3,000万円前後の助成金を毎年，支出するのは簡単ではない。市は電源立地地域対策交付金の一部を助成のために支出することを決めた。この交付金は，瑞浪市内で行われている深地層施設の整備促進のために，国が地元に「迷惑料」として支給している資金である。2001年から始まった見本市出展のための支援事業は，当初の5年間は市の直接事業として進められ，その後の3年間は見本市出展者に対する補助事業として実施することになった。交付金は年間3,000万円であり，当初はこれをもとにデザイン開発や出展のための準備作業が行われた。

　フランクフルト・メッセに出展する準備段階として，およそ2年間を要した。まず2000年8月に，2年後の出展を目標にウエイティングリストへの登録申請が行われた。その後，メッセを運営しているフランクフルトの現地企業とその東京支社への訪問，メッセ企業責任者の来日時におけるプレゼンテーションの開催，春と秋の見本市視察などが行われた。2000年11月に出展PR委員会が設けられ，この組織が中心となって「みずなみ焼」のロゴが決定された。「瑞浪」という漢字名は読むのが意外に難しい。そこでひらが

なで「みずなみ」と書き，英語では MIZUNAMI と表記することにした。出展 PR 委員会は出展ブースを確保するためにメッセ企業との間で交渉を行い，出展を想定してレイアウトの検討も行った。2001 年 5 月にフランクフルト・メッセから 10 号館に 100㎡のスペースを用意したという連絡があり，出展が実現することになった。

　春に開かれるアンビエンテの会場の中でも，10 号館には特別な意味がある。数多いパビリオンの中でも 10 号館には世界有数の陶磁器メーカーが出展するブースがあり，この建物に展示されているということが国際的なステータスにつながる。みずなみ焼のカタログやパンフレットに 10 号館に出展していることが明記されているのは，こうした事情からである。フランクフルトのアンビエンテ，しかもその 10 号館に出展しているという事実がブランド形成に寄与する可能性があり，知名度はこうした事実の積み上げをもとに高められていく。

3．海外見本市出展品に対する評価とデザイン力を担う人材の育成

　瑞浪市内の陶磁器メーカーと商社は，フランクフルトで開催される見本市に 2002 年から出展するようになった。2 月のアンビエンテと 9 月のテンデンスの年 2 回の出展である。出展にさいしては市内にある 6 つの産業組合の組合員に対して出展の希望を募る形式をとった。2010 年までの実績では毎回 7 ～ 9 社が出展しており，年によって顔ぶれが違う場合もあるが，ほぼ同じメーカー・商社が出展しているといってよい。出展事業はフランクフルト出展 PR 委員会が行ってきたが，2003 年 4 月に有限会社「みずなみコーポレーション」が設立され，この会社が出展事業の受け皿組織となった。見本市会場での商談をまとめるさい，信用のおける会社組織があると好都合である。以後，みずなみコーポレーションがみずなみ焼のブランド向上と深く関わりをもって活動するようになった。

　2002 年からの 5 年間で 10 回，フランクフルト・メッセに出展し，みずなみ焼はヨーロッパ市場において知名度を浸透させていった。年によって変動はあるが，2006 年の場合，アンビエンテへの出展企業はドイツ以外の 3,096 社を含めて全部で 4,580 社，国の数でいうと 87 か国である。会場への来場

者は5日間で海外からの6万人を含む14.7万人であった。世界132か国から14万以上もの人々が訪れる日用雑貨の見本市は，やはりフランクフルトをおいてほかにはない。ただし，秋9月に開催されるテンデンスはアンビエンテほどの規模はない。バーミンガム，ミラノなどヨーロッパの他の大都市でも見本市が開催されるため，競合する。このため瑞浪企業は，6年目にあたる2007年の秋からはテンデンスに代えてパリで開催されるメゾン・エ・オブジェに出展するようになった。この見本市は会場規模ではフランクフルトより狭いが，テンデンスよりも勢いがあるといわれている。独仏2か国の見本市を拠点に，みずなみ焼の知名度を高めていくことになった。見本市出展の効果を考慮したうえで出展先を変える判断を下したのは，瑞浪市の企業が国際状況により敏感に反応している証拠である。

　2006年2月10日〜14日のアンビエンテの場合，瑞浪市からは8社が出展し，667の陶磁器が10号館1階の広さ90㎡のブースに並べられた。出展関係者20名が現地に入り，展示，商談，見学などを行った。このとき実施した瑞浪ブースに関するアンケート調査から，みずなみ焼に対する来場者の評価を知ることができる。回答した51名のうち47名が「非常によい」と答えており，3名が「良い」という答えであった。複数回答のコメントからは，「シンプル」（4名），「クリア」（4名），「とても日本的」（3名），「控えめでクリーンな雰囲気」（2名）といった傾向を読み取ることができる。また製品別評価では，IS社の製品が「日本らしいイメージ，和食にぴったり，デザイン，色づかい，仕上げ，オリジナリティ，エスニック」（11票），MS社の製品が「日本的，質感が良い，デザインが繊細，形・色が良い」（4票），MY社の製品が「食事が映える，白の美しさと模様がマッチ，手作りっぽい感じ，温かみ，形がおもしろい」（4票）など，概して日本や和のイメージが高く評価されている。

　アンケート調査では，みずなみ焼が主に対象とすべき消費者層と，合致する料理の種類についても質問をしている。その回答（複数回答有）によれば，51人中22名が「若い家族」と答えており，「若い独身」と「中年」がともに21名であった。ふさわしい料理は，「インターナショナル」（34名），「日本料理」（31名）であった。こうしたことから，日本や和を意識しながらも，

国際的に通用する陶磁器であり，若い年齢層に受け入れられる可能性のあることがわかる。みずなみ焼に対する期待要素では，「機能」（12 名），「デザイン」（5 名）が「価格」（2 名），「素材」（2 名）を上回っている。形態や柄などのデザインもさることながら，機能性に対する期待が大きい。

　ドイツ・フランクフルトのアンビエンテ，フランス・パリのメゾン・エ・オブジェに毎年，出展している瑞浪市内の陶磁器メーカー・商社は，デザイン技術をはじめとする競争力の強化につとめている。見本市会場でヨーロッパの取引先と直接，接触するだけでなく，見本市の関連事業に参加したり，ヨーロッパの陶磁器メーカー・小売店などの見学・調査を行ったりしている。市場調査を通して流行の方向性をとらえ，それに応えられるような製品づくりに取り組んでいる。みずなみ焼の宣伝用パンフレットには「和と洋の出会い」「フュージョン・融合」などのキャッチフレーズが掲げられている。どこかに東洋的あるいは日本的な要素や雰囲気を忍ばせながら，ヨーロッパ市場でも受け入れられる国際性のある機能的な製品づくりが目指されている。

　こうした製品づくりには，能力のあるデザイナーの存在が不可欠である。かつては，OEM 生産の相手先メーカーや商社の指示通りに製品を生産すればことたりた。しかし現在はそのような状況ではない。陶磁器メーカーのデザイナー自らが商品開発に取り組み，新製品を生み出さねばならない。この点に関しては，多治見市にある陶磁器意匠研究所の存在が大きい。1959 年に設立されたこの研究所では毎年，10 名前後の研修生を全国から受け入れ，2 年間のコースで陶磁器デザインに関する教育を行っている。研究所の卒業生は 2008 年度までで 703 名を数えるが，近年は卒業生の半数近くが多治見市とその周辺に残り，何らかのかたちで窯業に関わる仕事に就いている。出身者は高学歴者が多く，芸術系の大学や大学院の出身者もめずらしくない。

　このように，概して学歴水準が高くない地場産業就業者の中にあって，陶磁器のデザインに携わる就業者の存在は特異である。陶磁器意匠研究所は多治見市立の教育施設ではあるが，修了生であるデザイナーとしての就職口は多治見市や土岐市よりも，むしろ瑞浪市に多い。多治見，土岐両市では国内向けの和食器が中心であり，国際性を意識したデザインはあまり必要とされない。日本国内の市場とヨーロッパを中心とする欧米の市場を比較すると，

陶磁器製品の質に対する水準が異なる。魅力的なデザイン性をそなえた工業製品としての陶磁器を求める欧米市場と，陶芸作家の手づくりによる一品物をよしとする国内市場の間にはかなりの違いがある。これはある意味では陶磁器というジャンルに特有の現象であり，工業製品と芸術品が同じカテゴリーに含まれているためである。

　ともあれ，ヨーロッパの国際見本市に出展している瑞浪市内の企業は，いずれもこうしたデザイナーを複数雇用している。デザイナーの能力が製品開発に直結するため，経営者も人材確保に真剣に取り組まざるをえない。国内で開かれる見本市や品評会でも，こうした企業で働いているデザイナーがデザインした製品が賞を獲得している。これもまた「みずなみ焼」のブランド向上に貢献する。みずなみ焼が特定企業のブランドではなく，複数の企業が集まった地域としてのブランドである以上，そのレベルを上げるのは個々の企業である。デザイナーが互いに切磋琢磨して製品の質を上げないと，地域ブランドの評価は高まらない。

コラム
10 陶祖まつり，窯焚きに見る感謝と祈り

　各地で開かれるまつりの起源は色々である。そのうち陶祖祭や陶祖まつりは，文字通りその地で焼き物づくりを始めた祖先を偲んで開催される。全国の焼き物産地を訪れると，陶祖と伝えられる人物の事績を記した石碑や記念碑が立っているのを目にすることがある。その人物を祀った神社も建立されたりして，大抵はそのような神社の周辺がまつりの会場である。かつては焼き物づくりに携わる関係者が集い，厳かに儀式が営まれた。いまでもそれが継承されている事例はあるが，むしろ焼き物廉売市の方が主で，儀式は形式的になっているようにも思われる。いずれにしても，毎年同じ時期に各地から多くの人々が集まってきて互いに顔を見せ合うというのはいいことである。

　焼き物廉売市の起源も諸説ある。その中に，窯元や産地問屋が普段扱う焼き物の中から売れそうにないものや半端物を処分価格で販売したのがはじまりというのがある。売上は従業員，昔風にいえば小僧さんの小遣い銭になったともいわれる。そういわれてみると，そのような人が普段は直接相手にしない買い物客を相手に

何やら言葉をかわしている。買う方も売る方も青空のもと，掘り出し物をめぐって駆け引きに余念がない。普段とは違うまつりの日特有の華やいだ雰囲気があたり一面に漂い，さぞかし陶祖様も草葉の陰で微笑んでいるのではと思われる。

　陶祖まつりに限らず，まつりや儀式には，何者かに対して感謝の念を捧げるというようなところがある。今ある繁栄に対する感謝の念であったり，これまでなんとか無事に過ごしてこられたことに対する感謝の念であったりする。こうした気持ちを産地全体が表す場が陶祖まつりであり，それは焼き物関係者だけでなく，それ以外の地元民や来外者までもがその中に含まれる。大げさに言えば，焼き物をつくったり，売ったり，買ったり，使ったりすることすべてに対する感謝の気持ちである。この日の主役は焼き物であり，普段は気にすることもない焼き物に取り囲まれた生活のありがたさを意識し，自然に感謝の気持を抱く。

　まつりや儀式には，感謝の念とともに，願いや信頼の気持ちといったものもある。このうち願いは，出来るところまでは尽くしたが，それ以上は祈るほかないという気持ちである。神社での祈願はよくあるが，焼き物の場合は，良いものが出来るようにという願いである。その象徴的なシーンが，窯元で行われてきた窯に火入れをする儀式である。いまでは廃れてしまったが，かつては窯に火を入れて焚き始めるまえに，焼き物が期待通りに焼けるように当主が祈りを捧げた。窯の焼成は完全にはコントロールできない部分がある。人間の能力を超えた神のような力に頼るしかないことに対して，素直に頭を垂れる。

　窯の前での祈りの儀式は，窯詰めの作業がすべて終わり，窯への出入口が厚い耐火物と粘土で封をされたあとで行われる。土づくりから始まった焼き物づくりのすべての工程の最終結果は，窯の焚き方次第である。運を天に任せるような気持ちになるのは当然で，普段とは違う時間が流れている。非日常的な雰囲気はまつりの日のそれに似ている。窯仕事に関わった職人や窯元の家族全員が同じところに集まり，互いに労いの声を掛け合う。普段とは違う食事が準備され，酒も振る舞われる。辛かったこと，苦労したこと，いまはそれらを忘れ，最後の窯焚きが上手くいくように願う。コンピュータ制御で計画通りに窯が短時間で焼成できる現代では想像もできない時代が，間違いなくあった。

第11章

焼き物をめぐる内なる空間と都市空間

第1節　焼き物をめぐる多様な空間

1．焼き物が生まれる空間と使用される空間

　焼き物を空間論的に語ることはあまり行われない。ここでいう空間とは，焼き物の原料である陶土や磁土（陶石）の産出地や，焼き物が粘土から製品になる生産現場，それに販売されたあと日常的に使用される空間のことである。地理学では工業地理学，商業地理学などモノの流れに沿った縦割りの分野ごとに研究が行われることが多い。距離や地域の空間概念を手がかりに，モノがかたちを変えながらどのように流れていくかを明らかにしようとする。焼き物の場合でいえば，原料は地殻運動や風化・堆積作用など自然的なメカニズムにしたがって与えられる。原料の特性を見抜いた人間が，焼き物になるように手を加える。むろんそのままでは上質な焼き物にならないため，土以外に釉薬の使い方や窯の仕組みにも工夫を凝らす。こうした活動が行われる場所は，基本的に原料産地に近いところである。それだけ焼き物は原料産地から離れにくい性質をもっている。

　工業地理学では，工業の立地を原料の種類と輸送費によって説明しようとしてきた。原料の重量が製品の重量に比べて重く，製品になるのに最終的に使わない部分が多いと，そのような工業は原料産地の近くに立地する（Weber, 1909）。焼き物はその典型であり，使わない部分を含む重い原料をわざわざ別の場所にまで運んでいって焼き物をつくることは考えにくい。むろんこれには前提があり，輸送費が劇的に安くなれば重い原料を運んでいくことも考えられる。しかし輸送費がこのように安くなったことはない。自然的要因にしたがって分布が決まった原料が，焼き物の生産地をその場所に引き止めてきた。カオリンが豊富に産出する中国の景徳鎮やフランスのリモージュ，それに陶石に恵まれた日本の有田や堆積粘土層の上の瀬戸・美濃などは，すべてこうした事例である。

　陶土や陶石は山地や丘陵地で産出することが多い。それゆえ焼き物生産地の多くはこうした地形環境の中にある。丘陵地の傾斜面に築いた窯の内部では焔が斜め方向に上昇する。このため効率的な焼成が可能で，初期の穴窯，

大窯，登窯などはいずれも傾斜面に築かれた。燃料の薪用の松材なども山地に多いため，農業などとは異なり山地に近いことは不利ではなかった。水も焼き物の生産には欠かせない。降水量が平均以上であれば水が集まって川となり，生産や生産に従事する人々の生活を支えた。製品の焼き物を市場へ輸送するのに，水上交通が大いに役に立った時代もあった。しかし問題は水量で，輸送できるだけの水量がなければ使えない。景徳鎮では昌江が利用できたが，有田や瀬戸では舟運は使えなかった。美濃では庄内川は無理でも少し離れた木曽川の舟運が利用できた。同じ川でも焼き物産地が上流部か中流部かという地形との関係で利用が左右された。

　焼き物は使用する原料の性質上，粉塵が空中を舞いやすい環境の中で作業が行われる。現在は防塵装置が整備されているが，そのような設備がなかった頃は，粉塵を吸い込んで病に倒れることも珍しくなかった。また，これも焼き物づくりの性格上，ひび割れしないように湿気の多い作業空間が好まれ，健康に害を及ぼすこともあった。さらに窯の焼成では通常では考えられないような高温環境に身を置くため，とくに夏場の作業には苦痛がともなった。粉塵，高湿，高温というけっして良好とはいえない作業空間を経なければ焼き物は生まれない。ある意味，焼き物は地球自体が地中深くで行っている物理的，化学的作用を，地表上で人間が擬似的に行うことで生まれるといってもよい。過酷な作業環境はそのためのものであり，窯から取り出された焼き物の美しさは，難産の末に生まれた赤子のそれに似ている。

　焼き物が日常的に使われる空間は実にさまざまである。一般家庭，ホテル・レストラン・食堂，料亭・飲み屋，企業・学校など，それぞれの空間に応じて使用される焼き物は決められていく。その空間や場所にふさわしい焼き物が選ばれ，人々の手の中に収まる。焼き物はその場で必要とされる料理の入れ物・容器にすぎない。食事が終わればあっという間に片付けられ，その場から消えてなくなる存在である。その場や空間にマッチしているかどうかは，一時的なものにすぎない。それも盛り合わせたり注いだりする料理や飲物あっての話である。つまり主役は料理や飲物であり，器の焼き物はあくまで脇役の存在でしかない。ものごとは主役と脇役が揃わなければ前へは進まない。主役が無事お腹の中に収まれば，脇役の役割もそれまでで，あとは

その場から立ち去るだけである。

　食事が終われば用事が済んで洗い場へ戻される焼き物は，その後も日常的に繰り返し使われる。この繰り返しが続くことにより，焼き物はその空間や場に馴染んでいき，やがて一体的な存在になる。一般家庭の場合は各人が専用で使う焼き物が決まり，パーソナライズ化が進む。レストランや飲食店などの場合は，その店の雰囲気の中に溶け込んでいく。店の経営者は自店の特性に適した焼き物を購入して使うであろう。顧客は店の雰囲気を構成するひとつのアイテムとして焼き物を見る。陶器，磁器の違い，生産地の違い，陶磁器メーカーの違いなど，同じ焼き物でも目の前に出された焼き物を特徴づける要素は多い。その場や空間にどれほどふさわしいか，その判断は各人各様であり，テーブルの上に並べる方とそれを見る方で一致する場合もあれば，そうでない場合もある。

2．焼き物の空間的アイデンティティ

　空間と地域は似ているようであるが，やはり違う。空間はあらゆるところに存在しており，小は細胞スケールから大は宇宙スケールまで幅広い。対する地域は人間が普通に活動している広がりであり，地区よりは広く国よりは狭いと一般には考えられている。また空間が抽象的な存在であるのに対し，地域はスケール的には地区と国の間にあって自然現象や人文現象がその中に存在する具体的な広がりである。これを焼き物に引きつけて考えると，ある焼き物は地表上の特定の場所でつくられる。繰り返しになるが，それはその場所に焼き物の原料があり，人間がそれを加工して焼き物をつくろうと思うからである。つまりどの焼き物にも特定の生産地があり，何らかの意味で焼き物は生産地のアイデンティティを内包している。

　土の中から発掘された昔の土器や陶器は，必ずしもその場所でつくられたのではないかもしれない。しかし産地がどこであれ，その場所で土の中に埋められるまでの履歴をもっている。移動が今日のように自由でなかった頃は，土器や陶器の生産地と消費地はそれほど離れていなかった。ある空間的広がりすなわち地域の中で誕生し，誰かの手に渡り，使用されたあと土の中に埋められた。土から生まれ土に還っていった。移動手段が発達するにつれて，

焼き物の生産地と消費地の間の距離は長くなっていく。その場合でも，焼き物にそなわるアイデンティティは保持され，生産地の名前で焼き物が区別されることも多くなる。いわく有田焼，瀬戸焼，備前焼，信楽焼などなどである。焼き物が外に見せている風情や気配は，隠すよりはむしろ誇張することで産地らしさをアッピールしている。

　地場産業として焼き物を生産してきた地域は，その空間的広がりで互いに区別される。日本の場合，山地・丘陵地の近くに焼き物の生産地が多いため，谷間や盆地など空間的に限られた地域の中に窯が築かれることが多かった。同じ地域にある窯はその地域の名前に「焼」という語を付けて呼ばれた。本来は窯ごとに特徴は違うが，それを主張する力はいまだなく，やむなく地域による焼き物名を受け入れてきた。窯の名前を前面に出せるようになったのは近代以降であり，企業として名乗りを上げブランド化ができるようになってからのことである。地域名で焼き物が区別されていた頃は，谷間や盆地といった地形が生産地の広がりを制約していた。窯元には同じ生産地域にいるという共同体的意識があった。焼き物に共通する地域的同質性は，焼き物それ自体の特質だけでなく，生産者である窯元が共有する同質性にもあった。こうしてある焼き物生産地のアイデンティティは，焼き物本体とその生産者の両方によって保持された。

　焼き物を生産地の広がりすなわち生産地域の名前で区別する慣行は近世までは普通であった。近代になると資本主義体制のもとで自由に生産ができるようになり，既存の産地名から距離をおく動きが生まれてきた。その場合，ヨーロッパの先進企業をモデルに近代企業として自社ブランドを全面に押し立てていくケースと，既存の伝統的産地名から抜け出し独自の産地名を標榜していこうとするケースの2つがあった。前者の事例は多くないが海外輸出を前提に近代的な生産方法によって高級な陶磁器を生産していった大企業がある。後者は，これまでの地場産業としてのまとまりは維持しながら，生産の近代化を推し進め国内向けの中級品を量産することで発展していこうとした産地である。後者の事例として，瀬戸焼（瀬戸物）から離れ自立の道を進んでいった美濃焼産地を挙げることができる。また時期的には新しいが，有田焼から離れる道を選んだ波佐見焼もこれに近い。

3．焼き物食器の内なる空間と窯内部の焼成空間

　比較的大きな空間といっても大陸や宇宙といった大きな空間ではないが，地区と国の中間あたりの空間すなわち地域を地理学は研究対象とする。ミクロスケールとマイクロスケールの中間という意味で，メソスケールと呼ばれることもある。その点から考えると地理学の対象からはややずれるが，焼き物をめぐる小さめの空間について考えてみたい。多くが器それも食器であることが多い焼き物は，飲食物を受け止める役目を果たす。飲み物などの液体が溢れたり漏れたりしないように保ち，必要に応じて口まで運ぶ必要があるとき，食器がなければ用は足せない。液体が入っていなければ，ただの空間が器の中に存在するにすぎない。この空間は焼き物の内部にあり，外の空間とは切り離されている。むろん空気は自由に移動できるが，内と外という関係性は存在する。

　この内部空間の形状は，焼き物のつくり手が使用状況を想定して設計する。注がれる液体の種類や状態，盛り付けられる料理の姿を思い浮かべながら考える。とくに大きさは重要で，どれくらいの液体が一度に注がれるのか，あるいは料理がどれほどの量で盛り付けられるかに応じて，おのずと大きさが決まってくる。たとえばアルコールの場合，日本酒は盃で飲むのがかつては一般的であった。現在ではこれより大きいグラスでお湯割にして飲む人も多い。丼もの専用の丼，土鍋，茶の湯の茶碗・急須，コーヒーカップ，紅茶カップなどなど，それぞれ用途に合わせて焼き物の形状，この場合は内部の空間が設計される。カレー皿やスープ皿など深みの浅い器はテーブルの上に置いたまま使うのが原則である。周りを囲って深い空間をつくる必要はなく，なかにはコーヒーカップの受け皿のように別の容器を支える場合もある。

　使用目的を前提としてつくられるさまざまな食器類をながめて気づくのは，焼き物の空間には丸いものが多いということである。空間は立体的であるが，平面図的には円形状をしている。これは轆轤を使って成形するのが一般的だったからという説明で納得がいく。手回しでも機械でも，粘土の塊を轆轤の上に置いて回転させれば簡単に円筒に近い空間が生まれる。そのままの円筒形とするか，下の方を細めにして手に持ちやすくするかは，つくり手

の考え方次第である。轆轤には中心があり，それを中心に周りが円を描くように回転させる。円は幾何学的に描きやすい図形であり，四角や三角のような図形は描きにくい。販売目的で焼き物を短時間で多く生産したい場合，轆轤を使えば効率的に生産することができる。

　焼き物容器の形状が円形であることは，使い手にとっても使いやすい。円形であるため，どこに口をつけても構わない。適度に丸みを帯びているため，口を触れるさいに抵抗はなく気にもならない。さらにいえば，使い終わって水で汚れを落とす場合，角がなく丸いため洗いやすいという利点もある。こうして縄文人が細く紐状にした粘土を積み重ねるようにして土器をつくってから今日に至るまで，焼き物は丸みを帯びた円形を基本としてつくられてきた。むろんこれは食器としての焼き物の場合であり，他の目的でつくられる焼き物の中には別の形状をしたものもある。食卓の上に並べられた数々の焼き物にそなわる大小の空間を見比べるのは興味深い。

　食卓上の白い陶器や磁器の焼き物は，そのガラス状の滑らかさを得るために，1,000℃以上の高温の窯の中で焼成される。地表上では通常どこにもないような高温状態の空間に一定時間置かなければ実現しない変化である。焼成方法には酸化と還元があり，酸素を大量に送り込んだり，反対に酸素補給を遮断したりして焼き物は焼かれる。高温状態の窯の中は密閉された空間であり，内部で何が起こっているか外からはわからない。現在でこそ窯の内部の温度は計器によって正確に知ることができる。しかし昔は焔の様子を小さな穴から覗き込み勘で判断するほかなかった。できるかぎりの情報を集めて焼成状況を管理しようとするが，できることには限りがある。手の届かない空間の中で起こることはすべて受け入れざるを得ない。他の日用雑貨品では経験することのない高温空間を通ることが焼き物の宿命であり，そのような過程を経ることで焼成前とは性質が大きく異なる焼き物が生まれる。

第2節　常滑焼の歴史を生かした都市空間

1.「土管の町」から生まれた「やきもの散歩道」

　全国各地の焼き物産地を見て歩くのは楽しい。産地ごとの特徴ある焼き物に出会うだけでなく，近くの窯元を訪れ焼き物がつくられている現場を直に見学できることもある。焼き物の原料である陶土や磁土（陶石）などの採掘場があれば，それを見ることで焼き物が地球の恵みから生まれたものであることを実感する。いかに人間が手をかけ努力を積み重ねた結果，眼の前にある焼き物として存在するか，その誕生の現場に立って感慨にふける。最近はいわゆる産業観光や産業振興の一環として見学イベントに行政や業界団体などが力を入れるようになった。以下ではそのような事例として，日本を代表する焼き物産地をもつ愛知県（常滑焼，瀬戸焼）と岐阜県（美濃焼）での取り組みを紹介する。

　最初に取り上げる常滑焼は六古窯のひとつで，その歴史は古い。とくに中世は国内最大の窯場として甕や壺が盛んに生産された。地元に粘土資源が豊富に存在することに加え，伊勢湾内の臨海部に近いため全国各地へ海運輸送できた点が大きい（赤羽，2001）。近代になり，明治期は土管の規格化と量産化が進められ製品は鉄道で出荷されるようになった。「土管の町」として常滑の名前が知れ渡り始めたのは，この頃からである。大正期になると，タイル，衛生陶器，土管など建築用陶器と，急須，食器，置物などの日用品が主な生産品になった。しかし，土管はやがて塩化ビニール管へ，焼酎瓶はガラス瓶へと変化していく。その一方でタイルは昭和初期に全国の主力企業の上位3社が常滑にあったことからもわかるように，大きな国内シェアを維持した。1938年には衛生陶器の製造技術が確立した。一方，日用品や工芸品の分野では急須や盆栽鉢，園芸鉢，花器，置物の需要が増えたため，それへの対応が急がれた。とくに急須の生産で有名になり，朱泥をはじめとする茶器が常滑を代表する製品になった。

　図11-1は，1960年代中期における常滑焼産地の事業所分布を示したものである。海岸沿いを走る道路に面して多数の事業所が集まっていることがわ

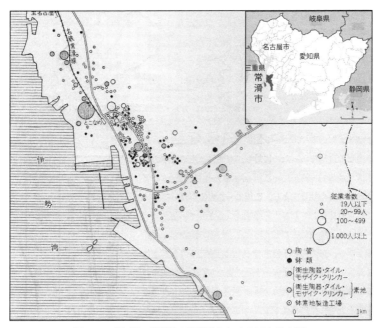

図11-1　愛知県・常滑焼の事業所分布（1960年代中期）
出典：日本地誌研究所編，1969，p.188による。

かる。数として多いのは陶管や鉢類を生産している事業所である。陶管は釉
薬をかけて焼いた管であり，素焼をしただけの土管とは異なる。鉢類は園芸
用の容器が中心で，素地だけを手掛ける事業所もある。従業者数が100人あ
るいは1,000人を超える事業所は衛生陶器やタイルを生産する事業所である。
モザイクタイルは一辺が5cm以下のタイルであり，クリンカータイルはこれ
よりも大きな炻器質のタイルである。この場合も素地だけを生産する事業所
もある。国内の主要な窯業地の中で海に面する事例は常滑を除いてほとん
ない。しかも純粋な食器よりも住宅・建築・土木用途の焼き物の占める割合
が大きいというのも常滑の特徴である。

　全国的に陶磁器生産が減少していくのと軌を一にするように，常滑でも生
産額は減少の傾向にある。そうした中にあって，常滑ではかつて焼き物が盛
んに生産されていた場所一帯を「やきもの散歩道」と名付けて保存し，内外
の訪問者にその雰囲気を味わってもらう試みが始まった（浦山・坂本2006）。

第11章　焼き物をめぐる内なる空間と都市空間

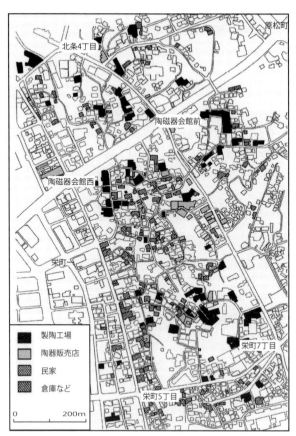

図11-2　常滑焼産地の「やきもの散歩道」地区
出典：市田　圭，2008，p.153をもとに作成。

産地一帯は起伏に富んだ地形であるため坂道や擁壁箇所が多い。もとはといえば地元の人々にとってこの坂道は生産や生活のための道路であった。費用をかけずに道路を維持するため，製品になり損ねた土管や瓶を用いて道路を「舗装」し，崖が崩れないように擁壁を固めた。意図してかどうか道路地面に幾何学的模様が現れ，無数の瓶が積み上げられた壁面は独特な雰囲気を醸し出すようになった。

「土管の町」として知られるようになった常滑の「やきもの散歩道」を特徴づけているのは，地元産の土管や瓶だけではない。レンガや多孔陶管，エゴロなど一般にはあまり馴染みのない窯業関連の素材も利用されている。また道路や壁面だけでなく，家の土台や家を取り巻く塀などでもさまざまな陶器や磁器の廃品が活用されている。一見すると計画的な廃品利用に見えるが，なかには「遊び心」を楽しむ「作品」にも出会う。意外な発見に来訪者は驚きを隠せない。焼き物は単体でも鑑賞の対象となるが，それらを複数個地面や壁に埋め込むと予期せぬパターンが浮かび上がってくる。その意外性が訪れた人の心を動かす。

観光ルートとして「やきもの散歩道」が指定されているのは常滑市栄町である（図11-2）。この一帯は伝統的な焼き物の生産地区であり，タイルや衛生陶器など現代的な陶磁器の生産は市内の別のところで行われている。何が来訪者の心をとらえ，魅力ある空間と思わせているか断定するのは案外難しい。基本は地元住民が不用の焼き物を用いて整備した小道や壁である。その上に，「やきもの散歩道」の指定以降に加えられた焼き物が重なって全体の歩行空間が構成されている。散歩道を歩きながら，かつてこの場所で数々の焼き物が焼かれ，全国へ送り出されていった歴史に思いを馳せる。この地で採れた粘土でできた焼き物が敷き詰められた空間が焼き物の歴史を思い起こさせるという，世界にもあまり例のない空間がここにある。

２．赤レンガの煙突と黒壁が醸し出す焼き物空間

　常滑焼の産業空間をおもしろくしているのは，土管や瓶が敷き詰められた道路や壁だけではない。生活のための道路とは別に，焼き物が生産された工場の生産設備，あるいは工場を覆う板壁が空間に個性を与えている。焼き物に窯や煙突は付きものである。ただし，松材から石炭，そして重油，ガス，電気へと燃料が変化していくのにともない，焼成窯の形態は変わっていった。常滑の場合，石炭が使用されなくなって以降，煙突は不要になった。しかしいまなお煙突が数多く現存しているのは，廃業した製陶工場が撤去費用を惜しんで結果的に放置されているか，あるいはその歴史的価値が評価されて残されているか，いずれかのためである。なかには崩壊の恐れがあるため，低層化して残されているものもある。いずれにしても，他の窯業地ではほとんど見かけなくなった煙突が町中に立っている姿は，ここが焼き物の産地であることを身をもって示す景観以外のなにものでもない

　生産手段としてはまったく役に立たなくなったが，焼き物産地の空間をシンボリックに表象する重要な要素として煙突は「現役」の役目を果たしている。焼成窯に付随する煙突はレンガを使って組み上げられており，全体としては土管や瓶と同じ濃い赤色，すなわちレンガ色をしている。多くは愛知県内の半田，西尾方面，あるいは名古屋市内で生産されたレンガを使用している。レンガも広い意味では焼き物の一種である。原料や製品の重量が重いた

め，遠くまで運ぶのは経済的とはいえない。県内産のレンガが使用されているのは，そのような理由からであろう。結果的に，地元に近いところで生産されたレンガを使用した煙突が焼き物の生産に役立った。景観論の分野では「地域色」という概念があるが，特定の地域に産する資源がその地域の産業に生かされ，結果的に都市景観の色調として表出する。まさに常滑の煙突はそのような事例である（市田，2013）。

　地域色との絡みでいまひとつ忘れてならないのは，黒壁の存在である。「やきもの散歩道」を歩いていて気づくのは，道に沿って建っている事業所や民家の外壁が一様に黒いことである。この黒の正体はコールタール性のペンキであり，もともとは潮風から建物を保護するために塗布されたものと思われる。しかし目的はそれだけではない。防腐目的以外に，煙突から吐き出される煤煙による影響を考え，たとえ煙で壁が汚れても目立たないようにする目的があったと考えられる。「常滑の雀はみな黒い」という言い伝えがある。かつて常滑には焼き物の町全体が黒色をまとっていた時期があった。1970年代になり石炭からガスへ燃料が転換されて黒煙が出なくなっても，壁は黒く塗られた。すでに常滑の建物の色として定着していたため，あえて逆らうことはためらわれた。かくして，土管，瓶，レンガの赤とともに，黒が常滑を象徴する地域色として認知されるようになった。

　「やきもの散歩道」のある栄町だけでも黒壁スタイルの建物が280棟以上もある。これだけのボリュームをもって傾斜地に工場，民家がぎっしりと立ち並ぶ姿は壮観である。現在は土産物屋や飲食店，喫茶店として転用されたかつての工場や建物も多い。訪れた人々は土管，瓶の敷き詰められた道路を散策し，また焼き物の販売を兼ねた工房やギャラリーに立ち寄る。赤と黒の地域色を基調とする特異な焼き物空間の形成に関わった主体は，時代とともに変わってきた。初期の製陶業者や地域住民から，観光資源に注目した行政関係者・店舗経営者へ，そして近年はこれらに加えてNPOが地域づくりの一環として関わるようになったからである。「意図せぬ日常空間」が「観光対象の非日常空間」になり，「生産空間」が「癒しのサービス空間」になる空間変容のおもしろさをここに見出すことができる。常滑の沖合2kmに中部国際空港が完成して以降，この希有な焼き物歴史空間はさらに広い範囲から

観光客を呼び込むようになった。

第3節　歴史を背負う瀬戸焼の都市空間

1．御用窯の歴史を背負う多角的な焼き物先進地

　陶磁器を表す瀬戸物が瀬戸焼に由来することからも明らかなように，焼き物の里としての瀬戸の知名度は抜群である。ただし，同じ陶磁器でも西日本で生産されたものは総称して唐津物と呼ばれたことがあったため，厳密にいえば陶磁器イコール瀬戸物というわけではない。しかし瀬戸焼産地が西国の有田焼や伊万里焼と肩を並べるほどの生産力をもっていたことは間違いない。陶器はともかく磁器の先進地は西国であり，瀬戸は江戸後期以降に西国から磁器の製法を学び，磁器生産を始めた。磁器生産では後発であるが，江戸と上方の中間に位置する地理的アクセス性を生かし，近世を通して順調に発展していった。

　近代以降は製品多角化の道を歩み，伝統的な焼き物産地の性格を変えていく。とくに名古屋の商業資本と手を組んだ輸出用陶磁器の生産や，これも輸出用のノベルティ（陶磁器製玩具・置物）生産が瀬戸を大きく変えた。近年は他の焼き物産地が産業観光化の路線を打ち出す中，瀬戸でも焼き物だけで消費者を引きつけるのではなく，産地全体でサービス化を展開して人を呼び込もうとする動きがある。しかしながら，有田や波佐見のように産地が焼き物に特化したシンプルな構造の都市と比較すると，近隣に競合する産業の多い瀬戸では，都市全体を焼き物一色で塗り込めるのは難しい。

　一般に産業観光が成功する条件として，大都市や大都市圏からあまり遠くなく，リピーターによる再訪が期待できることを挙げることができる（林，2007）。その点で，関東地方の益子焼や笠間焼，北九州の大都市に近い有田焼，伊万里焼，波佐見焼などは条件に合致している。瀬戸は名古屋から電車でわずか30分ほどの位置にあり，こうした条件は文句なく満たしている。しかし逆説的ではあるが，名古屋にこれだけ近いことが，良きにつけ悪しきにつけ瀬戸焼の性格を決定づけている。基本的に瀬戸は名古屋に城を構えた尾張

藩の御用窯として歴史的役割を果たしてきた。近代になって尾張藩という後ろ楯がなくなると，熱田沖に築かれた名古屋港をスプリングボードとして海外市場に乗り出していく。名古屋と瀬戸は強い絆で結ばれてきた歴史があり，この関係は現在もなお維持されている。

　瀬戸焼の歴史は古く，尾張藩の成立後その庇護を受けるようになる以前から焼き物づくりが行われてきた。御用窯になってからは藩の財政を支える有力な資金源として重視された。尾張藩は瀬戸ばかりでなく美濃で焼かれる製品も管理下におき，収益の一部を藩財政に繰り入れたからである。江戸後期に磁器の製法を九州の先進地から取り入れて以降，瀬戸焼は隆盛を誇った。有力な藩の後ろ楯があるというプライド意識は，他産地とは異なる風土をこの地に植えつけるのに貢献した。それは技術・販売面での専門性の追求であり，また新しいことにたえず挑戦しようとする進取の気質に富んだ企業家精神である。

　こうした企業家精神は近代以降，目に見えて発揮されるようになった。瀬戸と名古屋を結ぶ電気鉄道を地元資本で建設した事例はその一例である。窯業分野全般にわたる専門性の追求にも熱心で，近代以降ありとあらゆる陶磁器製品がこの地で生産されるようになった。タイル，レンガ，配電盤，ゴミ焼却炉など，食器とは異なる業界へ進出した事業所も少なくない。その結果というべきか，焼き物産地・瀬戸のイメージは拡散してしまった。とくに工業化が著しかった名古屋に近いためその影響を強く受け，古い窯業形態をそのままの姿で維持することは困難であった。焼き物以外のより付加価値の高い産業への志向が，瀬戸の産業構造を変えていった。

　近代から現代にかけて，輸出用のノベルティなど瀬戸でしか生産されなかった製品は少なくない。食器も輸出用の場合は工業製品として生産されるのが一般的であるため，製造にあたっては厳格な基準が求められる。この点が和食器との違いであり，手づくり風の味わいがよしとされる和食器の基準は概して緩い。おのずと瀬戸では高レベルの生産技術が蓄積され，他産地からも一目置かれる存在になった。とりわけ西洋人の魂を揺さぶるノベルティの完成度は芸術作品の域に近く，他産地の追随を許さない。近隣の工業都市と競争するには高付加価値分野を追求しなければ生き残れない。

戦前は貴重な外貨を稼ぎ，戦後も加工貿易の一翼を担ってきた瀬戸の輸出用陶磁器・ノベルティ生産も，1980年代の円高以降，海外産地との競合に巻き込まれ，勢いを失った。輸出部門での生産が歴史的使命を終えるのと入れ替わるように，和食器を中心に瀬戸の町それ自体を焼き物の里として売り出す動きが起こってきた。消費者が日本人である以上，輸出用陶磁器やノベルティはほとんど関心を呼ばない。あらためて焼き物の使い手と焼き物との社会的，文化的関係の強さを思い知らされる。焼き物の里としてイメージされるのは，和食器を生産している窯元が集まっている地域である（林，2016）。瀬戸ではこうした地域は丘陵地の傾斜面に歴史的に形成されてきた。ある意味，奇跡的に残っていた和食器生産地域に光が当てられるようになった。

２．資源から製品まで地形を意識した焼き物空間

　伝統的な和食器は，瀬戸市東部に広がる台地・丘陵地に築かれた窯場を中心に生産されてきた。尾張藩が窯元から製品を集めて検品した御蔵会所は現在の市の中心部にあたる瀬戸川河畔にあり，この辺りで荷造りされて消費地へ出荷された。現在でも瀬戸川沿いには焼き物を販売する小売店が立ち並んでいる。名古屋方面から電車で訪れる観光客は，名鉄瀬戸線の終着駅である尾張瀬戸駅で下車し，川に沿って歩き始める。かつては小売店のほかに卸売店も駅周辺に集まっていたが，1980年代に郊外に卸商業団地を設けて移転していった。2005年の愛知万博を機に，旧御蔵会所の跡地に建っていた市民会館が「瀬戸蔵」という観光施設に生まれ変わった。歴史的名称を一部引き継いだこの施設は，市中心部で観光拠点の役割を果たしている。瀬戸蔵の中には焼き物の歴史をジオラマ風に伝えるスペースもあり，産地の歴史を知るのに好都合である。

　市内には瀬戸川以外に水野川，赤津川，山口川などが流れている。かつては，それらの川がつくった平地やそれに連なる傾斜地に焼き物で生計を営む窯元が多くあった。近代になって石炭窯が普及し，輸出向け製品の割合が多くなると，生産の中心は瀬戸川中流付近の平地へと移動した。現在でもこの付近で生産を続けている事業所はあるが，これらは産業観光の対象とはみな

されていない。工業製品としての陶磁器は敬遠され，伝統的焼き物である和
食器に関心が集まる。和食器は瀬戸川上流や赤津川，水野川の流域など市の
周辺で焼かれている。一般に焼き物産地は丘陵性の地域に多いが，瀬戸焼も
その例にもれない。瀬戸川河畔の平地に小売業が集積しているとはいえ，観
光対象になりそうな焼き物空間は丘陵地に分散して分布する。

　瀬戸川上流の洞地区には「窯垣の小径」と呼ばれる曲がりくねった道路が
ある（酒井，2009）。これは常滑の「やきもの散歩道」と同様，かつては生産
や生活のための道路であった。人が一人歩けるかどうかの道幅しかなく，急
斜面を縫うようにして続いている。いかに昔は移動するのが困難であったか
をよく示す狭隘通路であり，表示がなければ見落としてしまう。崩れそうな
斜面を補強するために，常滑の場合と同様，窯の建築材料や不用になった窯
業製品が擁壁代わりに使われている。本来ならば，花崗岩などの石材を用い
て石垣がつくられてしかるべきかもしれない。しかしそうはなっていない。
身近な素材を再利用し，あわせて不用な焼き物の組み合わせから生まれる造
形美を楽しもうという精神は，常滑の場合と同じである。小径は地元住民に
よる地域活性化の活動によって守られてきた。付近にはかつて使われていた
工場をギャラリーや作陶の場に転用した工房があり，訪れる人も少なくない。

　図11-3は，瀬戸市内に現在も残る窯垣の分布を示したものである。東側
から西側に向かって流れる瀬戸川とその支流に沿って形成された傾斜地は，
かつて登窯を築くのに適していた。傾斜地であるがゆえに地盤は崩れやすく，
土台や壁などを築いて補強しないと平たい地面にはならない。「ムロ」もし
くは「モロ」と呼ばれる作業所，あるいは生活のための住宅を確保するには
こうした平地は欠かせず，たとえ猫の額ほどの広さであっても貴重であった。
登窯やその前身の大窯など生産設備が築かれた空間と職住近接の生活空間は
連続的・一体的な存在である。おそらく焼き物生産が行われなければ農地と
しても利用されなかったと思われる空間に，何百年もの間，人々は文字通り
斜面にへばりつくようにして暮らしてきた。自ら焼いた本来なら廃棄される
べき耐火物を石垣代わりに活用して生み出した，非常に珍しい生活産業空間
がここにある。

　傾斜地で生きていくための工夫の結果として生まれた窯垣は，地元民から

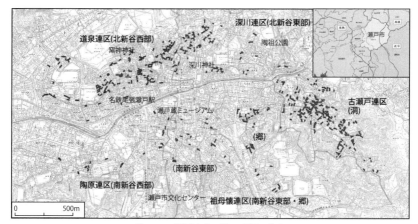

図11-3　瀬戸市内に残る窯垣の分布
出典：瀬戸市のホームページ掲載資料（http://rekibun.sakura.ne.jp/wp/wp-content/uploads/2017/03/honpen2.pdf）をもとに作成。

すればありふれた風景である。しかし外部から訪れた者の目には興味深い新鮮な風景として目に映る。それを意識して窯垣を観光的要素に取り込もうとする試みはある。しかし，ただ見て通り過ぎるだけでは目指す観光には結びつきにくいのかもしれない。そこに少しでも留まって観光体験を味わってもらうため，作陶や陶磁器の鑑賞を目的とする施設が各所に設けられている。市街地中心部に比べて一段上の丘陵台地に位置する品野地区に，その代表的な施設がある。新設のこの施設それ自体には，当然のことながら歴史的なオリジナリティはない。自動車社会の今日，マイカーで瀬戸を訪れる観光客を引き入れるには広い駐車場が不可欠であり，オリジナリティは二の次と考えられている。ただし，ここからは中心市街地が一望できるため，瀬戸という都市の成り立ちを理解するには好都合な場所である。品野地区には焼き物の販売をセールスポイントにした道の駅が設けられている。隣接地には陶磁器とは関係のない機械，電気産業などの広大な工業団地が広がっている。伝統産業の観光施設と大規模な他産業が隣り合う関係は，現在，瀬戸がどのような位置にあるかを象徴している。

　工業団地はかつて窯業原料が採掘されていた跡地を整備して造成された。複数からなる工業団地は市街地中心部の北側にあり，近くには現在もなお採

掘中の鉱山がある。工業団地を含めて市街地を取り巻く一帯は花崗岩が風化して二次的に堆積した地層からなる。かつて中学校の校舎を移転させその下から粘土を採掘したことが示すように，市内各所の住宅地区の地下にも窯業資源は堆積している。まさに，堆積粘土層の真上で瀬戸という町が形成されてきたといっても過言ではない。やや突飛かもしれないが，産業観光を幅広くとらえるなら，最終製品としての焼き物に焦点を当てるだけでなく，始まりである原料にも目を向けるという考えもありうる。地元で「瀬戸のグランドキャニオン」と呼ばれる広大な資源採掘地が映画のロケ地として使われたこともある。こうした場所を観光化するにはかなりの工夫が必要と思われるが，焼き物誕生の原点をリアルに体験する場所として潜在的可能性をもっている。

第4節 量産化を進めた美濃焼の都市空間

1．瀬戸焼の陰に隠れてきた美濃焼の歴史と現況

　瀬戸焼が愛知県，昔風にいえば尾張の国に属していたのに対し，美濃焼は文字通り美濃の国に属していた。両産地は所属するかつての国や県は違うが，地理的には背中合わせの関係にある。国や県を分ける山地の南側に位置する瀬戸に対して北側には美濃が，また矢田川（瀬戸川）流域に属する瀬戸に対して庄内川（土岐川）流域には美濃があるという関係である。矢田川は名古屋の北あたりで庄内川と合流するため，両者は広域的に見れば同じ流域に属しているといえる。

　このように地理的に近い関係にあるにもかかわらず2つの焼き物産地が区別されるのは，属する行政域の違いから別々の道を歩んできたためである。近世の美濃焼は瀬戸焼の一部と見なされ，雄藩・尾張藩の御用窯であった瀬戸焼の陰に隠れるような存在であった。第二次世界大戦後の高度経済成長期に美濃焼は機械化による大量生産で大いに発展し，食器の生産量では瀬戸焼を凌ぐようになった。しかし消費需要が長期的低迷に陥り，海外から廉価な陶磁器の輸入が増えている今日，かつてのような量産モデルは機能しない。

美濃焼もまた曲がり角を迎えている。

　美濃焼という名前が全国的に知られるようになったのは比較的最近のことである。美濃の国は面積が広く，岐阜や大垣のある西濃地方も美濃に含まれる。中濃には焼き物とは無関係の美濃市という自治体もあるため，余計にイメージしにくい。東濃地方の西側半分，ここが焼き物産地としての美濃焼の地元である。美濃の国すなわち岐阜県に属していながら，尾張の中心地である名古屋に近いため経済的結びつきは名古屋との間でより強固である。窯業技術の面では隣接する瀬戸からの影響が強く，新技術が瀬戸からもたらされた歴史がある。近代以降，瀬戸が製品の多角化を図って食器生産のウエートを落としたのとは対照的に，美濃は食器それも和食器の生産に特化していく。こうした路線の違いが生産地の性格を規定し，その違いは都市の構造や景観からもうかがうことができる。

　名古屋に近いため高度経済成長期にベッドタウンの性格をもつようになった瀬戸と同じように，美濃でも郊外住宅地化が進んだ。しかし名古屋からの直接的影響は多治見あたりまでであり，これより東に位置する土岐や瑞浪では昔ながらの焼き物産地の特徴が維持された。土岐川の本流や支流に沿うように，焼き物の種類ごとに生産特化した地区が形成されてきた。しかし，時代とともに生産技術の平準化が進んだため，かつてのような地域特化の傾向は弱まった。平準化はともすれば地区の特性を薄める方向にはたらく。地区ごとの特性を対外的にアピールするには，昔ながらの特産品を活かす方が有効かもしれない。駄知地区の丼，下石地区の徳利，市之倉地区の盃，といった具合である。ただし，徳利も盃も生活様式や飲酒スタイルが大きく変わった現在，昔のままでは通用しない。伝統性に依拠しながらも，現代にも通用するかたちでの復活が望まれる。高度経済成長期までは順調に機能した大量生産方式による割安な製品が市場で捌けた時代が遠のいてすでに久しい。多品種少量生産へと時代は回帰し，手づくり風の焼き物を丁寧に仕上げて消費者や観光客に手渡すスタイルが定着してきた現在，新たなビジネスモデルが求められる。

　美濃焼の産地内で製品の地域特化が進んだのは，同一製品をめぐって生産が地区間で競合するのを避けるため，あるいは特定製品の専門性を極めるた

めであった。製造方法は製品の種類ごとに異なるため，専門化すれば地区内で効率的に生産できる。こうした製品の地域特化は美濃焼産地の地形状況と関係がある。各地区は土岐川の本流と支流に沿って分布しており，それぞれ小盆地や浅い谷間をつくりながら互いに分かれている。このことは，近世において瀬戸が尾張藩のみの支配下にあったのに対し，美濃は天領，旗本領，岩村藩などに分かれていたこと，現在でも瀬戸焼産地が瀬戸市に対応しているのに対し，美濃焼産地は多治見，土岐，瑞浪の三市にまたがっていることからもわかる。それだけ入り組んだ複雑な地形が広がっており産地面積も広い。

美濃焼産地の産地構造を考える場合，その中心である多治見とその周辺では果たす役割に違いがあることを知る必要がある。多治見市の発祥の地ともいえる旧多治見村は，庄内川上流部の土岐川の流れが多治見盆地を出ようとする地点のすぐ手前にある。1641

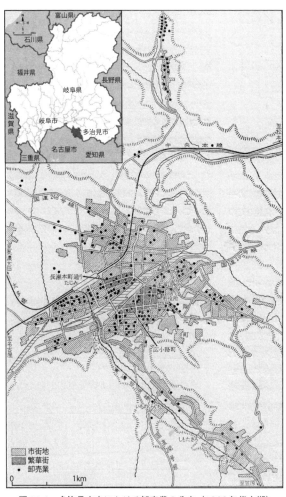

図11-4　多治見市内における卸売業の分布（1960年代中期）
出典：日本地誌研究所編，1969，p.534による。

焼き物世界の地理学

年に現在の土岐市の久尻から移り住んだ加藤景増が開窯したのが，多治見での焼き物づくりの始まりであった。図11-4は1960年代中頃の多治見市内の陶磁器卸売業の分布を示したものであるが，図中央にある市役所の南側に広がる平野台地の上に景増は最初の窯を築いた。卸売業者は美濃焼産地の各地区で生産された焼き物を仕入れ，品揃えをしたのちに消費地に送り出す役割を果たす。この頃はすでにトラックが輸送に使われていたが，近世は馬車，近代中期以降は鉄道が輸送に利用された。鉄道は中央本線で，製品の積み込みは多治見駅で行われた。これだけ多くの陶磁器卸売業が集中しているのは美濃焼産地の中ではここだけである。

多治見の陶祖・加藤景増が開窯して以降，この地域周辺で窯は増えていったが，むしろ焼き物生産の現場としての役割を担っていくのは周辺の郡部である。旧多治見村は郡部の窯元で生産された焼き物を集めて消費地へ送り出す卸売業の拠点として発展していった。この間の事情については，第4章で旧多治見村の庄屋をつとめた西浦家が尾張藩の美濃焼物取締役に登用された経緯にふれたところで述べた通りである。西浦家は美濃焼産地全体を取り仕切る立場に就き，多治見に西浦屋本店を設けたほか江戸（東京）・大坂（大阪）にも支店を設けた。これらはすべて尾張藩の庇護のもとでのことである。その後，尾張藩の消滅にともない西浦家も美濃焼物取締役ではなくなるが，美濃焼を多治見本店で取り扱う業務はつづけた。加えて，西浦焼を自ら生産してパリ万博（1889年）やセントルイス万博（1904年）に出品して賞を受けるなど，産地の知名度向上にも貢献した（久野，2019）。西浦屋が本拠とした多治見以外でも陶磁器業者は数を増し，産地卸売業は多治見だけでなく土岐や瑞浪など生産地の近くでも増えていった。このことは，中央本線からの陶磁器出荷量が多治見駅以外に土岐津駅（現在の土岐市駅），瑞浪駅でも増えていったことから明らかである。

西浦家が美濃焼産地全体の代表者となり，さらにその後，尾張藩の美濃焼物取締役の役目を果たしたことで，旧多治見村とそれを取り巻く郡部との間にはある種の社会経済的格差が生まれた。焼き物は窯元から西浦屋に集められ，尾張藩を経由して届く荷代金は西浦屋に出向いて受け取ることになったからである。多治見（西浦屋）が製品の集荷と支払いで中心となり，周辺は

そのもとにおかれるようになった。こうした地域構造は近代以降，都市の社会経済的な景観として目に見えるようになる。県レベルの行政機関や教育機関の配置は多治見が中心で，金融，医療，報道，文化，娯楽，スポーツなどの都市機能も多治見に集中していったからである。近年は名古屋方面から住宅地を求める動きがあるが，その場合も都市環境整備で多治見は評価を得ている。ただし評価の中に焼き物関係の要素は直接的には見当たらない。陶磁器産業が産業構造の中で大きなウエートを占めていた時代を通して築かれていった都市的建造環境は，産業構造が大きく変わった現在においてもなお生きている。

　こうして多治見は，美濃焼産地の中で先頭を走るように，時代が求める役割を果たしていった。高度経済成長の時代に美濃焼が市場でそのシェアを高めていけたのは，多治見の卸売業者と周辺部で実際に生産を担う業者がともに連携して活動したからである。地場産業では産地の卸売業者が製品の注文と合わせて企画提案を行い，生産者がそれに応じて生産するというのが一般的である。美濃焼産地もこれと同じで，多治見がいわば司令塔としての役割を果たした。産地全体がどの方向に向かうかは個々の事業者の意思決定に委ねられるが，その前提として産地を取り巻く生産・労働・市場などの環境条件がある。こうした環境条件の動向に対して，多治見は経済的，社会的あるいは政治的影響力を及ぼしてきた。

　近代に入り，美濃焼産地は尾張藩の政治的制約から解放された。その後，この産地が本来の名前を掲げ美濃焼として実力を高めていったのは，地区相互間で切磋琢磨して生産に励んだからである。目指したのは和食器分野で量産化を進め，国内シェアを高めることであった。これは，かつては兄弟産地の関係にあった瀬戸焼産地が海外市場に活路を求めたのとは対照的な方向である。近隣工業地域の影響を受け窯業製品の多角化や窯業以外の分野への進出を果たしていった瀬戸の後を追うこともなかった。より伝統性を守った，すなわち保守的姿勢を崩さなかった。

　しかし同じ和食器でも美術的価値にこだわり磁器の品質を高めようとした有田焼とは異なり，美濃焼は高級化路線を選ばなかった。これは，陶石原料に恵まれ労働力も豊富で精巧な手づくり感が十分出せた有田焼には条件面で

太刀打ちできなかったという事情が背景にある。むしろ技術革新で合理化を進め、一見手づくり風の値打ちな焼き物を大量に市場に供給して中間層の厚い需要を獲得するのが美濃焼には向いていると考えられた。国民所得の増加が続き、焼き物に対する需要が右肩上がりで上昇していった高度経済成長期にはこうした路線がより適していると思われたからである。美濃焼産地の技術革新志向的性質は、第6章で述べた松村式石炭窯の導入でいち早く受け入れたのが美濃焼であったことからも明らかである。これ以外の窯業関連の技術開発でも美濃は有田にはない方法を生み出してきた。一例が焼成前の焼き物を窯に詰める方法である。有田で行われてきた朝鮮伝来の重ね積みや、江戸期に始められた天秤積みではなく、美濃では瀬戸とともに量産に適した匣鉢積みや棚積みが編み出され広まった。明治期に瀬戸・美濃を視察した有田の窯業関係者がこれを見て驚いたということは、近代に至るまで窯業技術が域外流出禁止の秘匿すべきものであったことを物語る。産地を取り囲むように覆う生産・労働・流通の環境状況を産業風土というなら、どの産地もそれぞれ固有の産業風土をもっているといえる。

2. 焼き物産地の歴史観光需要と地域づくり

常滑焼や瀬戸焼に比べると美濃焼はまだ生産・出荷量が多い。しかし基本的には長期低迷状態からは脱しきれておらず、産地では活性化のための試行錯誤が続けられている。ひとつは常滑、瀬戸と同じような焼き物産地のサービス化である。都市から消費者を直接呼び込んだり、イベントを開催して産地の知名度を売り込んだりする戦略がとられている。その仕掛けのひとつとして、たとえば多治見市本町地区は近世以降に産地卸売業が集まっていた街区一帯を修景保存し、歴史的まち並みとして維持するプロジェクトに取り組んできた（多治見市役所都市計画課, 2003）。ここは、先にも述べた西浦屋が多治見本店をおいて郡部から運ばれてくる焼き物を集め、市場に向けて送り出す業務を行っていた場所でもある。当時の雰囲気がかすかに感じられ、かつてこのあたり一帯が多治見の町の中心であったことを物語っている。

中央本線の開業によって土岐川の北側に多治見駅が設けられ、町の発展は川を越えて広がっていった。さらに自動車交通の時代になり、本町通を走っ

ていた下街道すなわち国道19号のルートも川の北側に移された。極めつけは陶磁器の卸商業団地が北側の丘陵地を造成して設けられたことである。これで本町通り沿いにあった卸売業はほとんど姿を消してしまった。その後，本町通は一方通行化されるなど自動車優先の時代がつづいた。しかし時代は歴史や文化を見直す方向へと進み，かつて多治見の産業中心として栄えた本町の歴史的景観に目が向けられるようになった。景観整備を中心とする事業を推し進めるために地元で団体組織が立ち上がり，市や国からの補助を受けるまでになった。

　景観整備事業として，古い商家や民家の修景保存，焼き物販売・情報発信のためのセンターの設置，観光客を意識した近世的意匠の飲食店舗の設置が実施された。昔からある地元銀行の支店の外観をそのまま残し，内装を一新して洒落たベーカリー・コーヒーショップに変身させる事業も行われた。並び立つ交番も周囲との調和に配慮し，歴史的雰囲気を感じさせるデザインで再建された。けっして広い街区ではないが，道路沿いの商家の店先や蔵などの連なる歴史的景観が復活した。整備事業を中心的に担ったのは，多治見で現在も陶磁器関係の事業を営む企業家グループである。本町が果たしてきた歴史的意義を深く認識したうえでの組織立ち上げであったと思われる。

　美濃焼産地では「志野」や「織部」が商品ブランドや地域ブランドの代名詞として多用されている。もとはといえば，安土桃山時代に流行した茶道用の茶器スタイルの名称である。美濃地方に縁があり現に生産されていたことから，地域興しのネーミングの素材として用いられるようになった。地元で「オリベストリート」と呼んでいるのは，先に述べた多治見市本町の街路のことであり，茶人・古田織部に因む（図11-5）。いささか政策的なネーミングではあるが，史実との関係を厳密に問わなければ，観光振興にとって有効といえよう。現地の地理に不案内な来訪者にとっても，そのように名づけられたルートを一巡することで，かつてこの街区一帯で行われていた焼き物の生産・流通に関わる作業の姿を想像することができる。まち歩きにはわかりやすさが欠かせない。そのようなガイドとして，こうした地理的情報は役に立つ。

　多治見市内には，本町地区とは別のところにもオリベストリートがある。

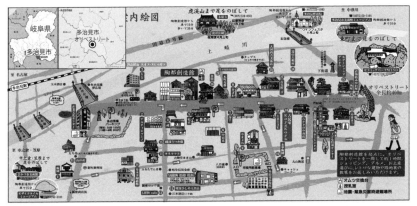

図11-5　多治見市旧市街地中心部のオリベストリート（イラスト図）
出典：多治見市役所のウェブ掲載資料（https://www.oribe-street.com/map/）による。

このことから，オリベストリートは特定の街路をさすのではなく，似たよう
な特徴をもつ複数の街路が同じ名前で呼ばれていることがわかる。このあた
りは市の観光政策の問題点かもしれない。もうひとつのオリベストリートは，
本町地区から南へ5kmほど山の中へ入った市之倉地区にある。瀬戸にも近い
この地区は，産地卸売業が集まっていた本町とは異なり，丘陵地を流れる市
之倉川に沿って形成された焼き物の生産地である。ここのオリベストリート
は50軒ほどの窯元を巡って歩くルートであるが，本町のようにとくに整備
が進んでいるわけではない。ただし，ルートの起点ともいえる場所には第8
章で紹介した「さかづき美術館」がある。かつて地元で大量に生産された盃
をテーマに来訪者を集める観光施設として存在感を示している。

　ストリート，小径，街道などによって焼き物の窯元や卸売商を結び，その
ルートを観光客に回遊させる事例は多い。自動車が普及した現代は移動もク
ルマ頼みであり，まずは幅広い道路と駐車場が不可欠である。土岐川の支流
沿いに歴史的に形成されてきた地区の大部分は狭隘道路しかなく，回遊や通
り抜けもままならない。このため旧市街地とは別に，丘陵地を走り抜ける道
路に沿って美濃焼販売のための施設があいついで設けられた。多治見市の東
隣の土岐市には道の駅が2か所あり，「どんぶり会館」「志野・織部」という
名前がそのまま示すように，自動車利用の観光客を美濃焼の販売施設に誘っ

ている。前者は地元・駄知地区がかつて丼の生産に特化していたからであり，また後者は桃山・戦国期に近くで志野・織部が焼かれたことに因む。

　瀬戸市の後を追うように，多治見市では名古屋圏の郊外住宅地化が進んだ。陶磁器産業以外の工業化にいち早く取り組んだ瀬戸市の動きは，遅ればせながら土岐市や多治見市でも見られるようになった。瀬戸焼，美濃焼両産地ともに，現在の主要産業は陶磁器ではない。これは市の沖合 2km に中部国際空港が 2005 年に開港した常滑市も同様である。愛知県，岐阜県とりわけ岐阜県は現在でも国内における陶磁器総生産量の半分以上を生産している。これだけ見れば立派な焼き物産地である。しかし陶磁器産業だけで地域経済が維持できた時代はすでに終わった。焼き物それ自体に対する需要は依然としてあり，また焼き物生産地に対する歴史観光需要も伸びている。こうした現状を前向きに受け止めた地域づくりがなお一層求められる。

コラム 11　時空を超えて積み重ねられてゆく焼き物づくり

　焼き物をつくる産業は，窯業，製陶業，陶磁器業などとも呼ばれる。世界中どこでも，地中に眠る土や山の岩を細かくして粘土状にして焼き物をつくっている。古くからあるものづくりの中で，鉱物それ自体を原料とするものは，それほど多くない。砂鉄が原料の製鉄業や似たような銅製錬業，石を切り出して加工する石材業などが思い浮かぶ程度である。ものづくりとは言い難いが，石炭を採掘する石炭業，石灰岩を採掘して石灰にしたりセメントの原料にしたりする産業も近代以降に興ってきた。これらはいずれも地中から何らかの資源を取り出すことから，「資源抽出産業」と名前をつけた研究者もいた。

　名前の適否は別におくとして，地球の内部といっても比較的浅いところから有用な資源を掘り出してものづくりに供するという点では共通している。同じ資源でも，農業や林業のように植物が地中から栄養分を吸い上げて結実させた成果を資源として利用する産業とは異なる。炭酸同化作用という酸素，水，光が同じ場所で交わらなければ生まれない資源は一度利用しても，なくなることはない。繰り返し生産できるため，持続的な資源利用の観点から社会的に重視されているのは周知の通りである。そうした観点からすると，資源抽出産業は何やら後ろめたい気がしないでもない。

たしかに，かつての焼き物産地は禿山に近い山々に囲まれ，林立する煙突から黒煙をたなびかせていた。近くを流れる川は白く濁り，そこに魚の姿を見ることはできなかった。細く入り組んだ街路は生活の道であり，ものづくりの道でもあった。住居と工場や作業場が隣り合った職住近接の空間の中で人々は早朝から夕方過ぎまで労働に勤しんだ。天候に左右はされるが日中の労働が基本の農業とは異なり，まだ暗い早朝や日の落ちた夜間も作業場で仕事をすることが珍しくなかった。禿山や白濁の河川，町中に漂う黒煙や硫黄の匂いを問題視する意識は乏しく，公害・環境破壊などという言葉はほとんど聞かれなかった。そのようなことを気にかける余裕さえなかったというのが本当のところであろう。

　いま再びこうした焼き物産地を訪れると，煙突は姿を消し，川の水は透明に近くなっている。舗装された街路を自動車が窮屈そうに通り抜けていく。あれほどあった工場や作業所はその数が減り，残された住居に住む人の数も少なくなった。空き家然となった家もここかしこに見られ，賑やかだった頃がうそのように静まり返っている。しかしその一方で，小規模ながら個性ある焼き物づくりに特化して操業を続けている窯元もある。近隣住民を雇い入れ，雇用機会の確保にも貢献している。ネット通販で顧客に直接販売したり，蔵出しイベントで消費者を招いたりする事業に取り組む事業者もいる。

　振り返れば，近世までの領主支配下での統制的な焼き物づくりは，近代になってようやく終焉した。自由に焼き物がつくれるようになり，広く庶民階層にまで市場が拡大していった。外貨獲得の意向を受け，市場を国内から海外に求めて増産に励む産地も登場してきた。戦後の高度経済成長期には量産された焼き物が国の津々浦々にまで送り届けられた。水上交通から鉄道，トラックへと輸送手段も変わり，流通経路は大幅に改善された。しかし百花繚乱のように見えた焼き物づくりも，国内外の社会経済情勢の変化で大きな影響を受けるようになる。モダンからポストモダンへの移行，高度情報化やグローバル化の進展にともない，焼き物産地は変化を余儀なくされていった。

　どちらかといえば山里に近い焼き物産地の空間そのものは以前と何ら変わっていない。変わったのは，その空間を舞台として繰り広げられてきた焼き物づくりの生産方法や流通の仕組みである。これらを担う主体やそれを取り巻く社会経済環境は時代とともにその姿を変えていった。一幕，二幕，三幕というように場面ごとに役者や背景は変わり，物語がつながっていった。プロローグに当たる古代・中世から始まり，近世・近代そして現代へと物語は進み，いまはエピローグの場面を迎えているのかもしれない。この物語はこれで終わりではなく続編があると確信する。新たな物語が同じ舞台空間で演じられていくことを期待したい。

第11章　焼き物をめぐる内なる空間と都市空間

廃棄陶磁器の再資源化とリサイクル食器

第1節　廃棄陶磁器の再資源化プロジェクト

1．焼き物・陶磁器の究極的な再資源化

　繊維や木材と比べると，焼き物・陶磁器を再生・再利用する姿は思い浮かべにくい。繊維ならたとえば着物や服を仕立て直すことができる。木工家具なら壊れた箇所を補修するなどして再度利用できる。それができなければ，燃やしてエネルギーを得ることができる。陶器や磁器でも，それがまだ貴重品であった頃は，割れた箇所を金継ぎなどで接合して使い続けることはあった。しかしそれはあくまで部分的な補修にとどまっており，繊維のように回収した衣服や布を完全に別の繊維品として生まれ返らせるようなことは考えられなかった。木材のように燃やすこともできないため処分に困り，最後は土に埋めるほかないというのは昔も今も変わらない。

　こうした違いは製品特性の差異に由来する。焼き物は，1,000℃を超える温度で焼成して生まれる石のように堅い物体である。これを再生するには物体を完全に粉砕し，粉末状態にしたものを再び粘土状にしなければならない。しかし，そんなことが果たして可能だろうか。同じ焼き物でもレンガの場合は，回収後，別の用途として再利用したり，あるいは砕いたものを原料に混ぜて再びレンガにしたりすることは行われてきた。社会では資源の再生・再利用に対する関心が高まり，多くの資源で生産・消費・回収のサイクルが一般化している。しかしこと陶磁器に限っては，再資源化は難しいというのが社会的な常識で，これまでこうした常識を打ち破ろうとする試みはなされなかった。

　一般家庭で使用したあとに捨てられる陶磁器は産業廃棄物とは考えにくい。壁や屋根などの建築素材とは異なり，日常的な家庭用品として使ってきた陶磁器には愛着がある。そのような思い入れのある特別なものをむやみに捨てるには抵抗があろう。実際，陶磁器は産業廃棄物ではなく一般廃棄物として扱われており，市町村が回収するゴミとして家庭から排出される。この点が同じセラミックスでも，レンガ，瓦，コンクリートなどと陶磁器が違う点である。一方は解体工事の現場などでまとまった回収が行われやすく，効

率的な再利用も進みやすい。陶磁器の場合は回収に手間がかかるうえに，回収物を生産地まで送り返すには，さらに時間と費用がかかる。家庭から出る廃棄陶磁器は生ゴミのように燃えることもないため，最終処分場で土中に埋めるのがこれまでの処分方法であった。

　古紙，アルミ缶，ペットボトルの再資源化など，社会にはすでに循環的な資源利用があたりまえになったものが数多くある。それらと比べると，陶磁器の再資源化は「遅れた取り組み」と思われるかもしれない。しかし，古紙のようにそれほど多くの量が回収されるわけではなく，またアルミ缶やペットボトルのように大企業が半ば規格化された形状の容器で市場に供給し，一度利用したらすぐに回収するたぐいの製品でもない。使用が一度限りのアルミ缶やペットボトルに比べれば，陶磁器はその何十倍も何百倍も多く利用される。その意味では，紙カップやペーパー皿などとは異なり，陶磁器製のカップや皿は現状においても資源節約に十分貢献しているといえる。そのような陶磁器を使い終えたら再び回収して資源化するということは，究極の資源活用といっても差し支えない。

2．空間的スケールの異なる資源循環の広がり

　半ば究極の資源活用ともいえる陶磁器を再資源化するには，どのような道筋をたどっていけばその実現に近づけるであろうか。世界でも例のない一度市場に出回った陶磁器を回収して再び製品として市場に送り込むことの意義はどこに見出せるだろうか。回収ネットワーク，再資源化技術，再製品製造技術，流通販売など，さまざまな条件がクリアされなければ，このような試みは実現できないであろう。日本では陶磁器は社会的な分業体制のもとで，中小零細企業によって生産されてきた歴史がある。メーカー数は多く，製品は多種多様で規格化にはなじまない。こうした多様性がこの商品に幅をもたせており，日常生活の各場面で暮らしを演出する小道具として人々に愛用されてきた。原料の陶土や磁土（陶石）は産地ごとに組成に特徴があり，それが製品にバリエーションを与えている。輸入品も含めて，生産・流通の流れが複雑多様な陶磁器を統一的に再資源化できるであろうか。理想はどこまでも高いように思われる。

地場産業として陶磁器が生産されてきた日本では，陶磁器産地が全国各地に分布している。岐阜県東濃地方の西部もそのうちのひとつである。通称「美濃焼」産地は，高度経済成長期に大きく発展し，国内における陶磁器製飲食器の出荷額で50％近いシェアをもつまでになった。ここに至るまで，ライバルである佐賀県の有田，長崎県の波佐見，愛知県の瀬戸などとの間でシェア争いを繰り広げてきた。美濃焼産地では市場の拡大に応じて機械化を積極的に進め，品質の割には手頃な値段で購入できる製品を目標に，大量の消費需要に応えてきた。九州産地が手づくり的要素を残すことにこだわったのとは対照的に，製造に関する技術革新をあいついで進め，量産化の道をひたすら追求した。陶磁器製品の多様化や他産業への展開を進めた隣接の瀬戸焼産地とも違っていた。

　陶磁器を量産すれば当然，原料も大量に消費されるため，最悪，資源枯渇の道へと進んでいく。皮肉なことに，陶磁器の消費需要の衰退や海外からの製品流入のため，資源枯渇の恐れは遠のいたようにも思われる。地元で産出する原料資源の有限性はどの焼き物産地も意識しており，無駄な原料使用はしないように心がけてきた。焼成前の素地の段階までに欠けたり歪んだりしたら，再び粘土に戻して再利用するなど，企業内，事業所内での資源循環は日常的に行われている。つまりどの焼き物産地も，程度に差はあるが資源循環には関心をもっている。しかし，焼成後の陶磁器の資源循環となると話は別で，この段階で欠損箇所が見つかり市場に出せないと判断された陶磁器の再資源化は困難で破棄するしかない。つまり資源循環のサイクルには大きさに違いがあり，生産段階での小さな循環と流通・消費段階をも含む大きな循環では根本的な違いがある。小さな循環なら企業内や事業所内，あるいは産地内で完結する。しかし，一度市場に出回った陶磁器を回収して再資源化する大きな循環となると，生産技術的課題はいうにおよばず，社会経済的な課題にも直面せざるを得ない（林，2010）。

　国内における主要陶磁器生産地の中でリーダー的位置にある美濃焼は，これまでにも生産技術の革新化で主導的役割を果たしてきた。陶磁器に対する国内需要が増加傾向にあった時代であれば，生産性を高める技術が果たす役割は大きい。しかしバブル経済崩壊後の長期的な需要低迷という局面ではこ

れまでの量産型システムはうまく機能しない。それまでの効率的な生産・流通・消費という価値ではなく，こだわりのある製品を生産し使い続けるという価値への転換が，バブル期の反動として現れてきた。資源の再利用や再生もそのような流れに符合している。こうした変化に対応しようとすれば，それは市場に出回ったあらゆる産地の陶磁器を回収して再び製品にし，再度，市場に送り込むような仕組みを構築することである。しかし図式としては頭に描けるが，果たして実現できるのか。

　産地としての主導的立場や生産技術開発でのこれまでの成果から鑑みると，美濃焼産地に対する潜在的期待あるいは可能性はあったものと想像される。それは陶磁器の国内総生産に占める美濃焼産地の大きさや，産地の発展を支えてきた生産技術や教育・普及面での寄与の大きさなどによる。試験・研究機関や窯業教育機関の充実ぶりは他に類を見ないほどである。またこれは結果論かもしれないが，美濃焼産地は国土の中央付近に位置しており，東西の大都市圏の中間に位置するため，市場に出回った陶磁器を回収するコストが少なくてすむ。こうした市場へのアクセスの良さは，これまでこの産地にとって有利にはたらき，結果的に大きな市場シェアが確保できた。逆にいえば，市場シェアが大きいだけに陶磁器の再資源化に関しても責任が他産地に比べて大きい。しかしいずれにしても，求められているのは，これまでのような生産上昇志向型の技術開発ではない。世界のどの陶磁器生産地も考えたことのない資源循環型の技術開発である。社会全体の意識変化をともなわなければ実現できないハードルの高い開発になることは明らかである。

3．リサイクル食器生産に向けてのプロジェクト

　国内にある主要な窯業地には陶磁器やセラミックスに関して試験・研究などを行う機関が設けられている。美濃焼産地の場合は，多治見市東部の土岐市との市境付近に岐阜県立セラミックス研究所がある（図12-1）。地場産業を牽引してきた陶磁器産業の生産技術全般にわたり課題解決を図るのが研究所の役割である。そこでは製品の製造に関する試験・研究などを行うのが一般的である。企業が独自に行う製品づくりの基礎的情報を提供するのが主な任務であり，産地全体がどのような方向に進むべきか，戦略的に考えること

図12-1　岐阜県セラミックス研究所の位置

出典：県域統合型GISぎふのウェブ掲載資料（https://gis-gifu.jp/gifu/MAP?linkid=b3bd7b80-e03e-4cb3-a041-66a1a1ec8a75&mid=2&&mps=25000&mtp=dm&mpx=137.1789052681607&mpy=35.33834551001579&gprj=3）をもとに作成。

はあまりない。研究業務は生産の技術的側面に特化しており，流通や販売について研究を行うこともない。これが大企業メーカーであれば，社内に製品開発や市場調査を専門に行う部署を設け，戦略的経営に向けて取り組むべき道筋を考えるであろう。こうした地方の地場産業研究機関において，陶磁器の生産・流通の先に位置づけられる再生の可能性について考えようという動きが現れたことは，ある意味非常に特異なことであった。

　バブル経済が続き，市場で陶磁器が飛ぶように売れていた時代なら，陶磁器がどのように使われているかなど考えることはなかったかもしれない。まして使い終わった陶磁器を回収して再資源化するなどということは想像することもなかったかと思われる。しかし現実は，第1章，第2節で示したように，陶磁器製飲食器の国内出荷は1991年のバブル経済崩壊とともに減少の道を歩み始めていた（図1-6）。岐阜県立セラミックス研究所を中心にリサイクル食器事業化のためのプロジェクトが立ち上げられた1997年の出荷額は，

焼き物世界の地理学

最盛期（1991年）から20％も減少していた。減産傾向はその後もとまらず，2000年には50％減，すなわち最盛期の半分にまで落ち込んだ。

　1997年に岐阜県の新規プロジェクトとして，リサイクル食器生産の研究グループが立ち上げられた。県を代表する地場産業地域をこのまま放置できないという危機意識からである。県や市町村は地元産業の振興を推し進める立場にある。雇用の場を確保し財政の元になる税収入を増やすには，地元産業の活性化が欠かせない。産業活性化のための方策はひとつではなく，時代や状況に応じて変わる。高度経済成長期であれば，いかに量産品を効率的に生産するか，その技術開発がプロジェクトの目的になる。リサイクル食器の生産というこれまでにはない目標を掲げてプロジェクトを立ち上げたのは，やはり環境問題や循環型社会という時代背景が影響している。岐阜県セラミックス研究所を中心とするプロジェクトは，まず廃棄物として回収された陶磁器が再資源化できるか，技術的な課題に立ち向かった。

　本来ならば，市場に出回っている陶磁器が回収できるめどをたてたうえで，リサイクル食器生産の技術開発を行うべきかもしれない。しかし，生産と回収のふたつのことを同時に進めるのは容易ではない。産地の研究機関の主たる役割は生産技術の開発であり，市場の事情に直接，関わることは向いていない。考えてみれば，これは経済システムの根幹に関わる重要な点である。これまでは，生産して販売すればそれですべて終わりというのが企業の論理であった。中小零細企業の多い陶磁器業界でも事情は同じである。むしろ大企業とは異なり，顧客管理に慣れていない中小企業では，アフターケアや販売後のサービスなどにはいたって無頓着であった。しかし，こうした従来型の経済システムの見直しが求められているのが現状であり，そこにこそ地場産業を苦境から救い出すひとつの糸口があることを知るべきであった。ともあれプロジェクトの発足時においては，使用済み陶磁器の回収という部分は傍らにおき，まずはリサイクル食器に向けての技術開発が始められた。

第12章　廃棄陶磁器の再資源化とリサイクル食器

第2節　リサイクル食器の生産・流通体制

1. 物性，安全性，環境負荷をクリアしたリサイクル食器

　リサイクル食器が安全で実用に耐えられるかどうか，また環境負荷の点から評価できる食器であるかどうかを判断するには，食器の物性，安全性，二酸化炭素排出の以上3点に注目する必要がある。最初の物性は，吸水率，比重，曲げの強さに関して通常の食器に比べて性能が劣っていないことが証明されればよい。岐阜県立セラミックス研究所を拠点とするこのプロジェクトでは，廃食器を砕いて生まれた粉砕物1に対して，粘土・長石・珪石を4の割合で混ぜたものを杯土（原料）とすることにした（水野ほか，2007）。その理由はリサイクル食器の質を維持するためである。粉砕物の配合割合を20％以上にしても製品をつくることはできる。しかし，新規投資をせずに既存の生産設備をそのまま使って生産しようとすると，期待通りの製品ができない。粉砕物には骨粉を含むボーンチャイナや朱泥，耐熱食器など通常の成分とは異なるものが含まれている場合がある。このため，リサイクル食器の水準を保つには配合割合を20％程度にするのがよいという結論になったのである。

　次にリサイクル食器の安全性については，温度差が150℃の状態で試作品に対して急冷試験を実施したところ，支障がないことが確認できた。また，リサイクル食器から鉛やカドミウムの成分が溶出する可能性については，その可能性のないことが確かめられた。上絵付けが広範囲になされた廃食器の粉砕物が原料として使用された場合の再生食器を対象に溶出試験が行われたが，鉛やカドミウムは検出されなかった。こうしたことから，リサイクル食器は日常生活において安全に使用できることが確認できた。環境問題が今日のように強く意識されるようになるはるか以前から，陶磁器業界では鉛やカドミウムの溶出がしばしば問題として取り上げられてきた。これは環境問題以前の食の安全に関わる問題であり，絶対にクリアしなければならない。

　3番目の二酸化炭素排出に対する評価は，食器の製造工程において排出される量をリサイクル食器と既存食器の間で比較することで明らかになる。リサイクル食器の場合，二酸化炭素は廃食器の回収，粉砕，調合，それに製造

焼き物世界の地理学

の段階で排出される。
輸送トラックからの排
出や粉砕機の作動にと
もなう排出は少ない
が，成形時の電力使用
と焼成炉での燃料ガス
使用のさいに多く発生
する。一方，既存食器
の場合は，陶土の採掘，
精製，原料の粉砕，そ

表12-1　陶磁器製造にともなう二酸化炭素排出量

単位：KgC/t

		リサイクル陶磁器		既存陶磁器	
坏土製造	回　収	2.4	採　掘	0.5
	粉　砕	4.3	精製・粉砕	8.3
	調　合	10.9	調　合	10.9
	小　計	17.6	小　計	19.7
食器製造		427.7		427.7
二酸化炭素排出量		445.3		447.4

出典：宮地・長谷川，2009 をもとに作成。

して成形・焼成のさいに二酸化炭素が排出される。両者を比較した実験によ
れば，ほとんど差は見られなかった（表12-1）。現在でこそ焼成時の主な燃
料はガスであるが，かつては石炭や重油が使用された。化石燃料が利用され
る以前は薪であった。再生可能なバイオマス・エネルギーの木材は，環境へ
の負荷という点では最も優れている。二酸化炭素の排出抑制に対する要求が
さらに強まれば，近世以前の焼成法が再評価されるかもしれない。

　廃棄された陶磁器をクラッシャーで砕いた粉砕物を20％配合した原料か
ら陶磁器が問題なく生産できることが実験段階では証明された。次なる段階
は，こうした結果をもとにリサイクル食器の事業化のめどを立てることであ
る（長谷川ほか，2008）。具体的には，粉砕物が配合された坏土を誰がどのよ
うに製造するか，また坏土を用いていかに売れる陶磁器を生産するかである。
一般には馴染みのないリサイクル食器をいかに市場へ送り込むか，そのネッ
トワークをどのようにつくるかも課題である。岐阜県立セラミックス研究所
を中心に立ち上げられたプロジェクトは，美濃焼産地の企業と地元研究機関，
行政機関，大学などに参加を求めた。企業の中には陶磁器を生産する製陶業
者のほかに，製土業者や卸売業者も含まれていた。加えて，事業内容の性質上，
廃棄物業，粉砕業，建材業に関連する業者も参加した。総数はけっして多い
とはいえないが，地場産業に関わる多様な企業が総出で取り組むプロジェク
トが編成された。

2．リサイクル食器の生産組織体制と社会的評価

　「グリーンライフ21」略して GL21 という組織が，このプロジェクトの受け皿として 1997 年 7 月に設立された（一伊ほか，2002）。この組織は 9 年後の 2006 年 4 月に法人化され，それを契機に会員数も増えていった。設立当初はささやかな任意団体にすぎなかったが，2009 年の時点で組織に加わる民間企業は 34 社を数えるに至った（表 12-2）。組織の事務局は多治見市内の製土企業に置かれた。この企業は長い歴史をもつ地元の名門会社であり，関連企業は陶磁器を生産している。製土部門は焼き物づくりの原点・元締めのような存在であり，プロジェクト全体を視野に入れるのに適している。この製土企業の経営者自身，リサイクル食器の実現・普及に強い熱意を抱いてきた。窯業資源の枯渇に対する懸念もあるが，やはり環境リサイクルからの問題意識が強かった。

　プロジェクトの事務局が置かれた製土企業は，参加企業にリサイクル用の杯土を供給する。杯土を購入した製陶業者はそれぞれ独自にリサイクル陶磁器を生産する。生産は，大企業のように管理された一貫生産ではなく，個別企業による固有の陶磁器生産である。このため，たとえ同じ杯土を使用しても，成形，施釉，焼成の方法が違っていれば，違った製品が生まれる。今日，資源の再利用を宣伝文句に売り上げを伸ばそうとする企業は枚挙にいとまがない。再資源化や持続可能性は，消費者に対して有力な訴求力になっている。

表 12-2　GL21 に加盟している企業・機関などの数（2009 年）

	美濃焼産地内	美濃焼産地外	合　計
製土業	5		5
陶磁器製造業	11	3	14
タイル製造業	2		2
陶磁器卸売業・商社	9	3	12
建材業	1		1
陶磁器・デザイン研究所	4		4
自治体	1		1
その他	1		1
合　計	34	6	40

出典：GL21 のホームページ（http://www.gl21.org/）に掲載されている資料をもとに作成。

しかし実際には再資源化した原料を使用していないのに，リサイクル製品のメーカーを名乗る企業があってもおかしくない。消費者はそれを見抜く

ことができないからである。こうした状況が生まれるのを避けるため，リサイクル食器であることを公的に認定することになった。GL21 は第三者機関から正当な認定を受ける窓口でもある。

　GL21 が組織として世に問うてきた陶磁器は，これまでに数々の賞を受賞している（表 12-3）。2001 年のグッドデザイン賞の特別賞である『エコロジーデザイン賞』や，2003 年のグッドデザイン賞『新領域デザイン部門』の入賞はその一部である。容器包装 3R 推進の環境大臣賞『製品部門奨励賞』を受賞する栄誉に浴したこともある。数々の受賞歴によって社会的な認知度が高まり，GL21 に加盟する企業数も増えた。興味深いのは，「器から器へ」という資源循環型のリサイクル食器生産のプロジェクトを対外的にほとんど宣伝していないことである。予期せぬ新聞・テレビなどマスコミからの取材を通して，リサイクル食器のことが消費者の間に広まっていった。リサイクル商品が数多く出回るようになった今日，資源循環はもはや常識といった雰囲気が社会にはある。しかし，不用になった陶磁器を回収して再び生産に回すことの難しさは誰もが想像するところであり，この事業は社会的に価値のあることと受け止められた。

　現在でこそ数々の受賞とともに社会的認知を受けるようになったが，当初の滑り出しはけっして順調ではなかった。廃棄された陶磁器の粉砕物を配合した陶土から生まれた最初の製品は，1999 年 10 月に横浜のデパートで売り出された。このデパートは ISO140001 の認証評価を受けたため，それを記念しての販売であった。しかし結果は思わしくなく，ほとんど売れなかった。2002 年 2 月には東京のデパートで開かれた環境関連のイベントで，リサイクル食器が店頭に並

表 12-3　GL21 のリサイクル陶磁器の受賞歴

年　次	賞，展示会の名称
2001 年	グッドデザイン賞　エコロジーデザイン部門
2002 年	第 9 回国際陶磁器フェスティバル 陶磁器デザイン部門審査員特別賞
2003 年	グッドデザイン賞　新領域デザイン部門入賞
2004 年	現代日本デザイン 100 選で展示
2005 年	エコプロダクツ展 2005 に出展
2006 年	日本環境経営大賞環境価値創造部門　パール大賞

出典：GL21 のホームページ（http://www.gl21.org/）に記載されている資料をもとに作成。

第 12 章　廃棄陶磁器の再資源化とリサイクル食器

べられた。しかしやはり反響は小さく，期待した成果を挙げることができなかった。同じ年の4月から関西の宅配業者がリサイクル食器を取り扱うようになって，初めて売れるようになった。背景には経済環境の好転があり，自動車や事務機器のメーカー，それに外食産業などが景品として再生陶磁器を購入するようになった。いずれも企業として環境問題に取り組んでいることを対外的に示すねらいがあってのことである。

3．廃棄陶磁器の処分問題とリサイクル食器ブランド

リサイクル食器の製造技術が確立されても，再生用原料の源となる廃食器がうまく回収できなければ事業は進まない。生産地から消費地に向けて一方通行で流れていたこれまでのフローとはまったく逆の流れはどのようにしたら実現できるであろうか。中小零細企業の集まりである地場産業地域では，このようなことはこれまで想像さえされなかった。それゆえ，どこから手を付ければよいのか皆目検討がつかなかったというのは，おそらく事実であろう。やはり動きは消費の側から起こった。陶磁器以外の日用品を対象とした資源回収運動は，各地ですでに行われてきた実績がある。陶磁器だけが資源回収の対象外とされる理由は見当たらない。GL21による産地でのプロジェクトがマスコミなどを通して報道されたことにより，消費地の資源回収グループなどからGL21へ問い合わせがくるようになった。

陶磁器製の食器が日常生活の中で使用される状況は一様ではない。家庭，企業，学校，自治体，飲食店，ホテル，旅館など，数え上げたら切りがない。その各々において毎年，数多くの食器が廃棄物として排出される。推計によれば，不用になった陶磁器の排出量は1年間（1995年）で15万㌧にものぼる。10㌧トラックに換算すれば1.5万台の量であり，これらの大部分は不燃物として最終処分場で土中に埋め戻される。廃棄陶磁器は処分される不燃物全体の約5％を占める。国民1人当たり1.3kgに相当する陶磁器が毎年，廃棄されているが，すべてが破損を理由とした廃棄ではない。なかには購入したり贈答品としてもらったりしたが，ほとんど使わないまま処分される食器もある。他の日用品とは異なり，耐久性に優れている陶磁器は，もともと処分しにくい特性をもっている。それでも年間，15万㌧もが廃棄される事実を考

えると，ただ単に土の中に埋めるだけでいいのかという疑問が湧いてくる。

　実はこうした疑問が消費者や廃棄陶磁器を一般廃棄物として回収する自治体関係者の間で湧き起こってきたことが，GL21のプロジェクトの援軍となった。日用品の再資源化に熱心な消費者は，食器がリサイクルできるなら廃食器の回収に協力しようという気になる。廃食器を含む不燃物の最終処分に頭を痛めている各地の自治体にとっても，食器のリサイクル化は朗報である。しかし，GL21と廃食器回収の組織・団体との連携化は順調に進んだわけではない。むしろ試行錯誤の連続であり，手探り状態で進められてきた。モノの売り買いという経済行為とは異なる，対価をともなわない無償の廃食器回収行為は経済的理由では説明できない。GL21は，食器のリサイクル化を望む消費者に対して，自費で廃棄陶磁器を送ってもらうことにした。産地側のこうしたメッセージは，お金をかけた宣伝ではなく，マスコミなどの取材を通して消費地へ流された。

　一般家庭でいらなくなった陶磁器を廃棄する場合，消費者はさまざまなことを考える。GL21のもとへ自費で送られてきた廃棄陶磁器に添えられたメッセージの中には，愛用してきた食器をゴミとして捨てるのは忍びがたいという内容のものもあった。親しい身内が生前，購入した高価なヨーロッパ製の陶磁器がもう一度生まれ変わるならと思い，送ることにしたというメッセージもあったという。ここには単に陶磁器製飲食器を経済的に売買して消費するという行為を超えた何かがある。これまで陶磁器製飲食器を大量に消費者に販売することだけに励んできた産地にとって，販売後に食器がどのように使われているかは，ほとんど関心の外にあった。それがこのようなメッセージが消費者から届けられるにおよび，陶磁器産地としては食器生産の「原点」を再確認する必要に迫られたといえる。

　消費地から送られてくる廃棄陶磁器の生産地は特定産地に限定されない。国内外の多くの産地で生産された陶磁器製飲食器をすべて廃棄物として受け入れることで，新たな資源循環ルートが生まれる。すなわち，特定の産地で出土した原料を用いてつくるのが常識であった従来の生産・流通パターンに対し，産地がどこかわからない廃棄陶磁器からの再資源原料も含んだリサイクル食器が再び市場へ出て行くという新しいパターンの誕生である（図12-

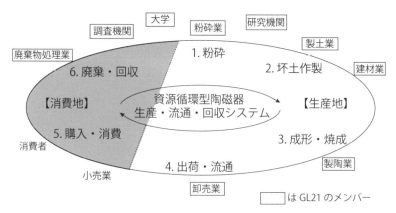

図12-2　資源循環型陶磁器生産・流通・回収システムの構成
出典：GL21のホームページ（http://www.gl21.org/index.html）に掲載されている資料をもとに作成。

2）。このことは，生産地の名前を購入時の手がかりとしてきたこれまでの消費行動に再考を促す動きである。リサイクル食器は美濃で生産されるが，その原料の中には産地が特定できない廃棄陶磁器由来の粘土も混じっている。これをどう評価するかは個々の消費者に委ねられる。少なくとも，これまでとは異なる環境重視のリサイクル食器という新たな価値をもったブランド食器が生まれたことは確かである。

第3節　資源循環型生産システムの課題と展望

1．企業，非営利組織，自治体などによる廃棄食器の回収

　美濃焼産地で始められた「器から器へ」という資源循環型のリサイクル食器生産プロジェクトは，廃棄された食器が継続的に回収できなければ維持できない。当初は，GL21のプロジェクトを知った消費者が自費で廃棄陶磁器を送ってきたり，廃棄物回収グループが不用になった陶磁器を持ち込んだりした。その後は徐々に回収ルートが構築されていき，いくつかのルートからなるネットワークが形成された。主なルートは，企業活動にともなうビジネスルートと，非営利組織や自治体が関わる市民・自治体ルートの2つである。

焼き物世界の地理学

前者は，営業で陶磁器製飲食器を使用する企業や環境重視の宅配企業がビジネスの一環として不用になった食器を回収する例である。後者は，陶磁器製飲食器に限らず広く廃棄物を回収している市民グループや自治体による活動である。

　前者について詳しく見ると，代表的な事例として，無農薬や減農薬の野菜を家庭向けに宅配している企業が廃食器を回収している例を挙げることができる。東京に本部があるこの企業は全国の9.4万世帯の会員に対して陶磁器のリサイクルを呼びかけている。野菜を販売するさいにリサイクル食器もセットとして販売し，陶磁器製飲食器の販売と回収をビジネスとして実行している。販売と回収を同じ企業がともに行うビジネスはこれまでにはなかった。食器と関係の深い野菜を宅配で販売するという特性を生かしたビジネスといえる。この宅配企業は使用したダンボール，発砲スチロール箱，牛乳瓶などは96％以上を回収している。それらに比べると廃棄食器の回収は年間0.45トンとわずかではあるが，廃食器の処分に困っている消費者にとってはありがたい。

　いまひとつは，北海道に本部のある飲食チェーン企業が各店舗で使用し不用になった陶磁器製飲食器を回収している事例である。この企業は生ゴミのリサイクル，廃棄された食用油の再利用，店内で使用する箸のリユースなどいくつかの資源循環事業を実施してきた実績がある。廃食器を回収するだけでなく，再生されたリサイクル食器を2007年9月から全直営店で，2008年7月からはすべてのフランチャイズ店で使用するようになった。企業あげて省資源・再資源化に取り組んでいるという姿勢は，顧客に好印象を与えている。類似の事例はリサイクル食器を店内で使用しているレストランやコーヒー店でも見られる。資源の再利用を積極的に進めているという企業側の姿勢は，顧客に対する訴求力として効果がある。

　市民グループや自治体は，ビジネスとは異なる立場から不用になった陶磁器製飲食器の回収と関わっている。家庭から排出される陶磁器は食器に限らない。灰皿，花瓶，土鍋，置物，ガラス器などのセラミックス類も，いらなくなれば捨てられる。しかしGL21のプロジェクトでは，食器以外の陶磁器は受け入れない（表12-4）。その理由は，消費者の心理的側面を配慮し，あ

表 12-4　陶磁器などの特徴と回収の可否

	磁　器	炉　器	陶　器	土　器
素地の色	白色	有色	有色	有色
焼成温度	1250 ~ 1400℃	1200 ~ 1300℃	1150 ~ 1300℃	1100℃以下
透光性	ある	ほとんどない	ほとんどない	ない
吸水性	ない	少ない	ある	ある
音声	金属音	澄んだ音	鈍い音	鈍い音
特徴	もっとも硬い	磁器と陶器の中間	厚手で重	無釉薬が多い
製品・産地例	美濃焼，有田焼，九谷焼	ストーンウェア，備前焼，朱泥	志野，織部，硬質陶器，伊賀焼	植木鉢粘土細工
回収	可能	可能	可能	不可

出典：有限責任中間法人グリーンライフ 21 の資料をもとに作成。

くまで器から器へのリサイクルを重視しているからである。ガラスなど原料そのものが違っている場合は論外であるが，灰皿や花瓶が食器に変わることに対して違和感を抱く消費者が実際にはいる。当初は，誰が口を付けたかわからない廃食器を原料に混ぜることに対するアレルギーもあったという。口を付ける食器という製品の性格ゆえ，こうした微妙な感情が消費者の間にあることはわからないでもない。このことは，リサイクル食器の販売や利用の場面でとくにきいてくると思われる。

　さて，廃棄された陶磁器製飲食器を回収している市民グループであるが，これには東京，名古屋などで活動を行ういくつかのグループがある。たとえば名古屋市内に 45 か所のリサイクルステーションをもつ NPO の場合，1 年間で 50㌧以上の廃食器を回収している。この組織は「企業とのパートナーシップ」「参加型のまちづくり」をモットーに掲げており，GL21 と連携してリサイクル食器を普及させようとしている。また別の例として，拠点が東京にあるグループは，全国的規模で NPO，市民団体，行政と連携しながらリサイクル食器に関する情報発信や啓蒙活動を行っている。根底には食器の生産者と使用者，供給側と消費側を互いに結びつけて新しい関係をつくりたいという思いがある。日常生活でほとんど誰もが使用する食器を単なるゴミとして廃棄することに対し，多くの消費者は違和感を抱いている。そのような気持ちが，廃食器を産地に戻して再生する動きを後押しする。

最後は自治体による取り組みであるが，これには茨城県，埼玉県，岡山県などの市との連携がある。この場合は，一般廃棄物の処理義務を負っている自治体や，市から委託されたNPOや市民団体が廃食器を回収し，産地に送っている。多くの自治体は不燃ゴミの削減や埋立費用の節約に取り組んでいる。しかし埋立スペースに余裕がなく，候補地探しに苦労している自治体は多い。GL21プロジェクトと手を組んで廃食器が処理できれば，こうした問題も少しは緩和される。連携する自治体はリサイクル食器の導入にも前向きである。将来的には陶磁器製飲食器の購入と回収をリンクさせた循環型利用を思い描くことができる。

２．資源循環型生産システムの構築と課題

　廃食器を消費者側から生産者のもとに戻し，これを粉砕して原料に混ぜてリサイクル食器を生産すれば，資源循環型の生産システムは実現したかのように思われる。しかし現状を見ると，いくつか克服すべき課題のあることがわかる。それは，回収，粉砕，製造，流通の各場面でみとめられる。最初の回収段階では，いかに継続的に回収できるかが課題である。2004年に横浜のデパートで環境フェアーの一環として消費者が家庭から持参した廃食器を回収したとき，7日間で5㌧の食器が集まった。2,000人を超す消費者がものめずらしさもあって参加した。しかし，こうした催しはその後あまり開かれていない。「ものめずらしい」が「あたりまえ」になったとみることもできるが，回収の継続はそれほど簡単ではない。実際，以前は店頭や陶芸教室で実施していた回収が休止になったという事例が少なからず見受けられる（表12-5）。

　回収後の粉砕では，廃食器の粉砕事業をどのように位置づけるかという問題がある。国の法律によれば，一般廃棄物を処理するにはその業務を行う地域の市町村長の許可を必要とする。そのうえで，生活環境に支障がないように注意して廃棄物を搬出・処理しなければならない。またこの場合，廃棄物といえども有価物であり，売買契約のもとで市町村に対価を支払わなければならない。全国に広がる消費地と産地の粉砕業者との間には距離があり，このような法律のもとで粉砕事業を行うのは容易ではない。これまでGL21に

第12章　廃棄陶磁器の再資源化とリサイクル食器

表12-5　廃棄陶磁器の回収箇所のある都市と属性（2009年）

	住　所	属　性	回収休止
1	山形県山形市	複写機メーカー	
2	仙台市青葉区	食器販売	
3	群馬県高崎市	不要品回収業	
4	埼玉県所沢市	自治体	
5	茨城県牛久市	自治体	
6	東京都多摩市	市民団体	×
7	東京都多摩市	市民団体	
8	東京都武蔵野市	市民団体	
9	東京都新宿区	陶芸教室	×
10	東京都港区	日用品宅配会社	
11	静岡県御殿場市	NPO団体	×
12	愛知県小牧市	食器販売	
13	名古屋市中区	市民団体	
14	岐阜県多治見市	食器販売	
15	岐阜県多治見市	食器販売	×
16	岐阜県多治見市	催事会場	
17	岐阜県土岐市	食器販売	
18	岐阜県恵那市	陶芸教室	×
19	岐阜県恵那市	市民団体	
20	滋賀県草津市	食器販売	
21	京都市左京区	PTA活動	
22	奈良県桜井市	食器販売	×
23	大阪府吹田市	食器販売	×
24	岡山県津山市	自治体	
25	広島県甘日市	食器販売	
26	広島市中区	食器販売	×

出典：GL21のホームページ（http://www.gl21.org/）に掲載されている資料をもとに作成。

属する粉砕業者がこの事業を行ってきたのは，消費地のボランティアグループとの連携があったからである。

　リサイクル食器の製造面で課題があるとすれば，それは廃棄された陶磁器製飲食器を粉砕して生まれた原料の配分割合をいかに高めるかという点である。現状は配分割合を20％に抑えているため，回収した食器1個に対してリサイクル食器を5個の割合で生産している。理想的には1対1にまで近づけ，完全な資源循環型生産システムを目指すのが望ましい。しかしこれには技術的課題とコストの問題があり，解決は容易ではない。

GL21で考えているのは，環境面で優れた性質をそなえたリサイクル食器をいかに生産するかということである。省資源・省エネルギーや二酸化炭素排出の抑制はもとより，消費者にとって使いやすく扱いやすい食器をいかにデザインするかである。機能的な耐久性や洗浄のしやすさも考慮すべき点であ

焼き物世界の地理学

る。

　最後に流通面の課題としては，どのような流通経路で消費者のもとへ届けるかという問題がある。現状ではリサイクル食器の普及が従来型食器のシェアに大きな影響を与えるとは思われない。そのような段階には至っておらず，リサイクル食器を扱う卸売業者や小売業者はまだ限られている。既存の販売ルートとは別のルートを開拓しないとリサイクル食器は市場には届かない。グリーン購入法の制定という追い風はあるが，環境意識の高い企業，自治体，学校などがリサイクル食器の購入の主流を占めているのが現状である。一般の消費者にまで広く浸透するには，通常の食器と同等かあるいはそれ以上の魅力をそなえる必要がある。GL21 は「清・雅・簡・潔」をキーワードにリサイクル食器の生産に取り組んでいる。環境配慮が製品選択時の常識になれば，リサイクル食器という概念それ自体は消滅する。

3.　縮小する陶磁器市場を切り開くリサイクル食器

　ここまでは，もっぱらリサイクル食器の製造と廃食器の回収を中心に述べてきた。GL21 のプロジェクトから始まった廃食器を再生する動きは，美濃焼産地から瀬戸焼，有田焼産地など他産地へと広がろうとしている。こうした動きを考えるさいに見落とせないのが，日本における過去 20 年間の陶磁器市場の動向である。バブル経済の崩壊後，美濃焼産地をはじめ各産地の生産額は長期的低落傾向を示してきた。これとは逆に，海外製品の流入とりわけ中国産の廉価な陶磁器が急激な勢いで国内市場に出回るようになった。国内市場における国際的な競争と，リサイクル食器をめぐる最近の動きは無関係とはいえない。日本の陶磁器市場を環境配慮型に変えていけば，外国製品に押され気味の市場の動きを変えることができる。競争の前提条件を変えることにより，国際的な競争力を落としたかに見える国内企業が復活できる可能性が残されているからである。

　過去 20 年間の陶磁器生産の減少傾向は，産地の違いを問わずみとめられる。その根本原因は，消費者が以前に比べてあまり陶磁器を買わなくなったことである。逆にいえば，以前は必要以上に陶磁器を購入していたといえる。とくに市場が右肩上がりの時代に量産体制によってシェアを広げてきた美濃

焼産地が受けた影響は大きかった。陶磁器需要の減退傾向は他の日用雑貨に
も共通している。戦後最大といわれた平成の大不況のもとで人々の所得は増
えず，消費を抑制する動きが続いてきた。しかし原因はこれだけではない。
陶磁器との関わり方で，国民の意識や生活スタイルに変化のあったことを見
逃してはいけない。陶磁器を販売促進用のプレミアム品として利用してきた
企業の販売戦略にも大きな変化があった。このことにも注目する必要がある。

　バブル経済期あるいはそれ以前の消費市場を思いおこしてみたい。たとえ
ば結婚式の引き出物として，ディナーセットや茶器などの陶磁器が選ばれる
ことが少なくなかった。結婚式にかぎらず，冠婚葬祭の記念の品として陶磁
器が人々の間で交わされていた。当時は各家庭で陶磁器がどのように利用さ
れているか深く考えることもなく，挨拶代わりの品として陶磁器がやり取り
されていた。節約志向や環境重視といった社会的風潮はまだなく，贈られた
品はありがたく受け取るという生活スタイルが普通であった。ところがバブ
ル経済が崩壊し，陶磁器市場は一変した。重くて嵩張る陶磁器は敬遠され，
贈り物のリストから外された。無用なものは贈らない，不要なものは購入し
ないという節約志向がデフレ経済のもとで一般化した。バブル期以前に手に
入れた陶磁器類が家庭の押し入れを占拠しており，これ以上陶磁器を買って
も置くスペースがないのが実態である。

　陶磁器は，企業の販売促進の景品として大いに利用された商品でもある。
企業がプレミアム品として陶磁器を顧客に配る習慣の元祖はむしろアメリカ
である。ガソリンスタンドや銀行などの新規開店の景品として，顧客に手渡
した。美濃焼産地にはアメリカへの輸出向けにプレミアム用の洋食器を大量
に生産する企業が少なくなかった。日本でもバブル経済期あるいはそれ以前
に，企業は新製品の販売や新規開業・開店などの記念品として陶磁器を顧客
に配っていた。ここでも，それほど必要とは思われないが，もらえるものを
あえて拒むことはないという消費者心理がまさり，顧客は景品の陶磁器を持
ち帰った。しかしこうした状況はバブル経済の崩壊を境に一変した。経費の
節減は不況を乗り切るための重要な戦略である。景品やプレミアム品を配っ
て販売を促進する時代ではなくなった。顧客も欲しくもない品をもらうより，
製品価格それ自体が下がることに関心が向かった。

焼き物世界の地理学

国内市場における輸入浸透率は，多くの日用品で経年的に上昇を続けている。日本がフルセット生産を誇った時代はすでに去り，多くの国内企業が国際競争力を失って淘汰されていった。最大の敗因は廉価な輸入品に価格面で太刀打ちできない点にある。価格で立ち向かえない以上，別の側面から攻めていくしかない。そのひとつが環境重視という切り口であり，消費市場の性格を変えていく必要がある。すべてを一度に切り替えるのは難しいが，少なくとも資源循環型の陶磁器生産システムを社会に訴え，市場の一部をそれにふさわしいものへと変えていく方向性はもっと重視されていいように思われる。

コラム 12

焼き物の金継ぎに学ぶ資源の持続的利用

　焼き物にはかたちは変わらないが欠けやすいという欠点がある。それでも陶器から磁器へと進化し，強度が増してより丈夫になった。逆に運悪く欠けてしまうと，断面が鋭い刃先のように尖って危険物に変身する。もはや処分するほかないとがっかりした気分になる。長い間大切に使ってきた焼き物ならなおさらで，愛着の念からすぐには別の焼き物に買い替えられないかもしれない。このように大事にしてきた焼き物を不注意で欠けさせたり割ったりした場合，金継ぎという方法で修復することができる。大量生産，大量消費があたりまえの今日ではほとんど見ることがなくなったが，モノが大切に扱われていた時代には金継ぎを専門にする業者がおり，持ち込まれた焼き物が修理された。完全に元通りになることはないが，それでも使用するのに差し障りがない程度には復元される。

　金継ぎといういわば生活の知恵が生活の中で生かされていた時代があった。新しく買い替えるほど余裕がないか，あるいは愛用の品であり処分するには気が引けるといった場合に，金継ぎ屋に依頼する。修理を終えて戻ってきた焼き物は，以前の雰囲気とはどことなく違う。キズ物というハンディはあるが，以前と同じように持ち主のために役に立つ。欠けたり割れたりしたことも，この焼き物にとっては長い物語の1ページにすぎない。持ち主に捨てられることなく，以前と同様に愛用され，ともに時を刻んでゆく。むろん焼き物に感情があるはずはなく，すべては人の心の思いでしかない。

　焼き物の生みの親である窯元の製作者の手から途中経過を経て使い手の元へと

渡される。旅の物語は焼き物が欠けたり割れたりすることで中断するが，金継ぎ屋の手助けで救われ再び始まる。再生されて印象を一変させた焼き物の中には，受けたキズをむしろ売り物にし，以前よりも評価を高めるものもある。金継ぎの醍醐味は，損傷箇所を手当して予想外の姿に変身させるところにある。もはや当初の焼き物とはまったく別の焼き物として再デビューを果たす。焼き物にとってデビューは一度限りではない。窯元でのデビューとは別の場所で，もう一度装いを変えて再登場する。極端な場合，金継ぎを前提とし，窯元から出て間もない焼き物をわざと割って金継ぎ加工を施すこともある。生産加工は一度ではなく，二度あるいは場合によっては三度にわたって行われる。

　世の中ではリデュース，リユース，リサイクルが声高に唱えられている。これに異議を唱える人は少ないであろう。世界で初めて美濃焼産地で成功した再生陶磁器は，技術的困難を乗り越えて実現したリサイクルである。このリサイクル事業が持続するためには，再生産の前後すなわち廃食器の回収と再生陶磁器の販売が滞りなく進まなければならない。焼き物のリユースは骨董市やフリーマーケットでも馴染みが深い。リデュースは，焼き物を無駄に買わないことと解釈することもできるが，むしろ使い捨て用の紙製のカップや皿を増やさないように焼き物は役立っている。

　現代は，各種情報機器や家庭電化製品などのように，以前なら修理に出していたものが，ほとんど買い替えでしか対応できなくなっている。電気製品は不調になったらまったく役に立たない。しかし焼き物は，欠けた箇所や程度にもよるが，気にしなければ使えないことはない。それも金継ぎでうまく修復できれば，以前と同様，あるいはそれ以上の愛情をもって使うことができる。一度の挫折で挫けることなく歩み続ける大切さを，焼き物の金継ぎから学ぶことができる。

引用文献一覧

相原恭子・中島賢一（2000）：『ウェッジウッド物語』日経BP社，日経BP出版センター（発売）

青木栄一（2008）：「わが国陶磁器産地における生産減少への対応―産地間比較を通して―」『人文地理』第60巻　第1号 pp.1-20

赤羽一郎（2001）：「常滑焼（愛知県常滑市付近）各地の中世窯に影響及ぼす（総力特集　土と炎の芸術 やきもの 六古窯の世界）―（中世のやきものの息吹伝える 六古窯）」『歴史と旅』第28巻　第1号　pp. 30-33

阿部誠文（2009）：「井戸茶碗の探求」『九州女子大学紀要 自然科学編』第45巻　第4号 pp.11-29

新井崇之（2017）：「明代における景徳鎮官窯の管理体制：工部と内府による2つの系統に着目して」『明大アジア史論集』第21号　pp.1-25

新井崇之（2019）：「清代乾隆年間における景徳鎮官窯の盛衰：管理体制の変化に着目して」『東洋陶磁』第48号　pp.121-137

荒神衣美（2006）：「ベトナム伝統工芸地における生産構造の変容-伝統陶芸村バンチャンの事例-」『移行期ベトナムの産業変容：地場企業主導による発展の諸相』日本貿易振興機構アジア研究所　所収　pp.229-254

安城市歴史博物館編（1999）：『弥生の技術革新：野焼きから覆い焼きへ：東日本を駆け抜けた土器焼成技術：企画展』安城市歴史博物館

池本正純（2020）：「国姓爺が仕掛けたイマリ開発：イマリはアジアへの輸出商品として誕生した」『専修大学社会科学研究所月報』　第686・687号　pp.105-130

石川和男（2020）：「西肥前陶磁器と商人活動―伊万里津における商業活動を中心として―」『専修大学社会科学研究所　月報』第686・687号　pp.74-104

石川和男（2021）：「肥前陶磁器産業における製造・流通システムの形成―商人を中心とした地場産業の継続と発展―」『専修商学論集』第112号　pp.1-25

石原　潤（1987）：『定期市の研究：機能と構造』名古屋大学出版会

磯野赳夫・市古忠利（1975）：「ボーンチャイナの製造と科学」『セラミックス』第10巻　第7号　pp.495-500

磯村光郎（1956）：「瀬戸地域の木節粘土・蛙目粘土について」『地質學雜誌』第62巻　第730号　p.375

市田　圭（2013）：「産業景観と風土色：愛知県常滑市の事例」『日本色彩学会誌』第37巻　第3号　pp.280-281

一伊達稔・長谷川善一・加藤誠二・加藤弘二・渡辺　隆・島田　忠（2002）：「美濃焼産地における資源循環型食器の実用化への取り組み―美濃「リ食器」とGL21の活動」『セラミック基盤工学研究センター年報』第2巻　pp.17-24

伊藤郁太郎（2017）：『高麗青磁・李朝白磁へのオマージュ』淡交社

今給黎佳菜（2012）：「近代日本における欧米向け薩摩焼の輸出」『交通史研究』第79巻 pp.13-31

岩田修二（2018）：『統合自然地理学』東京大学出版会

岩間孝夫（2012）：「中国青磁の故郷龍泉の昨今」『Think Asia』第10号　pp.3-5

上野和彦（1970）：「我が国陶磁器工業の地域構成」『新地理』第27巻　第3号　pp.13-20

梅木秀徳（1973）：『小鹿田焼：やきものの村』三一書房

浦山益郎・坂本紳二朗（2006）：「地場産業とまちづくり（産業観光）：愛知県常滑市のやきもの散歩道地区」『都市計画』第55巻　第4号　pp.29-32

王　小慶（2003）：『仰韶文化の研究：黄河中流域の関中地区を中心に』雄山閣

大木裕子（2014）：「景徳鎮の陶磁器クラスターにおけるイノベーション過程に関する考察」『京都マネジメント・レビュー』第24号　pp.1-29

太田　智（2015）：「須恵器工人集落の研究 序：牛頸窯跡群での様相」『古文化談叢』第74号　pp.211-238

太田眞一（1951）：「岐阜縣の石炭窯の發達と由來」『窯業協會誌』第59巻　第663号　pp.402-402

太田有子（2014）：「資源ガバナンスの比較地域分析：陶磁器業の生産流通制度をめぐる関係性の形成と変容」『社会学評論 』第65巻　第1号　pp.16-31

大野城市教育委員会（2000）：『牛頸窯跡―総括報告書―』大野城市文化財調査報告書　第77集

大橋康二（1989）：『肥前陶磁』考古学ライブラリー55　ニュー・サイエンス社

大橋康二・坂井　隆（1994）：『アジアの海と伊万里』新人物往来社

岡本久彦（1982）：「出石焼--その歴史と諸窯の変遷」『陶説』第349号　pp.15-40

岡安雅彦（1996）：「縄文土器焼成方法復元への実験的試み」『古代学研究会　古代学研究』第133号　pp. 21-31

小串恵潮（1973）：「東濃陶磁器工業の生産分化と構造―下石・妻木の事例を踏まえて」『愛知教育大学地理学会　地理学報告』第41号　pp.23-30

小倉義雄・大森弘子・下坂康哉（1991）：「奈良県黒崎鉱山における陶土鉱床および粘土鉱物について」『三重大学教育学部研究紀要 自然科学』第42号　pp.43-58

下石陶磁器工業協同組合（2021）：『下石陶祖　四百年史』下石陶磁器工業協同組合

柿添康平（2015）：「磁州窯系生産地の地域性について 10 ～ 14世紀を中心に」『中国考古学』第15号　pp.153-177

柿野欽悟（1982）：「瀬戸地域の地理的諸状況と産業展開―瀬戸陶磁器産業の歴史的発展と近年の動向」『名古屋学院大学論集 社会科学篇 』第18巻　第3・4号　pp.139-156

笠原町編（1991）：『笠原町史　その5　かさはらの歴史』笠原町

梶田太郎（2002）：「中・近世における小城下町の地域的展開―美濃国土岐郡妻木を事例に―」『歴史地理学』　第44巻　第2号　pp.45-59

片山まなび（1998）：「「朝鮮人陶工」とは誰なのか?―全羅道・慶尚道の16世紀窯址と岸岳系唐津の比較から」『陶説』第541号　pp.34-40

勝又悠太朗（2009）：「愛知県瀬戸陶磁器産地における産業用陶磁器生産の変化と流通構造」地理学評論．Series A 第93巻　第1号　pp.17-33

加藤偉三（1974）：『南亜のやきものと共に』古川書房

金沢　陽（2010）:『明代窯業史研究:官民窯業の構造と展開』中央公論美術出版

川久保美紗（2010）:「有田地方の陶磁器生産と森林伐採」『ゆけむり史学』第4号　pp.39-45

川崎千足（1999）:『インドネシアの野焼土器』京都書院

姜　敬淑（2010）:『韓国のやきもの:先史から近代，土器から青磁・白磁まで』　山田貞夫訳　淡交社

久野　治（2019）:『美濃のやきもの西浦焼:初代から五代目・西浦圓治まで』中日出版

倉本秀清（1992）:『益子探訪・益子の陶芸家に学ぶ』光芸出版

古池嘉和（2019）:「地域ブランド化の研究:波佐見を例に」『名古屋学院大学論集. 社会科学篇』第55巻　第4号　pp.43-49

小松和彦（2000）:「神になった人びと(11)李参平—陶山神社」『淡交 』第54巻　第11号　pp.100-107

小村良二・村沢　清・田中　正（1989）:「栃木県益子地域の陶器粘土資源」『地質調査所月報』第40巻　第3号　pp.143-157

小村良二（1996）:「日本の陶土を訪ねて—その6—」『地質ニュース』第503号　pp.16-22

小山冨士夫（1950）:「美濃の元屋敷窯」『古美術 』第1巻　第1号　pp.58-62

斎藤孝正（1988）:「中世猿投窯の研究—編年に関する一考察」『名古屋大学文学部研究論集』第101号　pp.193-249

酒井一光（2009）:「新タイル建築探訪（23）窯垣の小径と瀬戸の町並み—やきものの滋味が物語るタイルの明日」『タイルの本』第23号　pp.32-35

佐久間重男（1999）:『景徳鎮窯業史研究』第一書房

示車右甫（2015）:『瀬戸焼磁祖加藤民吉，天草を往く』花乱社

ジスモンディ・ブリツオ（1977）:『マジョリカの陶器』講談社

下沢敏也（2021）:「北海道の風土と焼き物（二〇一九年度第四十七回大会）—（作家自作を語る）」『東洋陶磁学会　東洋陶磁 』第50号　pp.75-79

白石浩之（2021）:『旧石器時代から縄文時代への転換:土器が出現する頃の文化変動』雄山閣

末吉佐久子（2020）:「桃山茶陶:歪みの美をめぐる研究」『東アジア文化交渉研究』第13号　pp.119-136

須藤定久（1998）:「中国景徳鎮の磁器原料（2）—カオリン—」『地質ニュース』第528号　pp.39-51

須藤定久（2000）:「東海地方の窯業原料 '99」『地質ニュース』第552号　pp.23-29

須藤定久・神谷雅晴（2000）:「愛媛県の砥部陶石と砥部焼を訪ねて」『地質ニュース』第548号　pp.7-18

須藤定久・内藤一樹（2000）:「瀬戸市周辺の陶磁器と窯業原料資源」『地質ニュース』第552号　pp.30-41

高澤　等（2008）:『家紋の事典』東京堂出版

高津斌彰（1970）:「地方中小企業の存立形態とその基盤:肥前陶磁器工業の場合」『経済地理学年報』第15巻　第2号　pp.1-27

多治見市役所都市計画課（2003）「都市の再生 オリベストリート構想のまちづくり―全国初のまちづくりのための都市計画道路見直し事例」『新都市』第57巻　第7号　pp.48-53

丁　哲秀・宋　基珍・樋口　淳（2006）：「粉青沙器研究の歩みと現在」『専修大学社会科学研究所月報』第520号　pp.2-33

沈　壽官（1998）：「薩摩焼の今むかし―朝鮮陶工渡来四百年」『淡交』第52巻　第9号　pp.38-48

塚谷晃弘・益井邦夫（1976）：『北海道の陶磁 箱館焼とその周辺』（陶磁選書7）　雄山閣出版

弦本美菜子（2014）：「鎖国期日本への中国陶磁の流通」『東京大学考古学研究室研究紀要』第28号　pp.131-158

出口将人（2008）：「地域の産業集積の多様性とその決定要因：―岐阜県東濃地域の陶磁器産地と他産地との比較をつうじて―」『 組織科学 』第50巻　第4号　pp.41-53

寺崎　信（2009）：「有田焼と泉山陶石」『セラミックス』第44巻　第11号　pp.876-877

東洋陶磁学会編（2002）：『東洋陶磁史』東洋陶磁学会

土岐市美濃陶磁歴史館編（1998）：『城下町のやきもの：清須城・名古屋城』土岐市美濃陶磁歴史館

十名直喜（2005）：「ノベルティの原型・絵付の技術・技能と職場事情―「瀬戸ノベルティのパイオニア・丸山陶器（株）論」（続編）」『名古屋学院大学総合研究所年報』第18号　pp.23-65

内藤隆三（1960）：「セーブル製陶所を中心としたフランス陶磁器の歴史」『窯業協會誌』第68巻（通算771号）pp.94-97

中川昌治（1988）：「天草陶石の構成鉱物」『粘土科学』第28巻　第2号　pp.11-29

中里逢庵（2004）：『唐津焼の研究』河出書房新社

中村貞史（2001）：「紀州男山陶器場について」『国立歴史民俗博物館研究報告』第89集　下巻　pp.671-683

中村儀朋（2014）：「輸出陶磁の華・幻の瀬戸ノベルティ：いま,目覚める"愛とほほえみの造形"」『陶説』第736号　pp.38-52

中山勝博（1991）：「瀬戸市北部の新第三系瀬戸陶土層の堆積過程」『地質学雑誌』第97巻　第12号　pp.945-958

西田宏子・佐藤サアラ編著（1999）：『天目　中国の陶磁（6）』平凡社

西森正晃（2019）：「三条せと物や町―桃山茶陶―」『備前歴史フォーラム2019資料集　備前焼研究最前線Ⅲ』pp.11-22

日本地誌研究所編（1969）『日本地誌　第12巻　愛知県・岐阜県』二宮書店

野上建紀（2018）：「陶磁器からみる長崎と海外とのモノ交流―肥前磁器と「唐人」,「唐船」の関わりについて―」『多文化社会研究』第4号 pp.141-156

長谷川善一・水野正敏・岩田芳幸・加藤弘二（2008）：「セラミックス製品のライフサイクル・デザイン研究（第3報）―持続可能産地形成に向けた資源高率向上のための美濃焼製品の開発―」『岐阜県セラミックス研究 所研究報告』pp.24-26

長谷部楽爾・大塚清吾（1978）『中国のやきもの』淡交社

濱崎聡志・須藤定久（1999）：「熊本県天草地方の陶石鉱床」『地質ニュース』第538号 pp.38-47

濱田琢司（2002）：「維持される産地の伝統：大分県日田市小鹿田陶業と民芸運動」『人文地理』第54巻　第5号　pp. 431-451

濱田琢司（2006）：『民芸運動と地域文化：民陶産地の文化地理学』思文閣出版

浜本隆志（2003）：『紋章が語るヨーロッパ史』白水社

林　　上（1979）：「瀬戸地域における陶磁器製造業の現状とその地域的展開」『名古屋学院大学論集社会科学篇』　第15巻　第4号　pp.45-69

林　　上（1984）：「東京都・大阪府における陶磁器卸売業・小売業の地域分布と規模構成」『陶磁器産業をめぐる瀬戸と他産地』（名古屋学院大学産業科学研究所）所収　pp.41-92

林　　上（2000）：『近代都市の交通と地域発展』大明堂

林　　上（2007）：「都市における産業観光の特質と推進のための方策」『日本都市学会年報』第41号　pp.35-41

林　　上（2009）：「美術館を拠点とする文化サービス供給による伝統的陶磁器産地の振興」『日本都市学会年報』第42号　pp.222-227

林　　上（2010）：「資源循環型陶磁器生産システムの構築と社会経済的意義」『人文学部研究論集』第23号　pp.1-22

林　　上（2015）：「愛知，岐阜の県境をまたぐ下街道沿いの歴史的資源を生かした地域活動」『日本都市学会年報』第49号　pp.33-42

林　　上（2016）：「産業観光の成立の可能性と愛知県における産業観光事例の考察」『日本都市学会年報』第50号　pp.67-77

林　　上（2017）：「名古屋港の事例を中心とする経済構造，港湾設備，交通基盤から見た港湾・背後圏の歴史的発展過程」『日本都市学会年報』第51号　pp.49-58

林　上編著（2018）：『飛騨高山：地域の産業・社会・文化の歴史を読み解く』風媒社

久末弥生（2015）：「19世紀のリモージュ焼：職人仕事と工場との間で」『大阪市立大学大学院創造都市研究科紀要』第11巻　第1号　pp.1-6

廣山謙介（2004）：「ストーク・オン・トレントの窯業家族経営（1）地域概史とダドソン年表」『甲南経営研究』第44巻　第3・4号　pp. 27-40

藤澤良佑（2002）：「中世都市鎌倉における古瀬戸と輸入陶磁－中世前期の補完関係について（陶磁器が語るアジアと日本）―（貿易陶磁と在来陶磁）」『国立歴史民俗博物館研究報告』第94号　pp.313-327

藤野一之（2019）：『古墳時代の須恵器と地域社会』六一書房

前田正明（1976）：「泰西陶芸雑話－17－ルーアン窯」『陶説』第276号　pp.61-67

前田正明（1999）：『西洋やきものの世界』平凡社

前田正明監修（2002）：『マイセン人形』日貿出版社

松尾展成（1999）：「肥前磁器と初期マイセン磁器（3）」『岡山大学経済学会雑誌』第31巻　第2号　pp.253-274

松村八次郎（1931）：「陶磁器石炭窯に就て」『大日本窯業協會雑誌』第39巻　第466号

pp.690-692

三浦聡子（1960）：「名古屋市の陶磁器産業」『人文地理』第12巻　第1号　pp.31-51

三上次男（1990）：『イスラーム陶器史研究』中央公論美術出版

水野正敏・長谷川善一・倉知一正（2007）：「セラミックス製品のライフサイクル・デザイン研究（第2報）―廃棄陶磁器粉砕物の高配合化素地作成試験―」『岐阜県セラミックス研究所研究報告』pp.39-40

三辻利一（2013）：『新しい土器の考古学』同成社

三辻利一・中村　浩・犬木　努（2016）：「陶邑産須恵器の列島各地への広域供給：素材粘土の化学特性の分析から」『志學臺考古』第16号　pp.25-46

湊　秀雄（1985）：「丹波立杭焼原料粘土の産状とその鉱物学的特性」『兵庫教育大学研究紀要』第5巻　pp.109-124

南川三治郎・大平雅巳（2009）：『マイセン』玉川大学出版部

宮地伸明・長谷川善一（2009）：「陶磁器製食器の循環システム構築に関する取組み」『セラミックス』第44巻　第1号　pp.31-36

宮地秀敏（2008）：「石炭窯の導入における日本国内の地域的な偏り」（第4回国際シンポジウム日本の技術資料）

村上伸之（2009）：「九州のやきもの　有田の"古九谷"」『海路：海からの視座で読み直す九州学』第7号　pp.109-115

桃井　勝（2000）：「下石の窯株と窯株の移動」『瑞浪陶磁資料館研究紀要』第8号　pp.188-200

森　孝一（2019）：「日本六古窯：その誕生と魅力（丹波古陶館開館五十周年記念號）―（特集 六古窯（中世））」『紫明』第45号　pp.2-7

森　淳（1992）：『アフリカの陶工たち-伝統工芸を追って二十年』中央公論社

森　毅（1997）：「城下町大阪における唐津焼出現期の様相（唐津研究のいま）」『陶説』第532号　pp.11-20

矢部良明（1984）：「東洋の染付―3―嘉靖・万暦の景徳鎮陶工の動向と染付磁器」『古美術』第69号　pp.87-102

矢部良明（2000）：『世界をときめかせた伊万里焼』角川書店

山形万里子（1983）：「尾張藩陶器専売制度と美濃焼物の流通―取締役西浦円治を中心に―」『駿台史學』第59号　pp.1-34

山形万里子（2008）：『藩陶器専売制と中央市場』日本経済評論社

山形万里子（2016）：「近代移行期の陶磁器流通―全国的流通網の成立―」『創立五十周年記念論文集』第1巻　pp.211-255

山口知恵・松本将一郎・西山徳明（2002）：「小鹿田焼の里皿山における伝統的な生業の持続と文化的景観の保全に関する研究」『日本建築学会計画系論文集』第74巻　第644号　pp.2215-2222

山田雄久（1995）：「徳川後期における肥前陶磁器業の展開―佐賀藩領有田の事例を中心に―」『社会経済史学』第61巻　第1号　pp.30-56

山本考文（2013）：「朝鮮時代民窯の陶磁器生産と流通」『研究紀要』第86号　pp.1-22

喩　仲乾（2003）：「景徳鎮の磁器産業の発達における官窯の役割:1402-1756」『国際開発研究フォーラム』第24号　pp.273-289

尹　龍二編（1998）：『韓国陶瓷史研究』淡交社

吉田史郎（1990）：「東海層群の層序と東海湖盆の古地理変遷」『地質調査所月報』第41巻第6号　pp.303-340

李　艶・宮崎　清（2009）：「景徳鎮地域における伝統的磁器手づくり工房の様態―景徳鎮の伝統的磁器産業の中核としての手づくり工房の諸相-」『デザイン学研究』第56巻第5号　pp.37-46

李　義則（2010）：『陶磁器の道：文禄慶長の役と朝鮮陶工』新幹社

若林邦彦（2021）：『弥生地域社会構造論』同成社

Caiger-Smith, A. (1973): *Tin-Glaze Pottery in Europe and the Islamic World: The Tradition of 1000 Years in Maiolica, Faience and Delftware,* Faber and Faber, London.

Gleeson, J. (1998): *The Arcanum.* Grand Central Publishing, New York. 南條竹則訳（2000）：『マイセン：秘法に憑かれた男たち』集英社

Sweetman, J. (1987): *The Oriental Obsession: Islamic Inspiration in British and American Art and Architecture 1500-1920.* Cambridge University Press, Cambridge.

Weber, A. (1909): *Über den Standort der Industrien, Reine Theorie des Standorts, Erster Teil.* Tubingen. 江沢譲爾監修・日本産業構造研究所訳（1966）：『工業立地論』大明堂

図表一覧

■ 地名・施設名 索引 ■

焼き物世界の地理学

焼き物世界の地理学

【著者略歴】

林　上（はやし・のぼる）
1947年　岐阜県生まれ。
名古屋大学大学院文学研究科史学地理学専攻、博士課程修了、文学博士。
名古屋大学名誉教授、中部大学名誉教授。
〈主著〉
『中心地理論研究』、『都市の空間システムと立地』『都市地域構造の形成と変化』、『経済発展と都市構造の再編』『カナダ経済の発展と地域』『近代都市の交通と地域発展』（以上、大明堂）
『都市経済地理学』『現代都市地域論』『現代カナダの都市地域構造』『都市サービス地域論』『都市交通地域論』『社会経済地域論』『現代経済地域論』『現代社会の経済地理学』『現代都市地理学』『都市と経済の地理学』『都市サービス空間の地理学』（以上、原書房）
『名古屋圏の都市地理学』『都市と港湾の地理学』『名古屋圏の都市を読み解く』『ゲートウェイの地理学』『川と流域の地理学』（以上、風媒社）
〈編著〉
『東海地方の情報と社会』（共編）（名古屋大学出版会）、『高度情報化の進展と地域社会』（大明堂）、『現代都市地域の構造再編』（原書房）、『飛騨高山：地域の産業・社会・文化の歴史を読み解く』（風媒社）

装幀・澤口環

焼き物世界の地理学

2022年12月11日　第1刷発行
（定価はカバーに表示してあります）

著　者　　林　　上

発行者　　山口　章

発行所　名古屋市中区大須1丁目16-29
振替 00880-5-5616 電話 052-218-7808　風媒社
http://www.fubaisha.com/